中等专业学校建筑经济与管理专业系列教材

建筑工程概预算

四川省建筑工程学校　　袁建新　主编
　　　　　　　　　　　袁建新　王武齐　迟晓明　编

山西省建筑工程学校　李　俭　主审

中国建筑工业出版社

图书在版编目（CIP）数据

建筑工程概预算/袁建新主编． -北京：中国建筑工业
出版社，1997
中等专业学校建筑经济与管理专业系列教材
ISBN 7-112-03194-X

Ⅰ.建… Ⅱ.袁… Ⅲ.①建筑概算定额-专业学校-教材
②建筑预算定额-专业学校-教材 Ⅳ.TU723

中国版本图书馆 CIP 数据核字（97）第 06766 号

　　本书共十一章，主要内容包括：建筑工程概预算编制原理、预算定额的应用、建筑材料预算价格编制方法、建筑安装工程造价计算方法、土建施工图预算编制、水暖电施工图预算编制、单位工程概算编制、预结算的审查、用微机编制施工图预算的方法等。

　　本书在阐述基本理论、基本方法的基础上，突出以应用为重点，列举了施工预算、土建施工图预算、水暖电施工图预算、单位工程概算的完整实例，以供读者学习参考。

　　本书内容深入浅出、通俗易懂、实用性强，可作为中等专业学校建筑经济与管理专业的教材，也可供职业技术学校师生及工程概预算人员学习参考。

中等专业学校建筑经济与管理专业系列教材

建筑工程概预算

四川省建筑工程学校　　袁建新　　主编
　　　　　　　　　　　袁建新　王武齐　迟晓明　编

山西省建筑工程学校　　李　俭　　主审

*

中国建筑工业出版社出版　（北京西郊百万庄）
新华书店总店科技发行所发行
有色曙光印刷厂印刷

*

开本：787×1092 毫米 1/16 印张：27 1/2 字数：663 千字
1997 年 12 月第一版　　2002 年 8 月第五次印刷
印数：24,501—29,500 册　定价：33.40 元
─────────────────────
ISBN 7-112-03194-X
G·269(8334)

出 版 说 明

　　1987 年由城乡建设环境保护部建筑业管理局、城乡建设刊授大学组织编审，由中国建筑工业出版社出版的基层施工技术员（土建综合工长）岗位培训教材自出版以来，在建筑施工企业基层管理人员资格性岗位培训中，发挥了重要作用，为提高基层施工管理人员的素质作出了突出的贡献。但也存在一定的不足，特别是这套教材出版以来的九年中，我国经济建设发生了重大变化，科学技术日新月异。原来的教材已不适应建筑施工企业基层管理人员岗位培训的需要，也不符合 1987 年以来颁布的新法规、新标准、新规范，为此我司决定对基层施工技术员岗位培训教材进行修订或重新编写，并对教学计划和教学大纲进行了调整。

　　经修订或重新编写的这套教材，定名为全国建筑企业施工员（土建综合工长）岗位培训教材。它是根据经审定的大纲在总结前一套教材经验的基础上吸收广大读者、教师、工程技术人员在使用中的建议和意见，按照科学性、先进性、实用性、针对性、适当超前性和注重技能培训的原则，进行修订和编写的。部分教材作了较大的调整。

　　本套教材由三个部分组成，对于专业性、针对性强的课程，采用重新编写和修订出版的教材；一部分教材是指定教材，选用已经出版的中专或其他培训教材；对于通用性强的基础课程由各培训单位自行选用。

　　本套教材由建设部人事教育劳动司组织。在编写、出版过程中，各有关单位为保证教材质量和按期出版，作出了努力，谨向这些单位致以谢意。

　　希望各地在使用过程中提出宝贵意见，以便不断提高建筑企业施工员岗位培训教材的质量。

建设部人事教育劳动司

1997 年 6 月

前　　言

本书根据《建设部中专校建筑经济与管理专业培养方案》、《建筑工程概预算教学大纲》和现行的预算定额和有关文件编写。

本书以马克思主义政治经济学基本理论、社会主义市场经济基本观点和建筑经济学的基本理论为基础，结合建筑产品的特点，着重研究和阐述了建筑工程概预算编制原理、预算定额的应用及建筑安装工程概预算编制方法。通过完整的实例，详实介绍了施工预算、土建工程预算、水暖电安装工程预算、单位工程概算、竣工结算的编制过程。对工程造价计算方法、工程预结算的审查和用微机编制工程概预算等方面增加了新的内容。

本书内容注重了理论与实践的紧密结合和动手能力的培养，突出了定额应用和编制概预算的重点，编排了适合初学者学习的大量例题，注重了学习内容的科学性、系统性、逻辑性、实用性和可读性。

本书由四川省建筑工程学校袁建新主编，其中第一、四、六、十一章由袁建新编写，第五章由四川省建筑工程学校王武齐编写，第二、三、七、八、九、十章由四川省建筑工程学校迟晓明编写。

本书由山西省建筑工程学校高级讲师李俭主审。在编写过程中得到了建设部人事教育劳动司职教处、建设部中等专业学校建筑经济与管理专业指导委员会的大力支持。谨此，一并致以诚挚的谢意。

由于我国的社会主义市场经济体制正处于建立和发展阶段，有关定额和概预算的编制理论与方法也在不断发展，另外，预算定额还具有地区性的特点，加之我们的水平有限，书中难免有不妥之处，敬请广大师生和读者批评指正。

目 录

第一章 概 论

第一节 本课程的研究对象和任务

物质资料的生产是人类赖以生存和发展的基础。

建筑业是我国重要的物质资料生产部门。通过建筑业的施工生产活动，一方面，国民经济各部门新增了许多固定资产，如：工厂、学校、商店、住宅等，不断建造完成，满足了人们物质和文化生活的需要；另一方面，在施工生产活动中，建筑安装工人付出了自己的体力和脑力劳动，建筑材料（钢材、木材、水泥等）改变了原来的物质形态，各种施工机具受到了不用程度的磨损。由此可见，建筑安装产品的生产过程在创造物质财富的同时，也是建筑安装工人付出劳动和建筑材料的消耗过程。

建筑工程概预算把建筑安装产品的生产成果与生产消耗之间的内在的定量关系，作为研究的对象；把如何认识和利用建筑安装产品的生产成果与生产消耗之间的规律性，正确合理地确定建筑安装产品的工程造价，作为主要的研究任务。

在建筑安装产品的生产过程中，需要消耗什么样的具体劳动、消耗哪些建筑材料、使用何种施工机械，即需要消耗多少活劳动和物化劳动，在产品、类型、数量和规模一定的条件下，首先取决于建筑安装企业的劳动生产力水平。一般来说，生产力水平提高了，单位产品的劳动消耗就会降低；反之，生产力水平降低了，单位产品的劳动消耗就会增加。由此可见，劳动生产力水平与劳动消耗成反比。

其次，建筑安装产品的劳动消耗，还要受到生产关系和上层建筑的约束。社会主义市场经济条件下的新型生产关系更加适应生产力发展的要求，他能使建筑安装产品的生产最大限度地节约劳动消耗，使建筑安装企业不断扩大生产规模，从而获得较好的劳动效益。但是，我国的社会主义市场经济体制正在发展和完善之中，还存在一些不合理的地方。例如，基本建设立法、建设工程造价管理体制和管理水平以及劳动人事方面的制度，在不同程度上直接或间接地影响建筑安装产品的劳动消耗量。因此，我们还需要从生产力发展水平的状况出发，联系生产关系和上层建筑的影响，来客观地、全面地研究建筑安装产品的生产消耗问题，并把这种研究建立在运用科学方法的基础上。

建筑安装产品的生产消耗，虽然受诸多因素的影响，但是在一定生产力水平条件下，生产一定的产品与生产这个产品的劳动消耗之间，必然存在着一定的数量关系。

例如，砌 $1m^3$ 一砖厚的标准砖墙，在灰缝厚度一定的条件下，其用砖的数量和砂浆的体积是一定的；在生产工人的技术熟练程度、劳动强度和劳动条件相同的情况下，所需的工日数也是相同的。就是说，在一定的生产力水平条件下，建筑安装产品的生产与生产消耗之间存在着一种以质量为基础的数量关系。因此，如何全面地、客观地研究这两者之间的数量关系，分析这两者之间的构成因素和规律性，并采用科学的方法，合理地确定建筑安装产品生产消耗的数量标准，是本课程中建筑安装工程定额所要研究的主要内容。

建筑安装产品也是商品，凡是商品都要研究其货币形态。因此，我们不但要从实物形态来研究建筑安装产品的劳动消耗，而且还要从货币形态来研究建筑安装产品的费用构成和工程造价的计算方法如何适应社会主义市场经济的客观要求。因此，在社会主义市场经济条件下，怎样运用各种经济规律和科学方法，合理确定建筑安装产品的工程造价，就是本课程建筑工程概预算所要研究的主要内容。

本课程的内容较多，涉及的知识面广，它以政治经济学、建筑经济学和社会主义市场经济基本理论为其理论基础；以建筑识图与构造、建筑材料，施工技术等课程为其专业基础课，同时又与施工组织、建筑企业会计，建筑企业经营管理、建筑企业统计等课有着密切联系。

本课程的政策性和实践性都较强。为了培养学生的动手能力，在学习中应突出以应用为重点，坚持理论与实践相结合，采用边学边练、学练结合的学习方法。在学习过程中，学员必须独立完成各种作业，通过编制施工图预算的全过程来掌握编制概预算的基本方法。

第二节　基本建设程序及基本建设项目划分

一、基本建设的概念

基本建设是指国民经济各部门中固定资产的再生产以及相关的其他工作。如,工厂、矿井、铁路、公路、水利、商店、住宅、医院、学校等工程的建设和各种设备的购置。

基本建设是再生产的重要手段，是国民经济发展的重要物质基础。

简而言之，基本建设就是固定资产的再生产。即把一定的物质资料，如建筑材料、机器设备等，通过购置、建造和安装等活动，转化为固定资产，形成新的生产能力或使用效益的过程。与此相联系的其他工作，如征用土地、勘察设计、筹建机构、培训工人等，也是基本建设的组成部分。

二、基本建设的内容

1. 建筑工程

建筑工程包括永久性和临时性的建筑物、构筑物、设备基础的建造；照明、水卫、暖通等设备的安装；建筑场地的清理、平整、排水；竣工后的整理、绿化以及水利、铁道、公路、桥梁、电力线路、防空设施等的建设。

2. 设备安装工程

设备安装工程包括生产、电力、起重、运输、传动、医疗、实验等各种机器设备的安装、装配工程；与设备相连的工作台、梯子等的装设；附属于被安装设备的管线敷设和设备的绝缘、保温、油漆等，以及为测定安装质量对单个设备进行各种试运行的工作。

3. 设备购置

包括各种机械设备、电气设备和工具、器具的购置。

4. 勘察与设计工作

包括地质勘探、地形测量及工程设计方面的工作。

5. 其他基本建设工作

除上述各项之外的基本建设工作，包括筹建机构、征用土地、培训工人以及其他生产准备工作。

三、基本建设程序

基本建设程序是指基本建设全过程中，完成各项工作必须遵循的先后顺序。

现行的基本建设程序，概话地说，包括以下十个方面的内容：

1. 项目建议书

主管部门根据国民经济中长期计划和行业、地区发展规划，提出需要进一步作可行性研究论证的项目建议书。

2. 可行性研究

有关部门根据项目建议书提供的初步资料进行技术、经济、政治等方面的分析和论证，并得出可行与否的结论。

3. 计划任务书

主管部门根据国民经济计划和可行性研究报告编写指导工程设计的计划任务书。

4. 选择建设地点

根据计划任务书和地区规划的要求，慎重、合理的选择建设地点。

5. 设计工作阶段

根据计划任务书和选点报告，设计部门在勘察资料的基础上进行初步设计，并编制初步设计概算；如需进行技术设计时，还要编制修正概算。初步设计方案通过后，在此基础上进行施工图设计，并编制施工图预算。

6. 编制年度基本建设计划

根据批准的初步设计文件和概算文件编制年度基本建设计划。

7. 设备订货和施工准备

建设单位和施工单位根据年度基本建设计划进行设备订货和施工准备。

8. 组织施工

根据施工图和年度基本建设计划组织全面施工。在施工前，施工单位要编制施工预算。

9. 生产准备工作

在开展全面施工的同时，建设单位做好各项生产准备工作。

10. 竣工验收，交付使用

建设单位在工程竣工后要及时组织验收。这时，施工单位编制工程结算，建设单位编制竣工决算。

以上十项内容的前五项属于基本建设的前期工作；后五项属于基本建设的后期工作。

虽然基本建设全过程由于工程类型不同而有所差异，但进行基本建设工作，一般应遵循先勘察后设计、先设计后施工、先验收后使用的程序。这一程序是基本建设工作过程中的自然规律和经济规律的客观反映。我们只有遵循这一客观规律，坚持按基本建设程序办事，才能使基本建设取得较好的经济效益。

基本建设程序的示意图见图1-1。

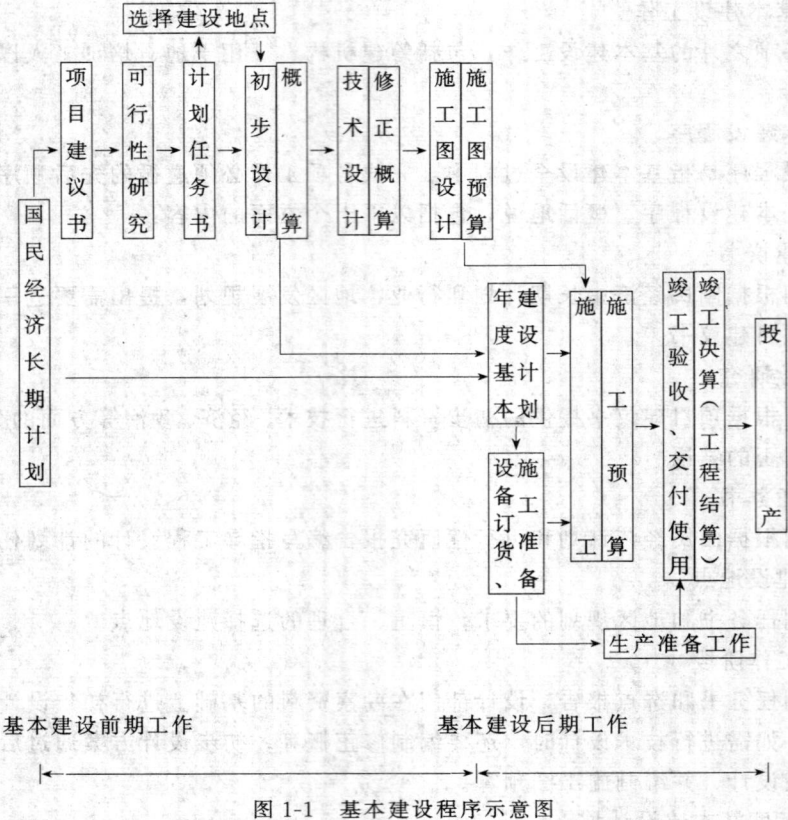

图 1-1　基本建设程序示意图

四、基本建设项目划分

基本建设项目按照基本建设管理工作和合理确定建筑安装工程造价的需要，划分为建设项目、单项工程、单位工程、分部工程、分项工程五个层次。

1. 建设项目

建设项目一般是指在一个总体设计范围内，由一个或几个单项工程组成，经济上实行独立核算，行政上实行统一管理的建设单位，并具有法人资格。

一般，以一个企业（或联合企业）、事业单位或独立的工程作为一个建设项目。

2. 单项工程

单项工程是建设项目的组成部分。

单项工程是指具有独立的设计文件，竣工后可以独立发挥生产能力或使用效益的工程。如，工业建筑的各个生产车间、辅助车间、仓库等；民用建筑中的教学楼、图书馆、住宅等分别都是一个单项工程。

3. 单位工程

单位工程是单项工程的组成部分。

单位工程是指具有独立的设计文件，能单独施工，但建成后不能独立发挥生产能力或使用效益的工程。如一个生产车间的土建工程、电气照明工程、给排水工程、机械设备安装工程、电气设备安装工程，都是生产车间这个单项工程的组成部分，即单位工程；住宅工程中的土建、给排水、电照等分别都是一个单位工程。

建筑安装工程一般以单位工程为对象编制设计概算、施工图预算、竣工结算和进行工程成本核算。

4. 分部工程

分部工程是单位工程的组成部分。

分部工程一般按工种工程来划分。例如：土石方工程、砖石工程、脚手架工程、钢筋混凝土工程、木结构工程、金属结构工程、装饰工程等等。也可以按单位工程的组成部分来划分。例如：基础工程、墙体工程、梁柱工程、楼地面工程、门窗工程、屋面工程等等。一般，建筑工程预算定额中的分部工程划分，综合了上述的两种方法。

5. 分项工程

分项工程是分部工程的组成部分。一般，按照分部工程划分的方法，再将分部工程划分为若干个分项工程。例如，基础工程又可以划分为基槽开挖、基础垫层、基础砌筑、基础防潮层、基槽回填土、土方运输等分项工程项目。分项工程划分的粗细程度，视具体编制概预算的不同要求而确定。一般概算定额的项目较粗，预算定额的项目较细。

分项工程是建筑安装工程的基础构造要素，通常，我们把这一基本构造要素称为"假定建筑产品"。假定建筑产品虽然没有独立存在的意义，但这一概念在预算编制原理、计划统计、建筑施工、工程概预算、成本核算等方面都是必不可少的重要概念。

基本建设项目划分示意图见图 1-2。

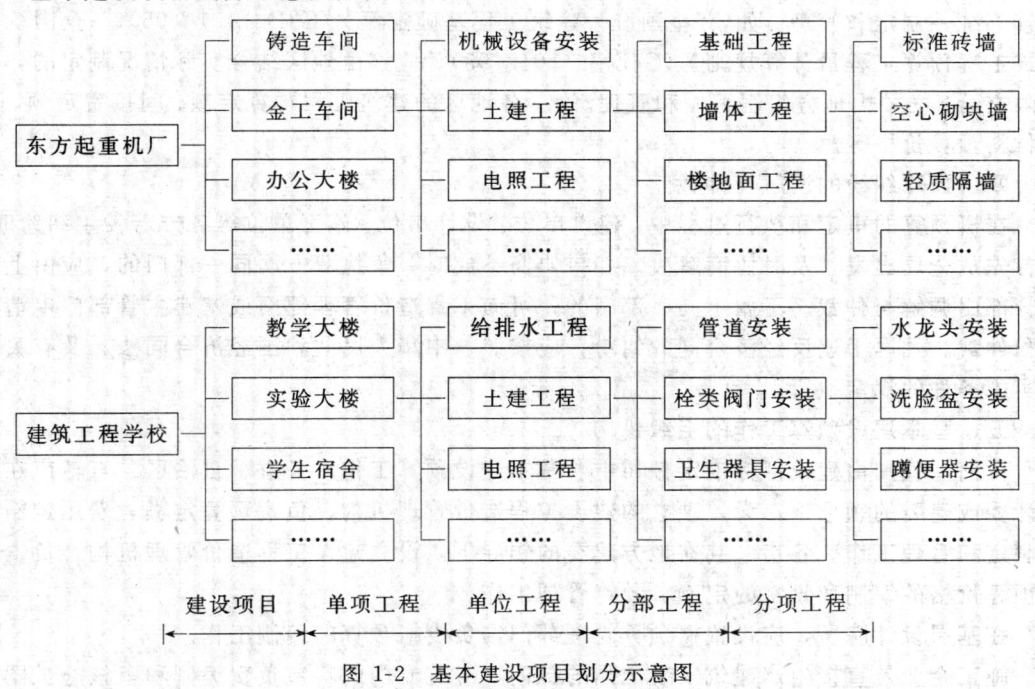

图 1-2　基本建设项目划分示意图

第三节　基本建设预算制度

一、基本建设预算制度的概念

基本建设预算制度是对基本建设预算的编制、审批办法，各种定额、材料预算价格的编制、实施、管理办法以及基本建设预算的组织与管理工作的总称。

二、基本建设预算的编制与审定

基本建设预算是对设计概算和施工图预算的总称。

采用两阶段设计的项目，由设计部门编制设计概算和施工图预算。

采用三阶段设计的项目，设计部门还要在技术设计阶段编制修正概算。

对于技术简单的小型建设项目，设计方案确定之后就可进行施工图设计，并编制施工图预算。

目前，主要由施工单位编制施工图预算。国家规定，有条件的设计单位要编制施工图预算。

建设单位以审查施工图预算为主，一般不单独编制施工图预算。

概算是设计文件的重要组成部分。建设单位在报批设计文件的同时，必须报批设计概算。

建筑安装工程施工图预算的审定，应由设计单位、或其主管部门组织设计单位、施工单位、建设银行分别进行或集中进行。

预算的审定时间从交付预算文件之日算起，一般不超过 30 天。

三、定额、价格的编制与管理

概预算定额、间接费定额、其他费用定额、材料预算价格、材料综合调价系数的编制，必须贯彻"集中领导和分级管理"的原则。即应该全国统一的办法、规则和定额，由国家主管部统一制定和管理。如，《全国统一建筑工程基础定额》(GJD—101—95)、《全国统一建筑工程预算工程量计算规则》(GJD$_{GZ}$—101—95)。应该由地区结合实际情况制定的，将权限交给地方，由地方组织编制和管理。如，各地区的建筑工程预算定额、间接费定额、地区材料预算价格等。

四、预算纠纷的调解与仲裁

在概预算的审定和执行过程中，建设单位、设计单位、施工单位等各方若发生纠纷时，应首先从全局出发，及时协商解决。如果协商不成时，争执双方属同一部门的，应由上级主管部门调解与仲裁。不属于同一部门的，可向工程造价管理部门或基建主管部门申请调解和仲裁。凡属于违反经济合同的纠纷，应按照《中华人民共和国经济合同法》及有关合同实施条件的规定执行。

五、基本建设预算工作的组织机构

目前，我国由建设部标准定额司主管基本建设预算工作。各省、自治区、直辖市在地方计委或建委的领导下，设置独立的建设工程造价管理机构，负责预算定额，费用定额等的制定和管理工作。各市、县在地方建委的领导下，设立建设工程造价管理机构，负责材料预算价格的编制和日常的定额、预算管理工作。

在基层设计院所，应设置概预算管理部门，负责概预算的编制工作。

施工企业是直接生产建筑安装产品的部门，应有专门的科室负责编制和审核施工图预算，参加工程招投标的报价工作。

建设银行是主管基本建设信贷投资的专业银行，负责合理发放和监督建设资金的使用和回收工作，所以也应有相应的预算管理和监督部门。

六、基本建设预算制度必须根据社会主义市场经济体制的建立而不断发展和完善

社会主义市场经济体制的运行，能使市场在社会主义国家宏观政策的调控下，对资源

配置起基础性作用，使经济活动遵循价值规律的要求，适应供求关系的变化，通过价格杠杆和竞争机制的作用，把有限资源配置到效益较好的环节中去，并给企业以压力和动力，实行优胜劣汰，运用市场对各种经济信号反应比较灵敏的特点，促进生产的发展，从而获得更好的经济效益。

建筑市场是社会主义市场的组成部分，建筑产品的生产、消费必然受市场经济的制约。因而，以工程造价管理为主要内容的基本建设预算制定，必须适合社会主义市场经济的运行机制。

1. 国家宏观调控与市场调节相结合确定建筑产品的生产规模

基本建设投资范围中，基础性的建设工程占相当的比例，这方面的投入与建设应当由国家统一调控，确定其建设项目和规模。

直接用于消费的建筑产品和用于建立企业、发展企业的建筑产品可以主要通过建筑市场，在市场经济规律的作用下，决定其生产规模。

2. 建筑产品的生产由计划定价向市场定价转变

完全按照国家主管部门颁发的各种文件和定额来确定建筑产品价格的方式，是属于计划价格的定价方式。

在社会主义市场经济条件下，建筑产品价格，即建筑安装工程造价应该在建筑市场的竞争机制和供求规律的作用下合理确定，使建筑产品的计划价格向市场价格转化。

3. 完善建筑安装工程招投标制

建筑安装工程招投标制，是确定建筑产品市场价格的有效手段。要进一步建立健全必要的法规，打破地区保护主义，排除各种干扰，创造公平合理的竞争环境，通过工程招投标方式承包建设任务和确定工程造价的方式，推动建筑市场的发展。

4. 建立健全工程造价管理法规

在社会主义市场经济条件下，工程造价管理法规应包括：

(1) 工程造价审批程序及办法；

(2) 编制定额的准则；

(3) 工程量统一计算规则；

(4) 工程质量标准；

(5) 工程监理法规；

(6) 承包商资质等级审定法规；

(7) 工程造价标准计算格式。

5. 强化工程造价管理部门的职能

在社会主义市场经济条件下，建筑产品价格不能由某个部门硬行规定，也不能由谁说了算，应该由市场定价。但是，也不能失去宏观控制，要建立健全具有宏观调控功能的工程造价部门，适应社会主义市场经济发展的需要。

工程造价管理部门应具有以下职能：

(1) 工程项目可行性研究

工程项目可行性研究主要分析和评价两个方面的问题。一是经济效益；二是社会效益。工程造价管理部门能够通过工程项目可行性研究，从若干可行方案中选择经济效益和社会效益好的最佳方案，为工程建设业主提供可靠的决策依据。

（2）制定具有权威性的各种定额

与计划经济相比，市场经济条件下的各类定额失去了法令性，因为工程施工过程的消耗量不一定以统一的定额来确定。

定额失去了法令性不等于没有权威性，相反，还应进一步加强他的指导性和控制性，使定额成为控制建筑产品价格的重要手段和工具。

定额的权威性是建立在国家宏观调控作用和定额的质量信誉之上的。

各建设业主、工程承包商和技术咨询部门可以根据本地区、本行业、本单位的具体情况、参照工程造价管理部门制定的统一定额编制相应的内部定额。这种内部定额是编制工程标价和标底的基础。

（3）发布计算间接费、利润的指导费率

在建筑市场的作用下，不同时期的工程人工费、材料费和机械费要发生较大的变化，因而以工程直接费为基数（或以人工费为基础）计算的间接费和利润也随之发生变化。以定期或不定期的形式发布计算间接费和利润的浮动费率，更加适应建筑市场建筑产品的定价机制，使建筑产品价格的宏观控制和市场定价得以较好地结合起来。

（4）发布建筑材料价格指数

在社会主义市场经济条件下，材料价格由市场供求规律确定。我们知道，材料价格的高低直接影响工程造价的水平。通过先进科学的预测手段定期发布具有指导性的建筑材料价格指数，就可以达到宏观调控本地区材料价格的目的，使工程建设业主和工程承包商在计算工程造价时有统一的依据。

（5）开展咨询业务　咨询业务的主要内容包括：

①根据工程造价管理法规执行监督职能；

②广泛开展工程造价咨询工作；

③搞好工程造价管理方面的工程监理业务。

七、建立基本建设预算制度的客观必然性

基本建设预算制度是社会主义市场经济各经济规律在基本建设中的客观反映，也是国家宏观控制基本建设的具体形式。全面正确地贯砌基本建设预算制度，可以利用有限的人力、物力、财力资源获得较好的经济效益，为社会主义经济建设不断积累物质财富。

基本建设工程造价是满足市场需求的社会必要劳动量的货币表现。因此，必须使用国家宏观控制的具有权威性的概预算定额作为编制基本建设预算的重要依据。

工程造价管理以提高基本建设经济效益为基本目标，因此，在工程的勘察设计阶段就要控制工程造价。例如，在初步设计阶段应根据设计概算来衡量各方案的经济合理性，从中选出最佳设计方案。

基本建设预算必须按照有关法规规定的程序进行编制，使概算造价不致突破项目投资，使施工图预算确定的工程造价不致突破概算造价。

社会主义市场经济体制下的市场调控手段，将建筑产品的生产和消费推向了市场。建筑市场的供求关系直接影响建筑产品的价格。以建筑安装招投标方式确定工程造价，既反映了商品经济的价值规律，又反映了市场经济的供求规律。

综上所述，基本建设预算制度的内容充分体现了社会主义市场经济对基本建设和工程造价管理的客观要求，因而，基本建设预算制度的建立具有客观必然性。

第四节　基本建设预算费用构成和基本建设预算的作用

一、基本建设预算费用构成

基本建设预算费用由单项工程费、其他费用及预备费构成。

（一）单项工程费用

1. 建筑安装工程费用：

（1）建筑工程费用；

（2）安装工程费用。

2. 设备、工具、器具购置费。

（二）其他费用

1. 土地补偿费和安置补助费。

2. 建设单位管理费。

3. 研究试验费。

4. 生产职工培训费。

5. 办公和生产用家具购置费。

6. 联合试运转费。

7. 勘察设计费。

8. 供电补贴费。

9. 施工机构迁移费。

10. 矿山巷道维修费。

11. 引进技术和进口设备项目的其他费用。

（三）预备费

1. 在概预算范围内增加的工程和费用。

2. 设备、材料的价值。

3. 由于自然灾害采取的措施费。

4. 工程竣工验收费。

二、基本建设预算的作用

基本建设预算不仅计算基本建设项目的全部费用，而且是对全部基本建设投资进行分配、管理、控制和监督的重要手段，其主要作用如下：

1. 编制基本建设计划的依据

国家确定基本建设投资规模和投资方向，对国民经济各部门进行投资分配，都必须以基本建设预算为依据。另外，各基本建设年度计划投资额也是根据设计概算来确定的。国家规定，没有设计概算的工程不得列入基本建设年度计划。

2. 比较设计方案的依据

衡量建设项目设计方案的经济合理性，必须依据基本建设预算。因为设计概算是基本建设工程经济价值的货币表现。设计人员在初步设计阶段根据设计概算对多个可选择方案进行技术经济分析对比，从而选择一个经济合理的最佳设计方案。

3. 基本建设信贷和结算工程价款的依据

基本建设预算是控制基本建设投资额的依据。建设银行根据概预算确定建设项目的贷款额度。建设单位根据预算和施工合同向施工单位拨付工程价款，根据工程进度结算工程价款，根据预算和现场签证办理竣工结算。

4. 施工企业加强管理和成本核算的依据

施工企业根据施工图预算提供的有关数据，编制施工进度计划、材料供应计划和施工预算。施工图预算是企业统计完成工程量和进行工程成本核算的基础。

第五节　建筑安装工程概预算编制原理

一、建筑安装工程概预算的概念

建筑安装工程概预算是建筑安装工程概算和建筑安装工程预算的简称。

建筑安装工程概算又称设计概算；建筑安装工程预算又称施工图预算。

建筑安装工程概、预算是确定单位工程概、预算造价的经济文件。

二、建筑安装工程造价的费用构成

从理论上讲，建筑产品与其他产品一样，都是由构成这个商品价值的社会必要劳动时间确定，即包括 C 和 V+m 两部分价值。目前，按照预算制度的规定，这两部分价值划分为四个组成部分，即由直接工程费、间接费、计划利润和税金构成。

1. 直接工程费

建筑安装工程直接工程费是与建筑安装产品生产直接有关的费用,他主要由直接费、其他直接费、现场经费构成。

（1）直接费

直接费主要包括人工费、材料费和施工机械使用费。

（2）其他直接费

其他直接费主要包括冬雨季施工增加费、夜间施工增加费、材料二次搬运费、生产工具用具使用费等费用。

（3）现场经费

现场经费主要包括为施工准备、组织施工生产而发生的办公费、差旅交通费、固定资产使用费等费用。

2. 间接费

建筑安装工程间接费是指费用发生后不能直接计入某个建筑安装工程，而只有通过分摊的办法间接计入建筑安装工程成本的费用，他主要包括企业管理费、财务费用和其他费用。

3. 计划利润

利润是劳动者为社会劳动创造的价值。利润一般按国家或地方规定的利润率计算。

利润的计取具有竞争性，施工企业投标报价时，可根据本企业的经营管理水平和市场供求情况，在一定的范围内，自行确定本企业的利润水平。

4. 税金

税金也是劳动者为社会劳动创造的价值,与计划利润不同的是他具有法定性和强制性。

按现行国家规定，税金应包括营业税、城市维护建设税和教育费附加。

建筑安装工程造价的费用构成示意图，见图1-3。

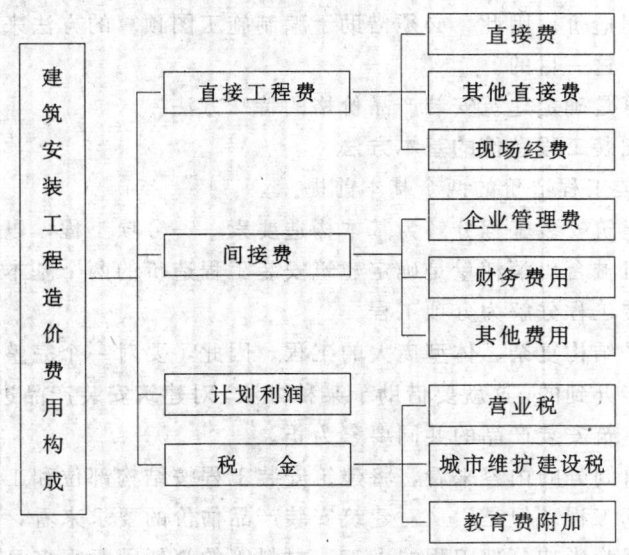

图 1-3　建筑安装工程造价费用构成示意图

三、建筑安装产品的特点

建筑安装产品具有单件性、建筑地点固定性、施工生产流动性等特点，是建筑安装产品必须用编制施工图预算的方式来确定工程造价的根本原因。

1. 单件性

建筑安装产品具有单件性的特点。因为每一个建筑安装产品都具有特定的功能和用途，所以对建筑物的造型、结构、尺寸、设备配置和内外部装修都有具体要求。就是用途相同的建筑安装产品，在建筑等级、建筑标准和设备技术水平方面也往往不相同。

建筑安装产品的单件性使得基本建设产品在实物形态上千差万别，各不相同。

2. 固定性

建筑安装产品必须固定于一个建设地点的特性，是形成建筑安装产品单件性的另一重要因素。

由于建筑安装产品是全部或局部固定在一定的地点，不能随便移动。这一客观事实必然会使产品的结构和造型受到当地自然气候、地质、水文和资源条件的影响和制约，以致功能完全相同的产品在实物形态上仍有较大的差别。加之产品体型庞大、结构复杂，又为他在实物形态上的变化提供了几乎无限的可能性。因此，严格地讲，基本建设中不存在完全相同的建筑安装产品。

3. 流动性

建筑安装产品的固定性，是产生施工生产流动性的根本原因。流动性是指施工企业必须分别在不同的建设地点组织施工。每个建设地点由于资源条件不同、运输条件不同、工资地区类别不同，都会影响建筑安装产品的工程造价。

四、以编制施工图预算来确定工程造价的必要性

建筑安装产品特点的三大特性，决定了建筑安装产品在实物形态上和价格要素上的千

11

差万别，这一差别成为制定建筑安装产品统一价格的障碍。

为了贯砌执行国家统一定价的方针政策，必须对建筑安装产品在统一的价格水平下，单独计算建筑安装工程造价。因此，必须借助于编制施工图预算的方法来确定每个建筑安装工程造价，方能达到这一目的。

编制施工图预算是确定建筑安装产品价格的特殊方法。

五、确定建筑安装工程造价的基本方法

1. 确定建筑安装工程造价的两个基本前提

将一个复杂的建筑安装工程分解为基本构造要素——分项工程，以及确定单位分项工程的人工、材料、机械台班消耗量是确定建筑安装工程造价的两个基本前提。

（1）将建筑安装工程分解为分项工程

建筑安装产品是结构复杂、体型庞大的工程。因此，要对一个完整的建筑安装产品进行统一定价是不可能办到的。这就要借助于某种方法，对建筑安装产品进行合理的分解，一直分解到构成完整建筑安装产品的共同要素为止。

从基本建设项目划分的内容来看，将建筑安装工程按结构部位和工程工种来划分，可以划分为若干个分部工程。但是，从对建筑安装产品估价的要求来看，分解到分部工程仍然不能满足需要，因为影响分部工程的人工、材料等的消耗因素很多且不相同。例如，同样是砖墙，由于他们的构造不同（实砌墙或空花墙）、材料不同（标准砖或混凝土砌块）等因素影响，其人工、材料消耗的差别是很大的。所以，还必须把分部工程按照不同的施工方法、不同的构造以及不同的规格，作更为细致的分解，即划分为更简单更细小的部分，即为分项工程。

分项工程是经过逐步分解，最后得到能够用较为简单的施工过程生产出来的，可以用适当计量单位计算的工程基本构造要素。

分项工程是一种满足定价需要的假定建筑安装产品。这种假定建筑产品根据概预算编制的要求不同，可以划分细一些，也可以划分粗略一些。如果划分得细一些，可以把砌筑标准砖墙的分项工程项目划分为砌 $\frac{1}{2}$ 砖厚、$\frac{3}{4}$ 砖厚、1 砖厚 $1\frac{1}{2}$ 砖厚等内外砖墙的砌筑项目。

如果划分粗略一些，则可以把上述分项工程只划分为砌外墙和砌内墙两个项目。显然，分项工程在技术上的划分对于建筑安装产品的定价十分重要。

应该看到，虽然建筑安装产品千变万化，但不管何种建筑安装产品，他们都由若干个分项工程项目构成，所不同的是在于其分项工程项目构成的内容不同、构成的数量不同。

（2）编制建筑安装工程预算定额

有了假定建筑安装产品——分项工程，就可以采用一定的方法，编制生产这些假定建筑安装产品的劳动消耗定额，用以确定单位工程的分项工程所需的人工、材料、机械台班消耗量。

不同的建筑安装产品由不同的分项工程项目和不同的工程数量构成。预算定额确定的每一单位分项工程的人工、材料、机械台班消耗起到了统一全部分项工程劳动消耗水平的作用，从而能使我们根据每个工程不同的分项工程项目和工程量，计算出整个建筑安装产品的劳动消耗量。因此，预算定额起到了统一建筑安装工程劳动消耗量标准的重要作用。

如果在预算定额的基础上，再考虑价格因素，用货币指标计算工程直接费、间接费、计划利润和税金，就可以最终计算出整个建筑安装产品的工程造价。

将建筑安装工程划分为工程基本构造要素——分项工程，再编制出单位分项工程的人工、材料、机械台班消耗的数量标准——预算定额，是建筑安装工程得以通过单位估价法或实物金额法确定工程造价的两个基本前提。

2. 确定建筑安装工程造价的数学模型

用编制施工图预算的方法确定工程造价，一般有下列三种方法：

(1) 单位估价法

单位估价法是目前普遍采用的方法。他是根据建筑安装工程施工图和预算定额，按分部分项的顺序，先算出分项工程量，然后再乘以对应的定额基价，求出分项工程直接费。将分项工程直接费汇总为单位工程直接费，再根据其他直接费费率、间接费费率、计划利润率、税率分别计算出其他直接费、间接费、计划利润和税金，最后再汇总成单位工程造价。其数学模型如下：

$$建筑安装工程造价 = 直接工程费 + 间接费 + 计划利润 + 税金$$

$$建筑工程造价 = [\Sigma(分项工程量 \times 定额基价)] \times (1 + 其他直接费费率$$
$$+ 间接费费率) \times (1 + 计划利润率) \times (1 + 税率)$$

$$安装工程造价 = \{[\Sigma(分项工程量 \times 定额基价)] + [\Sigma(分项工程量$$
$$\times 定额基价中人工费单价)] \times (1 + 其他直接费费率$$
$$+ 间接费费率 + 计划利润率)\} \times (1 + 税率)$$

(2) 实物金额法

当建筑安装工程预算定额只有实物消耗量，没有反映货币消耗量时（无定额基价），就可以采用实物金额法来确定建筑安装工程造价。

实物金额法的基本方法是，依据施工图和预算定额，按分部分项顺序算出工程量，再套用对应的预算定额算出人工、材料、机械台班消耗量，然后将分项工程的实物消耗量汇总成单位工程人工、材料、机械台班消耗量，并分别乘上本地区的工日单价、材料预算价格、机械台班预算价格后汇总成单位工程直接费，最后再按有关规定计算其他直接费、间接费，计划利润和税金，合计出建筑安装工程造价。其数学模型如下：

$$建筑安装工程造价 = 单位工程直接费 + 单位工程间接费 + 计划利润 + 税金$$

$$建筑工程造价 = \{[\Sigma(分项工程量 \times 定额用工数量] \times 地区工日单价$$
$$+ [\Sigma(分项工程量 \times 定额材料消耗量)] \times 地区材料预算价格$$
$$+ [\Sigma(分项工程量 \times 定额机械台班量)]$$
$$\times 地区机械台班预算价格\} \times (1 + 其他直接费费率$$
$$+ 间接费费率) \times (1 + 计划利润率) \times (1 + 税率)$$

安装工程造价 $=\{[\Sigma(\text{分项工程量} \times \text{定额用工数量})] \times \text{地区工日单价}$

$\times (1 + \text{其他直接费费率} + \text{间接费费率} + \text{计划利润率})$

$+ [\Sigma(\text{分项工程量} \times \text{定额材料消耗量})]$

$\times \text{地区材料预算价格} + [\Sigma(\text{分项工程量}$

$\times \text{定额机械台班量})] \times \text{地区机械台班预算价格}\} \times (1 + \text{税率})$

（3）分项工程完全造价计算法

分项工程完全造价计算法与国际上通用的工程估价方法接近。

分项工程完全造价计算法是根据建筑安装工程量，预算定额和有关费用定额，直接计算每一分项工程的工程造价。然后再将各分项工程造价汇总成单位工程造价。其数学模型如下：

建筑安装工程造价 $= \Sigma(\text{分项工程完全造价})$

建筑分项工程完全造价 $= [\text{分项工程量} \times \text{定额基价} \times (1 + \text{其他直接费费率}$

$+ \text{间接费费率})] \times (1 + \text{计划利润率}) \times (1 + \text{税率})$

安装分项工程完全造价 $= [\text{分项工程量} \times \text{定额基价} + \text{分项工程量} \times \text{定额人}$

$\text{工费单价} \times (1 + \text{其他直接费费率} + \text{间接费费率}$

$+ \text{计划利润率})] \times (1 + \text{税率})$

第六节　建筑安装工程施工图预算编制程序

施工图预算编制程序是指编制施工图预算有规律的步骤和顺序。包括施工图预算的编制顺序、编制依据和编制内容。

一、编制依据

1. 建筑安装工程施工图

建筑安装工程施工图是计算工程量的依据。建筑安装工程施工图从广义的角度讲，包括施工图、标准图、图纸会审记录和设计变更通知等资料。

2. 施工组织设计或施工方案

施工组织设计或施工方案是在编制施工图预算过程中用以确定土壤类别、基础工作面大小、构件加工地点和运输距离及运输方式等的依据。

3. 建筑安装工程预算定额（地区单位估价表）

建筑安装工程预算定额（地区单位估价表），是确定分项工程项目、计算分项工程直接费及进行工料分析的依据。

4. 地区建筑安装材料预算价格

地区建筑安装材料预算价格是计算工程材料费和调整建筑安装材料价差的依据。

5. 建筑安装工程间接费定额、计划利润率和税率

建筑安装工程间接费定额、计划利润率和税率是分别计算间接费、计划利润和税金的

依据。

6. 施工合同

施工合同是确定是否收取施工图包干费、计划利润率的依据。

二、施工图预算编制程序

施工图预算编制程序大体可描述为：

1. 根据施工图、施工方案和预算定额列出分项工程项目，并计算工程量；

2. 根据分项工程名称和预算定额套用定额数据；

3. 根据工程量和套用的定额数据计算定额人工费、材料费、机械费，并进行工料分析和汇总；

4. 将分部分项工程直接费汇总为单位工程直接费；

5. 根据材料价差调价文件、材料预算价格和汇总的材料量调整单位工程价差；

6. 根据定额直接费（或定额人工费）和其他直接费费率计算其他直接费；

7. 根据定额直接费（或定额人工费）和间接费费率计算间接费；

8. 根据工程预算成本（定额直接费＋其他直接费＋间接费）或定额人工费乘上计划利润率计算计划利润；

9. 根据直接工程费、间接费、计划利润和税率计算营业税、城市维护建设税和教育费附加；

10. 将直接工程费、间接费、计划利润和税金汇总成单位工程造价。

施工图预算编制程序示意图，见图1-4。

图1-4 说明：

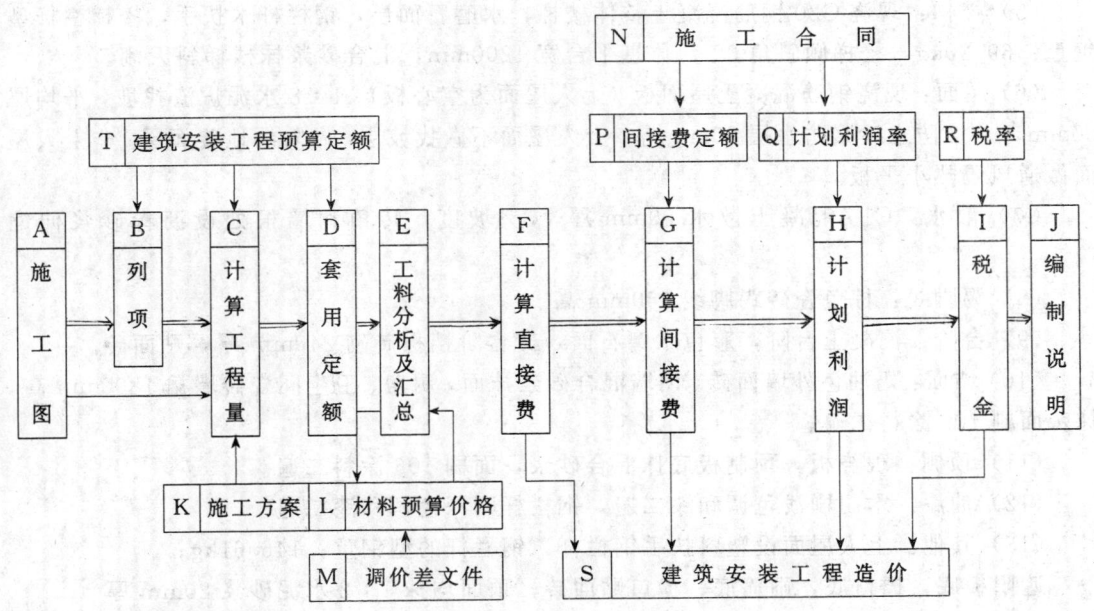

图1-4 建筑安装工程施工图预算编制程序示意图

（1）"⇒"双线箭头表示的是施工图预算编制的主要程序。

（2）施工图预算编制依据的代号有：A、T、K、L、M、N、P、Q、R。

（3）施工图预算编制内容的代号有：B、C、D、E、F、G、H、I、S、J。

第七节　施工图预算编制实例

本节拟通过一个简单的施工图预算编制实例，介绍施工图预算编制原理在编制施工图预算中的应用，了解施工图预算的编制顺序、编制方法，使初学者对施工图预算是怎样确定建筑工程造价的计算过程，有一个概要的完整的了解。

一、识图

目的：看懂施工图所表达的内容，明确该工程包括哪些施工图预算项目，找到各项目之间的联系。

方法：先看设计说明，再看建筑施工图，然后再看结构施工图，最后将说明、建施图、结施图融汇贯通在一起来看。

1．设计说明

（1）本工程为别墅式小住宅，（见住宅建施1、建施2、建施3、结施1、结施2图），二层，砖混结构，室内地坪相对标高±0，000，室外地坪相对标高－0.450m。

（2）基础：C10混凝土基础垫层200厚，M5水混砂浆砌砖基础，－0.060m处设钢筋混凝土地圈梁一道，尺寸详结施1。

（3）墙身：M2.5混合砂浆砌240厚标准砖内外墙，内墙砖垛尺寸为180mm×240mm。

（4）楼地面：C10混凝土地面垫层100厚，厨房、卫生间防滑地砖地面，其余为彩色水磨石楼地面。

（5）楼梯：现浇C20钢筋混凝土整体楼梯，水磨石面层，钢栏杆木扶手，楼梯栏杆型钢重：69.20kg，楼梯倾斜角32°，休息平台宽1200mm，混合砂浆抹楼梯斜天棚。

（6）屋面：现浇钢筋混凝土屋面板（上人屋面为空心板）。1:8水泥炉渣找坡，平均厚50mm，1:2防水砂浆防水层20mm厚。上人屋面不做找坡层，做防滑地砖面层。非上人屋面做通风隔热小平板。

（7）散水：C15混凝土散水80mm厚，3％坡度，转角和墙根处设沥青砂浆伸缩缝。

（8）踢脚线：棕色瓷砖踢脚线150mm高。

（9）台阶：混凝土台阶，彩色水磨石面，砖台阶挡板砖砌240mm厚，贴面砖。

（10）墙面：奶油色外墙面砖，内墙混合砂浆抹面，厨房、卫生间瓷砖墙裙1800mm高，抹灰面刷106涂料二遍。

（11）顶棚：现浇板，预制板底抹混合砂浆，面刷106涂料二遍。

（12）油漆：木门刷浅色调和漆二遍，钢栏杆刷深色调和漆二遍。

（13）其他：上人屋面设塑料扶手钢栏杆，钢栏杆的型钢重：146.61kg；

遮阳板底，檐口底，雨篷底、檐口贴面砖；顶面均抹1:2水泥砂浆20mm厚

2．门窗统计表

门窗统计表，见表1-1。

3．钢筋混凝土构件统计表

钢筋混凝土构件统计表，见表1-2。

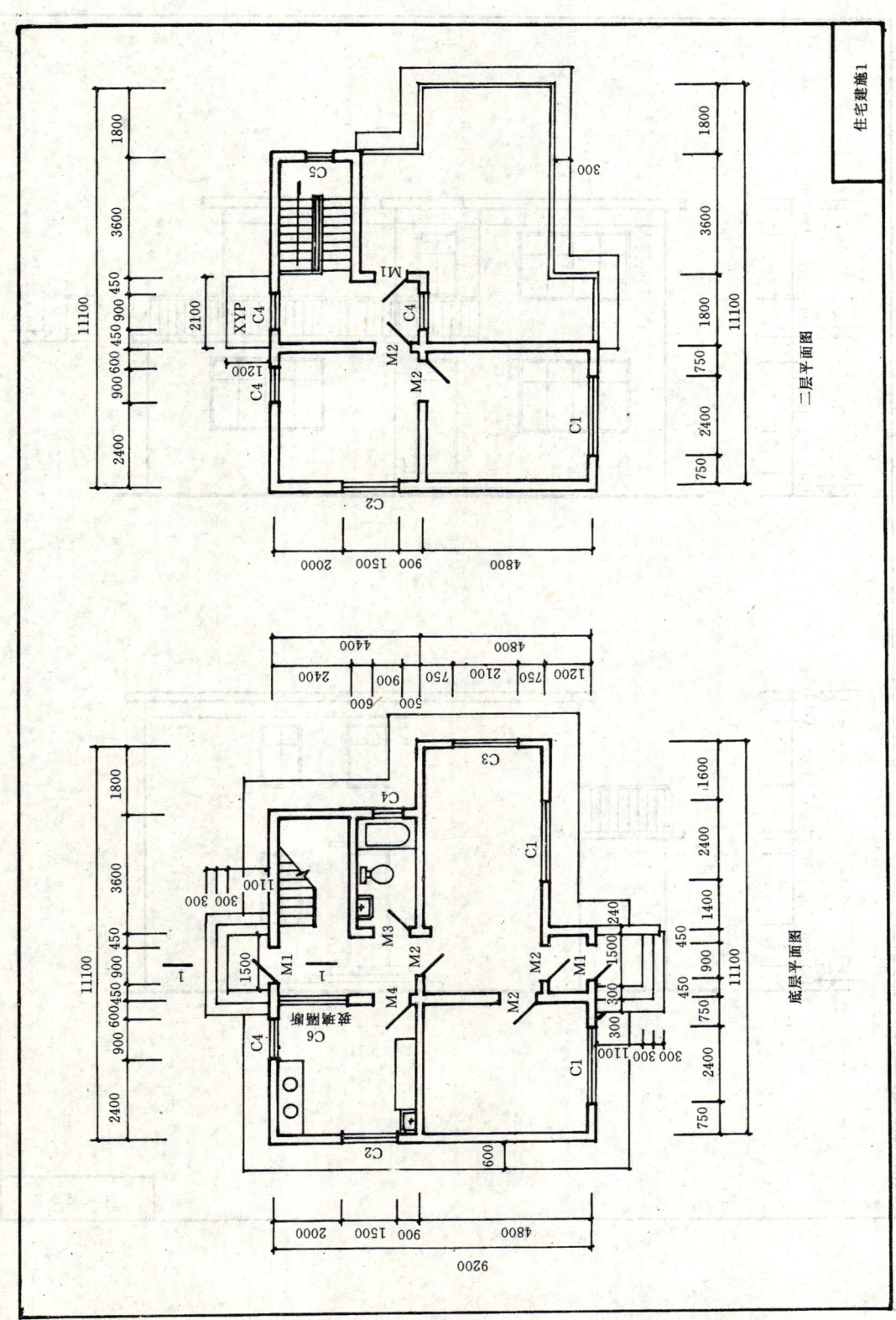

二层平面图

底层平面图

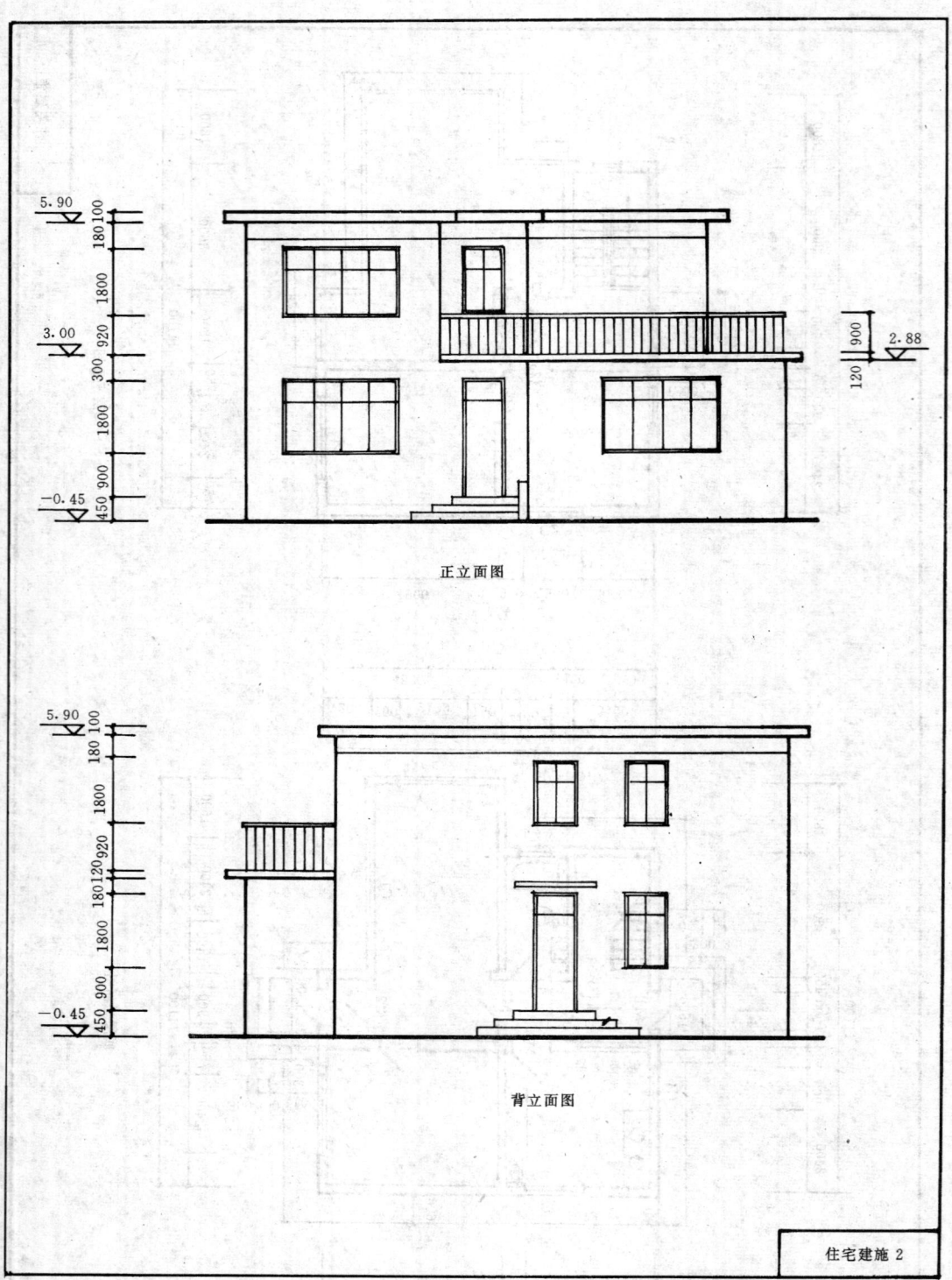

正立面图

背立面图

住宅建施 2

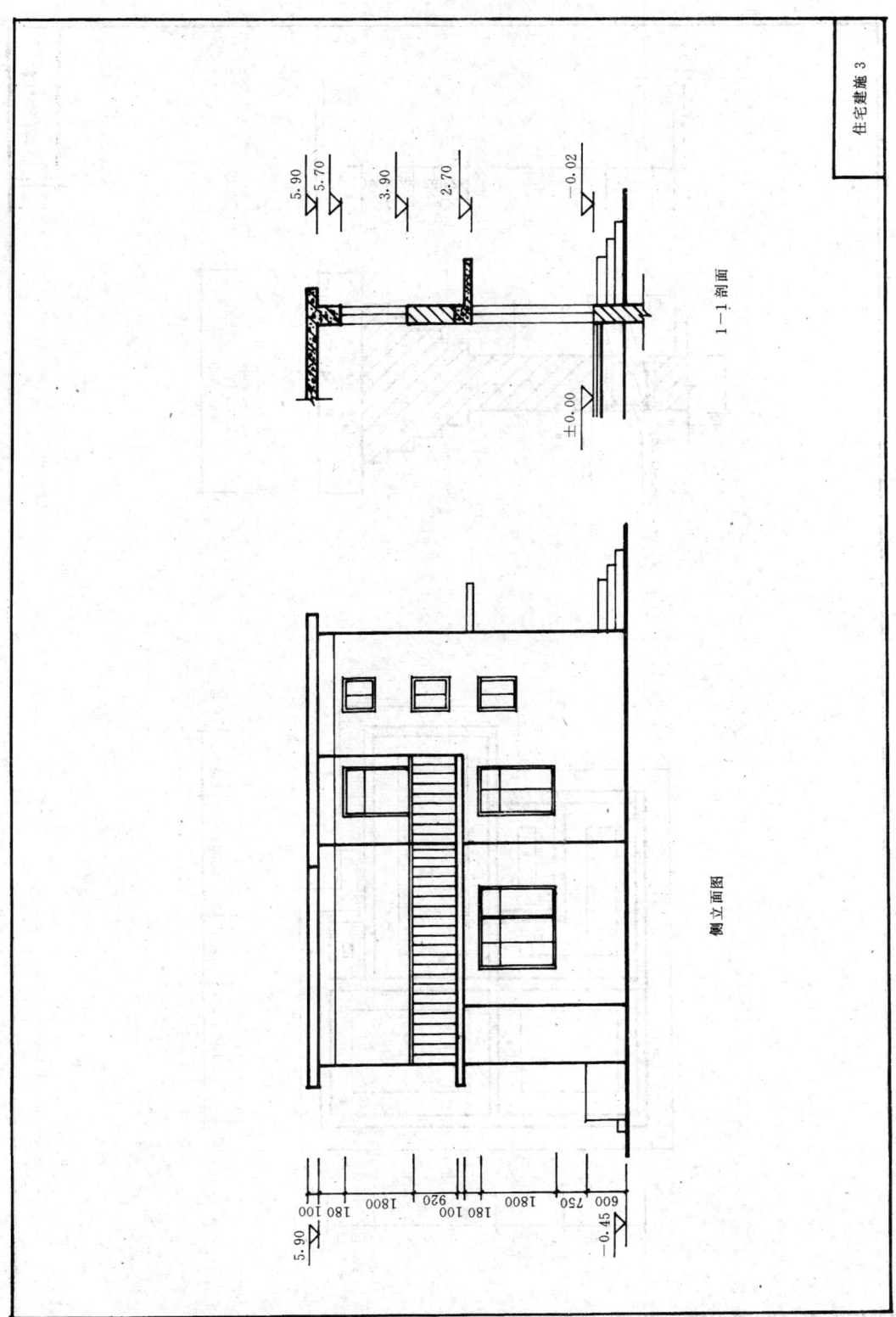

1-1 剖面

侧立面图

5.90

5.70

3.90

2.70

−0.02

±0.00

5.90

180 100

1800

920

180 100

1800

750

600

−0.45

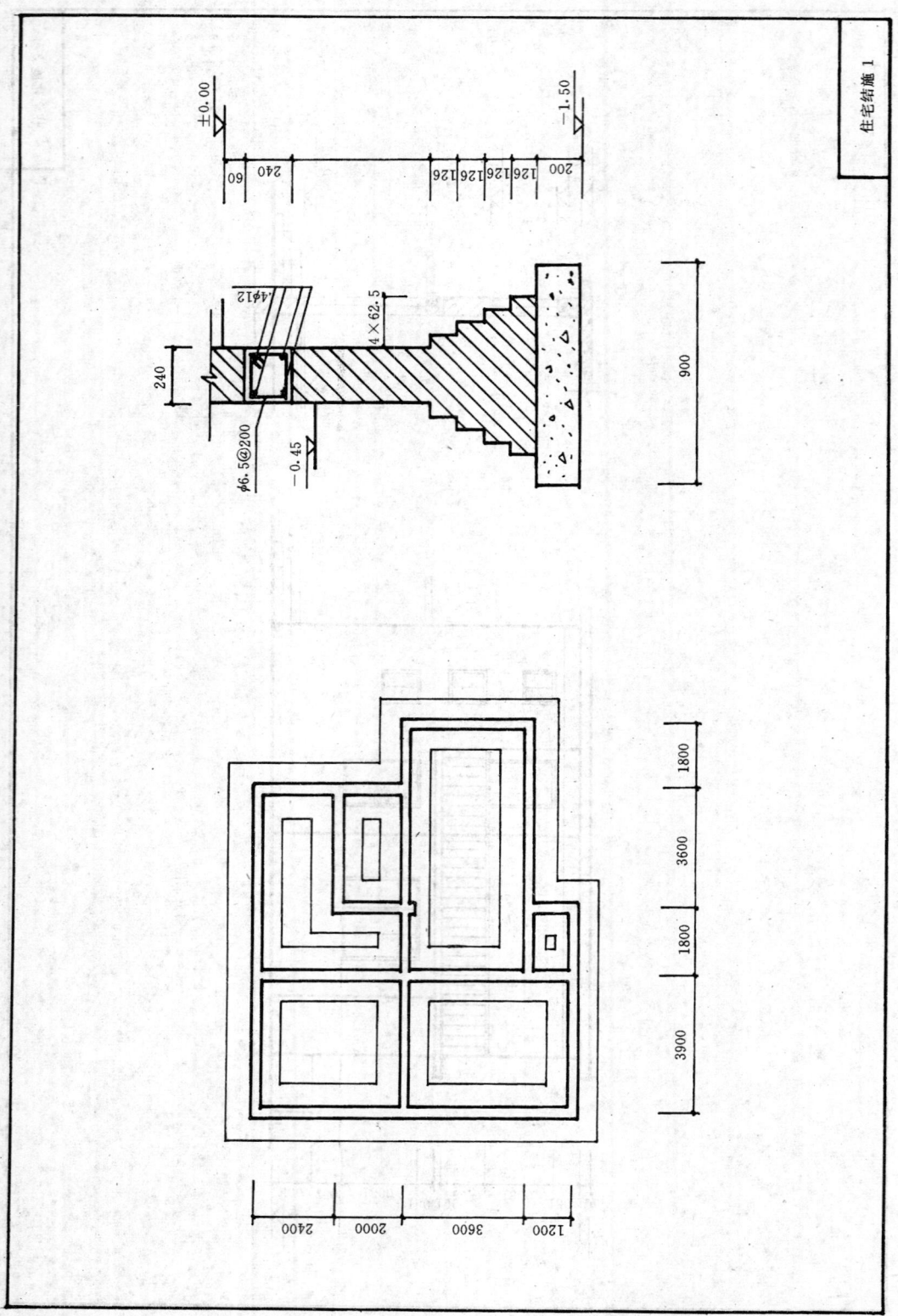

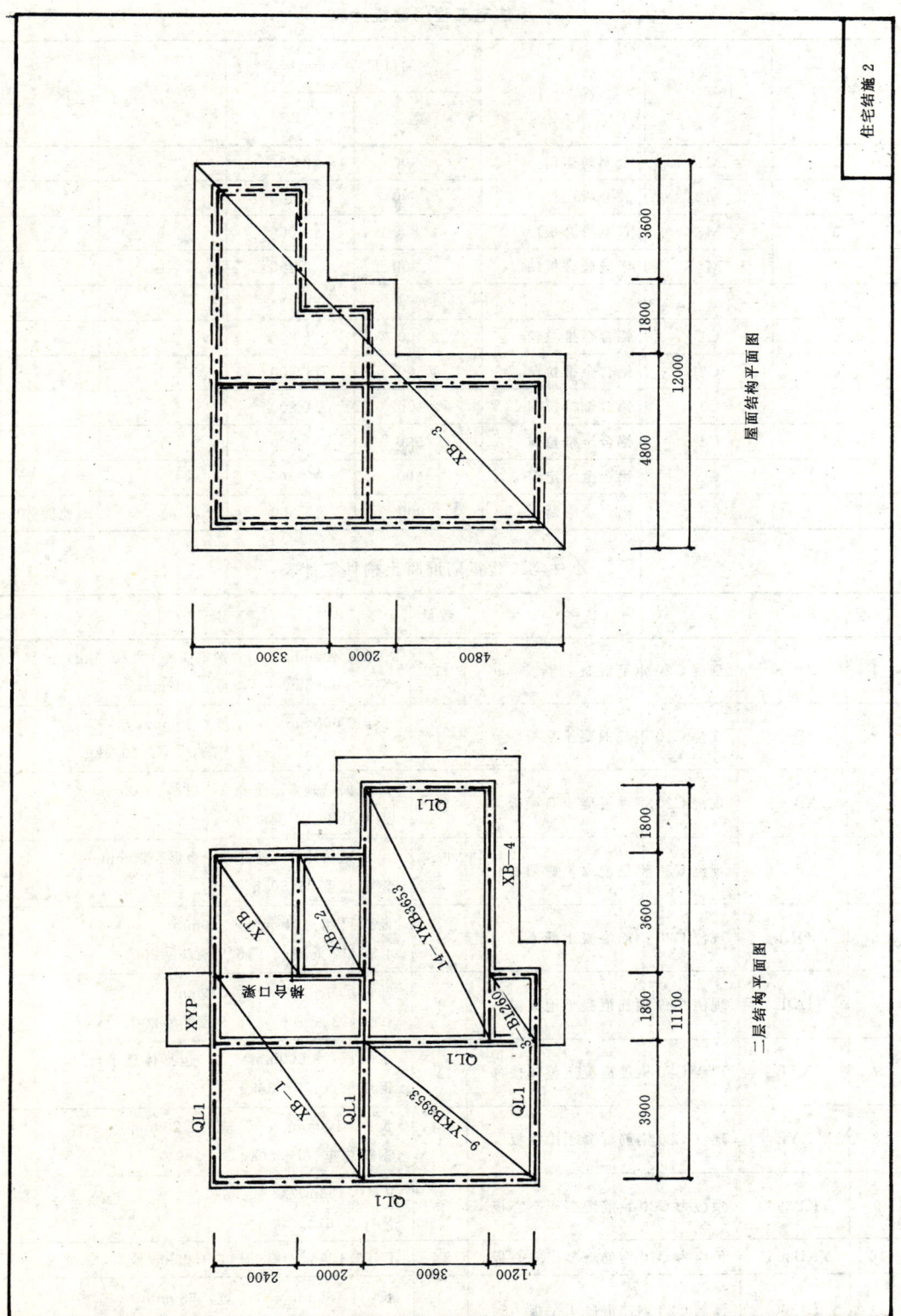

屋面结构平面图

XB-3

3600　1800　　12000　　4800

4800　2000　3300

二层结构平面图

QL1　XTB　XYP

纵口墙中　XB-2

14-YKB3653　QL1

1-YKB3653　XB-1　QL1

6-YKB3953　QL1　XB-4

XB3250　QL1

1800　3600　11100　1800　3900

2400　2000　3600　1200

小住宅工程门窗统计表   表 1-1

序 号	代 号	名 称	洞口尺寸（mm）		数 量	说 明
			宽	高		
1	M1	金属防盗门	900	2 700	3	
2	M2	胶合板门	900	2 400	5	
3	M3	百页胶合板门	800	2 000	1	
4	M4	半玻胶合板门	900	2 400	1	
5	C1	铝合金推拉窗	2 400	1 800	3	
6	C2	铝合金推拉窗	1 500	1 800	2	
7	C3	铝合金推拉窗	2 100	1 800	1	
8	C4	铝合金推拉窗	900	1 800	5	
9	C5	铝合金固定窗	600	600	3	
10	C6	铝合金隔断	2 000	2 500	1	距地面 400mm

小住宅工程钢筋混凝土构件统计表   表 1-2

序号	代号	项目名称	数量	说 明	
1	XB—1	现浇 C20 钢筋混凝土平板	1	长：4 400mm	钢筋总重：120.4kg
				宽：3 900mm	厚：100mm
2	XB—2	现浇 C20 钢筋混凝土平板	1	长：3 600mm	厚：100mm
				宽：2 000mm	钢筋总重：50.4kg
3	XB—3	现浇 C20 钢筋混凝土有梁板	1	尺寸见结施2、建施3，板厚：100mm	
				钢筋总重：1 348.08kg	
4	XB—4	现浇 C20 钢筋混凝土遮阳板	1	尺寸见结施2、建施1，板厚：50mm	
				钢筋总重：26.80kg	
5	QL1	现浇 C20 钢筋混凝土圈梁	1	断面尺寸：240mm×240mm	
				4 根 ϕ12 筋通长，ϕ6.5 箍筋@200。	
6	DQL	现浇 C20 钢筋混凝土地圈梁	1	断面尺寸：240mm×240mm	
				4 根 ϕ12 筋通长，ϕ6.5 箍筋@200。	
7	XTB	现浇 C20 钢筋混凝土整体楼梯	1	水平长：3 600mm 包括休息平台	
				钢筋总重：93.36kg	
8	XYP	现浇 C20 钢筋混凝土雨篷板	1	长：2 100mm 宽：1 200mm	
				钢筋总重：17.50kg	
9	YKB3953	预应力 C30 钢筋混凝土空心板	9	$V=0.135\text{m}^3$/块	
				ϕ^b4：5.67kg/块	
10	YKB3653	预应力 C30 钢筋混凝土空心板	14	$V=0.125\text{m}^3$/块，ϕ^b4：4.05kg/块	
11	B1260	预制 C20 钢筋混凝土平板		长：1 180mm 宽：580mm	
				厚：100mm 钢筋总重：16.84kg	

二、列项

目的：根据熟悉的小住宅施工图，按某地区建筑工程预算定额，列出分项工程项目。

方法：参照一般施工顺序列项。

小住宅工程分项工程项目表，见表 1-3。

小住宅工程分项工程项目表　　　　　　　　表 1-3

序　号	定额编号	分　项　工　程　名　称	单　位
1	10 027	人工平整场地	m²
2	10 003	人工挖地槽	m³
3	600 32	C10 混凝土基础垫层	m³
4	20 003	M5 水泥砂浆砌砖基础	m³
5	10 025	人工地槽回填土	m³
6	40 075	现浇 C15 钢筋混凝土地圈梁	m³
7	20 011	M2.5 混合砂浆砌标准砖墙	m³
8	30 007	砌墙、抹灰等综合脚手架	m²
9	50 031	胶合板门制作	m²
10	50 080	胶合板门安装	m²
11	50 034	百页胶合板门制作	m²
12	50 081	百页胶合板门安装	m²
13	50 039	半玻胶合板门制作	m²
14	50 086	半玻胶合板门安装	m²
15	50 236	成品金属防盗门安装	m²
16	50 233	成品铝合金推拉窗安装	m²
17	50 234	成品铝合金固定窗安装	m²
18	50 296	成品铝合金隔断安装	m²
19	50 148	木门运输	m²
20	40 075	现浇 C20 钢筋混凝土圈梁	m³
21	40 119	现浇 C20 钢筋混凝土平板	m³
22	40 155	现浇 C20 钢筋混凝土雨篷	m³
23	40 116	现浇 C20 钢筋混凝土有梁板	m³
24	40 137	现浇 C20 钢筋混凝土整体楼梯	m³
25	40 146	现浇 C20 钢筋混凝土遮阳板	m³

序 号	定额编号	分 项 工 程 名 称	单 位
26	40 301	预应力 C30 钢筋混凝土空心板	m³
27	40 232	预制 C20 钢筋混凝土平板	m³
28	40 360	空心板安装（接头灌浆）	m³
29	40 359	平板安装（接头灌浆）	m³
30	40 341	空心板、平板运输	m³
31	40 329	现浇构件钢筋制安	t
32	40 330	预制构件钢筋制安	t
33	40 331	预应力构件钢筋制安	t
34	70 077	屋面 1∶8 水泥炉渣找坡	m³
35	70 085	屋面通风隔热平扳	m²
36	70 038	屋面 1∶2 防水砂浆防水层	m²
37	60 021	上人屋面防滑地砖	m²
38	80 087	混合砂浆抹天棚	m²
39	80 045	厨房、卫生间瓷砖墙裙	m²
40	80 043	混合砂浆抹内墙面	m²
41	60 017	瓷砖踢脚线	m²
42	60 070	楼梯钢栏杆制安	m
43	60 068	上人屋面钢栏杆制安	m
44	60 148	楼梯水磨石面层	m²
45	10 025	室内人工回填土	m³
46	10 028	人工运土（40m）	m³
47	60 024	C10 混凝土地面垫层	m³
48	60 021	防滑地砖地面	m²
49	60 140	彩色水磨石楼地面	m²
50	60 049	混凝土台阶、彩色水磨石面	m²
51	20 095	台阶挡板零星砌砖	m³
52	80 050	台阶挡板贴面砖	m²
53	80 048	外墙贴面砖	m²

序 号	定额编号	分 项 工 程 名 称	单 位
54	80 050	遮阳板、屋面板、雨篷底面及沿口贴面砖	m²
55	80 081	遮阳板屋面板、雨篷顶面水泥砂浆抹面	m²
56	60 192	C15 混凝土散水	m²
57	60 081	散水沥青砂浆伸缩缝	m
58	80 001	木门调和漆二遍	m²
59	80 135	楼梯栏杆、上人屋面钢栏杆调和漆二遍	t
60	80 202	顶棚、内墙面刷106涂料二遍	m²

注：本项目按某地区建筑工程预算定额列项，不同地区由于预算定额项目有差别，因而列出的分项工程项目也不会完全相同。

三、计算工程量

目的：按列出的分项工程项目，根据小住宅施工图和某地区建筑工程预算定额、工程量计算规则，计算工程量。

方法：用统筹法思路计算工程量。

1. 基数计算

基数计算表，见表1-4。

小住宅工程基数计算表　　　　　　　　　　　　　　　表 1-4

序号	基数名称	代号	图号	墙高(m)	墙厚(m)	单位	数量	计 算 式
1	外墙中心线长	$L_{中底}$	建施1	3.06	0.24	m	40.60	$(11.10 + 9.20) \times 2 = 40.60$m
		$L_{中楼}$	建施1	3.00	0.24	m	37.00	$[(11.10 - 1.80) + 9.20] \times 2 = 37.00$m
2	内墙净长线	$L_{内底}$	建施1	3.06	0.24	m	24.70	$(11.10 - 1.80 - 0.24) + (1.80 - 0.24) + (4.40 - 0.24) + (4.80 - 0.24) + (3.60 + 2.0 - 0.24) = 24.70$m
		$L_{内楼}$	建施1	3.00	0.24	m	7.82	$(4.40 - 0.24) + (3.90 - 0.24) = 7.82$m
3	外墙外边线长	$L_{外底}$	建施1			m	41.56	$(11.10 + 0.24 + 9.20 + 0.24) \times 2 = 41.56$m
		$L_{外楼}$	建施1			m	37.96	$37.00 + 0.24 \times 4 = 37.96$m
4	底层建筑面积	$S_{底}$				m²	92.65	$(9.20 + 0.24) \times (11.10 + 0.24) - (4.40 \times 1.80) - (1.20 \times 5.40) = 92.65$m²
5	二层建筑面积	$S_{楼}$				m²	55.50	$(3.90 + 1.80 + 0.24) \times (9.20 + 0.24) + 3.60 \times (2.0 + 0.24) - (4.80 \times 1.80) = 55.50$m²
6	全部建筑面积	S				m²	148.15	$S = S_{底} + S_{楼} = 148.15$m²

2. 门窗工程量计算表

门窗工程量计算表，见表 1-5。

小住宅工程门窗工程量计算表　　　　　表 1-5

序号	代号	名　称	洞口尺寸（mm）		数量	面积（m²）		所　在　部　位			
			宽	高		每樘	合计	$L_{中底}$	$L_{中楼}$	$L_{内底}$	$L_{内楼}$
	M1	金属防盗门	900	2 700	3	2.43	7.28	$\frac{2}{4.86}$	$\frac{1}{2.43}$		
	M2	胶合板门	900	2 400	5	2.16	10.80			$\frac{3}{6.48}$	$\frac{2}{4.32}$
	M3	百页胶合板门	800	2 000	1	1.60	1.60			$\frac{1}{1.60}$	
	M4	半玻胶合板门	900	2 400	1	2.16	2.16			$\frac{1}{2.16}$	
		门小计					21.85	4.86	2.43	10.24	4.32
	C1	铝合金推拉窗	2 400	1 800	3	4.32	12.96	$\frac{2}{8.64}$	$\frac{1}{4.32}$		
	C2	铝合金推拉窗	1 500	1 800	2	2.70	5.40	$\frac{1}{2.70}$	$\frac{1}{2.70}$		
	C3	铝合金推拉窗	2 100	1 800	1	3.78	3.78	$\frac{1}{3.78}$			
	C4	铝合金推拉窗	900	1 800	5	1.62	8.10	$\frac{2}{3.24}$	$\frac{3}{4.86}$		
	C5	铝合金固定窗	600	600	3	0.36	1.08	$\frac{1}{0.36}$	$\frac{2}{0.72}$		
	C6	铝合金隔断	2 000	2 500	1	5.00	5.00			$\frac{1}{5.00}$	
		窗小计					36.32	18.72	12.60	5.00	
		合计				58.17		23.58	15.03	15.24	4.32

3. 工程量计算

（1）人工平整场地

计算规则规定：建筑物底面积的外边线每边加宽 2m 计算。

$$S = S_{底} + L_{外底} \times 2m + 16m^2$$

$$= 92.65 + 41.56 \times 2 + 16$$

$$= 191.77m^2$$

（2）人工挖地槽

$$V = 槽长 \times 槽宽 \times 槽深$$

$$槽长 = \underset{40.60}{L_{中底}} + \left[\underset{24.70}{L_{内底}} - \left(\frac{0.90}{2} - \frac{0.24}{2} \right) \times 10个 \right]$$

$$= 40.60 + (24.70 - 3.30)$$

$$= 40.60 + 21.40$$

$$= 62.00 \text{m}$$

$$槽宽 = 0.90 \text{m}$$

$$槽深 = 1.50 - 0.45 = 1.05 \text{m}$$

$$V = 62.00 \times 0.90 \times 1.05$$

$$= 58.59 \text{m}^3$$

（3）C10 混凝土基础垫层

$$V = 长 \times 宽 \times 厚$$

$$= \underset{62.00}{序(2)} \times 0.90 \times 0.20$$

$$= 11.16 \text{m}^3$$

（4）M5 水泥砂浆砌砖基础

$$V = 基础长 \times (基础高 \times 基础墙厚 + 放脚面积)$$

$$= \underset{(40.60}{L_{中底}} + \underset{24.70)}{L_{内底}} \times [1.50 - 0.20 - 0.06 - 0.24)$$

$$\times 0.24 + 0.007875 \times 20] + \underset{0.12 \times 0.24 \times 1.0}{附墙柱基础}$$

$$= 65.30 \times (0.24 + 0.1575) + 0.03$$

$$= 65.30 \times 0.3975 + 0.03$$

$$= 25.99 \text{m}^3$$

（5）人工地槽回填土

$$V = 挖土体积 - (垫层体积 + 砖基础体积 - 高出室外地坪基础体积)$$

$$= 58.59 - \left[11.16 + 25.99 - \underset{65.30}{序(4)} \times 0.24 \times (0.45 - 0.30) \right]$$

$$= 58.59 - (11.16 + 25.99 - 2.35)$$

$$= 58.59 - 34.80$$

$$= 23.79 \text{m}^3$$

(6) 现浇 C15 钢筋混凝土地圈梁

$$V = 长 \times 断面面积$$

$$= \underset{65.30}{序(4)} \times 0.24 \times 0.24$$

$$= 3.76 m^3$$

附算钢筋：

$$\phi12:4 根 \times 65.30 \times \underset{1.064}{接头系数} \times \underset{0.888}{每米重} = 246.79 kg$$

$$\phi6.5:[(0.24 - 0.02 \times 2) \times 4 + 0.0065 \times 12.5] \times \underset{(65.30 \div 0.20)}{根数} \times \underset{0.26}{每米重}$$

$$= 0.88 \times 327 \times 0.26 = 74.82 kg$$

钢筋小计：321.61kg

(7) 现浇钢筋混凝土圈梁

$$V = 65.30 \times 0.24 \times 0.24$$

$$= 3.76 m^3$$

钢筋小计：同序（6）　321.61kg

(8) M2.5 混合砂浆砌砖墙

$$V = (内外墙长 \times 墙高 - 门窗洞口面积)$$

$$\times 墙厚 - 圈梁体积 + 附墙柱$$

$$附算:有梁板中梁占体积 = \underset{(37.0}{L_{中楼}} + \underset{7.82)}{L_{内楼}} \times \underset{(0.24 \times 0.20)}{断面面积}$$

$$= 2.15 m^3$$

$$V = \left[\underset{(40.60}{L_{中底}} + \underset{24.70)}{L_{内底}} \times (3.0 + 0.06) + \underset{37.0}{L_{中楼}} + \underset{7.82}{L_{内楼}} \right.$$

$$\left. + 3.0 - \underset{58.17}{门窗面积} \right] \times 0.24 - \underset{(3.76}{圈梁} \underset{+ 2.15)}{有梁板中梁}$$

$$+ \underset{0.24}{附墙柱} \times 0.12 \times (3.0 + 0.06 - 0.12)$$

$$= [(65.30 \times 3.06 + 44.82 \times 3.0) - 58.17]$$

$$\times 0.24 - 5.91 + 0.08$$

$$= 276.11 \times 0.24 - 5.91 + 0.08$$

$$= 66.27 - 5.91 + 0.08$$

$$= 60.44 m^3$$

（9）综合脚手架

按某地区预算定额规定：砌墙、抹灰等脚手架以建筑面积为工程量计算综合脚手架。

$$S = 148.15 \text{m}^2$$

（10）胶合板门制作

详门窗工程量计算表：10.80m²

（11）胶合板门安装

同序（10）　10.80m²

（12）半玻胶合板门制作

详门窗工程量计算表：2.16m²

（13）半玻胶合板门安装

同序（12）　2.16m²

（14）百页胶合板门制作

详门窗工程量计算表：1.60m²

（15）百页胶合板门安装

同序（14）　1.60m²

（16）木门运输

$$S = 10.80 + 2.16 + 1.60$$

$$= 14.56 \text{m}^2$$

（17）成品金属防盗门安装

详门窗工程量计算表：7.29m²

（18）铝合金推拉窗安装

表 1-5：$S = 30.24 \text{m}^2$

（19）铝合金固定窗安装

表 1-5：$S = 1.08 \text{m}^2$

（20）铝合金隔断安装

表 1-5：$S = 5.00 \text{m}^2$

（21）现浇 C20 钢筋混凝土平板

详设计说明，结施 2

XB—1：　$4.40 \times 3.90 \times 0.10 = 1.72 \text{m}^3$ ⎤
　　　　　　　　　　　　　　　　　　　　　　⎬ 2.44m³
XB—2：　$3.60 \times 2.0 \times 0.10 = 0.72 \text{m}^3$ ⎦

（22）现浇 C20 钢筋混凝土雨篷

建施 1

$$S = 2.10 \times 1.20$$

$$= 2.52 \text{m}^2$$

（23）现浇 C20 钢筋混凝土整体楼梯

建施 1、结施 2

$$S = 楼梯净面积$$

$$= 3.60 \times (2.40 - 0.24)$$

$$= 7.78m^2$$

（24）现浇 C20 钢筋混凝土遮阳板

建施 1、结施 2

$$V = 板长 \times 板宽 \times 板厚$$

$$= \left(1.80 + 3.60 + 1.80 + 3.60 + 2.00 + 0.24 + \frac{0.30}{2} \right)$$

$$\times 0.30 \times 0.05$$

$$= 13.19 \times 0.30 \times 0.05$$

$$= 3.96 \times 0.05$$

$$= 0.20m^3$$

（25）现浇 C20 钢筋混凝土有梁板

$$XB—3 板：[(4.80 + 2.0 + 3.30) \times 12.0 - 1.80$$

$$\times 4.80 - 3.60 \times 6.80] \times 0.10$$

$$= (121.20 - 8.64 - 24.48) \times 0.10$$

$$= 88.08 \times 0.10$$

$$= 8.81m^3$$

梁：序(7)2.15m³

小计：10.96m³

（26）预应力 C30 钢筋混凝土空心板制作
结施 2、构件统计表

$$YKB3953 \quad 9@0.135 = 1.22m^3$$

$$\phi^b 4:9@5.67 = 51.03kg$$

$$YKB3653 \quad 14@0.125 = 1.75m^3$$

$$\phi^b 4:4.05 = 56.70kg$$

2.97m³

$$V = 2.97 \times \underset{1.015}{损耗系数} = 3.01m^3$$

钢筋 $\phi_b 4$：$(51.03 + 56.70) \times \dfrac{损耗系数}{1.015} = 109.35\text{kg}$

（27）预制 C20 钢筋混凝土平板
详构件统计表

$$B1260 \quad 3@1.18 \times 0.58 \times 0.10 = 0.205\text{m}^3$$

$$V = 0.205 \times \dfrac{损耗系数}{1.015} = 0.21\text{m}^3$$

（28）空心板、平板运输

$$(2.97 + 0.21) \times \dfrac{损耗系数}{1.013} = 3.22\text{m}^3$$

（29）空心板、平板安装（接头灌浆）

平　板：$0.21 \times \dfrac{损耗系数}{1.005} = 0.21\text{m}^3$

空心板：$2.97 \times \dfrac{损耗系数}{1.005} = 2.98\text{m}^3$

（30）现浇构件钢筋制安
详说明

$$\underset{(120.4}{\text{XB}-1} + \underset{50.40}{\text{XB}-2} + \underset{1348.08}{\text{XB}-3} + \underset{26.80}{\text{XB}-4} + \underset{321.61 \times 2}{\text{DQL、QL1}}$$

$$+ \underset{93.36}{\text{XTB}} + \underset{17.50)}{\text{XYP}} \times \dfrac{损耗系数}{1.03}$$

$$= 2299.76 \times 1.03$$

$$= 2368.75\text{kg}$$

（31）预制构件钢筋制安

$$B1260 \quad 16.84 \times \dfrac{损耗系数}{1.02} = 17.18\text{kg}$$

（32）预应力构件钢筋制安
序（26）

$$109.35 \times \dfrac{损耗系数}{1.09} = 119.19\text{kg}$$

（33）屋面 1:8 水泥炉渣找坡

$$V = \underset{88.08}{序（25）} \times \dfrac{平均厚}{0.05} = 4.40\text{m}^3$$

（34）屋面通风隔热板

$$S = S_{楼} = 55.50\text{m}^2$$

（35）1:2 防水砂浆屋面防水层

$$S = S_底 + 屋面板挑出部分$$

$$= 92.65 + (\underset{L_{外楼}}{37.96} + 4 \times 0.33) \times 0.33$$

$$= 92.65 + 12.96$$

$$= 105.61 m^2$$

（36）上人屋面防滑地砖

$$S = S_底 - S_楼$$

$$= 92.65 - 55.50$$

$$= 37.15 m^2$$

（37）混合砂浆抹天棚

$$S = S_底 + S_楼 - 墙结构面积 + 梯板斜面增加面积$$

$$= 92.65 + 55.50 - (40.60 + 37.00 + 24.70 + 7.82)$$

$$\times 0.24 + (2.40 - 0.24) \times (3.60 - 1.20) \times \underset{(1.18 - 1)}{斜面系数}$$

$$= 92.65 + 55.50 - 110.12 \times 0.24 + 0.93$$

$$= 92.65 + 55.50 - 26.43 + 0.93$$

$$= 122.65 m^2$$

（38）厨房、卫生间瓷砖墙裙

$$S = 内墙面净长 \times 墙净高 - 门窗洞口面积$$

厨房：$[(3.90 - 0.24) \times 2 + (4.40 - 0.24) \times 2] \times 1.80$

$$- [\underset{1.50}{窗洞口} \times (1.80 - 0.90) + 0.90 \times (1.80 - 0.90)]$$

$$- \underset{0.90 \times 1.80}{门洞} - \underset{2.0}{隔断} \times (1.80 - 0.40)$$

$$= 15.64 \times 1.80 - (1.35 + 0.81) - 1.62 - 2.80$$

$$= 28.15 - 2.16 - 1.62 - 2.80$$

$$= 21.57 m^2$$

卫生间：$[(3.60 - 0.24) \times 2 + (2.0 - 0.24) \times 2] \times 1.80$

$$- \underset{0.90 \times (1.80 - 0.90)}{窗洞口} - \underset{0.90 \times 1.80}{门洞口}$$

$$= 10.24 \times 1.80 - 0.81 - 1.62$$

$$= 18.43 - 0.81 - 1.62$$

$$=16.00m^2$$

小计:$21.57 + 16.00 = 37.57m^2$

(39) 混合砂浆抹内墙面

$$S = 内墙面净长 \times 墙净高 - 墙裙 - 门窗面积 + 附墙柱侧面积$$

内墙面净周长
- 走道、梯间:$[(1.80 + 3.60 - 0.24) + (4.40 - 0.24)] \times 2 = 18.64m$
- 客　　厅:$[(1.80 + 3.60 + 1.80 - 0.24) + (3.60 - 0.24)] \times 2 = 20.64m$
- 底层、楼层左卧室:$[(3.90 - 0.24) + (4.80 - 0.24)] \times 2 = 16.44m$
- 门斗间:$[(1.20 - 0.24) + (1.80 - 0.24)] \times 2 = 5.04m$
- 厕所、楼层卧室:同序(38)15.64m
- 卫生间:同序(38)10.24m

$$S = (20.64 + 10.24 + 5.04) \times (3.00 - 0.12) + (18.64 + 16.44 + 15.64)$$

$$\overset{M1}{\times (6.0 - 0.12 - 0.10)} - \overset{M2、M3、M4}{7.29 - 14.56 \times 2 \ 面}$$

$$\overset{窗}{- 31.32} - \overset{隔断}{5.0 \times 2 \ 面} - \overset{墙裙}{37.57} + \overset{附墙柱侧面}{(3.0 - 0.12) \times 0.12 \times 2}$$

$$=281.31 + 0.69$$

$$=282.00m^2$$

(40) 瓷砖踢脚线

$$S = 房间净空周长(不扣除门洞口) \times 踢脚线高$$

房间净周长(序 39)

$$\left\{ \overset{底屋走道、梯间}{18.64} + \overset{楼层走道}{[(4.40 - 0.24 + 2.0) + (1.80 - 0.24) \times 2]} \right.$$

$$\left. + \overset{客厅}{20.64} + \overset{卧室}{16.44 \times 2} + \overset{门斗间}{5.04} + \overset{卧室}{15.64} \right\} \times 0.15$$

$$=102.12 \times 0.15$$

$$=15.32m$$

(41) 楼梯木扶手钢栏杆制安

$$斜长系数 = \frac{1}{\cos\alpha} = \frac{1}{\cos 32°} = 1.18$$

$$L = (3.60 - 1.20) \times 2 \times 1.18^* + \overset{水平长}{\left(\frac{2.40}{2} + 0.2\right)}$$

$$=7.06m$$

(42) 水磨石楼梯面层

$$S = 3.60 \times (2.40 - 0.24)$$

$$= 3.60 \times 2.16$$

$$= 7.78\mathrm{m}^2$$

(43) 室内回填土

$$V = 室内净面积 \times (室内外地坪高差 - 地坪厚)$$

$$= \underset{S_{底}}{[92.65} - \overset{墙结构面积}{(40.60 + 24.70) \times 0.24]}$$

$$\times (0.45 - 0.10 - 0.02)$$

$$= (92.65 - 15.67) \times 0.33$$

$$= 76.98 \times 0.33$$

$$= 25.40\mathrm{m}^3$$

(44) 人工运土 (40m)

$$V = 挖方量 - 回填量$$

$$= \overset{序(2)}{58.59} - \overset{序(5)}{23.79} - \overset{序(43)}{25.40}$$

$$= 9.40\mathrm{m}^3$$

(45) C10 混凝土地面垫层

$$V = (室内净面积 + 台阶平台面积) \times 厚$$

$$\{\overset{序(43)}{76.98} + [\overset{台阶}{(1.50} - 0.30) \times (1.10 - 0.30) + (1.50 - 0.3 \times 2)$$

$$\times (1.10 - 0.30)]\} \times 0.10$$

$$= (76.98 + 1.68) \times 0.10$$

$$= 78.66 \times 0.10$$

$$= 7.87\mathrm{m}^3$$

(46) 厨房、卫生间防滑地砖

$$S = 室内净面积$$

$$= (3.90 - 0.24) \times (4.40 - 0.24)$$

$$+ (3.60 - 0.24) \times (2.0 - 0.24)$$

$$= 15.23 + 5.91$$

$$= 21.14\mathrm{m}^2$$

(47) 彩色水磨石楼地面

$$S = 楼地面净面积 - 厨房、卫生间净面积$$

$$- 楼层梯间净面积 + 台阶平台面积$$

$$= \underset{121.72}{序(37)} - \underset{21.14}{序(46)} - \underset{7.78}{序(42)} + \underset{1.68}{序(45)}$$

$$= 94.48 m^2$$

(48) 混凝土台阶、彩色水磨石面

$$S = 台阶水平投影面积$$

$$= [(1.10 + 0.30 \times 2) \times (0.30 \times 3)$$

$$\times 2边 + (1.50 - 0.30 \times 2) \times (0.30 \times 2)]$$

$$+ [(1.10 + 0.3 \times 2) \times (0.30 \times 3) + (1.50 - 0.30) \times (0.30 \times 3)]$$

$$= (3.06 + 0.81) + (1.53 + 1.08)$$

$$= 3.87 + 2.61$$

$$= 6.48 m^2$$

(49) 台阶挡板零星砌砖

$$V = (1.10 + 0.30 + 0.15) \times 0.60 \times 0.24$$

$$= 0.22 m^3$$

(50) 台阶挡板贴面砖

$$S = \overset{平面、外侧面}{1.55 \times (0.24 + 0.60)} + \overset{正立面}{0.60 \times 0.24}$$

$$+ \left[\overset{踏步处}{1.55 \times (0.60 - 0.45) + 0.45 \times 0.15 + 0.15 \times 0.15} \right]$$

$$= 1.30 + 0.14 + 0.32$$

$$= 1.76 m^2$$

(51) 外墙面砖

$$S = 外墙面积 - 门窗洞口面积 + 门窗洞侧壁面积 - 台阶所占面积$$

$$= \underset{41.56}{L_{外底}} \times (3.0 + 0.45) + \underset{37.96}{L_{外楼}} \times 2.90$$

$$- \overset{M1}{(7.29 + 31.32)} + \overset{窗\ 洞口侧壁\ 宽}{(0.90 + 2.70 \times 2) \times 0.15 \times 3樘}$$

$$+ \overset{C1\ \ \ 宽}{(2.40 + 1.80) \times 2 \times 0.15 \times 3樘} + \overset{C2}{(1.50 + 1.80) \times 2}$$

$$\times \overset{宽}{0.15} \times 2樘 + \overset{C3}{(2.10 + 1.80) \times 2 \times 0.15 \times 1樘}$$

$$+ \overset{C4}{(0.90 + 1.80) \times 2 \times 0.15 \times 5樘} + \overset{C5}{(0.60 \times 4 \times 0.15 \times 3樘)}$$

$$- \left[\overset{前台阶}{(1.50 + 0.30 \times 2) \times 0.15 + (1.50 + 0.30) \times 0.15 + 1.50 \times 0.15} \right]$$

$$- \left[\overset{后台阶}{(1.50 + 0.30 \times 4) \times 0.15 + (1.50 + 0.3 \times 2) \times 0.15 + (1.50 \times 0.15)} \right]$$

$$- \overset{挡板}{0.60 \times 0.24}$$

$$= 143.38 + 110.08 - 38.61 + 2.84 + 3.78 + 1.98$$
$$+ 1.17 + 4.05 + 1.08 - (0.32 + 0.27 + 0.23)$$
$$- (0.41 + 0.32 + 0.23) - 0.14$$
$$= 227.83 m^2$$

(52) 檐口顶棚、遮阳板、雨篷底、沿口贴面砖

$$S = [\underbrace{(37.96 + 4 \times 0.33) \times 0.33}_{\text{檐口顶棚}} + \underbrace{(37.96 + 8 \times 0.33) \times 0.10}_{\text{沿口}}]$$
$$+ \underset{3.96}{\text{遮阳板序(24)}} + \underset{2.52}{\text{雨篷序(22)}}$$
$$= (12.96 + 4.06) + 3.96 + 2.52$$
$$= 23.50 m^2$$

(53) 遮阳板、雨篷顶抹 1：2 水泥砂浆

$$S = \underset{3.96 + 2.52}{\text{序(52)}}$$
$$= 6.48 m^2$$

(54) C15 混凝土散水

$$S = (L_{外底} - 台阶长 + 4 \times 散水宽) \times 散水宽$$
$$= [41.56 - (1.50 + 0.30 \times 2 + 0.24) - (1.50 + 0.30$$
$$\times 4) + 4 \times 0.60] \times 0.60$$
$$= (41.56 - 2.34 - 2.70 + 2.40) \times 0.60$$
$$= 23.35 m^2$$

(55) 沥青砂浆散水伸缩缝

$$L = L_{外底} - 台阶长 + 转角斜长 + 与台阶相连处$$
$$\underset{\text{序(54)}}{}$$
$$= 41.56 - 2.34 - 2.70 + 1.414^* \times 0.60 \times 8 + 0.6 \times 4 道$$
$$= 45.71 m$$

(56) 木门调和漆二遍

序（16）　14.56m²

(57) 梯栏杆调和漆二遍

说明　计算规则
69.20kg × 1.71* = 118.33kg

(58) 天棚、抹灰面刷 106 涂料二遍

$$S = \underset{122.65}{\text{序(37)}} + \underset{282.00}{\text{序(39)}}$$

$$= 404.65 \text{m}^2$$

（59）上人屋面塑料扶手钢栏杆制安

$$L = 1.8 + 3.60 + 1.80 + 1.20 + 4.80 + 2.0 - 0.24$$

$$= 14.96 \text{m}$$

（60）上人屋面钢栏杆调和漆二遍

说明　　计算规则

$$146.61 \text{kg} \times 1.71^* = 250.70 \text{kg}$$

四、直接费计算

根据计算出的工程量，应用某地区建筑工程预算定额，计算定额直接费、定额人工费和定额机械费，见表1-6。

小住宅工程直接费计算表　　　　　　　　　　　　　　　　表 1-6

序号	定额编号	项目名称	单位	工程量	单价（元）	合价（元）	其中：人工费 单价（元）	其中：人工费 合价（元）	其中：机械费 单价（元）	其中：机械费 合价（元）
		建筑面积	m²	148.15						
		一、土方工程								
1	10 027	人工平整场地	m²	191.77	0.34	65.20	0.34	65.20	—	
2	10 003	人工挖地槽	m³	58.59	7.72	452.31	7.72	452.31	—	
3	10 025	人工地槽回填土	m³	23.79	4.14	98.49	1.92	45.68	2.21	52.58
4	10 025	人工室内回填土	m³	25.40	4.14	105.16	1.92	48.77	2.21	56.13
5	10 028	人工运土（40m）	m³	9.40	3.86	36.28	3.86	36.28		
		分部小计	元			757.44		648.24		108.71
		二、砖石工程								
6	20 003	M5水泥砂浆砌砖基础	m³	25.99	117.95	3065.52	14.82	385.17	0.48	12.48
7	20 011	M2.5混合砂浆砌砖墙	m³	60.44	126.19	7626.92	19.18	1159.24	10.07	608.63
8	20 095	台阶挡板砌砖	m³	0.22	146.64	32.26	29.63	6.52	18.90	4.16
		分部小计	元			1 0724.70		1 550.93		625.27
		三、脚手架工程								
9	30 007	综合脚手架	m²	148.15	3.89	576.30	0.54	80.00	0.43	63.70
		分部小计	元			576.30		80.00		63.70

序号	定额编号	项目名称	单位	工程量	单价(元)	合价(元)	其中:人工费 单价(元)	其中:人工费 合价(元)	其中:机械费 单价(元)	其中:机械费 合价(元)
		四、混凝土工程								
10	40 119	现浇 C20 钢筋混凝土平板	m³	2.44	335.20	817.89	53.96	131.66	39.00	95.16
11	40 155	现浇 C20 钢筋混凝土雨篷	m²	2.52	43.40	109.37	10.61	26.74	6.24	15.72
12	40 137	现浇 C20 钢筋混凝土整体楼梯	m²	7.78	100.00	778.00	24.25	188.67	15.16	117.94
13	40 146	现浇 C20 钢筋混凝土遮阳板	m³	0.20	410.99	82.20	88.27	17.65	65.00	13.00
14	40 116	现浇 C20 钢筋混凝土有梁板	m³	10.96	343.08	3 760.16	58.73	643.68	39.28	430.51
15	40 075	现浇 C5 钢筋混凝土地圈梁	m³	3.76	321.36	1 174.47	64.78	243.57	39.54	148.67
16	40 075	现浇 C15 钢筋混凝土圈梁	m³	3.76	312.36	1 174.47	64.78	243.57	39.54	148.67
17	40.232	预制 C20 钢筋混凝土平板	m³	0.21	212.98	44.73	26.61	5.59	11.11	2.33
18	40 301	预应力 C30 钢筋混凝土空心板	m³	3.01	246.18	741.00	30.61	92.14	18.21	54.81
19	40 341	平板、空心板运输	m³	3.22	46.24	148.89	3.76	12.11	40.23	129.54
20	40 359	平板安装(灌浆)	m³	0.21	102.12	21.45	19.87	4.17	49.55	10.41
21	40 360	空心板安装(灌浆)	m³	2.98	118.47	353.04	25.69	76.56	54.22	161.58
22	40 329	现浇构件钢筋制安	t	2.369	3 072.85	7 279.58	114.45	271.13	44.94	106.46
23	40 330	预制构件钢筋制安	t	0.017	3 163.46	53.78	126.66	2.15	79.16	1.35
24	40 331	预应力构件钢筋制安	t	0.119	3 510.53	417.75	257.13	30.60	216.42	25.75
		分部小计	元			16 956.78		1 989.99		1 461.90
		五、门窗工程								
25	50 031	胶合板门制作	m²	10.80	65.46	706.97	4.31	46.55	2.34	25.27
26	50 080	胶合板门安装	m²	10.80	9.39	101.41	2.79	30.13	0.46	4.97
27	50 039	半玻胶合板门制作	m²	2.16	55.28	119.40	4.31	9.31	2.15	4.64
28	50 086	半玻胶合板门安装	m²	2.16	13.96	30.15	2.40	5.18	0.46	0.99
29	50 034	百页胶合板门制作	m²	1.60	71.91	115.06	5.61	8.98	2.76	4.42
30	50 081	百页胶合板门安装	m²	1.60	9.22	14.75	2.63	4.21	0.46	0.74

序号	定额编号	项目名称	单位	工程量	单价（元）	合价（元）	其中：人工费 单价（元）	其中：人工费 合价（元）	其中：机械费 单价（元）	其中：机械费 合价（元）
31	50 148	木门运输	m²	14.56	1.54	22.42	0.33	4.80	1.21	17.62
32	50 236	成品金属防盗门安装	m²	7.29	342.76	2 498.72	3.01	21.94	0.91	6.63
33	50.233	成品铝合金推拉窗安装	m²	30.24	270.85	8 190.50	11.62	351.39	1.74	52.62
34	50 234	成品铝合金固定窗安装	m²	1.08	270.70	292.36	6.96	7.52	1.04	1.12
35	50 296	成品铝合金隔断安装	m²	5.00	213.39	1 066.95	3.80	19.00	0.57	2.85
		分部小计				13 158.69		509.01		121.87
		三、楼地面工程								
36	60 148	彩磨石楼梯面层	m²	7.78	60.90	473.80	30.71	238.92	0.93	7.24
37	60 070	梯木扶手钢栏杆制安	m	7.06	69.56	491.09	42.96	303.30	4.30	30.36
38	60 068	上人屋面塑料扶手栏杆制安	m	14.96	54.61	816.97	32.44	485.30	3.24	48.47
39	60 024	C10 混凝土地面垫层	m³	7.87	148.05	1 165.15	16.31	128.36	3.83	30.14
40	60 021	厨房、卫生间防滑地砖	m²	21.14	45.59	963.77	4.56	96.40	0.68	14.38
41	60 140	彩色水磨石楼地面	m²	94.48	26.30	2 484.82	8.14	769.07	1.55	146.44
42	60 049	混凝土台阶、彩磨石面	m²	6.48	91.12	590.46	26.98	174.83	6.21	40.24
43	60 017	瓷砖踢脚线	m²	15.32	37.15	569.14	9.58	146.77	1.44	22.06
44	60 192	C15 混凝土散水	m²	23.35	16.48	384.81	2.52	58.84	0.40	9.34
45	60 081	散水沥青砂浆伸缩逢	m	45.71	3.34	152.67	0.77	35.20	—	—
46	60 032	C10 混凝土基础垫层	m³	11.16	151.30	1 688.51	19.45	217.06	3.96	44.19
		分部小计	元			9 771.19		2 654.05		392.86
		七、屋面工程								
47	70 077	屋面 1:8 水泥炉渣找坡	m³	4.40	97.84	430.50	10.84	47.70	3.80	16.72
48	70 085	屋面通风隔热平板	m²	55.50	15.24	845.82	3.47	192.59	3.03	168.17
49	70 038	屋面 1:2 防水砂浆层	m²	105.61	7.04	743.49	1.23	129.90	0.24	25.35
50	60 021	上人屋面防滑地砖面	m²	37.15	45.59	1 693.67	4.56	169.40	0.68	25.26

序号	定额编号	项 目 名 称	单位	工程量	单价（元）	合价（元）	其中:人工费 单价（元）	其中:人工费 合价（元）	其中:机械费 单价（元）	其中:机械费 合价（元）
		分部小计	元			3 713.48		539.59		235.50
		八、装饰工程								
51	80 045	厨房、卫生间瓷砖墙裙	m²	37.57	35.57	1 336.36	8.18	307.32	1.23	46.21
52	80 043	混合砂浆抹内墙面	m²	282.00	6.71	1 892.22	2.05	578.10	0.46	129.72
53	80 048	外墙面砖	m²	227.83	50.66	11 541.87	7.01	1 597.09	1.05	239.22
54	80 050	檐口顶棚遮阳板等贴面砖	m²	23.50	53.27	1 251.85	9.01	211.74	1.35	31.73
55	80 081	遮阳板、雨篷板面抹水泥砂浆	m²	6.48	7.41	48.02	1.97	12.77	0.25	1.62
56	80 001	木门调和漆二遍	m²	14.56	3.93	57.22	2.75	40.04	—	—
57	80 135	钢栏杆调和漆二遍	t	0.369	31.00	11.44	28.04	10.35	—	—
58	80 202	顶棚、内墙面106涂料	m²	404.65	0.68	275.16	0.59	238.74	—	—
59	80 050	台阶挡板贴面砖	m²	1.76	53.27	93.76	9.01	15.86	1.35	2.38
60	80 087	混合砂浆抹天棚	m²	122.65	6.97	854.87	2.31	283.32	0.35	42.93
		分部小计	元			17 362.77		3 295.33		493.81
		合计	元			73 021.35		11 267.14		3 503.62

建筑工程预算定额摘录　　　　　　　　　　　表 1-7

定额编号			20 011	40 119	60 032	70 038	80 043
项　目	单位	单价	M2.5混合砂浆砌砖墙（10m³）	现浇C20钢筋混凝土平板（10m³）	基础混凝土垫层（10m³）	1:2防水砂浆（100m²）	混合砂浆抹砖墙（100m²）
基　价	元		1261.85	3352.02	1513.01	704.11	670.72
其中 人工费	元		191.84	539.55	194.46	122.63	204.92
其中 材料费	元		969.30	2 422.48	1 278.96	557.57	419.48
其中 机械费	元		1 00.71	389.99	39.59	23.91	46.32

定额编号			20 011	40 119	60 032	70 038	80 043
项 目	单位	单价	M2.5混合砂浆砌砖墙 (10m³)	现浇C20钢筋混凝土平板 (10m³)	基础混凝土垫层 (10m³)	1:2防水砂浆 (100m²)	混合砂浆抹砖墙 (100m²)
材 料	红(青)砖	千块	140.00	5.26				
	M2.5混合砂浆	m³	102.30	2.24				
	石灰膏	m³		(0.40)				(0.23)
	♯325水泥	kg		(378.56)			(1 314.45)	(1 041.81)
	细砂	m³		(2.64)			(2.15)	(2.66)
	水	m³	0.40	2.16	25.37	14.88	4.42	4.89
	模板摊销费	元			759.66			
	C20混凝土	m³	155.93		10.15			
	425号水泥	kg			(3 360.0)	(2 393.70)		
	中砂	m³			(4.67)	(5.35)		
	5~20砾石	m³			(8.83)			
	C10混凝土	m³	126.04			10.10		
	5~40砾石	m³				(8.79)		
	1:2水泥砂浆	m³	230.02				2.07	
	防水粉	kg	1.20				66.38	
	1:0.3:3混合砂浆	m³	178.80					2.31
	其他材料费	元			2.88	69.98		4.50

五、主要材料用量分析

施工图预算在计算过程中要根据分项工程所套定额,分析主要材料用量,供编制材料采购与供应计划用。

材料用量分析的计算式是:

$$单位工程某种材料用量 = \Sigma(分项工程量 \times 定额某种材料耗用量)$$

本例根据某地区建筑工程预算定额(见表1-7),只分析该工程的水泥和标准砖用量。具体计算,见表1-8。

小住宅工程主要材料用量分析计算表　　　　　表 1-8

序号	定额编号	分项工程名称	单位	工程量	325号水泥 (kg)	425号水泥 (kg)	525号水泥 (kg)	标准砖 (块)
1	20 003	M5水泥砂浆砌砖基础	m³	25.99	63.72 1 656			523 13 593
2	20 011	M2.5混合砂浆砌砖墙	m³	60.44	37.86 2 288			526 31 791

序号	定额编号	分项工程名称	单位	工程量	325 号水泥 (kg)	425 号水泥 (kg)	525 号水泥 (kg)	标准砖 (块)
3	20 095	台阶挡板砌砖	m³	0.22	$\dfrac{35.66}{8}$			$\dfrac{546}{120}$
4	40 119	现浇 C20 钢筋混凝土平板	m³	2.44			$\dfrac{336}{820}$	
5	40 155	现浇 C20 钢筋混凝土雨篷	m²	2.52			$\dfrac{24.8}{63}$	
6	40 137	现浇 C20 钢筋混凝土整体楼梯	m²	7.78		$\dfrac{79.10}{7}$		
7	40 146	现浇 C20 钢筋混凝土遮阳板	m³	0.20		$\dfrac{336}{7}$		
8	40 116	现浇 C20 钢筋混凝土有梁板	m³	10.96		$\dfrac{336}{3\,683}$		
9	40 075	现浇 C15 钢筋混凝土地圈梁	m³	3.76		$\dfrac{278.10}{1045}$		
10	40 075	现浇 C15 钢筋混凝土圈梁	m³	3.76		$\dfrac{278.10}{1045}$		
11	40 232	预制 C20 钢筋混凝土平板	m³	0.21		$\dfrac{317.7}{67}$		
12	40.301	预应力 C30 钢筋混凝土空心板	m³	3.01			$\dfrac{389.8}{1\,174}$	
13	40 359	平板安装(灌浆)	m³	0.21		$\dfrac{51.4}{11}$		
14	40 360	空心板安装(灌浆)	m³	2.98		$\dfrac{56.2}{167}$		
15	60 148	彩磨石楼梯	m²	7.78	$\dfrac{18.71}{146}$			
16	60 024	C10 混凝土地面垫层	m³	7.87		$\dfrac{239.4}{1\,884}$		
17	60 140	彩磨石楼地面	m²	94.48	$\dfrac{13.12}{1240}$			
18	60 049	混凝土台阶、彩磨石面	m²	6.48	$\dfrac{17.48}{113}$	$\dfrac{43.20}{280}$		
19	60 017	瓷砖踢脚线	m²	15.32	$\dfrac{15.51}{238}$			
20	60 021	厨房、卫生间防滑地砖	m²	21.14	$\dfrac{20.56}{434}$			
21	60 192	C15 混凝土散水	m²	23.35		$\dfrac{23.7}{553}$		
22	60 032	C10 混凝土基础垫层	m³	11.16		$\dfrac{239.4}{2\,672}$		

序号	定额编号	分项工程名称	单位	工程量	325号水泥 (kg)	425号水泥 (kg)	525号水泥 (kg)	标准砖 (块)
23	70 077	屋面1:8水泥炉渣找坡	m³	4.40	220.2 969			
24	70 085	屋面通风隔热平板	m²	55.50		11.15 619		
25	70 038	屋面1:2防水砂浆防水层	m²	105.61		13.14 1 388		
26	60 021	上人屋面防滑地砖	m²	37.15	20.56 764			
27	80 045	厨房、卫生间瓷砖墙裙	m³	37.57	11.44 430			
28	80 043	混合砂浆抹内墙面	m²	282.00	10.42 2 938			
29	80 048	外墙面砖	m²	227.83	10.81 2 463			
30	80 050	檐口顶棚等贴面砖	m²	23.50	11.92 280			
31	80 081	遮阳板等抹水泥砂浆	m²	6.48	14.36 93			
32	80 050	台阶挡板贴面砖	m²	1.76	11.92 21			
33	80 087	混合砂浆抹顶棚	m²	122.65	9.81 1 203			
		合　计			15 284	14 371	1 174	59 875

注：分式中，分子为定额用量，分母为工程量乘以分子后的用量。

六、单项材料价差调整

根据某地区规定，水泥要单独调整材料价差。

材料价差调整是用表 1-9 计算的。

小住宅工程单项材料价差调整计算表　　　　　　　　　　表 1-9

序号	材料名称	单位	数量	地区执行的材料预算价格	定额执行的材料预算价格	价差	金额
1	325 号水泥	t	15.284	295 元/t	300.00 元/t	—5.00	—76.42
2	425 号水泥	t	14.371	330 元/t	300.00 元/t	30.00	431.13
3	525 号水泥	t	1.174	450 元/t	300.00 元/t	150.00	176.10
	合计	元					530.81

注：表中数量根据表 1-8 确定。

七、工程造价计算

小住宅工程造价计算有关条件：

1. 施工企业取费证等级、二级取费；

2. 工程类型：五类工程；

3. 定额直接费：73 021.35 元；

（其中：定额材料费：58 250.59 元）

4. 单调材料价差：530.81 元；

5. 材料价差综合调整系数：1.03%（以定额材料费为基础）；

6. 收取远地工程施工增加费；

7. 收取施工图预算包干费；

8. 各项费率及费用计算程序按建筑安装工程费用章节确定；

(1)其他直接费费率：3.46%；

(2)现场经费费率：4.59%；

(3)施工图预算包干费费率：1.5%；

(4)企业管理费费率：4.55%

(5)财务费用费率：1.09%

(6)劳动保险费费率：3.5%；

(7)远地施工增加费费率：0.4%；

(8)计划利润率：8%；

(9)定额管理费费率：1.8‰；

(10)营业税率：3.092 8%；

(11)城市维护建设税率：7%；

(12)教育费附加税率：2%。

小住宅工程造价计算，见表 1-10。

小住宅工程造价计算表　　　　　　　　　　表 1-10

序　号	费　用　名　称	计　算　式	金　额（元）
（一）	定额直接费	详表 1-6	73 021.35
（二）	其他直接费	73 021.35×3.46%	2 526.54
（三）	现场经费	73 021.35×4.59%	3 351.68
（四）	单项材料价差调整	详表 1-9	530.81
（五）	综合系数调整材料价差	58 250.59×1.03%	599.98
（六）	施工图预算包干费	（一）+（二）+（三） 78 899.57×1.5%	1 183.49
（七）	企业管理费	78 899.57×4.55%	3 589.93
（八）	财务费用	78 899.57×1.09%	860.01
（九）	劳动保险费	78 899.57×3.5%	2 761.48
（十）	远地施工增加费	78 899.57×0.4%	315.60
（十一）	施工队伍迁移费	—	—
（十二）	计划利润	（一）～（三）、（七）～（十一）之和 86 426.59×8%	6 914.13
（十三）	定额管理费	（一）～（十二）之和 95 655.00×1.8‰	172.18
（十四）	营业税	（一）～（十三）之和 95 827.18×3.092 8%	2 963.74
（十五）	城市维护建设税	（十四）2 963.74×7%	207.46
（十六）	教育费附加	2 963.74×2%	59.27
（十七）	工程造价	（一）～（十六）之和	99 057.65

八、编制说明

1. 小住宅工程施工图预算根据该工程施工图、某地区建筑工程预算定额和费用定额编制。

2. 本工程按二级取费计算各项费用。

3. 收取了施工图预算包干费。

4. 按某地区现行的材料预算价格调整了水泥价差。

5. 厨房内设施因图纸不全没有计算,待办理工程结算时再增加。

本 章 小 结

建筑安装工程预算是确定建筑安装工程造价的经济文件。

编制施工图预算是有规律可循的,这一规律反映在计算造价过程中,各项费用的计算顺序上。这些有规律的计算顺序决定了施工图预算的编制程序。

为了能对不同类型的建筑安装工程实行统一定价,反映水平一致的工程造价,我们着手研究了基本建设项目划分问题,从而找到了组成建筑安装工程的基本构造要素——分项工程项目,并在此基础上建立了假定建筑产品的概念。

确定单位分项工程劳动消耗量,是确定工程造价的又一关键因素。研究预算定额的目的就是要合理确定单位分项工程的活劳动和物化劳动的消耗量。以此来统一建筑安装工程实物消耗量水平。

确定建筑安装工程基本构造要素——分项工程项目;确定单位分项工程的劳动消耗量——预算定额,是确定施工图预算编制原理的两个重要前提。

在预算编制原理和两个重要前提基础上建立起来的工程造价计算公式,描述了施工图预算有规律的计算顺序,这一计算顺序通过施工图预算编制框图已充分表达出来。

综上所述,本章主要介绍了建筑工程概预算的研究对象和任务,介绍了施工图预算编制原理,最后通过简单的实例,介绍了施工图预算编制的全过程,使初学者对什么是施工图预算,以及如何编制施工图预算有了初步的较完整的了解。

复 习 思 考 题

1. 本课程的研究对象和任务是什么?
2. 什么是基本建设? 它包括哪些内容?
3. 为什么要划分基本建设项目?
4. 基本建设项目是如何划分的? 举例说明。
5. 基本建设程序包括哪些主要内容?
6. 基本建设预算制度包括哪些内容?
7. 叙述施工图预算的编制程序。
8. 写出确定建筑安装工程造价的数学模型。

第二章 建筑安装工程定额

第一节 概　述

一、定额的概念

定额是国家主管部门颁发的用于规定完成建筑安装产品所需消耗的人力、物力和财力的数量标准。

定额反映了在一定生产力水平条件下，施工企业的生产技术水平和管理水平。

建筑安装工程定额主要包括劳动定额、材料消耗定额、机械台班使用定额、施工定额、预算定额、概算定额、概算指标和费用定额。

二、定额的起源和发展

定额是资本主义企业科学管理的产物，最先由美国工程师泰罗（F. W. Taylor，1856—1915）开始研究。

在20世纪初，为了通过加强管理提高劳动生产率，泰罗将工人的工作时间划分为若干个组成部分。如划分为准备工作时间、基本工作时间、辅助工程时间等等。然后用秒表来测定完成各项工作所需的劳动时间，以此为基础制定出工时消耗定额，作为衡量工人工作效率的标准。

在研究工人工作时间的同时，泰罗又把工人在劳动中的操作过程分解为若干个操作步骤，去掉那些多余和无效的动作，制定出能节省工作时间的操作方法，以期达到提高工效的目的。可见，工时消耗定额是建立在先进合理的操作方法基础上的。

制定科学的工时定额，实行标准的操作方法，采用先进的工具设备，再加上有差别的计件工资制，这就构成了"泰罗制"的主要内容。

泰罗制给资本主义企业管理带来了根本的变革。因而，在资本主义管理史上，泰罗被尊为"科学管理之父"。

在企业管理中采用实行定额管理的方法来促进劳动生产率的提高，正是泰罗制中科学的有价值的内容，我们应该用来为社会主义市场经济建设服务。

我国的建筑安装工程定额，是建国以后逐渐建立和日趋完善起来的。

50年代的定额管理工作吸取了前苏联定额管理工作的经验，70年代后期又参考了欧美、日本等国家有关定额方面科学管理的方法。结合我国建筑安装施工生产的实际情况，在各个时期编制了切实可行的定额。

1955年，建工部编制了全国统一建筑工程预算定额；1957年，又在1955年定额的基础上进行了修订，重新颁发了全国统一建筑工程预算定额。在这以后国家建委将预算定额的编制和管理工作下放到各省、市、自治区。各地区于1959年、1962年、1972年、1977年，先后组织力量编制了本地区使用的建筑工程预算定额。1981年，国家建委组织编制了全国建筑工程预算定额，而后各省、市、自治区在此基础上于1984年、1985年先后编制了本地区建筑工程预算定额。1995年，建设部颁发了全国建筑工程基础定额，各省、市、自治区在此基础上又编制了新的建筑工程预算定额。

定额虽然是管理科学发展初期的产物，但它在企业管理中占有重要地位。因为定额提供的基本数据，始终是实现科学管理的必备条件。所以，定额是科学管理的基础，也是管理科学中的重要学科。

三、建筑安装工程定额的分类

建筑安装工程定额从不同的角度出发，可以按以下方法分类。

1. 按定额包含的不同生产要素分类

（1）劳动定额

劳动定额是施工单位内部使用的定额。它规定了在正常施工条件下，某工种某等级的工人，生产单位合格产品所需消耗的劳动时间；或是在单位工作时间内生产合格产品的数量标准。

（2）材料消耗定额

材料消耗定额是施工单位内部使用的定额。它规定了是在节约和合理使用材料的条件下，生产单位合格产品所必须消耗的一定品种规格的原材料、半成品、成品或结构构件的数量标准。

（3）机械台班使用定额

机械台班使用定额用于施工企业。它规定了在正常施工条件下，利用某种施工机械，生产单位合格产品所必须消耗的机械工作时间；或者在单位工作时间内机械完成合格产品的数量标准。

2. 按定额的不同用途分类

（1）施工定额

施工定额主要用于编制施工预算，是施工企业管理的基础，施工定额一般由劳动定额、材料消耗定额、机械台班消耗定额组成。

（2）预算定额

预算定额主要用于编制施工图预算，是确定一定计量单位的分项工程或结构构件的人工、材料、机械台班耗用量（或货币量）的数量标准。

（3）概算定额

概算定额主要用于编制设计概算，是确定一定计量单位的扩大分项工程的人工、材料、机械台班耗用量（或货币量）的数量标准。

（4）概算指标

概算指标主要用于估算或编制设计概算，是以每个建筑物或构筑物为对象，以"m²"、"m³"或"座"等计量单位规定人工、材料、机械台班耗用量的数量标准。

3. 按定额的编制单位和执行范围分类

（1）全国统一定额

由主管部门根据全国各专业工程的生产技术水平与组织管理状况而编制、在全国范围内执行的定额。如《全国统一安装工程预算定额》等。

（2）地区定额

参照全国统一定额或根据国家有关规定编制，在本地区使用的定额。如各省、市、自本地区的《建筑工程预算定额》等。

（3）企业定额

根据施工企业生产力水平和管理水平编制的内部使用的定额。如《施工定额》等。

（4）临时定额

当现行的概预算定额不能满足需求时，根据具体情况补充的定额。编制补充定额必须按有关规定执行。

4．按定额的费用性质分类

（1）建筑工程预算定额

确定建筑工程人工、材料、机械台班消耗量（或货币量）的定额。

（2）安装工程预算定额

确定设备安装、水电安装工程的人工、材料、机械台班消耗量（或货币量）的定额。

（3）费用定额

确定间接费、计算利润、税金的定额。

建筑安装工程定额分类示意图，见图 2-1。

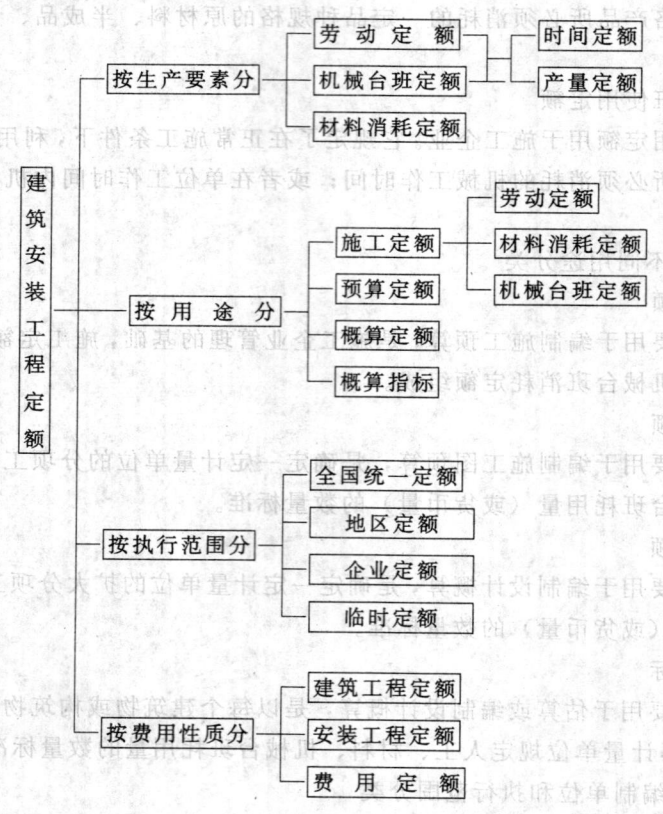

图 2-1　建筑安装工程定额分类示意图

四、建筑安装工程定额的作用

定额是企业实行科学管理的必备条件，没有定额就谈不上科学管理。

1．定额是企业计划管理的基础

建筑安装施工企业为了组织和管理施工生产活动，必须编制各种计划。而计划的编制又要依据各种定额来计算人力、物力和财力的需用量。因此，定额是企业计划管理的重要基础。

2. 定额是提高劳动生产率的重要手段

施工企业要提高劳动生产率，除了认真做人的工作外，还要贯彻执行各种定额，把企业提高劳动生产率的任务，具体落实到每位职工身上，促使他们采用新技术、新工艺、改进操作方法，改善劳动组织，减少劳动强度，使用更少的劳动量，生产更多的产品，从而提高劳动生产率。

3. 定额是衡量设计方案优劣的标准

使用定额和各种概算指标对一个工程的若干设计方案进行技术经济分析，能选择经济合理的最优设计方案。因此，定额是衡量设计方案经济合理性的标准。

4. 定额是推行经济责任制的重要依据

推行投资包干和以招投标承包制为核心的经济责任制是建筑业改革的重要内容。

在签订投资包干协议、计算标底和标价、签订承包合同，以及企业内部实行各种形式的承包责任制，都必须以各种定额为主要依据。

5. 定额是科学组织施工和管理施工的有效工具

建筑安装工程施工是由多个工种、部门组成的一个有机整体而进行施工生产活动的。在安排各部门各工种的生产计划中，无论是计算资源需用量或者平衡资源需用量，组织供应材料，合理配备劳动组织，调配劳动力，签发工程任务单和限额领料单，还是组织劳动竞赛，考核工料消耗，计算和分配劳动报酬等等，都要以各种定额为依据。因此，定额是组织和管理施工生产的有效工具。

6. 定额是企业实行经济核算的重要基础

企业为了分析和比较施工生产中的各种消耗，必须以各种定额为依据。工程成本核算时，要以定额为标准，分析比较企业各项成本，肯定成绩，找出差距，提出改进措施，不断降低各种消耗，提高企业的经济效益。

五、建筑安装工程定额的特性

在社会主义市场经济条件下，定额具有以下三个方面的特性。

1. 科学性

建筑安装工程定额是采用科学的方法，在认真研究施工生产过程中的客观规律的基础上，通过长期的观察、测定、总结生产实践经验以及广泛搜集资料的基础上编制的。

在编制过程中，必须对工作时间分析、动作研究、现场布置、工具设备改革，以及生产技术与组织管理等各方面，进行科学的综合研究。因而，制定的定额客观地反映了施工生产企业的生产力水平，所以，定额具有科学性。

2. 权威性

在计划经济体制下，定额具有法令性，即建筑安装工程定额经国家主管机关批准颁发后，具有经济法规的性质，执行定额的所有各方必须严格遵守，未经许可，不得随意改变定额的内容和水平。

但是，在市场经济条件下，定额的执行过程中允许企业根据具体情况进行调整，使其体现市场经济的特点，故定额的法令性淡化了。在这种情况下，建筑安装工程定额既能起到国家宏观调控市场，又能起到让建筑市场充分发育的作用，就必须要有一个社会公认的，在使用过程中可以有根据地改变定额水平的定额。这种定额具有权威性的控制量，各建设业主和工程承包商可以根据生产力水平状况进行适当调整。

具有权威性能灵活使用建筑安装工程定额是符合社会主义市场经济条件下建筑产品的生产规律。

定额的权威性是建立在采用先进科学的制定方法基础之上的，能正确反映本行业的生产力水平，符合社会主义市场经济的发展规律。

3. 群众性

定额的群众性是指定额的制定和执行都必须有广泛的群众基础。因为定额的水平高低主要取决于建筑安装工人所创造的劳动生产力水平的高低；其次，工人直接参加定额的测定工作，有利于制定出容易掌握和推广的定额；最后定额的执行要依靠广大职工的生产实践活动方能完成。

第二节　编制定额的基本方法

一、技术测定法

定额的技术测定法是一种科学的调查研究方法。它是通过对施工过程的具体活动进行实地观察，详细记录工人和施工机械的工作时间消耗，测定完成产品的数量和有关影响因素，将记录结果进行分析研究，整理出可靠的原始数据资料，为编制定额提供科学依据的一种方法。

技术测定法对于改进生产工艺，总结先进生产者的工作方法也具有重要的作用。

1. 技术测定法的主要步骤

（1）确定拟编定额项目的施工过程，并对其组成部分进行必要的划分；

（2）选择正常的施工条件和合适的观察对象；

（3）在施工现场对观察对象进行测时观察，记录完成产品的数量、工时消耗及影响工时消耗的有关因素；

（4）分析整理观察资料。

2. 常用的技术测定方法

（1）测时法

测时法主要用于观察循环施工过程的定额工时消耗。

测时法的特点：精度高，观察技术较复杂。

（2）写实记录法

写实记录法是一种研究各种性质的工作时间消耗的技术测定法。采用该方法可以获得分析工作时间消耗的全部资料。

写实记录法的特点：精度较高，观察方法比较简单。观察对象是一个工人或一个工人小组，采用普通表为计时工具。

（3）工作日写实法

工作日写实法是一种研究整个工作班内各种损失时间、休息时间和不可避免中断时间的方法。

工作日写实法的特点：它与测时法、写实记录法相比，具有技术简便、应用面广和资料全面的优点。

二、经验估计法

经验估计法是根据定额员、技术员、生产管理人员和老工人的实际工作经验，对生产某一产品或完成某项工作所需的人工、材料、机械台班数量进行分析、讨论和估算，并最终确定定额消耗量的一种方法。

优点：编制过程较简单，工作量小，编制速度快。

缺点：定额精度较差，计算的依据不够充分和准确，容易受人为因素的影响。

三、统计计算法

统计计算法是一种用过去统计资料编制定额的一种方法。

优点：方法简便，只要对过去的统计资料加以分析和整理就可以计算出定额消耗指标。

缺点：统计资料不可避免地包含着各种不合理因素，这些因素必然会影响定额水平，降低定额质量。

四、比较类推法

比较类推法也叫典型定额法。

比较类推法是在相同类型的项目中，选择有代表性的典型项目，用技术测定法编出定额，然后根据测定的定额用比较类推的方法编制其他相关定额的一种方法。

优点：简单可行，有一定的准确性。

缺点：比较类推法用了正比例关系来编制相关定额，故有一定的局限性。

第三节 劳 动 定 额

一、劳动定额的概念

劳动定额亦称人工定额，它规定了在正常施工条件下某等级某工种工人在单位时间内完成合格产品的数量；或者完成单位合格产品所需的劳动时间。按其表现形式的不同，前者叫产量定额，后者叫时间定额。

时间定额的常用单位是：d/m^3、d/m^2、d/块、d/套、d/组等等。

例如：砌 $1m^3$ 一砖厚单面清水砖墙，用塔吊作垂直运输机械时的时间定额为 $1.16d/m^3$。

产量定额的常用单位是：m^2/d、m^3/d、块/d、组/d、套/d、t/d 等等。

例如：上述砌砖墙项目的产量定额为 $0.862m^3/d$。

1. 时间定额与产量定额的关系

时间定额与产量定额是互为倒数的关系。

即：

$$时间定额 = \frac{1}{产量定额}$$

或者：时间定额×产量定额＝1

例如：用水泥砂浆抹预制板底天棚的时间定额为 $1.11d/10m^2$；产量定额为 $\frac{1}{1.11} = 0.901$ $(10m^2/d) = 9.01m^2/d$。

2. 时间定额与产量定额的特点

产量定额以 m³/d、t/d、套/d 等单位表示，数量直观、具体，容易为工人所理解和接受，因此，产量定额适用于向工人班组下达生产任务。

时间定额以 d/m³、d/m²、d/t、d/套等为单位，不同的工作内容有相同的时间单位，定额完成量可以相加，故时间定额适用于劳动计划的编制和统计完成任务情况。

二、拟定劳动定额的计算公式

拟定时间定额一般采用下列计算公式：

$$N = \frac{N_基 \times 100}{100 - (N_辅 + N_准 + N_息 + N_断)} \tag{2-1}$$

式中　N——单位产品的时间定额；

$\quad N_基$——完成单位产品的基本工作时间；

$\quad N_辅$——辅助工作时间占全部工作过程单位产品定额时间的百分比；

$\quad N_准$——准备结束时间占全部工作过程单位产品定额时间的百分比；

$\quad N_息$——休息时间占全部工作过程单位产品定额时间的百分比；

$\quad N_断$——不可避免的中断时间占全部工作过程单位产品定额时间的百分比。

【例 2-1】　根据下列现场测定资料，确定人力双轮车运送标准砖 30m 远，每运 1000 块的时间定额和产量定额。

基本工作时间	130.81min/1 000 块
辅助工作时间	占全部工作时间的 2%
准备与结束工作时间	占全部工作时间 1.8%
不可避免的中断时间	占全部工作时间 1.2%
休息时间	占全部工作时间 16%

【解】　用公式 2-1 计算

$$N = \frac{130.81 \times 100}{100 - (2 + 1.8 + 1.2 + 16)}$$

$$= \frac{13081}{79}$$

$$= 165.58(\text{min}) = 2.76\text{h} = 0.345 \text{ d}$$

$$时间定额 = 0.345 \text{ d/千块}$$

$$产量定额 = \frac{1}{0.345} = 2.899 \text{ 千块/d}$$

第四节　材料消耗定额

一、材料消耗定额的概念

材料消耗定额是指在先进合理的施工条件和合理使用材料的情况下，生产质量合格的单位产品所必须消耗的建筑安装材料的数量标准。

二、净用量定额和损耗量定额

材料消耗定额的消耗量包括：

1. 直接用于建筑安装工程上的材料；

2. 不可避免产生的施工废料；

3. 不可避免的材料施工操作损耗。

直接构成建筑安装工程实体的材料称为材料消耗净用量定额。

不可避免的施工废料和施工操作损耗称为材料损耗量定额。

材料消耗净用量定额与损耗量定额之间具有下列关系：

$$材料消耗定额 = 材料消耗净用量定额 + 材料损耗量定额 \qquad (2-2)$$

$$材料损耗率 = \frac{材料损耗量定额}{材料消耗量定额} \times 100\% \qquad (2-3)$$

$$或：材料损耗率 = \frac{材料损耗量}{材料总消耗量} \times 100\%$$

$$材料消耗定额 = \frac{材料消耗净用量定额}{1 - 材料损耗率} \qquad (2-4)$$

$$或：总消耗量 = \frac{净用量}{1 - 损耗率} \qquad (2-4a)$$

在实际工作中，为了简化计算过程，常用下列公式计算总消耗量：

$$总消耗量 = 净用量 \times （1 + 损耗比） \qquad (2-5)$$

$$式中：损耗比 = \frac{损耗量}{净用量}$$

三、编制材料消耗定额的基本方法

1. 现场技术测定法

用该方法可以取得编制材料消耗定额的全部资料。

材料消耗定额中的净用量比较容易确定，但损耗量需要通过现场技术测定等方法来确定。

2. 试验法

试验法是在实验室内采用专门的仪器设备，通过实验的方法来确定材料消耗定额的一种方法。用这种方法提供的数据，虽然精确度较高，但容易脱离现场实际情况。

3. 统计法

统计法是通过对现场用料的大量统计资料进行分析计算的一种方法。用该方法可获得材料消耗定额的各项数据。

虽然统计法比较简单，但不能准确区分材料消耗的性质，因而不能分别确定材料净用量定额和损耗量定额，只能笼统地确定材料消耗定额。

4. 理论计算法

理论计算法是运用一定的计算公式确定材料消耗定额的方法。该方法较适合计算块状、板状、卷状等材料的消耗量。

四、砖砌体材料用量计算方法

1. 标准砖砌体的标准砖、砂浆用量计算公式

$$\text{每立方米砌体标准砖净用量（块）} = \frac{2 \times \text{墙厚的砖数}}{\text{墙厚} \times (\text{砖长} + \text{灰缝}) \times (\text{砖厚} + \text{灰缝})} \quad (2\text{-}6)$$

式 2-6 中墙厚的砖数是指用标准砖的长度来标明墙厚。例如，半砖墙指 120mm 厚墙、3/4砖墙指 180mm 厚墙、1 砖墙指 240mm 厚墙等。

标准砖净用量计算公式的思路如下：

（1）将公式 2-6 变为：

$$\text{每立方米砌体标准砖净用量（块）} = \frac{1}{\text{墙厚} \times (\text{砖长} + \text{灰缝}) \times (\text{砖厚} + \text{灰缝})}$$
$$\times \text{墙厚的砖数} \times 2 \quad (2\text{-}7)$$

（2）公式 2-7 中的分母称为标准块体积。例如，1 砖墙的标准块体积为：

$$0.24 \times (0.24 + 0.01) \times (0.053 + 0.01)$$
$$= 0.24 \times 0.25 \times 0.063$$
$$= 0.003\,78 \text{m}^3 / \text{标准块}$$

（3）公式 2-7 中的分子"1"表示 1m³ 砌体，$\frac{1}{0.003\,78} = 264.55$ 块便是每立方米砌体的标准块数量。

（4）已知 240 厚砖墙每个标准块的标准砖数量为 2 块，故砌 1m³240 厚标准墙的标准砖用量为：

$$264.55 \times 2 \text{块} = 529.10 \text{块}$$

（5）按照上述思路，可以推出每立方米块体墙的砌块净用量：

$$\text{每立方米块体墙} \atop \text{块体净用量} \text{（块）} = \frac{\text{标准块中砌块数量}}{\text{标准块（含灰缝）的体积}} \quad (2\text{-}8)$$

注意：公式 2-8 具有通用性。

$$\text{每立方米标准砖砌体} \atop \text{砂浆净用量} \text{（m}^3\text{）} = 1\text{m}^3 \text{砌体} - 1\text{m}^3 \text{砌体中标准砖净用量}$$
$$= 1 - 0.24 \times 0.115 \times 0.053 \times \text{标准砖数量}$$
$$= 1 - 0.0014628 \times \text{标准砖数量} \quad (2\text{-}9)$$

$$\text{标准砖（砂浆）} \atop \text{总消耗量} = \frac{\text{净用量}}{1 - \text{损耗率}} \quad (2\text{-}10)$$

【例 2-2】 计算 1m³370 厚标砖墙的砖和砂浆总消耗量（标准砖和砂浆的损耗率均为 1.5%）。

【解】 用公式 2-6、公式 2-10 计算标准砖用量：

$$\text{标准砖净用量} = \frac{2 \times 1.5}{0.365 \times (0.24 + 0.01) \times (0.053 + 0.01)}$$
$$= \frac{3}{0.005\,749}$$
$$= 521.8 \text{块}$$

$$标准砖总消耗量 = \frac{521.8}{1 - 1.5\%} = 529.7 \approx 530 \, 块$$

用公式 2-9、公式 2-10 计算砂浆用量：

$$砂浆净用量 = 1 - 0.001\,462\,8 \times 521.8$$
$$= 1 - 0.763$$
$$= 0.237 \mathrm{m}^3$$

$$砂浆总消耗量 = \frac{0.237}{1 - 1.5\%} = 0.241 \mathrm{m}^3$$

2. 砌块墙材料用量计算

【例 2-3】　计算砌块尺寸为 390×190×190 (mm) 的 190 厚混凝土空心砌块墙的砂浆和砌块总消耗量（灰缝 10mm，砌块与砂浆的损耗率均为 2%）。

【解】　用公式 2-8、公式 2-10 计算砌块净用量：

$$\begin{aligned}
每立方米砌体\atop 砌块净用量 &= \frac{标准块中的砌块用量}{标准块（含灰缝）的体积}\\
&= \frac{1}{0.19 \times (0.39 + 0.01) \times (0.19 + 0.01)}\\
&= \frac{1}{0.015\,2} = 65.8 \, 块
\end{aligned}$$

$$砌块总消耗量 = \frac{65.8}{1 - 2\%} = 67.1 \, 块$$

用公式 2-9、公式 2-10 计算砂浆用量：

$$砂浆净用量 = 1 - 0.39 \times 0.19 \times 0.19 \times 65.8$$
$$= 1 - 0.9264$$
$$= 0.074 \mathrm{m}^3$$

$$砂浆总消耗量 = \frac{0.074}{1 - 2\%} = 0.076 \mathrm{m}^3$$

五、块料面层材料用量计算方法

1. 块料面层的底层、结合层及灰缝尺寸，见表 2-1。

块料面层的底层、结合层及灰缝尺寸　　　　　　　　　　　　　　表 2-1

序号	项目名称	块料规格 (mm)	灰缝 (mm) 宽	灰缝 (mm) 深	结合层厚度 (mm)	底层厚度 (mm)
	陶瓷锦砖				5	20
	混凝土板	400×400×50	6	50	5	20
	大理石板	500×500×20	1	20	5	20
	水磨石板	305×305×20	2	20	5	20
	瓷砖	152×152×5	2	5	5	20

2. 每 100m² 块料面层材料用量计算公式

$$块料用量 = \frac{100}{(块料长 + 灰缝) \times (块料宽 + 灰缝)} \times (1 + 损耗率) \qquad (2-11)$$

$$结合层用量 = 100\mathrm{m}^2 \times 结合层厚度 \times (1 + 损耗率) \qquad (2-12)$$

灰缝砂浆用量＝［100－（块料长×块料宽×100m² 块料净用量)]×灰缝深

$$\times (1+损耗率)$$

$$(2-13)$$

【例 2-4】 1：2 水泥砂浆贴 300×200×8（mm）缸砖地面，结合层 5mm，灰缝 2mm，缸砖损耗率 1.8%，砂浆损耗率 1%，试计算每 100m² 地面缸砖和砂浆的总耗用量。

【解】 用公式 2-11 计算缸砖用量：

$$缸砖用量＝\frac{100}{(0.30+0.002)\times(0.20+0.002)}\times(1+1.8\%)$$

$$=1\,639.24\times 1.018$$

$$=1\,668.75\ 块/100m^2$$

用公式 2-12 计算 1：2 水泥砂浆结合层用量：

$$1：2\ 水泥砂浆结合层＝100\times 0.005\times(1+1\%)$$

$$=0.505m^3/100m^2$$

用公式 2-13 计算灰缝砂浆用量：

$$灰缝 1：2\ 水泥砂浆＝\left[100-\left(0.30\times 0.20\times\frac{100}{0.302\times 0.202}\right)\right]$$

$$\times 0.008\times(1+1\%)$$

$$=[100-(0.06\times 1639)]\times 0.008\times 1.01$$

$$=1.66\times 0.008\times 1.01$$

$$=0.013m^3/100m^2$$

1：2 水泥砂浆用量：0.505＋0.013＝0.518 m³/100m²

300×200 缸砖用量：1 668.75 块/100m²

六、砂浆配合比计算方法

1. 混合砂浆配合比用量计算公式（体积比）

$$砂子用量（m^3）＝\frac{砂子比例数}{配合比总比例数-砂子比例数\times 砂子空隙率}\qquad(2-14)$$

$$水泥用量（kg）＝\frac{水泥比例数\times 水泥容重}{砂子比例数}\times 砂子用量\qquad(2-15)$$

$$石灰膏用量（m^3）＝\frac{石灰膏比例数}{砂子比例数}\times 砂子用量\qquad(2-16)$$

注：当砂子用量超过 1m³ 时，按 1m³ 取定。

2. 混合砂浆配合比用量计算

【例 2-5】 用 1：1：6 混合砂浆抹内墙面，水泥容重 1 240kg/m³，砂子空隙率 30%，试计算每立方米混合砂浆的水泥、砂子、石灰膏净用量。

【解】 用公式 2-14 计算砂子用量：

$$砂子用量＝\frac{6}{(1+1+6)-6\times 30\%}＝\frac{6}{8-1.8}$$

$$=\frac{6}{6.2}=0.968\ \ m^3/m^3$$

用公式 2-15 计算水泥用量：

$$水泥用量 = \frac{1 \times 1\,240}{6} \times 0.968$$

$$= 206.67 \times 0.968 = 200.06 \quad kg/m^3$$

用公式 2-16 计算石灰膏用量：

$$石灰膏用量 = \frac{1}{6} \times 0.968 = 0.167 \times 0.968$$

$$= 0.161 \quad m^3/m^3$$

3. 纯水泥浆配合比用量计算

【例 2-6】 纯水泥浆的用水量按水泥的 35% 计算，水泥比重为 3 100kg/m³、容重为 1 200kg/m³，试计算每立方米纯水泥浆的水泥和水的用量。

【解】

$$水灰比 = 0.35 \times \frac{水泥容重}{水容重} = 0.35 \times \frac{1200}{1000}$$

$$= 0.42$$

$$虚体积系数 = \frac{1}{1 + 0.42} = 0.704\,2$$

收缩后的体积：

$$水泥净体积 = 0.704\,2 \times \frac{1\,200}{3\,100} = 0.272\,6 \ m^3$$

$$水体积 = 0.704\,2 \times 0.42 = 0.295\,8 \ m^3$$

$$小计：0.272\,6 + 0.295\,8 = 0.5684 \ m^3$$

$$实体积系数 = \frac{1}{(1 + 0.42) \times 0.568\,4}$$

$$= 1.239$$

$$水泥用量 = 1\,239 \times 1\,200 = 1\,486.8 \ kg/m^3$$

$$用量水 = 1.239 \times 0.42 = 0.52 \ m^3/m^3$$

4. 石膏灰浆配合比用量计算

【例 2-7】 石膏容重 1 000kg/m³，比重 2.75，加水量 80%，每立方米灰浆加入纸筋 26kg，折合体积 0.028 6m³，求每立方米石膏灰浆的石膏粉净用量。

【解】

$$水灰比 = \frac{0.80 \times 1000}{1000} = 0.80$$

$$虚体积系数 = \frac{1}{1 + 0.80} = 0.556$$

$$收缩后石膏粉净体积 = 0.556 \times \frac{1}{2.75} = 0.202 \ m^3 \ \left.\right\} \ 0.647 \ m^3$$

$$收缩后水净体积 = 0.556 \times 0.8 = 0.445 \ m^3$$

$$实体积系数 = \frac{1}{(1 + 0.80) \times 0.647} = 0.858 \ m^3$$

$$石膏粉净用量 = (0.858 - 0.0286) \times 1000$$

$$= 829 \text{ kg/m}^3$$

$$\text{用水量} = 829 \times 0.8 = 663 \text{ kg/m}^3$$

5. 水泥白石子浆配合比用量计算

【例 2-8】 白石子容重 1500kg/m³，空隙率 44%每立方米密实体积水泥浆用水泥 1 480kg求 1：2.5 水泥白石子浆的白石子、水泥净用量。

【解】采用公式 2-14 计算白石子用量：

$$\text{白石子用量} = \frac{1500 \times 2.5}{(1 + 2.5) - 2.5 \times 44\%} = 1500 \times \frac{2.5}{2.4}$$

$$= 1500 \times 1.04 (\text{取定 } 1.0) = 1500 \times 1.0 = 1500 \text{ kg/m}^3$$

采用公式 2-15 计算水泥用量：

$$\text{水泥用量} = \frac{1 \times 1\,480}{2.5} \times 1.0 = 592 \text{ kg/m}^3$$

6. 每 100m² 干粘石抹灰面白石子用量计算计算公式：

$$\text{每 100m}^2 \text{ 抹灰} \atop \text{面干粘石用量} = \text{石子容重} \times (1 - \text{空隙率}) \times \text{石子粒径}$$

$$\times (1 + \text{损耗率}) \times 100\text{m}^2 \qquad (2\text{-}17)$$

【例 2-9】 白石子干粘石抹灰面，白石子容重 1500kg/m³，粘在墙抹灰面后的空隙率 为 25%，石子粒径 4mm，损耗率 5%，试计算 100m² 抹灰面的白石子用量。

【解】 用公式 2-17 计算

$$\text{每 100m}^2 \text{ 抹灰} \atop \text{面白石子用量} = 1500 \times (1 - 25\%) \times 0.004 \times 1.05 \times 100$$

$$= 472.5 \text{ kg/100m}^2$$

七、周转性材料消耗量计算

建筑安装工程施工中除了耗用直接构成工程实体的材料（水泥、砖等）外，还需消耗 一些工具性材料。如挡土扳、脚手架、模板等。这类材料在施工中不是一次性消耗的，而 是随着使用次数逐渐消耗的，故称为周转性材料。

周转性材料在定额中是按照多次使用、分次摊销的方法计算。

预算定额中的消耗量是使用一次的实物摊销量。

1. 捣制结构的模板摊销量计算

（1）考虑模板周转使用补充和回收的计算：

$$\text{周转使用量} = \frac{\text{一次使用量} + \text{一次使用量} \times (\text{周转次数} - 1) \times \text{损耗率}}{\text{周转次数}} \qquad (2\text{-}18)$$

$$\text{回收量} = \frac{\text{一次使用量} - (\text{一次使用量} \times \text{损耗率})}{\text{周转次数}} \qquad (2\text{-}19)$$

$$\text{摊销量} = \text{周转使用量} - \text{回收量} \qquad (2\text{-}20)$$

【例 2-10】 某工程捣制钢筋混凝土独立基础，每立方米独立基础的模板接触面积为 2.4m²，每平方米模板接触面积需用板材 0.084m³，模板周转使用 6 次，每次周转损耗率为 16.6%，试计算该基础的模板周转使用量、回收量和定额摊销量。

【解】 用公式 2-18 计算模板周转使用量：

$$\text{周转使用量} = \frac{0.084 \times 2.4 + 0.084 \times 2.4 \times (6 - 1) \times 16.6\%}{6}$$

$$= \frac{0.369}{6} = 0.062 \text{ m}^3$$

用公式 2-19 计算回收量：

$$回收量 = \frac{0.084 \times 2.4 - (0.084 \times 2.4 \times 16.6\%)}{6}$$

$$= \frac{0.168}{6} = 0.028 \text{ m}^3$$

用公式（2-20）计算模板定额摊销量

摊销量 $= 0.062 - 0.028 = 0.034 \text{ m}^3/\text{m}^3$

（2）不考虑周转使用补充和回收量的计算：

$$摊销量 = \frac{一次使用量}{周转次数} \qquad (2-21)$$

【例 2-11】 根据例 2-10 中的有关条件，用公式（2-21）计算独立基础的模板摊销量。

【解】 模板摊销量 $= \dfrac{0.084 \times 2.4}{6} = 0.034 \text{ m}^3/\text{m}^3$

2. 预制混凝土构件模板摊销量计算

预制混凝土构件的模板虽然也是多次使用，反复周转，但与捣制构件的模板用量计算方法不同。预制构件是按多次使用、平均摊销的方法计算模板摊销量，不计算每次的周转损耗率（补充损耗率）。因此，预制构件模板摊销量，只需按施工图计算出一次使用量，再根据确定的周转次数计算。

$$一次使用量 = \frac{1\text{m}^3 \text{构件模}}{板接触面积} \times \frac{1\text{m}^2 \text{接触面}}{积模板净用量} \times (1 + 损耗率) \qquad (2-22)$$

【例 2-12】 根据选定的预制过梁标准图计算，每立方米构件的模板接触面积为 9.20m²，每平方米接触面积模块净用量 0.091m³，模板周转 25 次，模板损耗率 5%，试计算预制每立方米过梁的模板摊销量。

【解】 用公式 2-22 计算一次使用量：

$$一次使用量 = 9.20 \times 0.091 \times 1.05$$

$$= 0.879 \quad \text{m}^3/\text{m}^3$$

用公式 2-21 计算摊销量：

$$摊销量 = \frac{0.879}{25} = 0.035 \quad \text{m}^3/\text{m}^3$$

第五节　施工机械台班定额

施工机械台班定额是施工机械生产率的反映。

编制高质量的施工机械台班定额是合理组织机械施工，有效利用施工机械，进一步提高机械生产率的必备条件。

编制施工机械台班定额，主要包括以下内容。

一、拟定正常施工条件

机械操作与人工操作相比，劳动生产率在更大程度上受施工条件的影响，所以更要拟定正常的施工条件。

拟定机械工作正常的施工条件，主要是拟定工作地点的合理组织和拟定合理的工人编制。

二、确定机械纯工作一小时的正常生产率

确定机械正常生产率必须先确定机械纯工作一小时的正常劳动生产率。因为只有先取得机械纯工作一小时正常生产率，才能根据机械利用系数计算出施工机械台班定额。

机械纯工作时间，就是指机械必须消耗的净工作时间。它包括：正常负荷下；有根据降低负荷下；不可避免的无负荷时间；不可避免的中断时间。

机械纯工作 1h 的正常生产率，就是在正常施工条件下，由具备一定技能的技术工人操作施工机械净工作 1h 的劳动生产率。

确定机械纯工作 1h 正常劳动生产率可分三步进行：

第一步，计算机械一次循环的正常延续时间。它等于本次循环中各组成部分延续时间之和，计算公式为：

$$\text{机械一次循环正常延续时间} = \Sigma\,\text{循环内各组成部分延续时间}$$

【例 2-13】 某轮胎式起重机吊装大型屋面板，每次吊装一块，经过计时观察，测得循环一次的各组成部分的平均延续时间如下：

挂钩时的停车	32.1s
将屋面板吊至 12m 高处	83.7s
将屋面板下落就位	55.8s
解钩时的停车	40.8s
回转悬臂、放下吊绳空回至构件堆放处	49.2s
合 计	261.6s

【解】

$$\text{机械一次循环的正常延续时间} = 32.10 + 83.7 + 55.8 + 40.8 + 49.2 = 261.6s$$

第二步，计算施工机械纯工作 1h 的循环次数，计算公式为：

$$\text{机械纯工作 1h 循环次数} = \frac{60 \times 60s}{\text{一次循环的正常延续时间}}$$

将 261.6s 代入公式后

$$\text{机械纯工作 1h 循环次数} = \frac{60 \times 60}{261.6} = 13.76 \text{ 次}$$

第三步，求机械纯工作 1h 的正常生产率，计算公式为：

$$\text{机械纯工作 1h 正常生产率} = \text{机械纯工作 1h 正常循环次数} \times \text{一次循环生产的产品数量}$$

上例的机械纯工作 1h 的正常生产率为：

机械纯工作 1h 正常生产率 = 13.76（次）× 1（块／次）= 13.76 块

三、确定施工机械的正常利用系数

机械的正常利用系数，是指机械在工作班内工作时间的利用率。

机械正常利用系数与工作班内的工作状况有着密切的关系。

拟定工作班的正常状况，关键是如何保证合理利用工时；因此，要注意下列几个问题：

（1）尽量利用不可避免的中断时间、工作开始前与结束后的时间，进行机械的维护和保养。

（2）尽量利用不可避免的中断时间为工人休息时间。

（3）根据机械工作的特点，在担负不同工作时，规定不同的开始与结束时间。

（4）合理组织施工现场，排除由于施工管理不善造成的机械停歇。

确定机械正常利用系数，首先要计算工作班在正常状况下，准备与结束工作、机械开动、机械维护等工作所必须消耗的时间，以及有效工作的开始与结束时间，然后再计算机械工作班的纯工作时间，最后确定机械正常利用系数。

$$机械正常利用系数 = \frac{工作班内机械纯工作时间}{机械工作班延续时间}$$

四、计算机械台班定额

计算机械台班定额是编制机械台班定额的最后一步。

在确定了机械工作正常条件、机械 1h 纯工作时间正常生产率和机械利用系数后，就可以确定机械台班的定额指标了。

$$施工机械台班产量定额 = \frac{机械纯工作}{1h 正常生产率} \times \frac{工作班延续时间}{} \times \frac{机械正常利用系数}{}$$

【例 2-14】 轮胎式起重机吊装大型屋面板，机械纯工作 1h 的正常生产率为 13.76 块，工作班 8h 内实际工作时间 7.2h，求机械台班的产量定额和时间定额。

【解】 （1）求机械正常利用系数

$$机械正常利用系数 = \frac{7.2}{8} = 0.9$$

（2）求机械台班产量定额

施工机械台班产量定额 $= 13.76 \times 8 \times 0.9 = 99$ 块／台班

（3）求机械台班时间定额

$$施工机械台班时间定额 = \frac{1}{99} = 0.01 \text{ 台班／块}$$

第六节　施　工　定　额

一、施工定额的概念

施工定额是以同一性质的施工过程为对象，规定某种建筑产品的人工、材料、机械台班消耗的数量标准。

施工定额是由施工企业根据本企业生产力水平和管理水平制定的内部定额。

施工定额一般由劳动定额、材料消耗定额、机械台班定额组成。

二、施工定额的作用

施工定额有以下主要作用：

1. 施工定额是编制施工组织设计、施工作业计划的依据

施工单位编制的施工组织设计，一般包括所施工工程的平面布置、人工、材料、机械台班需用量计划和施工工期的时间安排。由于施工组织设计是施工管理的中心环节，所以，可以用企业内部定额——施工定额来计算人工、材料、机械台班需用量，根据这些需用量

和现有的施工力量来安排施工进度。

2. 是施工队向生产班组签发施工任务单和限额领料单的依据

签发施工任务单，是将施工任务落实到班组。根据施工任务单签发限额领料单。

施工任务单和限额领料单是结算承包工程计算人工费的依据。

3. 是编制施工预算、进行"两算"对比和加强企业成本管理的基础

施工预算是施工管理的计划文件。

施工预算根据施工定额和施工图编制。施工预算反映了正常施工条件下劳动消耗的平均先进水平。认真执行施工预算，能更好地合理组织施工生产，有效地控制施工生产中人力、物力的消耗，节约工程成本。

4. 是计算劳动报酬、实行按劳分配的有效手段

施工定额是计算计件工资的基础，也是计时加奖励工资的计算依据。将工人的劳动成果和劳动消耗直接联系起来，体现了多劳多得的社会主义分配原则。

5. 施工定额是编制预算定额和企业补充定额的基础

预算定额是在施工定额的基础上综合而成的。利用施工定额编制预算定额，可以减少现场测定定额的大量工作，使预算定额更加符合现实的施工生产和经营管理水平，保证施工中人力和物力的消耗能得到足够的补偿。

当施工中采用了新工艺、新结构引起预算定额缺项时，可以用施工定额编制企业的补充定额。

综上所述，施工定额是企业管理的工具和基础。在改善企业管理的工作中，加强施工定额的管理，对于促进企业生产力水平的提高和经济效益的提高，具有重要意义。

三、施工定额的编制原则

施工定额能否在施工管理中促进企业生产力水平的提高，主要取决于定额本身的质量。

衡量定额质量的主要标志有二个：一是定额水平；二是定额内容和形式。因此，在编制施工定额的过程中应该贯彻以下原则。

1. 平均先进水平原则

定额水平是指规定消耗在单位建筑安装产品上的劳动力、材料、机械台班数量的多少。单位产品的劳动消耗量与生产力水平成反比。

施工定额的水平应是平均先进水平。因为具有平均先进水平的定额方能促进企业生产力水平的提高。

所谓平均先进水平，是指在正常施工条件下，多数班组或生产者经过努力才能达到的水平。一般地说，该水平应低于先进水平而略高于平均水平。

平均先进水平对于先进生产者、中等水平工人和少数落后者起着不同的作用。

平均先进水平使先进生产者感到有一定的压力，能鼓励他们进一步提高技术水平；使大多数处于中间水平的工人感到定额可望可及，能增强达到定额或超过定额的信心；平均先进水平没有迁就少数落后者，使他们产生努力工作的责任感，能认识到必须花较大的精力去改善施工条件，改进技术操作水平才能缩短差距，尽快达到定额水平。所以，平均先进水平是一种鼓励先进，勉励中间，鞭策落后的定额水平。只有贯彻这样的水平，才能达到不断提高企业劳动生产力的目的。

在编制施工定额中贯彻平均先进水平原则，可以从以下几个方面来考虑。

（1）确定定额水平时，要考虑已经成熟的并得到推广使用的先进技术和先进经验。对于那些尚不成熟或尚未推广的先进技术，暂不作为确定水平的依据。

（2）对于编制定额的原始资料，要加以整理分析，剔除个别的、偶然的不合理数据。

（3）要选择正常的施工条件和合理的操作方法，作为确定定额的依据。

（4）要从实际出发，全面考虑影响定额水平的有利因素和不利因素。

（5）要注意施工定额项目之间水平的综合平衡，避免有"肥"有"瘦"，造成定额执行中的困难。

定额的水平具有一定的时间性。某一时期是平均先进水平，但在执行过程中，经过工人努力后，大多数人都超过了定额。那么，这时的定额水平就不具有平均先进水平了。所以，要在适当的时候重新修订定额，以保持定额的平均先进水平。

2. 简明适用原则

简明适用原则主要针对施工定额的内容和形式而言的。这一原则要求定额的内容和形式有利于定额的贯彻执行。

简明适用原则要求施工定额的内容较丰富，项目较齐全，适用性强，能满足施工组织与管理和计算劳动报酬等多方面的要求。同时，要求定额简明扼要，容易为工人和业务人员理解和掌握。

贯彻简明适用原则，关键要做到定额项目设置齐全，项目划分粗细恰当。如果定额项目不齐全，其执行范围必须会受到限制，企业补充定额会大量出现，难以排除人为的影响因素，从而降低定额水平。

施工定额项目划分的粗细程度，一般要满足下列条件：

（1）适应劳动组织和劳动分工的需要；

（2）适应班组核算和贯彻经济核算制的要求；

（3）满足考核班组和个人生产成果、计算劳动报酬的需要；

（4）满足简化计算过程的要求。

定额项目划分的粗细程度与定额的步距关系甚大。

所谓定额步距是指同类一组定额之间的项目间隔的大小。如在砌砖墙这一组定额中，其步距可以按墙厚划分为 1/4 砖、1/2 砖、3/4 砖、1 砖、$1\frac{1}{2}$ 砖、2 砖及以上等定额项目。这时定额项目中的步距保持在 1/4～1/2 砖厚之间。若将该组定额项目的步距加大，使项目之间保持在 1/2～1 砖厚的范围时，可划分为 $\frac{1}{2}$ 砖、1 砖、$1\frac{1}{2}$ 砖以上等项目。通过两组定额对比，显然前一组项目划分的步距小，定额项目细；后一组项目划分的步距大，定额项目粗。

当定额项目划分细时，精确度就高，但简明性就差；当定额项目划分粗时，综合程度高，简明性好，但精确度低。

一般，对常用的、主要的、工料消耗影响大的定额项目要划分细一点。反之，步距可以大一些。

在贯彻简明适用原则时，正确选择计量单位，适当利用系数，合理编写使用说明和附注，也能取得很好的效果。

四、施工定额的编制

1. 编制施工定额的准备工作

编制施工定额的准备工作主要包括以下几个方面的工作：

（1）明确编制任务和指导思想；

（2）充实编制机构和培训编制人员；

（3）整理和分析资料积累的基础资料；

（4）拟定编制方案。

2. 施工定额的编制

（1）编制依据；

①现行的建筑安装工程劳动定额、材料消耗定额、机械台班使用定额；

②现场测定资料；

③现行的施工验收规范、质量评定标准等；

④建筑安装工人技术等级标准；

⑤半成品配合比资料。

（2）编制施工定额的主要工作；

①确定施工定额的项目；

②选择定额项目的计量单位；

③确定施工定额册、章、节的编排。

五、施工定额的应用

施工定额的应用一般包括：

施工定额的套用；

施工定额的换算；

工日增减及系数使用。

1. 施工定额的套用

（1）脚手架施工定额的套用

①搭设步数和长度计算

某施工企业施工定额的外墙脚手架工程量计算按实搭步数以延长米计算。

$$搭设步数 ＝（墙面高度－架子步高）÷架子步高 \tag{2-23}$$

注：计算出的余数，采用四舍五入方法取整数。

$$搭设长度 ＝建筑物周长＋8×（架宽÷2＋里杆离墙面距离） \tag{2-24}$$

脚手架步高、架宽及里杆离墙面距离，见表 2-2。

【例 2-15】 某住宅工程砌砖墙，采用扣件式钢管双排外架，墙高 9.35m（包括室外地坪高差 0.15m），建筑物周长 33.70m，试计算脚手架的搭设步数和搭设长度。

【解】 用公式 2-23 计算脚手架搭设步数；

$$搭设步数 ＝(9.35 － 1.30)÷1.30 ＝ 8.05÷1.30$$

$$＝6.19 步 ＝ 6 步（取定）$$

用公式 2-24 计算外架搭设长度

$$搭设长度 ＝33.7＋8×(1.5÷2＋0.5)＝33.7＋8×1.25$$

$$=33.7+10=43.70 \text{ m}$$

项　　目	扣件式金属架	木　架	竹　架
步　高	1.30	1.20	1.50
架　宽	1.50	1.50 以内	1.30 以内
立杆间距	2.00	1.50 以内	1.50 以内
里杆离墙面距离	0.50	0.50	0.50

②套用定额、计算人工和材料用量

查某企业施工定额，金属双排外架由地面至顶 6m 高的定额项目，每搭设 10m 长的人工和材料一次使用量如下：

人工：　　　　　3.54 工日/10m

钢管：　　　　　227.9m/10m

小横杆：　　　　72.1m/10m

十字扣：　　　　144 人/10m

一字扣：　　　　35 个/10m

旋转扣：　　　　3.7 个/10m

底座：　　　　　10 个/10m

架板：　　　　　16.58m² /10m

根据例 2-15 算出的脚手架搭设长度工程量和定额的材料人工耗用量计算该住宅工程的人工工日和材料一次使用量。

$$人工工日 = 43.70 \div 10 \times 3.54 = 15.46 \text{ 工日}$$

主要材料一次使用量：

钢　管：$43.70 \div 10 \times 227.9 = 995.92$m

小横杆：$43.70 \div 10 \times 72.1 = 315.08$m

十字扣：$43.70 \div 10 \times 144 = 629.28$ 个

一字扣：$43.70 \div 10 \times 35 = 152.95$ 个

旋转扣：$43.70 \div 10 \times 3.7 = 16.17$ 个

底　座：$43.70 \div 10 \times 10 = 43.70$ 个

架　板：$43.70 \div 10 \times 16.58 = 72.45$m²

该住宅工程的双排金属脚手架摊销量，可按上面的一次使用量分别除以周转次数，便可算出（周转次数可按各地规定确定）。

（2）钢筋混凝土预制构件运输定额的套用

按某施工企业的施工定额规定，二类构件（矩形梁、槽板、空心板、平板）运输的装载系数为 0.85。

【例 2-16】　某住宅工程的二类构件运输工程量为 28.68t，运距 3km，用施工定额计算该工程构件的汽车司机工日数，主要材料用量和汽车台班量。

【解】　查施工定额，采用 8t 汽车运输，装载系数为 0.85、运输距离 5km 内：

汽车司机（1人）　　　　　0.22 工日/10t

台班产量　　　　　　　　　45.5t/台班

枋材摊销量　　　　　　　　0.043m³/10t

该住宅工程 28.68t 预制构件运输的工料消耗量：

汽车司机用工＝28.68÷10×0.22＝0.63 工日

枋材摊销量＝28.68÷10×0.043＝0.123 m³

8t 汽车台班＝28.68÷10×0.22＝0.63 台班

（3）起重机装卸预制构件的定额套用

【例 2-17】　根据例 2-16 资料，计算用起重机装卸预制构件的用工数。

【解】　查施工定额，二类构件装卸时间定额为：

小组成员 12 人（司机 4 人，装卸工 8 人）2.64 工日/10t

装卸 28.68m³ 二类构件的用工数为：

司机、装卸工用工数＝28.68÷10×2.64＝7.57 工日

2. 施工定额的换算

预制构件吊装的施工定额换算举例如下：

【例 2-18】　某住宅工程有 60 块预应力空心板，采用 10t 内轮胎吊安装，每次吊 4 块，试计算工日数和台班数量。

【解】　查某施工定额、空心板吊装定额数据如下：

小组成员共 9 人（司机 2 人，安装工人 7 人）人工时间定额：0.074 工日/块（该时间定额以吊一块为准，每次吊 4 块乘以系数 1.5）

机械时间定额：0.008 台班/块

台班产量：121 块/台班

每次吊 4 块的时间定额与台班产量定额为：

$$台班产量＝121 \times 1.5 ＝ 182 \ 块 / 台班$$

$$人工时间定额＝\frac{9}{182} ＝ 0.049 \ 工日 / 块$$

$$机械时间定额＝\frac{1}{182} ＝ 0.005 \ 台班 / 块$$

吊装 60 块预应力空心板的工日和台班数为：

$$司机及安装工工日数 ＝60 \times 0.049 ＝ 2.94 \ 工日$$

$$10t \ 内轮胎吊台班数 ＝60 \times 0.005 ＝ 0.30 \ 台班$$

3. 工日增减及系数的应用

（1）人力搬运门窗玻璃增加工日

某企业施工定额规定：人工搬运玻璃以一层楼为准，每增加一层，按 10m² 增加 0.01 工日。

【例 2-19】　某住宅工程的第三层楼上安装窗子用的 3mm 厚玻璃为 30.32m²，查施工定额，搬运一层的时间定额为 0.557 工日/10m²，试求搬上第三层的用工数。

【解】　每 10m² 玻璃增加二层的时间定额为：

$$0.01 \ 工日/10m² \times 2 \ 层 ＝ 0.02 \ 工日/10m²$$

搬上第三层的用工数为：

$$0.557 + 0.02 = 0.577(工日/10m^2)$$

$$所求工日数 = 30.32 \div 10 \times 0.577 = 1.75 工日$$

（2）混凝土地坪垫层施工定额的换算

【例 2-20】 某住宅工程的地坪垫层为 C10 混凝土，60mm 厚。该工程有 5 间室内净面积小于 16m² 的房间的垫层工程为 2.960m³。试计算该项目的用工数。

【解】 查某施工定额，每间小于 16m² 做垫层，其时间定额应乘以 1.3 系数，另垫层的时间定额为 0.982 工日/m³。

$$用工数 = 2.960 \times 0.982 \times 1.30 = 3.779 工日$$

第七节　建筑安装工程预算定额

一、预算定额的概念

建筑安装工程预算定额是建筑工程预算定额和安装工程预算定额的总称，简称预算定额。

预算定额是主管部门颁发用于确定一定计量单位分项工程或结构构件的人工、材料、施工机械台班消耗量和基价的数量标准。

预算定额是基本建设中一项重要的技术经济文件。它反映了国家允许施工企业和建设单位完成施工任务时消耗的活劳动和物化劳动的数量限额。这种限额最终决定了国家或建设单位能够为建设工程向施工企业提供多少物质资料和建设资金。可见，预算定额体现了国家、建设单位与施工企业之间的经济关系。

二、预算定额的作用

预算定额有以下主要作用：

1. 是编制施工图预算，确定工程造价的主要依据。

2. 是建筑安装招投标中确定标底和标价的重要依据。

3. 是建设单位和建设银行拨付工程价款、建设资金和编制竣工结算的依据。

4. 是施工企业编制施工计划，确定劳动力、材料、机械台班需用量计划和统计完成工程量的依据。

5. 是施工企业贯彻经济核算制，考核工程成本的依据。

6. 是对设计方案和施工方案进行技术经济评价的依据。

7. 是主管部门编制地区单位估价表和概算定额的基础。

总之，预算定额对于加强工程造价管理，控制基本建设资金使用，加强企业经济核算和改善企业经营管理，都起着重要作用。

三、预算定额的编制原则

1. 平均水平的原则

预算定额应遵循价值规律的要求，按生产该产品的社会必要劳动量来确定其消耗量。这就是说，在正常施工条件下，以平均的劳动强度、平均的技术熟练程度，在平均的技术装备条件下，完成单位合格产品所需的劳动消耗量就是预算定额的消耗量水平。这种以社会必要劳动量来确定的定额水平，就是通常说的平均水平。

2. 简明适用的原则

定额的简明与适用是统一体中的一对矛盾。如果只强调简明，适用性就差；如果只强调适用，简明性就差。因此，预算定额要在适用的基础上力求简明。

简明适用的原则主要体现在以下几个方面：

（1）为了满足各方面使用的需要（编制预算、办理结算、成本核算、编制各种生产计划等），不但要注意项目齐全，而且还要注意补充新结构、新工艺的项目。另外，还要注意每个定额子目的内容划分要恰当。例如，预制构件的制作、运输、安装划分为三个项目较合适，因为构件的制、运、安在实际施工中，往往由几个施工单位来完成。

（2）明确预算定额的计量单位时，要考虑简化工程量的计算。如砌墙定额的计量单位用"m³"要比用"块"更简便。

（3）预算定额中的各种说明，要简明扼要，通俗易懂。

（4）预算定额要尽量少留缺口，因为补充定额必然会影响定额水平的一致性。

四、预算定额的编制依据

编制预算定额的主要依据包括：

1. 现行的劳动定额、材料消耗定额和施工定额；

2. 现行的设计规范、施工验收规范、质量评定标准和安全操作规程；

3. 通用的标准图和已选定的典型工程施工图；

4. 成熟推广的新技术、新结构、新材料、新工艺；

5. 施工现场定额测定资料、材料实验资料和统计资料；

6. 现行预算定额及基础资料和材料预算价格、工资标准及机械台班预算价格。

五、预算定额的编制步骤

编制预算定额一般分为以下三个阶段进行。

1. 准备工作阶段

（1）根据国家主管部门或授权机关，关于编制预算定额的指示，由主管基本建设的部委主持，组织编制预算定额的领导机构和各专业小组。

（2）拟定编制定额的工作方案，提出编制预算定额的基本要求，确定定额编制的原则、适用范围，确定项目划分以及定额表格形式等等。

（3）调查研究、收集各种编制依据和资料。

2. 编制初稿阶段

（1）对调查和收集的资料进行深入细致的分析研究。

（2）按编制方案中项目划分的规定和所选定的典型工程施工图计算工程量，根据取定的各项消耗指标和有关编制依据，计算分项定额中的人工、材料和机械台班消耗量，编制出定额项目表。

（3）测算定额水平。预算定额征求意见稿编出后，应将新编定额与原定额进行比较，测算新定额水平是提高还是降低，并分析其原因。

测算定额水平一般有三种方法：

第一种方法是对主要定额项目的新旧定额水平进行逐项比较，测算新定额水平提高或降低的程度。

第二种方法是通过计算工程造价测算定额水平。即对同一建筑安装工程用新旧定额分别算出工程造价后进行对比，从而测算出新定额的水平。

第三种方法是用新定额分析出建筑安装工程用工、用料数量与现场实际耗用工料进行比较，分析定额所达到的水平。

测算结果如果过高或过低，都要对定额进行调整，直到符合要求为止。

3. 修改和审查定稿阶段

组织基本建设有关部门和单位讨论"定额征求意见稿"，将征求的意见交编制小组重新修改定稿，并写出预算定额编制说明和送审报告，连同预算定额送审批机关审批。

预算定额编制步骤示意图，见图 2-2。

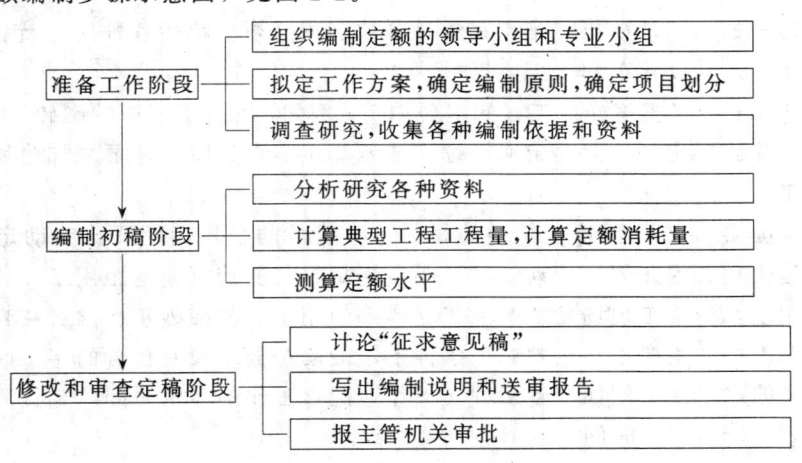

图 2-2 预算定额编制步骤示意图

六、建筑安装工程预算定额消耗量指标确定

1. 定额计量单位的确定

预算定额计量单位的选择，与预算定额的准确性、简明适用性及预算编制工作的繁简有着密切的关系。因此，在计算预算定额各种消耗量之前，应首先确定其计量单位。

在确定定额计量单位时，首先应当考虑该单位能否确切反映单位产品的工、料消耗量，保证预算定额的准确性；其次，要有利于减少定额项目，提高定额的综合性；最后，要有利于简化工程量计算和整个预算的编制工作，保证预算编制的准确性和及时性。

由于各分项工程的形体不同，定额的计量单位应根据上述原则和要求，按照分项工程的形体特征和变化规律来确定。

凡物体的长、宽、高三个度量都在变化时，应采用立方米为计量单位。例如，土方、石方、砖石、混凝土构件等项目。

当物体有一固定的不同厚度，而它的长和宽两个度量所决定的面积不固定时，宜采用平方米为计量单位。例如，楼地面面层，屋面防水层、装饰抹灰、木地板等分项工程。

如果物体截面形状大小固定，但长度不固定时，应以延长米为计量单位。例如，装饰线、栏杆、给排水管道、导线敷设等分项工程。

有的分项工程体积、面积相同，但重量和价格差异很大（如金属结构的制、运、安等等），应当以重量单位"kg"或"t"计算。有的分项工程还可以按个、组、座、套等自然计量单位计算。例如，屋面排水用的水斗、弯头以及给排水中的管道阀门、水嘴安装等均以

"个"为单位；电照工程中的各种灯具安装则以"套"为计量单位。

定额单位确定以后，在定额项目表中，常用所取单位的"10倍"、"100倍"等位数的计量单位来制定定额。

2. 建筑工程预算定额消耗指标的确定

（1）按选定的典型工程施工图及有关资料计算工程量

计算工程量的目的是为了综合组成分项工程各实物消耗量的比重，以便采用劳动定额、材料消耗定额计算出综合消耗量。

（2）确定人工消耗指标

预算定额中的人工消耗指标是指完成该分项工程必须消耗的各种用工。包括基本用工、材料超运距用工、辅助用工和人工幅度差。

①基本用工：指完成该分项工程的主要用工。例如，砌砖工程中的砌砖、调制砂浆、运砖等的用工。将施工定额（劳动定额）综合成预算定额项目时，还要增加附墙烟囱、垃圾道砌筑等用工。

②材料超运距用工：预算定额中的材料、半成品的平均运距要比劳动定额（施工定额）的平均运距远。因此超过劳动定额运距运送材料，要计算超运距用工。

③辅助用工：指施工现场发生的加工材料等的用工。如筛砂子、淋石灰膏的用工。

④人工幅度差：主要指在正常施工条件下，劳动定额中没有包含的用工因素和劳动定额与预算定额的水平差。例如，各工种交叉作业配合工作的停歇时间，工程质量检查和工程隐蔽、验收等所占用的时间。

目前，预算定额的人工幅度差为 10%，其计算公式为：

$$人工幅度差＝（基本用工＋超运距用工＋辅助用工）×10\%$$

（3）材料消耗指标的确定

由于预算定额是在施工定额基础上综合而成的，所以其材料用量也要综合计算。例如，每砌 $10m^3$ 一砖内墙的标准砖和砂浆用量的计算过程如下：

①计算 $10m^3$ 一砖内墙标准砖净用量；

②扣除 $10m^3$ 体积中梁头、板头所占体积；

③计算 $10m^3$ 一砖内墙砌筑砂浆净用量；

④扣除梁头、板头体积后的砂浆净用量；

⑤计算 $10m^3$ 一砖内墙的标准砖、砂浆损耗量；

⑥计算 $10m^3$ 一砖内墙的标准砖、砂浆总消耗量。

（4）施工机械台班消耗定额指标的确定

预算定额中的机械台班消耗量的单位是台班。按现行规定，每台机械工作 8h 为一个台班。

预算定额中的机械台班消耗指标是按全国统一机械台班定额编制的。

预算定额中配合班组施工的施工机械，按工人小组的产量计算台班产量。

计算公式为：

$$\frac{分项定额机械}{台班使用量}＝\frac{分项定额计量单位值}{小组总产量}$$

3. 安装工程预算定额消耗量指标的确定

以给排水安装工程预算定额中的室内镀锌钢管为例，说明人工和主要材料消耗量指标的确定。

（1）人工消耗指标的确定

①基本用工

公称直径 25mm 的室内镀锌钢管丝接，安装 10m 的时间定额为 2.0 工日。

②人工幅度差

$$人工幅度差＝基本用工×10\%$$

安装公称直径 25mm 室内镀锌钢管丝接的人工幅度差为：

$$2.0×10\%＝0.2 工日/10m$$

③预算定额用工

每 10m 公称直径 25mm 镀锌钢管丝接的预算定额用工为：

$$2.0＋0.2＝2.2 工日/10m$$

（2）主要材料消耗量的确定

①镀锌钢管

$$定额耗用量＝净用量×含损量系数$$

查给排水管道主要材料损耗量系数表，室内镀锌钢管的含损量系数为 1.02。

$$\begin{matrix}公称直径 25mm\\镀锌钢管的定额用量\end{matrix}＝10×1.02＝10.20m/10m$$

②丝接钢管接头零件

根据典型工程施工图测算，每 10m 公称直径 25mm 丝接钢管的接头零件为：

三通	2.97 个/10m
弯头	3.78 个/10m
补芯	1.495 个/10m
管箍	1.40 个/10m
四通	0.04 个/10m

查给排水管道主要材料含损量系数表，钢管接头零件的含损量系数为 1.01。每 10m 公称直径 25mm 丝接钢管的接头零件定额用量为：

三通	2.97×1.01＝3.0 个/10m
弯头	3.78×1.01＝3.82 个/10m
补芯	1.495×1.01＝1.51 个/10m
管箍	1.40×1.01＝1.41 个/10m
四通	0.04×1.01＝0.04 个/10m
合计	9.78 个/10m

七、编制预算定额项目表

当分项工程的人工、材料和机械台班消耗量指标确定后，就可以着手编制预算定额项目表。

在项目表中，工程内容可参照施工定额的工作内容填写；人工消耗量指标可按工种分别填写用工数；材料消耗量指标应列出主要材料名称、单位和实物消耗量；机械台班使用量指标应列出主要施工机械的名称和台班量。中小型施工机械也可用"中小型机械费"表示。

根据典型工程编制的预算定额项目表，见表2-3。

八、预算定额手册

预算定额项目表编制完成后，汇总成预算定额手册，就是通常所说的预算定额。

预 算 定 额 项 目 表 表 2-3

工程内容：1. 调制、运输、铺砂浆。2. 安放木砖、铁件，砌砖。　　　　　单位：10m³

定 额 编 号		××××	××××	××××
项　　目	单位	砖 墙（混合砂浆砌筑）		
		1 砖	3/4 砖	1/2 砖
人工　砖　工	工日	12.046	12.046	12.046
其他用工	工日	2.736	2.736	2.736
合　计	工日	14.782	14.782	14.782
材料　标准砖	千块	5.257	5.257	5.257
砂浆	m³	2.234	2.234	2.234
325 号水泥	kg	(377.56)	(377.56)	(377.56)
石灰膏	m³	(0.40)	(0.40)	(0.40)
细砂	m³	(2.64)	(2.64)	(2.64)
水	m³	2.16	2.16	2.16
机械　2t 塔吊	台班	0.475	0.475	0.475
200L 灰浆搅拌机	台班	0.475	0.475	0.475

预算定额手册主要包括文字说明，分项定额消耗指标和附录。

1. 定额文字说明

定额文字说明包括总说明、分部说明和分节说明。

（1）总说明：

　　①编制预算定额的各项依据；

　　②预算定额的使用范围；

　　③预算定额的使用规定；

　　④定额水平取定的说明；

　　⑤新定额所具有的特点；

　　⑥建筑面积计算规则。

（2）分部说明：

　　①分部工程包括的子目内容；

　　②有关系数的使用说明；

　　③工程量计算规则；

　　④特殊问题处理方法。

（3）分节说明：

主要包括本节定额的工程内容说明。

2. 分项工程定额消耗指标

各分项定额的消耗指标是预算定额最基本的内容，见表2-3。

3. 附录

附录一般编排在预算定额的最后部分，主要包括下列内容：

（1）施工机械台班预算价格表；

（2）砂浆、混凝土配合比参考表；

（3）材料、半成品、成品损耗率表；

（4）建筑安装材料预算价格表；

（5）常用的计算公式和数据表。

附录的主要用途是用于对预算定额的分析、换算和补充。

编制好的定额经上级主管部门批准颁发后才能正式使用。

第八节 概算定额和概算指标

一、概算定额

1. 概算定额的概念

概算定额亦称扩大结构定额。它规定了完成单位扩大分项工程或结构构件所必须消耗的人工、材料、机械台班的数量标准。

概算定额是由预算定额综合而成的，即：将预算定额中有联系的若干个分项工程项目综合为一个概算定额项目。例如，砖基础工程在预算定额中一般划分为人工挖地槽土方、基础垫层、砖基础、墙基防潮层等若干个分项工程。但在概算定额中，可以将上述若干个项目综合为一个概算定额项目，即砖基础项目。

2. 概算定额的主要作用

（1）是扩大初步设计阶段编制设计概算和技术设计阶段编制修正概算的依据。

（2）是对设计项目进行技术经济分析和比较的依据。

（3）是编制建设项目主要材料申请计划的依据。

（4）是编制概算指标的依据。

（5）是编制招投标工程标底和标价的依据。

3. 概算定额的编制依据

（1）现行的预算定额。

（2）选择的典型工程施工图和其他有关资料。

（3）现行的概算定额。

（4）工资标准，材料预算价格和机械台班预算价格。

4. 概算定额的编制步骤

（1）准备工作阶段

该阶段的主要工作是确定编制机构和人员的组成，进行调查研究，了解现行概算定额的执行情况和存在的问题，明确编制定额的目的。在此基础上，制定出编制方案和确定概算定额项目。

（2）编制初稿阶段

该阶段根据制定的编制方案和确定的定额项目，收集和整理各种数据，对各种资料进行深入细致的测算和分析，确定各项目的消耗指标，最后编制出定额初稿。

该阶段要测算定额水平。内容包括两个方面：新编概算定额与原概算定额的水平；概算定额与预算定额的水平。

（3）审查定额阶段

该阶段要组织有关部门讨论定额初稿，在听取合理意见的基础上进行修改。最后将修改稿报请上级主管部门审批。

二、概算指标

1. 概算指标的概念

概算指标是以整个建筑物或构筑物为对象，以"m^2"、"m^3"、"座"等为计量单位，规定了人工、机械台班、材料消耗指标的一种标准。

2. 概算指标的主要作用

（1）它是基本建设主管部门编制投资估算和编制基本建设计划，估算主要材料需用量计划的依据。

（2）它是设计单位编制初步设计概算，选择设计方案的依据。

（3）它是考核基本建设投资效果的依据。

（4）它是编制招投标工程标价和标底的依据。

3. 概算指标的主要内容和形式

概算指标的内容和形式没有统一的规定，一般包括以下内容：

（1）工程概况

包括建筑面积、结构类型、建筑层数、建筑地点、时间、工程各部位的结构及做法等。

（2）工程造价及费用组成指标

（3）每平方米建筑面积工程量指标

（4）每平方米建筑面积工料消耗指标

概算指标实例见表 2-4、表 2-5、表 2-6。

某地区砖混结构住宅概算指标 表 2-4

工程名称	××住宅	结构类型	砖混结构	建筑层数	6 层
建筑面积	3 115m²	施工地点	××市	竣工日期	95 年 12 月

	基　础	墙　体	楼　面	地　面
结构特征	混凝土带形基础	240 厚标准砖墙	预应力空心板、槽板	混凝土地面，水泥砂浆面层
	屋　面	门　窗	装　饰	电　照	给排水
	炉查找坡，油毡防水层	钢窗 木窗 木门	混合砂浆抹内墙面、瓷砖墙裙、外墙彩色弹涂面	槽板明敷线路、白炽灯	镀锌给水钢管、铸铁排水管、蹲式大便器

74

项目	平米指标（元/m²）	其中各项费用占造价百分比（%）								
		直接工程费					企业管理费	其他间接费	利润	税金
		人工费	材料费	机械费	其他直接费	直接工程费小计				
工程总造价	269.61	9.26	60.15	2.30	5.28	76.99	7.87	5.78	6.28	3.08
其中 土建工程	241.10	9.49	59.68	2.44	5.31	76.92	7.89	5.77	6.34	3.08
其中 给排水工程	16.04	5.85	68.52	0.65	4.55	79.57	6.96	5.39	5.01	3.07
其中 电照工程	12.47	7.03	63.17	0.48	5.48	76.16	8.34	6.44	6.00	3.06

土建工程预算分部结构占直接费比率及每平方米建筑面积主要工程量　　表 2-5

项目	单位	每平米工程量	占直接费（%）	项目	单位	每平米工程量	占直接费（%）
一、基础工程			12.04	铸铁水落管	m	0.004	
人工挖土	m³	0.753		四、门窗工程			11.93
混凝土带形基础	m³	0.022		木窗	m²	0.075	
混凝土独立基础	m³	0.011		钢窗	m²	0.151	
混凝土柱基	m³	0.024		木门	m²	0.171	
混凝土挡土墙	m³	0.013		五、楼地面工程			4.11
砖基础	m³	0.070		混凝土垫层	m³	0.019	
二、结构工程			43.06	混凝土地面	m²	0.342	
钢筋混凝土柱	m³	0.032		水泥砂浆地面	m²	0.646	
砖内墙	m³	0.208		水磨石地面	m²	0.116	
砖外墙	m³	0.087		马赛克地面	m²	0.012	
钢筋混凝土梁	m³	0.033		三、室内装修			12.48
现浇钢筋混凝土过梁	m³	0.030		内墙抹灰	m²	2.271	
现浇钢筋混凝土板	m³	0.006		瓷砖墙裙	m²	0.020	
其他现浇构件	m³	0.030		顶棚楞木	m²	0.034	
预制过梁	m³	0.002		钢板网顶棚	m²	0.032	
预制平板	m³	0.002		轻钢龙骨吊顶	m²	0.126	
预应力空心板	m³	0.047		七、外墙装饰			6.10
预应力槽板	m³	0.004		水刷石墙面	m²	0.071	
板接头灌浆	m³	0.056		彩弹墙面	m²	0.139	
三、屋面工程			5.02	八、其他工程			5.26
炉渣找坡	m³	0.150		（检查井、化粪池等）			
油毡防水层	m²	0.443					

每平方米建筑面积工料消耗指标　　　　　　　　　　　　　表 2-6

项　目	单位	每平方米耗用量	项　目	单位	每平方米耗用量
一、定额用工	工日	7.050	砂子	m³	0.470
土建工程	工日	5.959	石子	m³	0.234
水电安装工程	工日	1.091	炉渣	m³	0.016
二、材料消耗			玻璃	m²	0.099
钢　筋	t	0.040	胶合板	m²	0.264
型　钢	kg	11.518	油毡	m²	0.240
铁　件	kg	0.002	沥青	kg	0.608
水　泥	t	0.157	油漆	kg	0.693
锯　材	m³	0.021	镀锌钢管	kg	1.662
标准砖	千块	0.160	导线	m	1.660
石灰	t	0.018			

本章小结

　　定额是科学管理的产物。而今，定额又成为管理科学的重要基础。

　　建筑安装工程预算定额是施工企业管理的重要工具。研究定额的内容、作用和编制方法，其主要目的是为了更好地运用这个工具为基本建设和企业经营管理服务。

　　基本建设管理和施工企业管理有若干方面，为了满足各方面管理的需要，也就产生了不同的定额。明确定额的分类，有助于更好地使用各类定额，使其发挥更好的作用。

　　建筑安装工程定额大体上可以分为二类：一类是对企业内部管理起作用的定额，如劳动定额、材料消耗定额、施工定额等等；另一类是与基本建设有关的定额，如预算定额、概算定额、概算指标、费用定额等。

　　建筑安装工程定额之间有着密切的关系。弄清楚这些关系有助于更好地使用这些定额，使其在整个基本建设和企业管理过程中发挥最好的作用。

复习思考题

　　1. 简述定额产生的条件和原因。

　　2. 建筑安装工程定额是怎样分类的？

　　3. 建筑安装工程定额有哪些性质？

　　4. 建筑安装工程定额按生产要素怎样分类？

　　5. 建筑安装工程定额按用途是怎样分类的？

　　6. 编制建筑安装工程定额有哪几种方法？

　　7. 拟定机械产量定额的计算公式是什么？

　　8. 每立方米砌体标准砖净用量怎样计算？

　　9. 施工定额的编制原则是什么？

　　10. 怎样理解施工定额的平均先进水平？

　　11. 什么是预算定额？

12. 预算定额有哪些作用？

13. 怎样理解预算定额的水平？

14. 什么是概算定额？

15. 概算定额有哪些作用？

16. 概算指标有哪些内容？

第三章　建筑安装工程单位估价表

第一节　概　　述

一、建筑安装工程单位估价表的概念

建筑安装工程单位估价表简称单位估价表。他规定了消耗在单位分项工程或结构构件及设备安装上的人工、材料、机械台班的数量标准，及其以货币形式反映的人工费、材料费、机械使用费的数量标准。

单位估价表具有地区性，它是预算定额在某地区的具体应用。

二、单位估价表的分类

1. 按适用工程对象划分：

(1) 建筑工程单位估价表；

(2) 安装工程单位估价表。

2. 按专业系统划分：

(1) 一般土建工程单位估价表；

(2) 装饰工程单位估价表；

(3) 市政工程单位估价表；

(4) 园林古建筑工程单位估价表；

(5) 各专业部系统的单位估价表。

3. 按编制依据划分：

(1) 定额单位估价表；

(2) 补充单位估价表。

4. 按不同用途划分：

(1) 预算单位估价表；

(2) 概算单位估价表。

三、单位估价表的作用

1. 是确定工程造价的重要依据；

2. 是编制招投标工程标底和标价的依据；

3. 是办理工程结算的依据；

4. 是选择设计方案的重要依据；

5. 是制定工程承包方案、确定承包价格的重要依据；

6. 是实行经济核算、考核工程成本的重要依据。

四、单位估价表基价的构成

单位估价表中的基价，是由预算定额的工日、材料、机械台班的消耗量，分别乘上相应的工日单价、材料预算价格、机械台班预算价格后，汇总而成的。

由于基价是确定单位分项工程的直接费单价，所以也称基价为工程单价。

单位估价表中基价的构成及其相互关系，见图3-1。

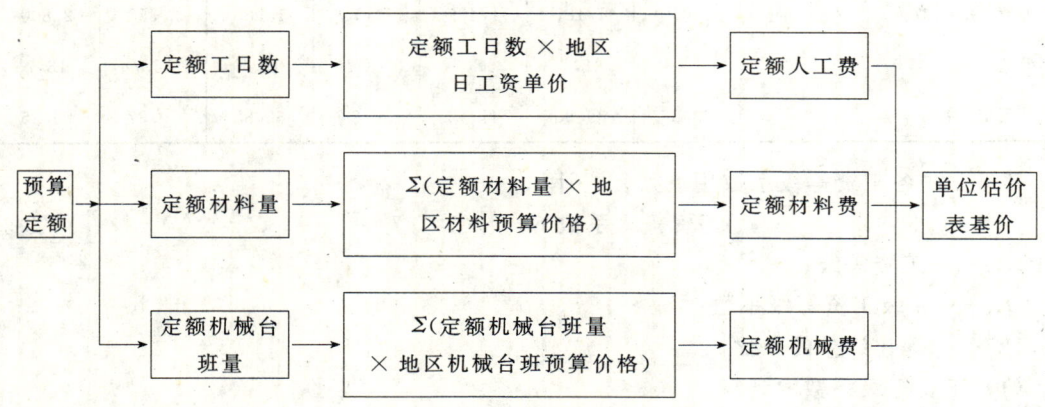

图 3-1　单位估价表工程基价构成及相互关系

从图3-1中可以看出，单位估价表的构成要素是人工、材料、机械台班（简称"三量"）和地区日工资单价、材料预算价格、机械台班预算价格（简称"三价"）。"三量"分别乘以"三价"就得出单位估价表的基价（工程单价）。

当"三量"标准按预算定额确定后，单位估价表中基价的准确与否，主要取决于"三价"。因此，本章将着重讨论"三价"的确定方法。

第二节　工资标准的确定

研究工资标准的目的是为了确定非整数等级的工资标准，满足编制建筑安装工程单位估价的需要。

一、工资标准的概念

工资标准是指工人在单位时间内（日或月）按照不同的工资等级所取得的工资数额。

二、工资等级

工资等级是按国家有关规定或企业有关规定，按照劳动者的技术水平、熟练程度和工作责任大小等因素所划分的工资级别。

三、工资等级系数

工资等级系数也称工资级差系数，是某一等级的工资标准与一级工工资标准的比值。

四、等比级差工资等级系数的工资标准计算

1. 等比级差工资等级系数

等比级差工资等级系数是指各等级系数之间的级差百分比是相等的工资等级系数。例如，原建筑工人执行的工资标准的等级系数是一个公比为1.187的等比级差数列。

2. 建筑工人等比级差工资等级系数的工资标准的计算

表3-1是原国家规定的建筑工人等比级差工资等级系数及某类工资区的工资标准。

<table>
<tr><td colspan="8" align="center">建筑工人工资标准表</td><td align="right">表 3-1</td></tr>
</table>

工资等级 n	一	二	三	四	五	六	七
工资等级系数 K_n	1.000	1.187	1.409	1.672	1.985	2.358	2.800
级差（%）	—	18.7	18.7	18.7	18.7	18.7	18.7
月工资标准 F_n	33.66	39.95	47.43	56.28	66.82	79.37	95.25

表 3-1 中各工资等级系数用下列公式计算：

$$工资等级系数\ K_n = (1.187)^{n-1} \tag{3-1}$$

式中　n——工资等级；

　　K_n——n 级工资等级系数；

　1.187——等比级差的公比。

（1）工资等级系数的计算

【例 3-1】　求建筑工人四级工的工资等级系数。

【解】　用公式 3-1 计算

$$K_4 = (1.187)^{4-1} = 1.672$$

【例 3-2】　求建筑工人 4.6 级的工资等级系数。

【解】　用公式 3-1 计算

$$K_{4.6} = (1.187)^{4.6-1} = 1.854$$

还可以用以下插值公式计算工资等级系数：

$$K_{n.m} = K_n + (K_{n+1} - K_n) \times m \tag{3-2}$$

式中　$K_{n.m}$——$n.m$ 等级的工资等级系数，其中 n 为整数等级，m 为小数等级。

【例 3-3】　用公式 3-2 根据表 3-1 中数据计算 4.6 级工的工资等级系数。

【解】

$$
\begin{aligned}
K_{4.6} &= 1.672 + (1.985 - 1.672) \times 0.6 \\
&= 1.672 + 0.313 \times 0.6 \\
&= 1.860
\end{aligned}
$$

注：插值公式计算出的是近似值，所以与例 2 结果不完全相同。

（2）求月工资标准

月工资标准计算公式：

$$F_n = F_1 \times K_n \tag{3-3}$$

式中　F_1——一级工工资标准；

　　F_n——n 级工工资标准；

　　K_n——n 级工工资等级系数。

【例 3-4】　已知某地区一级工月工资标准为 33.66 元，三级工的工资等级系数为 1.409，求三级工的月工资标准。

【解】　用公式 3-3 计算

$$F_3 = 33.66 \times 1.409 = 47.43\ 元／月$$

【例 3-5】　已知 $F_1 = 33.66$ 元／月，求 $F_{4.8}$？

【解】 用公式 3-1 计算 $F_{4.8}$ 的工资等级系数

$$K_{4.8} = (1.187)^{4.8-1} = 1.918$$

用公式 3-3 计算月工资标准

$$F_{4.8} = 33.66 \times 1.918$$
$$= 64.56 \text{ 元／月}$$

3. 小结

(1) 建筑工人的工资等级系数的公比 1.187 是国家规定的，同时还规定了安装工人的工资等级系数的公比为 1.178。

(2) 只要知道一级工的工资标准和等比级差的公比，就可以计算各个等级的工资标准。

五、新企十五级工资标准的计算方法

1. 新企十五级工资标准

建筑安装企业执行劳动人事部 1985 年颁发的《国营大中型企业职工工资标准》（以下简称新企十五级）以及在此基础上制定的工资标准。拿新企十五级工资标准来说，在原八级工资标准基础上划分了十五个工资级别。现以五、六类工资区为例，列出各等级的工资标准，供分析研究之用，见表 3-2。

国营大中型企业职工工资标准（建筑安装企业）　　　　　表 3-2

工资等级 n	一		二		三		四		五		六		七		八	
	1	2	3	4	5	6	7	8	9	10	11	12	13	14	15	
五类工资区月工资标准 F_n	36	39	43	47	51	55	60	65	70	76	82	88	94	101	108	
级差额	—	3	4	4	4	4	5	5	5	6	6	6	6	7	7	
工资等级系数 K_n	1.000	1.083	1.194	1.306	1.417	1.528	1.667	1.806	1.944	2.111	2.278	2.444	2.611	2.806	3.000	
级差百分率（%）	—	8.3	10.2	9.4	8.5	7.8	9.8	8.3	7.6	8.6	7.9	7.3	6.8	7.5	6.9	
六类工资区月工资标准 F_n	37	40	44	48	52	56	61	66	72	78	84	90	97	104	111	
级差额	—	3	4	4	4	4	5	5	6	6	6	6	7	7	7	
工资等级系数 K_n	1.000	1.081	1.189	1.297	1.405	1.514	1.649	1.784	1.964	2.108	2.270	2.432	2.622	2.811	3.000	
级差百分率（%）	—	8.1	10.0	9.1	8.3	7.6	8.9	8.2	9.1	8.3	7.7	7.1	7.8	7.2	6.7	

2. 新企十五级工资标准的特点

通过对表 3-2 的分析，新企十五级工资标准具有以下特点：

(1) 各等级工资标准是一个整数；

(2) 第十五级工资标准是第一级工资标准的 3 倍；

（3）通过对级差百分率的分析，可以看出工资等级系数之间没有规律性；

（4）对于相同的工资等级来说，不同类别的工资等级系数是不同的。

以上各特点表明，新企十五级工资标准是绝对金额级差的工资标准，不能用一组工资等级系数来计算各类工资区各等级的工资标准。

3. 新企十五级工资标准计算方法

（1）已知整数等级的工资标准，求含小数等级的工资标准

$$F_{n.m} = F_n + (F_{n+1} - F_n) \times m \tag{3-4}$$

式中　$F_{n.m}$——$n.m$ 等级的工资标准，其中 n 为整数，m 为小数；

　　　F_n——n 等级的工资标准；

　　　F_{n+1}——$n+1$ 等级的工资标准；

　　　m——工资等级的小数部分。

【例 3-6】　根据表 3-2 中六类工资区工资标准，计算 8.4 级的月工资标准。

【解】　用公式 3-4 计算

$$F_{8.4} = 66 + (72 - 66) \times 0.4$$
$$= 66 + 6 \times 0.4$$
$$= 68.4 \text{元／月}$$

（2）已知工资标准，求工资等级

$$n.m = n_f + \frac{F_{n.m} - F_n}{F_{n+1} - F_n} \tag{3-5}$$

式中　n_f——F_n 工资标准的工资等级。

【例 3-7】　已知六类工资区某等级的月工资标准为 75.00 元，根据表 3-2 求工资等级。

【解】　用公式 3-5 计算

$$F_n = F_9 = 72 \text{元／月}$$
$$F_{n+1} = F_{10} = 78 \text{元／月}$$
$$n_f = 9$$

已知 $F_{n.m} = 75.00$ 元／月　　求 $n.m$

$$n.m = 9 + \frac{75 - 72}{78 - 72} = 9 + \frac{3}{6} = 9.5 \text{级}$$

4. 小结

（1）新企十五级工资标准的特点是用绝对金额表示各等级的工资标准，工资等级系数之间没有规律性，因而工资等级系数的作用大大减弱了。

（2）用插值公式 3-4、3-5 能较准确地计算各等级工的工资标准和工资等级。

六、单位估价表基价中人工费的计算

单位估价表中基价里的人工费计算公式为：

$$人工费 = \frac{预算定额单位分}{项工程工日数} \times 工日单价$$

$$工日单价 = \frac{综合平均工资等}{级的月工资标准}{21.17} + 工资性补贴 \tag{3-6}$$

注：21.17 为月平均工作天数；

即 $(365-52\times2-7)\div12=21.17$

$$\begin{matrix}\text{综合平均工资等}\\\text{级的月工资标准}\end{matrix} = ZF_{n.m} = ZF_n + (ZF_{n+1} - ZF_n)\times m \qquad (3-7)$$

式中　$ZF_{n.m}$——综合平均工资等级的月工资标准；

　　　　ZF_n——n 等级的月工资标准；

　　　　ZF_{n+1}——$n+1$ 等级的月工资标准；

　　　　m——小数等级。

1. 综合平均工资等级计算

$$\frac{\text{综合平均}}{\text{工资等级}} = \frac{\Sigma(\text{工资等级}\times\text{同等级人数})}{\text{小组总人数}}$$

或：

$$\overline{N} = \frac{\Sigma(n\times x)}{\Sigma x} \qquad (3-8)$$

【例 3-8】　某砖工小组由 10 人组成，各等级的工人数和工资等级如下，求综合平均工资等级。

新企 15 级　1 人

新企 14 级　2 人

新企 12 级　3 人

新企 10 级　4 人

新企 9 级　2 人

新企 7 级　1 人

【解】　用公式 3-8 计算

$$\overline{N} = \frac{15\times1 + 14\times2 + 12\times3 + 10\times4 + 9\times2 + 7\times1}{1 + 2 + 3 + 4 + 2 + 1}$$

$$= \frac{144}{13} = 11.08 \text{ 级}$$

2. 综合平均工资等级工资标准计算

【例 3-9】　根据表 3-2 中数据计算六类工资区 11.08 级的月工资标准。

【解】　用公式 3-7 计算

$$\begin{matrix}\text{综合平均工资等}\\\text{级月工资标准}\end{matrix} = F_{11} + (F_{12} - F_{11})\times0.8$$

$$= 84 + (90 - 84)\times0.8$$

$$= 84 + 4.8$$

$$= 88.80 \text{ 元／月}$$

3. 计算人工费单价

建筑安装工程单位估价表中基价的人工费单价应包括基本工资和工资性补贴。

基本工资就是指规定的工资标准。工资性补贴包括主副食补贴，煤燃气补贴，流动施工津贴，交通费补贴，附加工资等等。

【例 3-10】　已知砌砖工人小组的综合平均工资等级月工资标准为 88.80 元，月工资性补贴为 84.35 元。又根据预算定额规定，砌 10m³ 砖基础用工 11.83 个，求砌 10m³ 砖基础基价中的人工费。

【解】 ① 用公式 3-6 计算工日单价

$$工日单价 = \frac{88.80 + 84.35}{21.17} = \frac{173.16}{21.17} = 8.18 \, 元／工日$$

② 计算定额基价中的人工费

$$每 10m^3 砖基础定额人工费 = 11.83 \times 8.18 = 96.77 \, 元／10m^3$$

第三节　材料预算价格的编制

一、材料预算价格的概念

材料预算价格是指材料由其来源地（或交货地点）运至工地仓库或堆放场地后的出库价格。

上述概念指的材料是广义的材料，包括各种构件、成品及半成品。

材料来源地是指生产厂家、材料供销部门、材料交易市场，商店等地。

有些材料要放在仓库里保管，如胶合板、地砖等；有些材料可以堆放在露天场地上，如砂子、石灰膏等。

出库价格是指材料入库经过保管后再领出仓库时的价格。

二、材料预算价格的构成

通过材料预算价格的概念可以看出，材料预算价格应包括材料从采购时发生的原价，手续费和一直运到工地仓库的全部费用及发生的采购保管费。因此，材料预算价格由下列费用构成：

1. 材料原价；

2. 材料供销部门手续费；

3. 材料包装费；

4. 材料运杂费；

5. 采购及保管费。

三、材料预算价格计算公式

按现行规定，材料预算价格的计算公式如下：

材料预算价格 ＝［材料原价 × （1＋手续费率）＋包装费＋运杂费］× （1＋采购及保管费率）－包装品回收值

其中：

$$材料原价 = \frac{\Sigma （各来源地材料原价×各来源地材料数量）}{\Sigma 各来源地材料数量}$$

材料供销部门手续费＝材料原价×手续费率

包装费＝发生包装品的价值

运杂费＝加权平均运费＋材料运输损耗＋装卸费

包装品回收值＝包装品发生值－包装品回收值

四、材料预算价格的编制

1. 材料原价的确定

材料原价是指材料的出厂价，交货地点的价格、材料市场价、商业部门和材料供销部门的批发价，进口材料的批发价（市场价）等。

在确定材料原价时，如果同一种材料因来源地、供应单位和生产厂家不同，会产生几种价格。这时，应根据不同来源地的供应数量和各自的单价，采用加权平均的方法计算其材料原价。

（1）用总金额法计算加权平均材料原价

公式 3-9 是用总金额法计算加权平均材料原价的计算公式，该公式可以写成：

$$\overline{P} = \frac{\sum_{i=1}^{n} P_i Q_i}{\sum_{i=1}^{n} Q_i} \tag{3-9a}$$

式中　$\overline{P}$——加权平均材料原价；

　　　P_i——各来源地材料原价；

　　　Q_i——各来源地材料数量；

$\sum_{i=1}^{n} P_i Q_i$——从 n 个来源地购买材料所付出的总金额。

【例 3-11a】　某工地所需标准砖，由甲、乙、丙三地供应，数量如下：

货　源　地	数　量（千块）	出厂价（元/千块）
甲　　地	780	98.00
乙　　地	1500	96.00
丙　　地	300	99.00

求标准砖的加权平均原价。

【解】　用公式 3-9a 计算

$$\overline{P} = \frac{98 \times 780 + 96 \times 1500 + 99 \times 300}{780 + 1500 + 300}$$

$$= \frac{250140}{2\,580} = 96.95\ 元／千块$$

（2）用数量比例法计算加权平均材料原价

计算公式如下：

$$\overline{P} = \sum_{i=1}^{n} P_i f_i \tag{3-9b}$$

式中　$\overline{P}$——加权平均材料原价；

　　　P_i——各来源地材料原价；

　　　f_i——各来源地材料数量占总材料量的百比分。

$f_i = \dfrac{Q_i}{Q_{总}} \times 100\%$（$Q_i$ 为第 i 来源地的材料数量，$Q_{总}$ 为总的材料数量。）

【例 3-11b】　根据例 3-11a 的条件和要求，用公式 3-9b 计算标准砖的加权平均材料原价。

【解】　已知：$Q_1 = 780$，$Q_2 = 1\,500$，$Q_3 = 300$，$Q_{总} = 2\,580$

$$f_1 = \frac{780}{2\,580} \times 100\% = 30.2\%$$

$$f_2 = \frac{1500}{2\,580} \times 100\% = 58.1\%$$

$$f_3 = \frac{300}{2\,580} \times 100\% = 11.7\%$$

$$\overline{P} = 98 \times 30.2\% + 96 \times 58.1\% + 99 \times 11.7\%$$

$$= 29.60 + 55.78 + 11.58 = 96.96\ \text{元/千块}$$

2. 材料供销部门手续费

（1）概念

材料供销部门手续费是指购买材料的单位不能直接向生产厂家采购、订货，必须经过物资供销部门供应时所支付的手续费。

供销部门手续费包括材料入库、出库、管理，加成和进货运杂费等。

收取的手续费是材料供销部门以弥补其从事材料营销工作所开支的费用，是材料供销部门各种费用支出的基本资金来源。

（2）计算公式

$$\text{供销部门手续费} = \text{材料原价} \times \text{手续费率} \qquad (3\text{-}10)$$

（3）手续费率

材料供销部门手续费率一般由各地物资部门按现行的有关规定确定。常用的手续费率，见表 3-3。

常用的手续费率表　　　　　　　　　　表 3-3

序号	材料类别	费率（%）	备注
1	金属材料	2.5	包括有色、黑色金属，生铁等
2	机电材料	1.5	
3	化工材料	2.0	包括各种液体、橡胶及制品
4	木材	3.0	包括竹材、胶合板等
5	轻工产品	2.5	
6	建筑材料	3.0	

（4）应用举例

【例 3-12】　根据例 3-11a 的计算结果和 3% 的手续费率，计算每千块标准砖的供销部门手续费。

【解】　用公式 3-10

$$\text{标准砖的供销部门手续费} = 96.95 \times 3\% = 2.91\ \text{元/千块}$$

3. 材料包装费

（1）概念

材料包装费是指为了便于储运材料，保护材料，使材料不受损失而发生的包装费用，主要指耗用包装品的价值和包装费用。

例如，为了便于平板玻璃的运输和保管，一般需采用木板条箱包装。发生的木板条箱的费用就构成了平板玻璃包装的主要内容。

凡由生产厂家负责包装的产品，其包装费一般已计入材料原价内，不再另行计算，但最后应扣除包装品的回收值。

（2）材料包装费计算公式

$$材料包装费 = 发生包装品的数量 \times 包装品单价 \qquad (3-11)$$

（3）包装品回收值的确定

包装品回收值是指当包装品完成材料包装使命后的残值量。其残值量的大小一般要通过包装品的回收率和包装品残值率来确定。

$$包装品的回收值 = 材料包装费 \times 包装品回收率 \times 包装品残值率 \qquad (3-12)$$

其中　包装品回收率——指包装材料发生量与回收量的比率。

$$包装品回收率 = \frac{包装品发生量}{包装品回收量} \times 100\% \qquad (3-13)$$

包装品残值率——指回收包装材料的价值与原包装材料价值的比率。

$$包装品残值率 = \frac{回收包装材料的价值}{原包装材料的价值} \times 100\% \qquad (3-14)$$

当确定包装品的回收率和残值率时，如地区有规定，按规定计算；若地区没有规定，可根据实际情况，参照以下比率确定：

①用木材制品包装，回收率 70%，残值率 20%。

②用铁皮、铁丝制品包装

　　铁桶回收率 95%，残值率 50%；

　　铁皮回收率 50%，残值率 50%；

　　铁丝回收率 20%，残值率 50%。

③用纸皮、纤维品包装时，回收率 60%，残值率 50%。

④用草绳、草袋制品包装，不计算回收价值。

（4）应用举例

【例 3-13】　107 胶水用塑料桶包装，每吨用 20 个桶，每个桶的单价 18.50 元，回收率 80%，残值率 65%，试计算每吨 107 胶水的包装费，实际耗用的包装费、包装品回收值，回收后塑料桶的单价。

【解】　①计算发生的包装费（用公式 3-11）

　　107 胶水包装费 $= 20 \times 18.50 = 370.00$ 元/t

②计算包装品回收值（用公式 3-12）

　　包装品回收值 $= 370.00 \times 80\% \times 65\% = 192.40$ 元/t

③实际耗用包装费

　　$370.00 - 192.40 = 177.60$ 元/t

④回收包装品的单价

　　塑料桶回收后的单价 $= 18.50 \times 65\% = 12.03$ 元/个

4. 材料运杂费

（1）概念

材料运杂费是指材料由其来源地运至工地仓库或堆放场地后的，全部运输过程中所支出的一切费用。包括车、船等的运输费、调车费、出入仓库费、装卸费及合理的运输损耗等。

调车费是指机车到非公用装货地点装货时的调车费用。

装卸费，出入仓库费是指火车、汽车、轮船出入仓库时的搬运费和堆码费。

材料运输损耗是指材料在运输、搬运过程中发生的合理（定额）损耗。

（2）材料运输流程

通过材料运输流程示意图（图 3-2）可以看出，属于材料预算价格的运杂费和有关费用只能算到运至工地仓库后的全部费用。从工地仓库或堆置场地运到施工地点的各种费用应该包括在预算定额的原材料运输费中，或者计入材料二次、多次搬运费中。

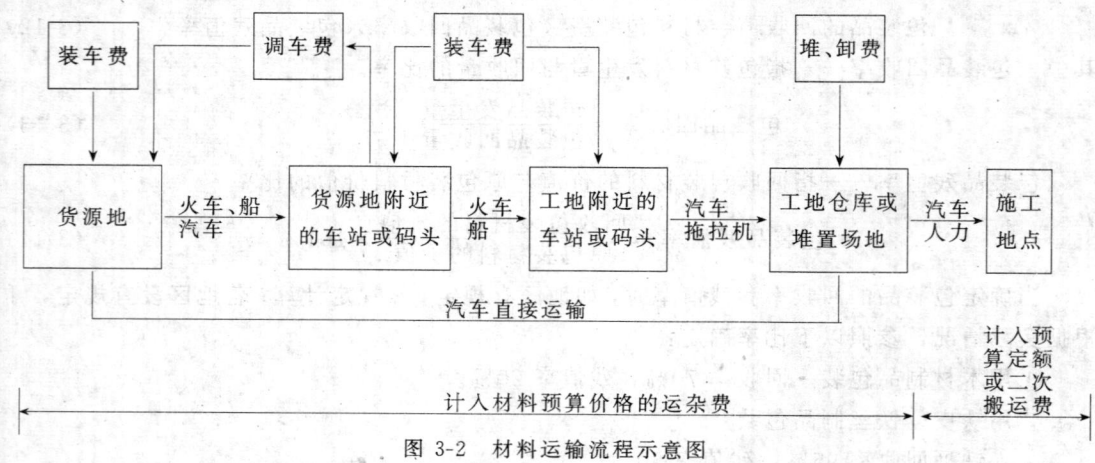

图 3-2 材料运输流程示意图

（3）加权平均运费的计算

编制地区材料预算价格时，材料来源地的确定，应该贯彻就地、就近取材的原则，要根据物资合理分布情况和历年来物资实际分配情况来确定。当同一种材料有几个货源地时，应按各货源地供应的数量比例和运费单价，计算加权平均运费。

① 计算公式

将公式 3-9a 适当修正其含义后使用。

$$\overline{P} = \frac{\sum\limits_{i=1}^{n} P_i Q_i}{\sum\limits_{i=1}^{n} Q_i} \tag{3-15}$$

式中　$\overline{P}$——加权平均运费；

　　　P_i——各货源地材料运输单价；

　　　Q_i——各货源地材料供应量。

② 应用举例

【例 3-14】 已知 425 号普通水泥有三个供应地点，根据下列资料计算 425 号普通水泥的加权平均运费。

货 源 地	供应量（t）	运费单价（元/t）
甲 地	500	50.00
乙 地	1100	45.00
丙 地	800	52.00

【解】 用公式 3-15 计算

$$425 号水泥加权平均运费 = \frac{50 \times 500 + 45 \times 1100 + 52 \times 800}{500 + 1100 + 800}$$

$$= \frac{116100}{2400} = 48.38 \ 元/t$$

(4) 材料运输损耗的计算

材料运输损耗是指材料在运输、装卸和搬运过程中的合理损耗。一般按照有关部门规定的损耗率来确定。

① 计算公式

材料运输损耗＝（材料加权平均原价＋供销部门手续费＋运费＋调车费＋包装费＋出入仓库费＋装卸费）×运输损耗率　　　　　　　(3-16)

② 常用的材料运输损耗率

常用的材料运输损耗率，见表 3-4。

材料运输损耗率参考表　　　　　表 3-4

材料名称	损耗率（%）	材料名称	损耗率（%）
瓷　　砖	2.0	卫生陶瓷	2.0
石　　灰	1.5	灯泡、灯管	2.0
白　石　子	0.5	灯　　具	1.0
水　　泥	0.3	钢　　管	0.5

③ 应用举例

【例 3-15】 根据下列资料计算 425 号普通水泥的运输损耗：

a. 加权平均原价：　120.00 元/t

b. 供销部门手续费：3.60 元/t

c. 加权平均运费：　48.38 元/t

d. 装卸费：　　　　3.00 元/t

e. 运输损耗率：　　0.3%

【解】 用公式 3-16 计算

$$425 号普通水泥运输损耗 = (120.00 + 3.60 + 48.38 + 3.0) \times 0.3\%$$

$$= 0.52 \ 元/t$$

(5) 材料运杂费计算

【例 3-16】 根据例 15 的全部资料和计算结果，计算 425 号普通水泥的运杂费。

【解】

$$425 号普通水泥运杂费 = 加权平均运费 + 材料运输损耗 + 装卸费$$

$$= 48.38 + 0.52 + 3.00$$

$$= 51.90 \ 元/t$$

5. 材料采购及保管费

材料采购及保管费是指材料供应部门在组织采购、供应和保管材料过程中所发生的各项费用。包括工地仓库的材料储存损耗。

（1）计算公式：

$$\begin{matrix}\text{材料采购}\\\text{及保管费}\end{matrix}=\left(\begin{matrix}\text{材料加权}\\\text{平均原价}\end{matrix}+\begin{matrix}\text{供销部门}\\\text{手续费}\end{matrix}+\text{包装费}+\text{运杂费}\right)\times\text{采购及保管费率}$$

$$(3-17)$$

（2）采购及保管费率

采购及保管费率综合取定值一般为 2.5%，各地区在不同的阶段也可能高于这个水平。采购及保管费的取定值，应根据材料价值的高低而定。地方材料（价值较低）费率可稍高一些；电器材料（价值较高）费率可稍低一些。

（3）应用举例

【例 3-17】 根据下列资料计算 425 号普通水泥的采购及保管费：① 加权平均原价 120.00 元/t；② 供销部门手续费 3.60 元/t；③ 加权平均运杂费 51.90 元/t；④ 采购及保管费率 2.5%。

【解】 采用公式 3-17 计算

$$\begin{matrix}\text{425 号普通水泥}\\\text{采购及保管费}\end{matrix}=(120.00+3.60+51.90)\times2.5\%=4.39\text{ 元/t}$$

上述五项费用的计算，可以综合成一个计算式，即材料预算价格计算公式（见 P84）。例如，425 号普通水泥的材料预算价格用该公式计算的结果如下：

$$\begin{matrix}\text{425 号普通水泥}\\\text{材料预算价格}\end{matrix}=[\text{原价}\times(1+\text{手续费率})+\text{包装费}+\text{运杂费}]$$

$$\times(1+\text{采购及保管费})-\begin{matrix}\text{包装品}\\\text{回收值}\end{matrix}$$

$$=[120\times(1+3\%)+0+51.90]\times(1+2.5\%)-0$$

$$=(123.60+51.90)\times1.025=179.89\text{ 元/t}$$

6. 材料预算价格综合计算

材料预算价格的五项费用可以采用第 84 页的材料预算价格公式综合计算，我们通过下面的例子来小结计算过程。

【例 3-18】 根据以下资料计算多彩面层涂料的材料预算价格。

货源地	数量（kg）	出厂价（元/kg）	运费（元/kg）	装卸费（元/kg）	采购及保管费率（%）	供销部门手续费率（%）	运输损耗率（%）
甲地	1100	13.00	0.50	0.10	2.5	3	2
乙地	200	13.50	0.70	0.15	2.5	3*	2
丙地	800	12.80	0.65	0.20	2.5	3	2
丁地	500	13.30	0.45	0.10	2.5	3	2

采用塑料桶包装，每个桶装 10kg，每个桶单价 10 元，回收率 80%，残值率 60%。

【解】

（1）加权平均原价

$$\overline{P} = \frac{13 \times 1100 + 13.5 \times 200 + 12.8 \times 800 + 13.30 \times 500}{1100 + 200 + 800 + 500}$$

$$= 13.03 \ 元/kg$$

（2）供销部门手续费＝13.03×3％＝0.39 元/kg

（3）包装费＝10.00÷10（kg）＝1.00 元/kg

附：包装品回收值＝1.0×0.8×0.6＝0.48 元/kg

（4）运杂费：

① 运费＝$\dfrac{0.50 \times 1100 + 0.70 \times 200 + 0.65 \times 800 + 0.45 \times 500}{1100 + 200 + 800 + 500}$＝0.55 元/kg

② 装卸费＝$\dfrac{0.10 \times 1100 + 0.15 \times 200 + 0.20 \times 800 + 0.10 \times 500}{1100 + 200 + 800 + 500}$＝0.13 元/kg

③ 材料运输损耗＝（13.03＋0.39＋1.00＋0.55＋0.13）×2％＝0.30 元/kg

④ 材料运杂费＝0.55＋0.13＋0.30＝0.98 元/kg

（5）采购及保管费＝（13.03＋0.39＋1.00＋0.98）×2.5％＝0.39 元/kg

（6）多彩面层涂料材料预算价格＝（13.03＋0.39＋1.00＋0.98＋0.39）－0.48＝15.31 元/kg

或：多彩面层涂料材料预算价格＝[13.03×（1＋3％）＋1.00＋0.98]×（1＋2.5％）－0.48

$$= 15.31 \ 元/kg$$

答：多彩面层涂料的材料预算价格为 15.31 元/kg。

五、材料预算价格中的采购及保管费的划分

1. 产生划分采购及保管费的原因

施工图预算中的材料费是按材料预算价格计算的。因此，施工图预算中的材料费包含了采购及保管费。如果建筑材料由建设单位负责采购并供应到施工现场，那么施工单位就要从施工图预算的材料费中扣出一部分采购及保管费付给建设单位。在这种情况下就产生了如何划分采购及保管费的问题。

2. 划分采购及保管费的有关规定

采购保管费的划分，一般由各地区主管部门规定。例如，某地区作如下规定：

（1）建设单位提交订货指标，由施工单位到货源地付款提货者，或者由施工单位自行采购时，其采购及保管费全部由施工单位收取；

（2）建设单位负责采购建筑材料，并运至工地附近火车站，其余路程由施工单位负责运输，其采购及保管费用建设单位收取 1/3，施工单位收取 2/3；

（3）建设单位供料到施工现场或施工单位指定的地点，其采购及保管费用建设单位收取 2/3，施工单位收取 1/3。

又如，某地区规定：凡由建设单位供应的材料，施工单位按采购保管费的 70％ 收取保管费。

3. 划分采购及保管费的计算公式

我们可以通过材料预算价格计算公式的变换来确定采购及保管费划分的计算公式。

∵ 材料预算价格＝（材料原价＋供销部门手续费＋包装费＋运杂费）

$$\times \text{（1＋采购及保管费率）}$$

（注：上述公式不考虑包装材料的回收值）

$$\therefore \quad \text{采购及保管费} = \frac{\text{材料预算价格}}{1+\text{采购及保管费率}} \times \text{采购及保管费率}$$

$$\therefore \quad \begin{array}{l}\text{应收取的采}\\\text{购及保管费}\end{array} = \frac{\text{材料预算价格}}{1+\text{采购及保管费率}} \times \begin{array}{l}\text{采购及保}\\\text{管费率}\end{array} \times \begin{array}{l}\text{应划分}\\\text{的比例}\end{array} \tag{3-18}$$

上述公式可以写成：

$$F_n = \frac{P}{1+B} \times B \times n \tag{3-19}$$

式中　n——应划分采购及保管费的比例；

　　　F_n——应收取的采购及保管费；

　　　P——材料预算价格；

　　　B——材料采购及保管费率。

4. 应用举例

【例 3-19】　某工程所需的 120t 白水泥由建设单位直接供料到施工现场，购买白水泥的款由建设单位支付。白水泥的材料预算价格为 420 元/t，采购及保管费率为 2.5%，试计算施工单位应收取的 1/3 的采购及保管费或者应收取 70% 的采购及保管费分别是多少？

【解】　采用公式 3-19 计算

（1）每吨应划分的采购及保管费

$$F_{1/3} = \frac{420}{1+2.5\%} \times 2.5\% \times 1/3 = 3.41 \text{ 元 /t}$$

或：

$$F_{7/10} = \frac{420}{1+2.5\%} \times 2.5\% \times 7/10 = 7.17 \text{ 元 /t}$$

（2）施工单位应收取的采购及保管费

　　　　　施工单位收取的采购保管费＝3.41×120＝409.20 元

或：施工单位收取的采购保管费＝7.17×120＝860.40 元

答：施工单位按 1/3 划分方法应收取白水泥的采购及保管费为 409.20 元；

施工单位按 70% 划分方法应收取白水泥的采购保管费为 860.40 元。

5. 常用采购及保管费费率划分的系数

在实际工作中，采购及保管费的费率和划分比例这两个因素可能要发生变化。为了方便计算，我们通过公式 3-20 的计算，编制了一张采购及保管费划分系数（K 值）表，供查用。

$$\therefore \quad F_n = \frac{P}{1+B} \times B \times n = P \times \frac{1}{1+B} \times B \times n = P \times K$$

$$\therefore \quad K = \frac{1}{1+B} \times B \times n \tag{3-20}$$

采购及保管费划分 K 值表，见表 3-5。

应收取的比例 （n）	采购及保管费率				
	1%	1.5%	2%	2.5%	3%
	K 值（%）				
1/2	0.495	0.739	0.980	1.220	1.456
1/3	0.330	0.493	0.654	0.813	0.971
2/3	0.660	0.985	1.307	1.626	1.942
1/4	0.248	0.369	0.490	0.610	0.728
3/4	0.743	1.108	1.471	1.829	2.184
2/5	0.396	0.591	0.784	0.976	1.165
4/5	0.792	1.182	1.569	1.951	2.330
7/10	0.693	1.034	1.377	1.707	2.039

【例 3-20】　多彩面层涂料由建设单位供应到施工地点，每吨涂料的材料预算价格为 15310.00 元，采购及保管费率 2.5%，试计算应划分给建设单位的 2/3 的采购及保管费为多少？（包装品回收值忽略不计）

【解】　已知 $P = 15\,310$ 元/t

查 K 值表：$K = 1.626\%$

$$F_{2/3} = 15\,310 \times 1.626\%$$
$$= 248.94\ 元/t$$

答：应支付给建设单位每吨多彩面层涂料的采购及保管费 248.94 元。

第四节　机械台班预算价格的编制

一、施工机械台班预算价格的概念

施工机械台班预算价格亦称施工机械台班使用费。它是指在单位工作台班中为使机械正常运转所分摊和支出的各项费用。

二、机械台班预算价格的组成

机械台班预算价格按建设部建标（1994）449 号文颁发的《全国统一施工机械台班费用定额》的规定，由八项费用组成。这些费用按其性质划分为第一类费用和第二类费用。

1. 第一类费用

第一类费用亦称不变费用，是指属于分摊性质的费用。包括：折旧费、大修理费、经常修理费和安拆费及场外运费。

2. 第二类费用

第二类费用亦称可变费用，是指属于支出性质的费用。包括：燃料动力费、人工费、养路费及车船使用税、保险费。

三、第一类费用的计算

1. 折旧费

折旧费是指机械设备在规定的使用期限内（耐用总台班），陆续收回其原值及付贷款利

息等费用。计算公式为

$$台班折旧费 = \frac{机械预算价格 \times （1 - 残值率） + 贷款利息}{耐用总台班} \qquad (3-21)$$

（1）机械预算价格

机械预算价格由机械出厂（或到岸完税）价格和由生产厂（销售单位交货地点或口岸）运至使用单位库房，并经过主管部分验收的全部费用组成。计算公式如下：

$$\begin{aligned}国产运输机械预算价格 = {} & 出厂（或销售）价格 \times （1 + 购置附加费率）\\ & + 供销部门手续费 + 一次运费\end{aligned} \qquad (3-22)$$

（2）残值率

残值率是指机械报废时其回收残余价值占原值的比率。国家规定的残值率在 $3\% \sim 5\%$ 范围内。

（3）耐用总台班

耐用总台班是指机械设备从开始投入使用至报废前所使用的总台班数。

$$耐用总台班 = 大修理间隔台班 \times 大修理周期 \qquad (3-23)$$

（4）贷款利息

贷款利息是指用于支付购置机械设备所需贷款的利息。贷款利息一般按复利计算。

【例 3-21】 设 6t 载重汽车的预算价格为 89 659 元，残值率为 2%，大修理间隔台班为 550 个，大修理周期为 3 个，贷款利息为 18 828 元，试计算台班折旧费。

【解】 用公式 3-21，3-23 计算

$$耐用总台班 = 550 \times 3$$
$$= 1\,650 \text{ 个}$$

$$\begin{aligned}5\text{t 载重汽车折旧费} &= \frac{89\,659 \times （1 - 2\%） + 18\,828}{1\,650}\\ &= \frac{106\,693.82}{1\,650}\\ &= 64.66 \text{ 元／台班}\end{aligned}$$

2. 大修理费

大修理费是指机械设备按规定的大修理间隔台班进行必要的大修理，以恢复正常使用功能所需的费用。计算公式如下：

$$台班大修理费 = \frac{一次大修理费 \times （大修理周期 - 1）}{耐用总台班} \qquad (3-24)$$

（1）一次大修理费

一次大修理费是指机械设备按规定的大修理范围内的工作内容，所需更换的配件、消耗材料、机械和工时以及送修运杂费等。

（2）大修理周期

大修理周期即使用周期，是指机械设备在正常施工作业条件下，其寿命期内规定的大修次数加 1。

$$大修理周期 = 寿命期应大修次数 + 1$$

【例 3-22】 设 6t 载重汽车一次大修费为 9 100 元，大修周期为 3 个，耐用总台班 1 650

个，试计算台班大修费。

$$台班大修费 = \frac{9\,100 \times (3 - 1)}{1\,650}$$

$$= 11.03\,元/台班$$

3. 经常修理费

经常修理费是指机械设备除大修理外的各级保养及临时故障排除所需费用；为保障机械正常运转所需替换设备，随机配置的工具、附具的摊销及维护费用；机械运转及日常保养所需润滑、擦拭材料费用和机械停置期间的维护保养费用等。

$$\begin{aligned}台班经常\\修理费\end{aligned} = \frac{各级保养一次费用 \times 保养次数 + 临时故障排除费}{大修理间隔台班}$$

$$+ \frac{\Sigma\left[\begin{array}{c}替换设备及\\工具附具费\end{array} \times (1 - 残值率)\right] + \begin{array}{c}替换设备及工\\具附具维修费\end{array}}{替换设备及工具附具耐用台班}$$

$$+ \frac{润滑擦拭材料一次费用 \times 大修间隔台班内平均次数}{大修间隔台班} \tag{3-25}$$

用上述公式计算较复杂，可用测算资料和以下方法简化计算过程。

$$台班经常修理费 = 大修理费 \times K \tag{3-26}$$

式中 $K = \dfrac{典型机械台班经常修理费测算值}{典型机械台班大修理费测算值}$

【例 2-23】 设 6t 载重汽车台班经常修理费系数 $K = 5.5$，根据例 2 的计算值计算台班经常修理费。

【解】 用公式 3-26 计算：

$$\begin{aligned}6t\,载重汽车\\台班经常修理费\end{aligned} = 11.03 \times 5.5 = 60.67\,元/台班$$

4. 安拆费及场外运费

（1）安拆费

安拆费是指在施工现场进行安装、拆卸所需的人工、材料、机械和试运转费用，以及机械辅助设施（包括：基础、底座、固定锚桩、行走轨迹、枕木等）的折旧、搭设、拆除等费用。计算公式如下：

$$台班安拆费 = \frac{机械一次安拆费 \times 年平均安拆次数}{年工作台班} + \begin{array}{c}台班辅助设\\施摊销费\end{array} \tag{3-27}$$

式中 $\begin{aligned}台班辅助设\\施摊销费\end{aligned} = \dfrac{辅助设施一次费用 \times (1 - 残值率)}{辅助设施耐用台班}$

（2）场外运费

场外运费是指机械整体或分件自停放场地至施工现场或由一个工地运至另一个工地、运距在 25km 以内的机械进出场运输及转移费用（包括机械的装卸、运输，辅助材料及架线费用等）。计算公式如下：

$$\begin{aligned}台班场\\外运费\end{aligned} = \frac{\left(\begin{array}{c}一次运输\\及装卸费\end{array} + \begin{array}{c}辅助材料\\一次摊销费\end{array} + \begin{array}{c}一次架\\线费\end{array}\right) \times \begin{array}{c}年平均场外\\运输次数\end{array}}{年工作台班} \tag{3-28}$$

式中　年工作台班＝耐用总台班÷使用年限

四、第二类费用计算

1. 燃料动力费

指机械设备在运转作业中所耗用的固体燃料（煤、木柴），液体燃料（汽油、柴油）、电力、水和风力等的费用。

$$\genfrac{}{}{0pt}{}{台班燃料}{动力费} = \genfrac{}{}{0pt}{}{每台班耗用的}{燃料或动力数量} \times 燃料或动力的单价 \qquad (3-29)$$

【例 3-24】　设 6t 载重汽车每个台班耗柴油 32.2kg，每公斤单价 1.40 元，求台班燃料费。

【解】　用公式 3-29 计算

$$\genfrac{}{}{0pt}{}{6t 载重汽}{车台班燃料费} = 32.20 \times 1.40 = 45.08 \ 元/台班$$

2. 人工费

指机上司机、司炉和其他操作人员的工作日工资以及上述人员在机械规定的年工作台班以外的基本工资和工资性补贴。计算公式如下：

$$台班人工费 = \genfrac{}{}{0pt}{}{机上操作人员}{人工工日数} \times 日工资单价 \qquad (3-30)$$

【例 3-25】　设 6t 载重汽车每个台班的机上操作人工工日为 1.25 个，人工日工资单价为 8.18 元，求台班人工费。

【解】　用公式 3-30 计算

$$\genfrac{}{}{0pt}{}{6t 载重汽}{车台班人工费} = 1.25 \times 8.18 = 10.23 \ 元/台班$$

3. 养路费及车船使用税

指机械按国家有关规定应交纳的养路费和车船使用税。计算公式如下：

$$\genfrac{}{}{0pt}{}{台班养路费及}{车船使用税} = \genfrac{}{}{0pt}{}{载重量或}{核定吨位} \times \frac{\left[养路费（元/t \cdot 月）\times 12 + \left(\genfrac{}{}{0pt}{}{车船使用税}{元/t \cdot 车} \right) \right]}{年工作台班} \qquad (3-31)$$

【例 3-26】　设 6t 载重汽车每月应交纳养路费 150 元/t，每年应交车船使用税 50 元/t，年工作台班 240 个，试计算台班养路费及车船使用税。

【解】　用公式 3-31 计算

$$\genfrac{}{}{0pt}{}{6t 汽车台班养}{路费及车船使用税} = \frac{6 \times (150 \times 12 + 50)}{240}$$

$$= \frac{11\ 100}{240}$$

$$= 46.25 \ 元/台班$$

4. 保险费

指机械按国家有关规定应缴纳的第三者责任保险、车主保险费等。

【例 3-27】　设 6t 载重汽车年缴保险费 480 元，年工作台班 240 个，试计算台班保险费。

【解】

$$\begin{array}{c}6t\text{ 载重汽}\\ \text{车台班保险费}\end{array}=480\div240=2.00 \text{ 元/台班}$$

6t载重汽车台班预算价格计算表，见表3-6。

单位：台班

项　　　目		6t 载 重 汽 车		
		单　位	金　额	计　算　式
台班基价		元	239.92	136.36+103.56＝239.92
第一类费用	折旧费	元	64.66	$\dfrac{89\,659\times(1\sim2\%)+18\,828}{550\times3}=64.66$
	大修理费	元	11.03	$9\,100\times(3-1)\div1\,650=11.03$
	经常修理费	元	60.67	$11.03\times5.5^{*}=60.67$
	安拆及场外运费	元	—	—
小　计		元	136.36	
第二类费用	燃料动力费	元	45.08	$32.20\times1.40=45.08$
	人工费	元	10.23	$1.25\times8.18=10.23$
	养路费及车船使用税	元	46.25	$\dfrac{6\times(150\times12+50)}{240}=46.25$
	保险费	元	2.00	$480\div240=2.00$
小　计		元	103.56	

注：带"＊"号为取定值。

第五节　单位估价表的编制

一、单位估价表与预算定额

从理论上讲，预算定额只规定单位分项工程或结构构件的人工、材料、机械台班的消耗量标准，不用货币量表示。但近年来，国家和地区编制的预算定额中都包含了工程基价。确定基价的目的是为了统一费用的计算基础，保持一致的取费水平。对省会所在地来说，当地颁发的预算定额就是该地区的单位估价表。

综上所述，预算定额与单位估价表没有严格的区别。一般来说，全国统一建筑工程预算定额按北京地区的工资标准、材料预算价格、机械台班预算价格计算定额基价；各省、市、自治区预算定额按省会所在地的工资标准、材料预算价格、机械台班预算价格计算定额基价。

二、单位估价表的编制

1. 编制依据

（1）全国或地区编制的现行的预算定额。

（2）现行的地区日工资标准。

（3）现行的地区材料预算价格。

（4）现行的机械台班预算价格。

2. 编制方法

因为单位估价表是由若干个计算出了基价的分项工程项目构成，所以，编制单位估价表的主要内容就是计算工程基价。计算公式为：

$$分项工程基价＝人工费＋材料费＋机械费$$

式中　人工费＝分项工程定额工日数×综合平均日工资标准

$$材料费＝\Sigma（分项工程材料用量×材料预算价格）$$

$$机械费＝\Sigma（分项工程定额台班量×机械台班预算价格）$$

3. 编制步骤：

（1）选定适合本地区的预算定额项目，增加一些本地区常用项目；

（2）抄录选定项目的人工、材料、机械台班数量；

（3）填写人工、材料、机械台班单价；

（4）计算分项工程人工费、材料费、机械费和工程基价；

（5）复核计算过程。

4. 单位估价表编制实例

已知砌 $10m^3$ 砖基础的预算定额（表3-7）和各项单价（表3-8）及其他材料费1.28元，试编制该项目的工程基价。

建筑工程预算定额摘录

工程内容：略　　　　　　　　　　　　　　　　　　　　　　　　　表 3-7

	定 额 编 号		定一1	×××
	定 额 单 位		$10m^3$	×××
	项 目	单 位	M5混合砂紧砌砖墙	×××
人 工	合计用工	工日	17.76	×××
材 料	标准砖	千块	5.26	
	M5混合砂浆	m^3	2.24	×××
	水	m^3	2.16	
机 械	2t内塔吊	台班	0.475	
	200L砂浆搅拌机	台班	0.475	

人工、材料、机械台班单价表　　　　　　　　　　　　　　　　表 3-8

序号	名 称	单位	单价（元）	备 注
1	人工单价	工日	8.18	某地区工日单价
2	M5混合砂浆	m^3	127.00	某地区材料预算价格
3	标准砖	千块	140.00	某地区材料预算价格
4	水	m^3	0.50	某地区材料预算价格
5	2t内塔吊	台班	170.61	某地区机械台班预算价格
6	200L砂浆搅拌机	台班	15.92	某地区机械台班预算价格

通过计算后，编制好的 $10m^3$ 砖基础项目单位估价表见表3-8。

第六节　预算定额的应用

一、预算定额（单位估价表，见表3-9）的构成及其关系

工程内容：略 表 3-9

定　额　编　号			定-1	×××
定　额　单　位			10m³	×××
项　目	单位	单价	M5 混合砂浆砌砖墙	×××
基　价	元		1 257.12	×××
其中	人工费			145.28	
	材料费			1 023.24	×××
	机械费			88.60	
人工	合计用工	工日	8.18	17.76	×××
材料	标准砖	千块	140	5.26	
	M5 混合砂浆	m³	127	2.24	
	水	m³	0.5	2.16	×××
	其他材料费	元		1.28	
机械	200L 砂浆搅拌机	台班	15.92	0.475	×××
	2t 内塔吊	台班	170.61	0.475	

1. 预算定额的构成

预算定额一般由总说明、分部说明、分节说明、建筑面积计算规则、工程量计算规则、分项工程消耗指标、分项工程基价、机械台班预算价格、材料预算价格、砂浆和混凝土配合比表、材料损耗率表等内容构成，见图 3-3。

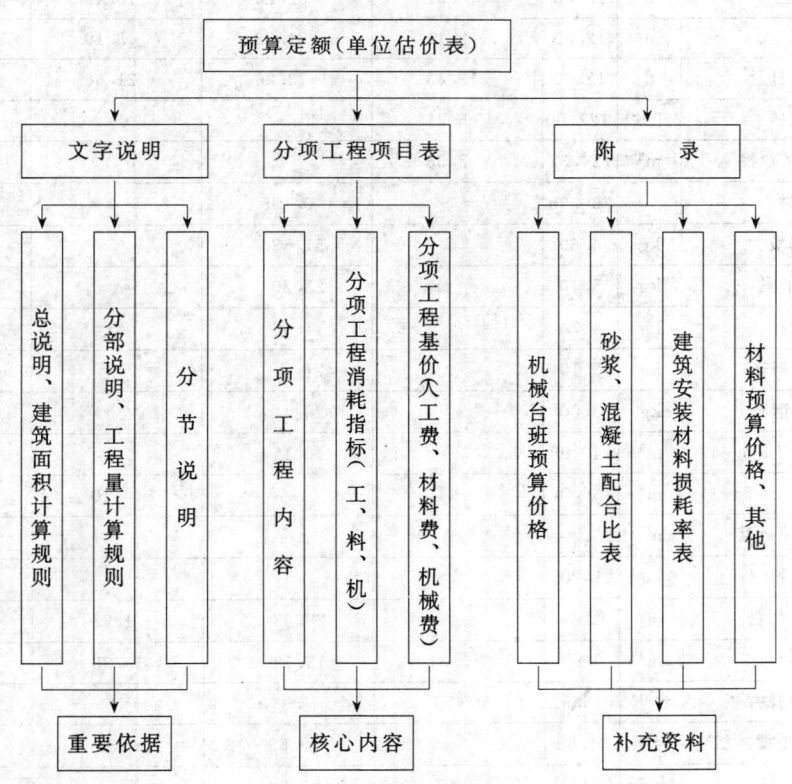

图 3-3　预算定额构成示意图

2. 预算定额中工程基价与砂浆、混凝土配合比表的关系

分项工程项目中的材料项目栏中含有砂浆或混凝土半成品用量时，其半成品的原材料用量要根据定额附录中的砂浆、混凝土配合比表的材料用量来计算。因此，当定额项目中的配合比与设计配合比不同时，附录半成品配合比表是定额换算的重要依据。

【例 3-28】 根据表 3-10、表 3-11 的"定-1"号定额和表 3-12、表 3-13、表 3-14 的"附-1"号定额，计算砌 $10m^3$ 砖基础的。$2.36m^3$ M5 水泥砂浆的原材料用量。

建筑工程预算定额(摘录)

工程内容：略 表 3-10

定 额 编 号			定-1	定-2	定-3	定-4
定 额 单 位			$10m^3$	$10m^3$	$10m^3$	$100m^2$
项 目	单位	单价	M5 水泥砂浆砌砖基础	现浇 C20 钢筋混凝土矩形梁	C15 混凝土地面垫层	1：2 水泥砂浆墙基防潮层
基 价	元		1 115.71	6721.44	1 673.96	675.29
其中	人工费	元	149.16	879.12	258.72	114.00
	材料费	元	958.99	5684.33	1 384.26	557.31
	机械费	元	7.56	157.99	30.98	3.98
人工	基本工	d	12.00	10.32	52.20	13.46	7.20
	其他工	d	12.00	2.11	21.06	8.10	2.30
	合 计	d	12.00	12.43	73.26	21.56	9.5
材料	标准砖	千块	127.00	5.23			
	M5 水泥砂浆	m^3	124.32	2.36			
	木材	m^3	700.00		0.138		
	钢模板	kg	4.60		51.53		
	零星卡具	kg	5.40		23.20		
	钢支撑	kg	4.70		11.60		
	φ10 内钢筋	kg	3.10		471		
	φ10 外钢筋	kg	3.00		728		
	C20 混凝土（0.5～4）	m^3	146.98		10.15		
	C15 混凝土（0.5～4）	m^3	136.02			10.10	
	1：2 水泥砂浆	m^3	230.02				2.07
	防水粉	kg	1.20				66.38
	其他材料费	元			26.83	1.23	1.51
	水	m^3	0.60	2.31	13.52	15.38	
机械	200L 砂浆搅拌机	台班	15.92	0.475			0.25
	400L 混凝土搅拌机	台班	81.52		0.63	0.38	
	2t 内塔吊	台班	170.61		0.625		

建筑工程预算定额（摘录）

表 3-11

工程内容：略

定额编号				定—5	定—6
定额单位				100m²	100m²
项 目		单位	单价	C15 混凝土地面面层（60厚）	1：2.5 水泥砂浆抹砖墙面（底13厚、面7厚）
基 价		元		1 018.38	688.24
其中	人工费	元		159.60	184.80
	材料费	元		833.51	451.21
	机械费	元		25.27	52.23
人工	基本工	d	12.00	9.20	13.40
	其他工	d	12.00	4.10	2.00
	合 计	d	12.00	13.30	15.40
材料	C15 混凝土（0.5～4）	m³	136.02	6.06	
	1：2.5 水泥砂浆	m³	210.72		2.10（底：1.39 面：0.71）
	其他材料费	元			4.50
	水	m³	0.60	15.38	6.99
机械	200L 砂浆搅拌机	台班	15.92		0.28
	400L 混凝土搅拌机	台班	81.52	0.31	
	塔式起重机	台班	170.61		0.28

砌筑砂浆配合比表（摘录）

表 3-12

单位：m³

定额编号				附—1	附—2	附—3	附—4
项 目		单位	单价	水 泥 砂 浆			
				M5	M7.5	M10	M15
基 价		元		124.32	144.10	160.14	189.98
材料	325 号水泥	kg	0.30	270.00	341.00	397.00	499.00
	中 砂	m³	38.00	1.140	1.100	1.080	1.060

抹灰砂浆配合比表（摘录）

表 3-13

单位：m³

定额编号				附—5	附—6	附—7	附—8
项 目		单位	单价	水 泥 砂 浆			
				1：1.5	1：2	1：2.5	1：3
基 价		元		254.40	230.02	210.72	182.82
材料	325 号水泥	kg	0.30	734	635	558	465
	中 砂	m³	38.00	0.90	1.04	1.14	1.14

单位：m³

定额编号			附—9	附—10	附—11	附—12	附—13	附—14
项 目	单位	单价	最大粒径：40mm					
			C15	C20	C25	C30	C35	C40
基 价	元		136.02	146.98	162.63	172.41	181.48	199.18
425 号水泥	kg	0.30	274	313.00				
525 号水泥	kg	0.35			313	343	370	
625 号水泥	kg	0.40						368
中 砂	m³	38.00	0.49	0.46	0.46	0.42	0.41	0.41
0.5～4 砾石	m³	40.00	0.88	0.89	0.89	0.91	0.91	0.91

【解】

325 号水泥：$2.36m^3 \times 270kg/m^3 = 637.20kg$

中砂：$2.36m^3 \times 1.14m^3/m^3 = 2.690m^3$

二、预算定额的套用

当施工图的设计要求与预算定额的项目内容一致时，可直接套用预算定额。

在编制单位工程施工图预算的过程中，大多数项目可以直接套用预算定额。套用时应注意以下几点：

1. 根据施工图、设计说明和作法说明，选择定额项目。

2. 要从工程内容、技术特征和施工方法上仔细核对，才能较准确地确定相对应的定额项目。

3. 分项工程的名称和计量单位要与预算定额相一致。

三、预算定额的换算

当施工图中的分项工程项目不能直接套用预算定额时，就产生了定额的换算。

1. 换算原则

为了保持定额的水平，在预算定额的说明中规定了有关换算原则，一般包括：

（1）定额的砂浆、混凝土强度等级，如设计与定额不同时，允许按定额附录的砂浆、混凝土配合比表换算，但配合比中的各种材料用量不得调整。

（2）定额中抹灰项目已考虑了常用厚度，各层砂浆的厚度一般不作调整。如果设计有特殊要求时，定额中工、料可以按厚度比例换算。

（3）必须按预算定额中的各项规定换算定额。

2. 预算定额的换算类型

预算定额的换算类型有以下四种：

（1）砂浆换算：即砌筑砂浆换强度等级、抹灰砂浆换配合比及砂浆用量。

（2）混凝土换算：即构件混凝土、楼地面混凝土的强度等级、混凝土类型的换算。

（3）系数换算：按规定对定额中的人工费、材料费、机械费乘以各种系数的换算。

（4）其他换算：除上述三种情况以外的定额换算。

3. 定额换算的基本思路

定额换算的基本思路是：根据选定的预算定额基价，按规定换入增加的费用，减去扣除的费用。

这一思路用下列表达式表述：

$$换算后的定额基价 = 原定额基价 + 换入的费用 - 换出的费用$$

例如，某工程施工图设计用 M15 水泥砂浆砌砖墙，查预算定额中只有 M5、M7.5、M10 水泥砂浆砌砖墙的项目，这时就需要选用预算定额中的某个项目，再依据定额附录中 M15 水泥砂浆的配合比用量和基价进行换算：

$$换算后定额基价 = \frac{M5（或 M10）水泥砂}{浆砌墙砖墙定额基价} + 定额砂浆用量 \times M15 水泥砂浆基价$$
$$- 定额砂浆用量 \times M5（或 M10）水泥砂浆基价$$

上述项目的定额基价换算示意图，见图 3-4。

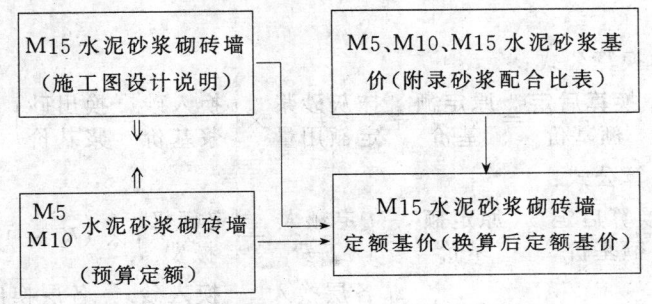

图 3-4　定额基价换算示意图

四、建筑工程预算定额换算

1. 砌筑砂浆换算

（1）换算原因

当设计图纸要求的砌筑砂浆强度等级在预算定额中缺项时，就需要调整砂浆强度等级，求出新的定额基价。

（2）换算特点

由于砂浆用量不变，所以人工、机械费不变，因而只换算砂浆强度等级和调整砂浆材料费。

砌筑砂浆换算公式：

$$换算后定额基价 = 原定额基价 + 定额砂浆用量 \times \left(换入砂浆基价 - 换出砂浆基价\right) \tag{3-32}$$

【例 3-29】　M7.5 水泥砂浆砌砖基础

【解】　用公式 3-32 换算

换算定额号：定一1（表 3-10）、附一1、附一2（表 3-12）

$$换算后基价 = 1115.71 + 2.36 \times (144.10 - 124.32)$$
$$= 1115.71 + 2.36 \times 19.78$$
$$= 1115.71 + 46.68$$
$$= 1162.39 元 /10m^3$$

换算后材料用量（10m³ 砌体）

325 号水泥：　2.36×341.00＝804.76kg

中　砂：　2.36×1.10＝2.596m³

2. 抹灰砂浆换算

（1）换算原因

当设计图纸要求的抹灰砂浆配合比或抹灰厚度与预算定额的抹灰砂浆配合比或厚度不同时，就要进行抹灰砂浆换算。

（2）换算特点

第一种情况：当抹灰厚度不变只换配合比时，人工费、机械费不变，只调整材料费；

第二种情况：当抹灰厚度发生变化时，砂浆用量要改变，因而人工费、材料费、机械费均要换算。

（3）换算公式

第一种情况的换算公式：

$$\text{换算后定额基价} = \text{原定额基价} + \text{抹灰砂浆定额用量} \times \left(\text{换入砂浆基价} - \text{换出砂浆基价} \right) \tag{3-33}$$

第二种情况换算公式：

$$\text{换算后定额基价} = \text{原定额基价} + \left(\text{定额人工费} + \text{定额机械费} \right) \times (K-1)$$
$$+ \sum \left(\text{各层换入砂浆用量} \times \text{换入砂浆基价} - \text{各层换出砂浆用量} \times \text{换出砂浆基价} \right)$$

式中　K——工、机费换算系数

$$K = \frac{\text{设计抹灰砂浆总厚}}{\text{定额抹灰砂浆总厚}} \tag{3-34}$$

$$\text{各层换入砂浆用量} = \frac{\text{定额砂浆用量}}{\text{定额砂浆厚度}} \times \text{设计厚度}$$

$$\text{各层换出砂浆用量} = \text{定额砂浆用量}$$

【例 3-30】　1:2 水泥砂浆底 13 厚，1:2 水泥砂浆面 7 厚抹砖墙面。

【解】　用公式 3-33 换算（砂浆总厚不变）。

换算定额号：定—6（表 3-11）、附—6、附—7（表 3-13）

$$\text{换算后定额基价} = 688.24 + 2.10 \times (230.02 - 210.72)$$
$$= 688.24 + 2.10 \times 19.30$$
$$= 688.24 + 40.53$$
$$= 728.77 \text{ 元}/100m^2$$

换算后材料用量（100m²）

325 号水泥：　2.10×635＝1333.50kg

中砂：　2.10×1.04＝2.184m³

【例 3-31】　1:3 水泥砂浆底 15 厚，1:2.5 水泥砂浆面 7 厚抹砖墙面。

【解】　设计抹灰厚度发生了变化，故用公式 3-34 换。换算定额号：定—6、附—7、附

−8（表 3-12）。

$$\text{工、机费换} \atop \text{算系数} = \frac{15 + 7}{13 + 7} = \frac{22}{20} = 1.10$$

$$1 : 3 \text{ 水泥砂浆用量} = \frac{1.39}{13} \times 15 = 1.604 \text{m}^3$$

1：2.5 水泥砂浆用量不变。

换算后定
额基价 $= 688.24 + (184.80 + 52.23) \times (1.10 - 1) + 1.604 \times (182.82 - 210.72)$

$$= 688.24 + 237.03 \times 0.10 - 1.604 \times 27.90$$

$$= 688.24 + 23.70 - 44.75$$

$$= 667.19 \text{ 元} / 100 \text{m}^2$$

换算后材料用量（100m²）

325 号水泥： $1.604 \times 465 + 0.71 \times 558 = 1142.04 \text{kg}$

中砂： $1.604 \times 1.14 + 0.71 \times 1.14 = 2.638 \text{m}^3$

【例 3-32】 1：2 水泥砂浆底 14 厚，1：2 水泥砂浆面 9 厚抹砖墙面。

【解】 用公式 3-34 换。

换算定额号：定−6（表 3-11）、附−6、附−7（表 3-13）

$$\text{工、机费换算系数 } K = \frac{14 + 9}{13 + 7} = \frac{23}{20} = 1.15$$

$$1 : 2 \text{ 水泥砂浆用量} = \frac{2.10}{20} \times 23$$

$$= 2.415 \text{m}^3$$

换算后定额基价 $= 688.24 + (184.80 + 52.23) \times (1.15 - 1)$

$$+ 2.415 \times 230.02 - 2.10 \times 210.72$$

$$= 688.24 + 237.03 \times 0.15 + 555.50 - 442.51$$

$$= 688.24 + 35.55 + 555.50 - 442.51$$

$$= 836.78 \text{ 元} / 100 \text{m}^2$$

换算后材料用量（100m²）

325 号水泥：$2.415 \times 635 = 1533.53 \text{kg}$

中砂： $2.415 \times 1.04 = 2.512 \text{m}^3$

3. 构件混凝土换算

（1）换算原因

当设计要求构件采用的混凝土强度等级，在预算定额中没有相符合的项目时，就产生了混凝土强度等级或石子粒径的换算。

（2）换算特点

混凝土用量不变，人工费、机械费不变，只换算混凝土强度等级或石子粒径。

（3）换算公式：

$$\text{换算后定} \atop \text{额基价} = \text{原定额} \atop \text{基价} + \text{定额混凝} \atop \text{土用量} \times \left(\text{换入混凝} \atop \text{土基价} - \text{换出混凝} \atop \text{土基价} \right) \qquad (3-35)$$

【例 3-33】 现浇 C25 钢筋混凝土矩形梁。

【解】 用公式 3-35 换算。

换算定额号：定－2（表 3-10）、附－10、附－11（表 3-14）

$$换算后定额基价 = 6721.44 + 10.15 \times (162.63 - 146.98)$$
$$= 6721.44 + 10.15 \times 15.65$$
$$= 6721.44 + 158.85$$
$$= 6880.29 \ 元 \ /10m^3$$

换算后材料用量（10m³）

525 号水泥：	$10.15 \times 313 = 3176.95kg$	
中砂：	$10.15 \times 0.46 = 4.669m^3$	
0.5～4 砾石：	$10.15 \times 0.89 = 9.034m^3$	

4．楼地面混凝土换算

（1）换算原因

楼地面混凝土面层的定额单位一般是平方米。因此，当设计厚度与定额厚度不同时，就产生了定额基价的换算。

（2）换算特点

同抹灰砂浆的换算特点。

（3）换算公式：

$$\begin{aligned}换算后定\\ 额基价\end{aligned} = \begin{aligned}原定额\\ 基价\end{aligned} + \left(\begin{aligned}定额\\ 人工费\end{aligned} + \begin{aligned}定额机\\ 械费\end{aligned}\right) \times (K-1)$$
$$+ \begin{aligned}换入混凝\\ 土用量\end{aligned} \times \begin{aligned}换入混凝\\ 土基价\end{aligned} - \begin{aligned}换出混凝\\ 土用量\end{aligned} \times \begin{aligned}换出混凝\\ 土基价\end{aligned} \tag{3-36}$$

式中 K——工、机费换算系数：

$$K = \frac{混凝土设计厚度}{混凝土定额厚度}$$

$$\begin{aligned}换入混凝\\ 土用量\end{aligned} = \frac{定额混凝土用量}{定额混凝土厚度} \times 设计混凝土厚度$$

$$换出混凝土用量 = 定额混凝土用量$$

【例 3-34】 C20 混凝土地面面层 80mm 厚。

【解】 用公式 3-36 换算。

换算定额号：定－5（表 3-11）、附－9、附－10（表 3-14）。

工、机费换算系数 $K = \dfrac{8}{6} = 1.333$

换入混凝土用量 $= \dfrac{6.06}{6} \times 8 = 8.08m^3$

$$换算后定额基价 = 1018.38 + (159.60 + 25.27) \times (1.333 - 1)$$
$$+ 8.08 \times 146.98 - 6.06 \times 136.02$$
$$= 1018.38 + 184.87 \times 0.333 + 1187.60 - 824.28$$
$$= 1018.38 + 61.56 + 1187.60 - 824.28$$
$$= 1443.26 \ 元 \ /100m^2$$

换算后材料用量（100m²）

425 号水泥：　　　　8.08×313＝2529.04kg

中砂：　　　　　　8.08×0.46＝3.717m³

0.5～4 砾石：　　　8.08×0.89＝7.191m³

5. 乘系数换算

乘系数换算是指在使用某些预算定额项目时，定额的一部分或全部乘以规定的系数。例如，某地区预算定额规定，砌弧形砖墙时，定额人工费乘以 1.10 系数；楼地面垫层用于基础垫层时，定额人工费乘以系数 1.20。

【例 3-35】　C15 混凝土基础垫层

【解】　根据题意按某地区预算定额规定，楼地面垫层定额用于基础垫层时，定额人工费乘以 1.20 系数。

换算定额号：定－3（表 3-10）。

$$换算后定额基价 = 1\,673.96 + 258.72 × (1.20 - 1)$$
$$= 1\,673.96 + 258.72 × 0.20$$
$$= 1\,673.96 + 51.74$$
$$= 1\,725.0\ 元 /10m³$$

6. 其他换算

其他换算是指不属于上述几种换算情况的定额基价换算。

【例 3-36】　1：2 防水砂浆墙基防潮层（加水泥用量 8% 的防水粉）。

【解】　根据题意和定额"定－4"（表 3-10）内容应调整防水粉的用量。

换算定额号：定－4（表 3-10）、附－6（表 3-13）。

$$防水粉用量 = 定额砂浆用量 × 砂浆配合比中的水泥用量 × 8\%$$
$$= 2.07 × 635 × 8\%$$
$$= 105.16kg$$

$$换算后定额基价 = 675.29 + 1.20(防水粉单价) × \left(\underset{105.16}{换入量} - \underset{66.38}{换出量} \right)$$
$$= 675.29 + 1.20 × 38.78$$
$$= 675.29 + 46.54$$
$$= 721.83\ 元 /100m²$$

材料用量（100m²）：

325 号水泥：　　　2.07×635＝1314.45kg

中砂：　　　　　　2.07×1.04＝2.153m³

防水粉：　　　　　2.07×635×8%＝105.16kg

五、安装工程预算定额换算

安装工程预算定额中，一般不包括主要材料的材料费，定额中称之为未计价材料费。因而，安装工程定额基价是不完全工程单价。若要构成完全定额基价，就要通过换算的形式来计算。

1. 完全定额基价的计算

【例 3-37】　某地区安装工程估价表中，室内 DN50 镀锌钢管丝接的安装基价为 65.16 元/10m，未计价材料 DN50 镀锌钢管用量 10.20m，单价 23.71 元/m，试计算该项目的完全定额基价。

【解】　完全定额基价＝65.16＋10.2×23.71

　　　　　　　　＝307.00 元/10m

2. 乘系数换算

安装工程预算定额中，有许多项目的人工费、机械费，定额规定需乘系数换算。例如，设置于管道间、管廊内的管道、阀门、法兰、支架的定额项目，人工费乘以系数 1.3。

【例 3-38】　计算安装某宾馆管道间 $DN25$ 镀锌给水钢管的完全定额基价和定额人工费。（$DN25$ 镀锌给水钢管基价为 45.79 元/10m，其中人工费为 27.06 元/10m，未计价材料镀锌钢管用量 10.20m，单价 11.43 元/m。）

【解】　完全定额基价＝45.79＋27.06×（1.30*－1）＋10.20×11.43

　　　　　　　　＝45.79＋27.06×0.30＋116.59

　　　　　　　　＝45.79＋8.12＋116.59

　　　　　　　　＝170.50 元/10m

其中：定额人工费＝27.06×1.30＝35.18 元/10m

六、定额基价换算公式小结

1. 定额基价换算总公式：

$$换算后定额基价＝原定额基价＋换入费用－换出费用$$

2. 定额基价换算通用公式：

$$\begin{aligned}换算后定\atop额基价 =& \frac{原定额}{基价} + \left(\frac{定额人}{工费} + \frac{定额机}{械费}\right) \times (K-1) \\ &+ \Sigma\left(\frac{换入半成}{品用量} \times \frac{换入半成}{品基价} - \frac{换出半成}{品用量} \times \frac{换出半成}{品基价}\right)\end{aligned}$$

(3-37)

3. 定额基价换算通用公式的变换

在定额基价换算通用公式中：

（1）当半成品为砌筑砂浆时，公式变为：

$$换算后定\atop额基价 = \frac{原定额}{基价} + \frac{定额砂}{浆用量} \times \left(\frac{换入砂}{浆基价} - \frac{换出砂}{浆基价}\right)$$

说明：砂浆用量不变，工、机费不变，$K＝1$；换入半成品用量与换出半成品用量同是定额砂浆用量，提相同的公因式；半成品基价定为砌筑砂浆基价。经过此变换就从公式（3-37）变化为上述换算公式。

（2）当半成品为抹灰砂浆时，公式变为：

$$换算后定\atop额基价 = \frac{原定额}{基价} + \frac{抹灰砂浆}{定额用量} \times \left(\frac{换入砂}{浆基价} - \frac{换出砂}{浆基价}\right)$$

说明：当抹灰砂浆厚度不变，且只有一种砂浆时的换算公式。

$$\begin{aligned}换算后定\atop额基价 =& \frac{原定额}{基价} + \left(\frac{定额人}{工费} + \frac{定额机}{械费}\right) \times (K-1) \\ &+ \Sigma\left(\frac{换入砂浆}{用量} \times \frac{换入砂}{浆基价} - \frac{换出砂}{浆用量} \times \frac{换出砂}{浆基价}\right)\end{aligned}$$

说明：当抹灰砂浆厚度发生变化时，且各层砂浆配合比不同时，用上述公式。

（3）当半成品为构件混凝土时，公式变为：

108

$$\begin{array}{c}换算后定\\额基价\end{array} = \begin{array}{c}原定额\\基价\end{array} + \begin{array}{c}定额混凝\\土用量\end{array} \times \left(\begin{array}{c}换入混凝\\土基价\end{array} - \begin{array}{c}换出混凝\\土基价\end{array}\right)$$

（4）当半成品为楼地面混凝土时，公式变为：

$$\begin{array}{c}换算后定\\额基价\end{array} = \begin{array}{c}原定额\\基价\end{array} + \left(\begin{array}{c}定额人\\工费\end{array} + \begin{array}{c}定额机\\械费\end{array}\right) \times (K-1)$$

$$+ \begin{array}{c}换入混凝\\土用量\end{array} \times \begin{array}{c}换入混凝\\土基价\end{array} - \begin{array}{c}换出混凝\\土用量\end{array} \times \begin{array}{c}换出混凝\\土基价\end{array}$$

综上所述，只要掌握了定额基价换算的通用公式，就掌握了四种类型的换算方法。除此以外，只要灵活应用定额基价换算的总公式，那么，乘系数的换算、其他换算的方法也是容易掌握的。

第七节　材料价差调整

一、产生材料价差调整的原因

材料价差是指概预算定额基价所依据的材料预算价格与建筑安装工程所在地的现行材料预算价格之间的差异。

由于概预算定额基价中的材料费，是按省会所在地的材料预算价格计算的，而各工程所在地的材料预算价格各不相同，因此，就要调整材料价差。这类价差称为地区差。

即使是省会所在地，也会由于时间的推移，发生材料预算价格的变化。这类价差称为材料预算价格的时间差。

综上所述，为了合理确定工程造价，在使用定额基价和当前各地区材料预算价格的基础上，采取调整材料价差的方法来解决这个问题是比较合理的。

二、材料价差的调整方法

在计算建筑安装工程造价的过程中，常采用以下三种方法来调整材料价差。

1. 单项材料价差调整

单项材料价差调整的方法适合于对工程造价影响较大的主要材料进行价差调整。如钢材、木材、水泥、花岗岩、大理石、瓷砖等建筑材料。

单调材料价差计算公式：

$$材料价差 = \Sigma\left[\begin{array}{c}单位工程某\\种材料用量\end{array} \times \left(\begin{array}{c}地区现行材料\\预算价格\end{array} - \begin{array}{c}原定额材料\\预算价格\end{array}\right)\right] \quad (3\text{-}38)$$

【例 3-39】　某住宅工程按预算定额分析需 425 号普通水泥 168t，原定额材料预算价格为 280 元/t，本地区现行的材料预算价格为 340 元/t，试调整该工程 425 号水泥的材料价差。

【解】　用公式 3-38 计算。

$$425 号水泥材料价差 = 168 \times (340 - 280)$$
$$= 168 \times 60$$
$$= 10\,080 元$$

答：该住宅工程的 425 号普通水泥材料价差为 10 080 元。

【例 3-40】　某单位工程主要材料耗用量，见表 3-15。根据表中的数据计算该工程的材料价差。

序　号	材料名称	单　位	数　量	现行材料预算价格	定额材料预算价格	价　差	调整金额
1	425 号水泥	t	260	340.00	300.00	40.00	10 400.00
2	525 号水泥	t	97	380.00	300.00	80.00	7 760.00
3	ϕ10 内钢筋	t	37.92	3 100.00	2 800.00	300.00	11 376.00
4	ϕ10 外钢筋	t	41.45	3 105.00	2 800.00	305.00	12 642.25
5	螺纹钢筋	t	3.16	3 210.00	2 800.00	410.00	1 295.60
6	锯　材	m³	8.61	980.00	750.00	230.00	1 980.30
7	花 岗 岩	m²	127.57	250.00	180.00	70.0	8 929.90
8	防滑地砖	m²	212.34	78.00	30.00	48.00	10 192.32
9	瓷　砖	m²	346.36	31.00	32.00	—1.00	—346.36
	小　计						64 230.01

答：该工程的主要材料价差为 64 230.01 元

2. 材料价差综合系数调整

虽然单项材料价差调整的方法较准确，但计算过程较繁琐。采用综合系数调整材料价差的方法，可以大大简化计算过程。

采用综合系数的方法调整材料价差，就是将各项材料统一用综合的调价系数调整材料价差。该方法较适合于一些数量大而价值较低的材料调整材料价差。如，砖、瓦、灰、砂、石等地方材料。

（1）材料价差综合系数的制定

材料价差综合调整系数一般由地区的工程造价管理部门制定。可根据下列公式测算：

$$\text{材料价差综合系数} = \frac{\Sigma\left(\text{典型工程材料量} \times \text{现行材料预算价格}\right) - \Sigma\left(\text{典型工程材料量} \times \text{定额材料预算价格}\right)}{\Sigma(\text{典型工程材料量} \times \text{定额材料预算价格})} \qquad (3-39)$$

（2）综合系数调整材料价差计算公式

材料价差用综合系数调整的计算公式如下：

$$\text{某单位工程综合系数调整的材料价差} = \text{单位工程定额材料费} \times \text{材料价差综合调整系数} \qquad (3-40)$$

【例 3-41】　某单位工程的定额材料费为 324 689 元，按规定以定额材料费为基础调整材料价差，材料价差综合调整系数为 0.89%，试计算该工程的综调材料价差。

【解】　用公式 3-40 计算。

$$\text{某单位工程综合系数调整的材料价差} = 324\ 689 \times 0.89\%$$
$$= 2\ 889.73\ \text{元}$$

答：某单位工程的综调材料价差为 2 889.73 元。

3. 材料价差调整的应用问题

（1）单调和综调方法的应用

材料价差采用什么方法，采用几种方法的问题，要根据工程造价管理部门的文件规定确定。不管具体的规定如何，不外乎有三种情况：一是只进行单项材料价差调整；二是只进行综合系数材料价差调整；三是采取单调材料价差、综调材料价差相结合的方法进行调整。各地区在编制施工图预算时应按当地的规定执行。

（2）综合系数调整材料价差的基础

综合系数调整材料价差确定计算基础，一般有二种办法；一是用定额材料费为基础；二是用定额直接费为基础。编制预算时，应按工程所在地区的规定为准。如果综合系数以定额材料费为基础测算，那么就要用定额材料费来调整材料价差；如果综合系数以定额直接费为基础测算，那么，就要用定额直接费来调整材料价差。

4．安装辅助材料价差调整

当安装工程单位估价表（或安装工程预算定额）执行一段时间后，由于材料预算价格发生了变化，在编制安装工程施工图预算时，需调整单位估价表（或预算定额）中的辅助材料价差。

（1）计算公式：

$$\frac{安装辅材}{价差调整} = \frac{单位工程}{定额辅材费} \times 辅材费调整系数 \tag{3-41}$$

（2）计算实例

【例 3-42】 某住宅工程给排水施工图预算的定额辅材费为 5 437.58 元，按规定应以定额辅材费为基础，调整辅材费价差（辅材费调整系数为 28%）。

【解】 用公式 3-41 计算。

$$安装辅材材料价差 = 5\ 437.58 \times 28\%$$
$$= 1\ 522.52\ 元$$

答：某住宅工程给排水安装辅材的价差为 1 522.52 元。

本 章 小 结

单位估价表与预算定额有着密切的关系。列有人工费、机械费和定额基价的预算定额，更接近于单位估价表。因此，预算定额与单位估价表没有严格的划分界限。

根据预算定额的三大消耗量编制单位估价表，需要三个方面的价格，即人工工日单价、材料预算价格、机械台班预算价格。为了准确地确定这三个方面的价格，就需要分别研究工资标准、材料预算价格、机械台班预算价格的编制方法。

正确应用预算定额或单位估价表，是编制施工图预算的基本功之一，掌握套用和换算定额基价的基本方法，有助于提高施工图预算的编制质量。

通过对预算定额或单位估价表的反复应用练习，达到熟练使用的目的，是本章学习的重点之一。

复 习 思 考 题

1．什么是工资标准？

2．什么是工资等级系数？

3．工资等级系数与工资标准有什么关系？

4．怎样计算定额的人工费？

5. 什么是材料预算价格？

6. 材料预算价格由哪些费用构成？

7. 怎样计算综合平均工资等级？

8. 怎样计算含有小数等级的工资标准？

9. 怎样计算加权平均原价？

10. 怎样计算材料运输费？

11. 怎样分解和划分采购及保管费？

12. 机械台班预算价格由哪些费用构成？

13. 为什么要调整材料价差？

14. 调整材料价差有哪几种方法？

第四章　建筑安装工程费用

第一节　建筑安装工程费用构成及其内容

一、建筑安装工程费用构成

为了适应建筑业和基本建设管理体制改革的需要，有利于合理确定工程造价，提高基本建设投资效益，国家统一了建筑安装工程费用划分的口径。这一做法使得基本建设各方在编制概预算、工程结算、工程招投标、计划统计、工程成本核算等方面的工作有了统一的标准。

按照"建标〔1993〕894号"文《关于调整建筑安装工程费用项目组成的若干规定》指出，建筑安装工程费用由直接工程费、间接费、计划利润、税金等四部分费用构成，见图4-1。其中直接工程费与间接费之和称为工程预算成本。

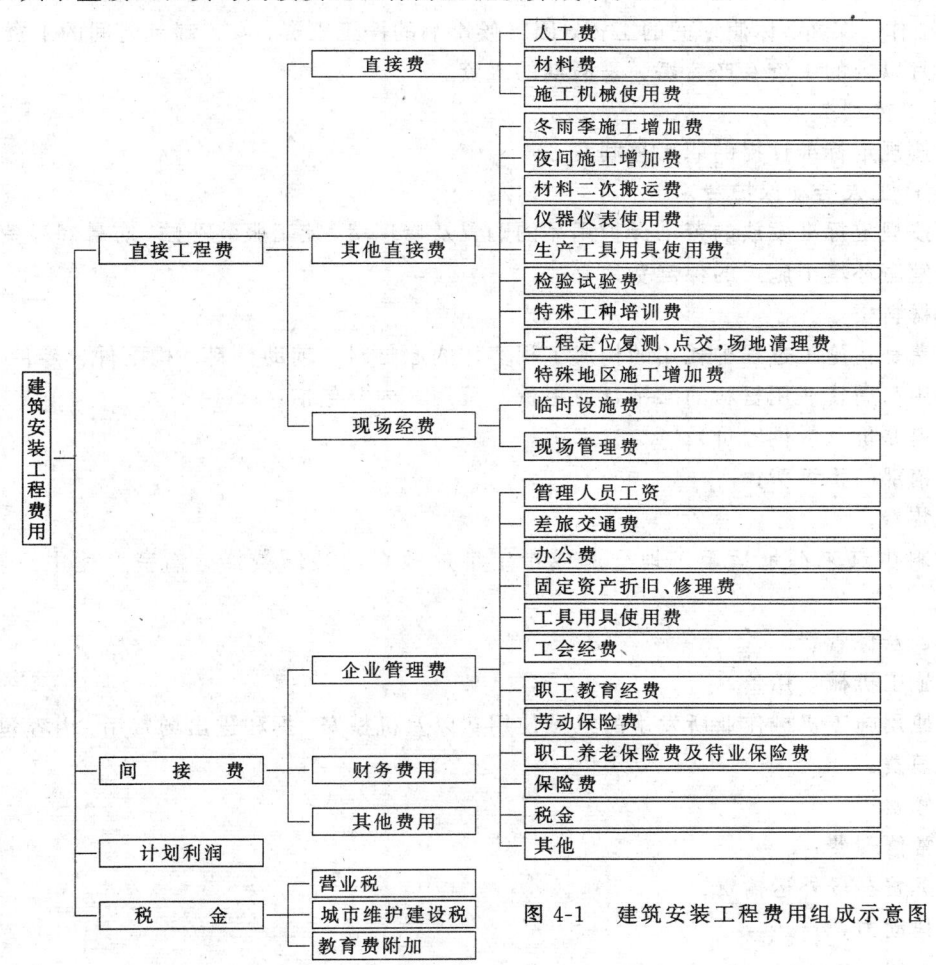

图 4-1　建筑安装工程费用组成示意图

二、建筑安装工程费用内容

（一）直接工程费

直接工程费由直接费、其他直接费、现场经费组成。

1. 直接费

直接费是指直接消耗在施工过程中构成工程实体和有助于工程形成的各项费用。包括人工费、材料费、施工机械使用费。

（1）人工费

是指直接从事建筑安装工程施工的生产工人开支的各项费用，内容包括：

① 基本工资

指发放给生产工人的基本工资。

② 工资性补贴

是指按规定标准发放的物价补贴，煤、燃气补贴，交通费补贴，住房补贴，流动施工津贴，地区津贴等。

③ 生产工人辅助工资

是指生产工人年有效施工天数以外非作业天数的工资，包括职工学习、培训期间的工资，调动工作、探亲、休假期间的工资，因气候影响的停工工资，女工哺乳时间的工资，病假在六个月以内的工资及产、婚、丧假期的工资。

④ 职工福利费

是指按规定标准计提的职工福利费。

⑤ 生产工人劳动保护费

是指按规定标准发放的劳动保护用品的购置及修理费，徒工服装补贴，防暑降温费，在有碍身体健康环境中施工的保健费用等。

（2）材料费

材料费是指施工过程中耗用的构成工程实体的原材料、辅助材料、构配件、零件、半成品的费用和周转使用材料的摊销（或租赁）费用，内容包括：

①材料原价（或供应价）；

②供销部门手续费；

③包装费；

④材料由其来源地运至工地仓库或指定堆放地点的装卸费、运输费及途中运输损耗；

⑤采购及保管费。

（3）施工机械使用费

是指使用施工机械作业所发生的机械使用费以及机械安、拆和进出场费用，内容包括：

①折旧费；

②大修费；

③经常修理费；

④安拆费及场外运输费；

⑤燃料动力费；

⑥人工费；

⑦运输机械养路费、车船使用税及保险费。

2．其他直接费

是指直接费以外的，在施工过程中发生的其他费用，内容包括：

（1）冬雨季施工增加费

（2）夜间施工增加费

（3）材料二次搬运费

（4）仪器仪表使用费

是指通信、电子等设备安装工程所需安装、测试仪器、仪表摊销及维修费用。

（5）生产工具用具使用费

是指施工生产所需的不属于固定资产的生产工具及检验用具等的购置、摊销和维修费，以及支付给工人自备工具补贴费。

（6）检验试验费

是指对建筑材料、构件和建筑安装物进行一般鉴定、检查所发生的费用，包括自设试验室进行试验所耗用的材料和化学药品等费用，以及技术革新和研究试制试验费。

（7）特殊工种培训费

（8）工程定位复测、工程点交、场地清理等费用

（9）特殊地区施工增加费

是指铁路、公路、通信、输电、长距离输送管道等工程在原始森林、高原、沙漠等特殊地区施工增加的费用。

3．现场经费

是指为施工准备、组织施工生产和施工管理所需的费用，内容包括：

（1）临时设施费

是指施工企业为进行建筑安装工程施工所必需的生活和生产用的临时建筑物、构筑物和其他临时设施费用等。

临时设施包括：临时宿舍、文化福利及公用事业房屋与构筑物，仓库、办公室、加工厂以及规定范围内道路、水、电、管线等临时设施和小型临时设施。

临时设施费用的内容包括：临时设施的搭设、维修、拆除费或摊销费。

（2）现场管理费

现场管理费包括：

①现场管理人员的基本工资、工资性补贴、职工福利费、劳动保护费等。

②办公费

是指现场管理办公用的文具、纸张、帐表、印刷、邮电、书报、会议、水、电、烧水和集体取暖（包括现场临时宿舍取暖）用煤等费用。

③差旅交通费

是指职工因公出差期间的旅费、住勤补助费，市内交通费和误餐补助费，职工探亲路费，劳动力招募费，职工离退休、退职一次性路费，工伤人员就医路费，工地转移费以及现场管理使用的交通工具的油料、燃料、养路费及牌照费。

④固定资产使用费

是指现场管理及试验部门使用的属于固定资产的设备、仪器等的折旧、大修理、维修

费或租赁费等。

⑤工具用具使用费

是指现场管理使用的不属于固定资产的工具、器具、家具、交通工具和检验、试验、测绘、消防用具等的购置、维修和摊销费。

⑥保险费

是指施工管理用财产、车辆保险、高空、井下、海上作业等特殊工种安全保险等。

⑦工程保修费

是指工程竣工交付使用后，在规定保修期内的修理费用。

⑧工程排污费

是指施工现场按规定交纳的排污费用。

⑨其他费用。

（二）间接费

间接费由企业管理费、财务费和其他费用组成。

1．企业管理费

是指施工企业为组织施工生产经营活动所发生的管理费用，内容包括：

（1）管理人员基本工资、工资性补贴及按规定标准计提的职工福利费。

（2）差旅交通费

是指企业职工因公出差、工作调动的差旅费，住勤补助费，市内交通及误餐补助费，职工探亲路费，劳动力招募费，离退休职工一次性路费及交通工具油料、燃料、牌照、养路费等。

（3）办公费

是指企业办公用文具、纸张、帐表、印刷、邮电、书报、会议、水、电、燃煤（气）等费用。

（4）工具用具使用费

是指企业管理使用的不属于国家资产的工具、用具、家具、交通工具、检验、试验、消防等的摊销及维修费用。

（5）工会经费

是指企业按职工工资总额 2％计提的工会经费。

（6）职工教育经费

是指企业为职工学习先进技术和提高文化水平按职工工资总额的 1.5％计提的费用。

（7）劳动保险费

是指企业支付离退休职工的退休金（包括提取的离退休职工劳保统筹基金）、价格补贴、医药费、易地安家补助费、职工退职金、六个月以上的病假人员工资、职工死亡丧葬补助费、抚恤费，按规定支付给离休干部的各项费用。

（8）职工养老保险费及待业保险费

是指职工退休养老金的积累及按规定标准计取的职工待业保险费。

（9）保险费

是指企业财产保险、管理用车辆等保险费用。

（10）税金

是指企业按规定交纳的房产税、车船使用税、土地使用税、印花税及土地使用费等。

（11）其他

包括技术转让费、技术开发费、业务招待费、排污费、绿化费、广告费、公证费、法律顾问费、审计费、咨询费等。

2. 财务费用

是指企业为筹集资金而发生的各项费用，包括企业经营期间发生的短期贷款利息净支出、汇兑净损失、调剂外汇手续费、金融机构手续费，以及企业筹集资金发生的其他财务费用。

3. 其他费用

是指按规定支付工程造价（定额）管理部门的定额编制管理费及劳动定额管理部门的定额测定费，以及按有关部门规定支付的上级管理费。

（三）计划利润

是指按规定应计入建筑安装工程造价的利润。依据不同投资来源或工程类别实施差别利率。

（四）税金

税金是指国家税法规定的应计入建筑安装工程造价内的营业税、城市维护建设税及教育费附加。

第二节　建筑安装工程费用计算方法

一、建筑安装工程费用理论计算方法

根据第一章建筑安装工程预算编制原理中，计算工程造价的理论计算公式和建筑安装工程费用构成，可以确定以下建筑安装工程费用理论计算方法。

建筑安装工程费用（造价）理论计算方法，见表4-1。

建筑安装工程费用（造价）理论计算方法　　　　　　　　　　　表 4-1

序　号	费　用　项　目	计　　算　　式
（一）	定额直接费	Σ（分项工程量×预算定额基价）
（二）	其他直接费及现场经费	定额直接费×（其他直接费费率＋现场经费费率） 或： 定额人工费×（其他直接费费率＋现场经费费率）
（三）	间接费	［（一）＋（二）］×间接费费率 或： 定额人工费×间接费费率
（四）	计划利润	［（一）＋（二）＋（三）］×计划利润率 或： 定额人工费×计划利润率

序 号	费用项目	计 算 式
（五）	税 金	营业税＝［（一）＋（二）＋（三）＋（四）］× $\dfrac{\text{营业税率}}{1-\text{营业税率}}$ 城市维护建设税＝营业税×城市维护建设税税率 教育费附加＝营业税×教育费附加税率
（六）	工程造价	（一）＋（二）＋（三）＋（四）＋（五）

二、计算建筑安装工程费用的原则

定额直接费依据预算定额基价算出，具有很强的规范性。按照这一思路，对于其他直接费、现场经费、企业管理费、财务费用等计算也必须遵循其规范性，以保证建筑安装工程造价的社会必要劳动时间的水平。为此，主管部门对各项费用的计算作了明确的规定：

1. 建筑工程一般以定额直接费为基础计算各项费用；

2. 建筑装饰工程一般以定额人工费为基础计算各项费用；

3. 安装工程一般以定额人工费为基础计算各项费用；

4. 材料价差不能作为计算间接费等费用的基础。

上述规定根据以下几项原则制定：

首先要保证计算出的其他直接费、间接费等各项费用的水平具有稳定性。

其他直接费、间接费等费用是按一定的取费基础乘上规定的费率确定的。当费率选定以后，要求计算基础必须稳定，以定额直接费或定额人工费做为取费基础，具有相对稳定性，不管工程在使用定额的地区内的什么地方施工，不管由哪个施工单位施工，都能计算出水平较一致的其他直接费和间接费等费用。

其次是，以定额直接费作为取费基础，既考虑了人工消耗与管理费用的关系，又考虑了机械台班的消耗量对施工企业提高机械化水平的推动作用。

再者，由于建筑装饰工程、安装工程的材料、设备等由于设计的要求不同，使得材料费产生较大的变化，而定额人工费具有相对稳定性，再加上其他直接费、现场经费、间接费等费用与人员的管理幅度有直接联系，所以采用定额人工费作为取费基础较合理。

三、其他直接费和现场经费的计算

1. 以定额直接费为计算基础

$$\begin{matrix}\text{单位工程其他直}\\\text{接费及现场经费}\end{matrix}=\begin{matrix}\text{单位工程定}\\\text{额直接费}\end{matrix}\times\begin{matrix}\text{其他直接费费率及}\\\text{现场经费费率}\end{matrix} \tag{4-1}$$

式中 $\begin{matrix}\text{其他直接费费率}\\\text{及现场经费费率}\end{matrix}=\dfrac{\Sigma\begin{matrix}\text{典型工程其他直接}\\\text{费及现场经费开支}\end{matrix}}{\Sigma\text{典型工程定额直接费}}\times100\%$

2. 以定额人工费为计算基础

$$\begin{matrix}\text{单位工程其他直接}\\\text{费及现场经费}\end{matrix}=\begin{matrix}\text{单位工程定}\\\text{额人工费}\end{matrix}\times\begin{matrix}\text{其他直接费费率}\\\text{及现场经费费率}\end{matrix} \tag{4-2}$$

式中　$\dfrac{\text{其他直接费费率及}}{\text{现场经费费率}}=\dfrac{\sum \dfrac{\text{典型工程其他直接费}}{\text{及现场经费开支}}}{\sum \text{典型工程定额人工费}}\times 100\%$

四、企业管理费计算

1. 以定额直接费为计算基础

$$\dfrac{\text{单位工程企业}}{\text{管理费}}=\dfrac{\text{单位工程定}}{\text{额直接费}}\times \dfrac{\text{企业管理费}}{\text{费率}} \tag{4-3}$$

式中　$\dfrac{\text{企业管理}}{\text{费费率}}=\dfrac{\text{建安生产工人每人年均企业管理费开支}}{\dfrac{\text{全年有效}}{\text{施工天数}}\times \dfrac{\text{平均每一}}{\text{工日人工费}}\times \dfrac{\text{人工费占定额}}{\text{直接费百分比}}}\times 100\%$

2. 以定额人工费为计算基础

$$\dfrac{\text{单位工程企}}{\text{业管理费}}=\dfrac{\text{单位工程定}}{\text{额人工费}}\times \text{企业管理费费率} \tag{4-4}$$

式中　$\dfrac{\text{企业管理}}{\text{费费率}}=\dfrac{\text{建安生产工人每人每年平均企业管理费开支}}{\text{全年有效施工天数}\times\text{平均每一工日人工费}}\times 100\%$

五、税金计算

国家有关部委颁发的计算税金的具体规定为：

1. 从事建筑安装的纳税人，在取得营业收入后，以营业收入额为计算营业税的依据，税率为 3％。

营业收入＝直接工程费＋间接费＋计划利润＋税金

∵　税金＝（直接工程费＋间接费＋计划利润＋税金）×3％

∴　税金＝（直接工程费＋间接费＋计划利润）×3％＋税金×3％

移项：

税金－税金×3％＝（直接工程费＋间接费＋计划利润）×3％

税金×（1－3％）＝（直接工程费＋间接费＋计划利润）×3％

∴　税金＝（直接工程费＋间接费＋计划利润）$\times \dfrac{3\%}{1-3\%}$

故以直接工程费加间接费加计划利润为计算基础的营业税税率$=\dfrac{3\%}{1-3\%}=3.0928\%$。为了便于区别，设为：营业税税率′＝3.0928％。

2. 城市维护建设税以营业税额为计税依据。例如，当纳税人所在地为市区时，税率为 7％。

3. 教育费附加以营业税额为计税依据，税率为 2％。

六、建筑安装工程费用（造价）计算程序

建筑安装工程费用计算程序亦称建筑安装工程造价计算程序。

建筑安装工程费用计算程序一般由省、市、自治区工程造价主管部门结合本地区具体情况确定。

（一）建筑安装工程费用（造价）计算程序的拟定

拟定建筑安装工程费用计算程序主要有两个方面的工作：一是拟定费用项目和计算顺

序；二是拟定取费基础和各项费用的费率。

1. 建筑安装工程费用项目及其计算顺序的拟定。

各地区应参照国家主管部门规定的建筑安装工程费用项目和取费基础，结合本地区实际情况拟定计算顺序，并规定在本地区范围内使用的建筑安装工程费用计算程序表。

2. 费用计算基础和费率的拟定。

拟定建筑安装工程费用计算基础，必须遵守国家的有关规定，必须遵守确定工程造价的客观经济规律，使工程造价的计算较准确地反映本行业的生产力水平。

当取费基础确定以后，就可以根据有关资料测算出各项费用的费率，以满足计算工程造价的需要。

（二）建筑安装工程费用计算程序实例

某地区建筑安装工程费用计算程序，在国家规定费用项目的基础上重新组合了有关费用项目，列出了需单独计算的项目，这些增加的费用项目包括：

1. 单项材料价差调整；

2. 综合系数调整材料价差；

3. 施工图预算包干费；

4. 劳动保险费；

5. 远地施工增加费；

6. 施工队伍迁移费；

7. 定额管理费。

某地区建筑安装工程费用（造价）计算程序实例，见表 4-2。

建筑安装工程费用(造价) 计算程序实例　　　　　　　表 4-2

费用类别	序号	费用名称	计　算　式	
			以定额直接费为计算基础	以定额人工费为计算基础
直接工程费	（一）	定额直接费	Σ（分项工程量×定额基价）	Σ（分项工程量×定额基价）
	（二）	其他直接费	（一）×其他直接费费率	定额人工费×其他直接费费率
	（三）	现场经费	（一）×现场经费费率	定额人工费×现场经费费率
	（四）	单项材料价差调整	$\Sigma\left[\text{单位工程材料量}\times\left(\text{现行材料预算价格}-\text{定额材料单价}\right)\right]$	$\Sigma\left[\text{单位工程材料量}\times\left(\text{现行材料预算价格}-\text{定额材料单价}\right)\right]$
	（五）	综合系数调整材料价差	定额材料费×综调系数	定额材料费×综调系数
	（六）	施工图预算包干费	［（一）+（二）+（三）］×包干费费率	定额人工费×包干费费率

费用类别	序号	费用名称	计 算 式	
			以定额直接费为计算基础	以定额人工费为计算基础
间接费	(七)	企业管理费	[(一)+(二)+(三)]×企业管理费费率	定额人工费×企业管理费费率
	(八)	财务费用	[(一)+(二)+(三)]×财务费用费率	定额人工费×财务费用费率
	(九)	劳动保险费	[(一)+(二)+(三)]×劳动保险费费率	定额人工费×劳动保险费费率
	(十)	远地施工增加费	[(一)+(二)+(三)]×远地施工增加费费率	定额人工费×远地施工增加费费率
	(十一)	施工队伍迁移费	[(一)+(二)+(三)]×承包合同确定	定额人工费×承包合同确定
计划利润	(十二)	计划利润	[(一)+(二)+(三)+(七)~(十一)]×计划利润率	定额人工费×计划利润率
间接费	(十三)	定额管理费	[(一)~(十二)之和]×定额管理费率	[(一)~(十二)之和]×定额管理费率
税金	(十四)	营业税	[(一)~(十三)之和]×营业税率′	[(一)~(十三)之和]×营业税率′
	(十五)	城市维护建设税	(十四)×城市维护建设税税率	(十四)×城市维护建设税税率
	(十六)	教育费附加	(十四)×教育费附加税率	(十四)×教育费附加税率
总造价	(十七)	工程造价	(一)~(十六)之和	(一)~(十六)之和

七、确定计算建筑安装工程费用的条件

计算建筑安装工程费用，要根据工程类别和施工企业工程取费等级，确定计算基础和各项费率。

1. 建设工程类别划分

建设工程类别划分，见表 4-3a、表 4-3b。

建设工程类别划分表（一）　　　　　　　　　　　　表 4-3a

一、建筑工程

一类工程	①檐口高度 21m 以上或跨度 24m 以上的单层工业厂房；檐口高度 24m 以上或建筑面积 8000m² 以上的多层工业厂房 ②单炉蒸发量 10t/h 以上或蒸发量 30t/h 以上的锅炉房 ③层数 15 层以上或檐口高度 45m 以上的多层建筑 ④跨度 36m 以上的钢网架、悬索、薄壳屋盖建筑 ⑤建筑面积 8000m² 以上的公共建筑，10000 座位以上的体育场 ⑥高度 100m 以上的烟囱；高度 40 米以上或容积 100m³ 以上的水塔；容积 2500m³ 以上的池类

二类工程	①檐口高度 15m 以上或跨度 18m 以上的单层工业厂房；檐口高度 18m 以上或建筑面积 5000m² 以上的多层工业厂房 ②单炉蒸发量 6.5t/h 以上或蒸发量 20t/h 以上的锅炉房 ③层数 10 层以上或檐口高度 30m 以上的多层建筑 ④跨度 36m 以上的钢网架、悬索、薄壳屋盖建筑 ⑤建筑面积 5000m² 以上的公共建筑，10000 座位以上的体育场 ⑥高度 60m 以上的烟囱；高度 30m 以上或容积 50m³ 以上的水塔；容积 1500m³ 以上的池类；栈桥，钢筋混凝土的贮仓、料斗
三类工程	①檐口高度 12m 以上或跨度 15m 以上的单层工业厂房；檐口高度 12m 以上或建筑面积 3000m² 以上的多层工业厂房 ②单炉蒸发量 4t/h 以上或蒸发量 10t/h 以上的锅炉房 ③层数 7 层以上或檐口高度 21m 以上的多层建筑 ④建筑面积 3000m² 以上的公共建筑 ⑤高度 30m 以上的烟囱；高度 30m 以下或容积 50m³ 以下的水塔；容积 800m³ 以上的池类、混凝土挡土墙 ⑥别墅
四类工程	①檐口高度 9m 以上或跨度 9m 以上的单层工业厂房；檐口高度 9m 以上或建筑面积 2000m² 以上的多层工业厂房 ②单炉蒸发量 4t/h 以内或蒸发量 10t/h 以内的锅炉房 ③层数 4 层以上或檐口高度 12m 以上的多层建筑 ④建筑面积 2000m² 以上的公共建筑 ⑤高度 20m 以上的烟囱；容积 400m³ 以上的池类、砌体挡土墙
五类工程	①檐口高度 9m 以内或跨度 9m 以内的单层工业厂房；檐口高度 9m 以内或建筑面积 2000m² 以内的工业厂房 ②层数 4 层以内或檐口高度 12m 以内的建筑 ③建筑面积 2000m² 以内的非工业建筑 ④高度 20m 以内的烟囱；容积 400m³ 以内的池类

注：1. 跨度：指按设计图标注的相邻两纵向定位轴线的距离，多跨厂房和仓库按主跨划分。

2. 檐口高度：指按室外地坪标高至檐口滴水的垂直距离。平顶屋有天沟的算至天沟板底，无天沟的算至屋面板底，多跨厂房或仓库按主跨划分。

3. 层数：指建筑分层数。

4. 面积：指单位工程的建筑面积。

5. 公共建筑：

①礼堂、会堂、影剧院、俱乐部、音乐厅、报告厅、排演厅、文化宫、青少年宫。

②图书馆、博物馆、美术馆、档案馆、纪念馆、体育馆。

③城市火车站，汽车站的客运楼、机场候机楼、航运站客运楼。

④科学实验研究楼、医疗技术楼、门诊楼、住院楼、邮电通讯楼、大专院校教学楼、电教楼、试验楼。

⑤综合商业服务大楼、多层商场、贸易科技中心大楼、食堂、浴室、展销大厅。

6. 冷库工程和建筑物有声、光、超净、恒温、恒湿、无菌等特殊要求者一律按相应类别的上一类取费。

7. 工程类别划分表中，如遇几个类别均符合条件者，只要有一条件符合表中高类别工程，则按高类别划定。

8. 工程分类均按单位工程划分，内部设施、相连裙房及附属于单位工程的零星工程（如化粪池、排水、污沟等），如为同一企业施工，应并入该单位工程一并划类。

三、安装工程

一类工程	①一类建筑工程的附属设备、照明、采暖、通风、给排水、煤气安装工程 ②各类工业设备安装及车间内工艺管道工程，非标准设备工程，单炉蒸发量 10t/h 及以上的锅炉安装及相应的管道、设备安装工程，专业筑炉工程 ③6kV 以上的架空线路敷设工程，220kV 以上的变配电、线路安装工程 ④与上述安装工程相配套的控制线路、仪器、仪表、管道和金属结构工程
二类工程	①二类建筑工程的附属设备、照明、采暖、通风、给排水、煤气安装工程 ②单炉蒸发量 6.5t/h 及以上的锅炉安装及相应的管道设备安装工程，一般筑炉工程 ③6kV 以下的架空线路敷设工程，220kV 以下的变配电、线路安装工程 ④与上述安装工程相配套的控制线路、仪器、仪表、管道和金属结构工程
三类工程	①三类建筑工程的附属设备、照明、给排水、煤气安装工程和三类及以下建筑工程的采暖、通风工程 ②单炉蒸发量 6.5t/h 以内的锅炉安装及相应的管道设备安装工程 ③与上述安装工程相配套的控制线路、仪器、仪表、管道和金属结构工程
四类工程	四类建筑工程的附属设备、照明、给排水、煤气安装工程
五类工程	五类建筑工程的附属设备、照明、给排水、煤气安装工程

2. 施工企业工程取费级别评审条件

施工企业工程取费级别评审条件，见表 4-4。

施工企业工程取费级别评审条件　　　　　　表 4-4

一级取费	1. 企业具有一级（全民）资质证书 2. 企业近五年来承担过两个以上一类工程 3. 企业参加了社会劳保统筹，退（离）休职工人数占在册职工人数 30%以上
二级取费	1. 企业具有一级（集体）或二级（全民）资质证书 2. 企业近五年来承担过二类及其以上工程 3. 企业参加了社会劳保统筹，退（离）休职工人数占在册职工人数 25%以上
三级取费	1. 企业具有二级（集体）或三级（全民）资质证书 2. 企业近五年来承担过三类及其以上工程 3. 企业参加了社会劳保统筹，退（离）休职工人数占在册职工人数 20%以上
四级取费	1. 企业具有三级（集体）或四级（全民）资质证书 2. 企业近五年来承担过四类及其以上工程 3. 企业参加了社会劳保统筹，退（离）休职工人数占在册职工人数 10%以上

五级取费	1. 企业具有四级以下资质证书 2. 企业近五年来承担过五类及其以上工程 3. 企业参加了社会劳保统筹，退（离）休职工人数占在册职工人数 5% 以上
说明	1. 本标准只作为施工企业计取财务费用、施工利润、技术装备费、劳动保险费等的依据，不作为各级施工企业的营业范围 2. 成立二十五年以上的老集体企业比照全民企业评审，成立十五年以下的预算外地方全民企业比照集体企业评审。其它性质的施工企业参照本标准评审 3. 凡不符合本条件的二、三条者，按下一级核定 4. 本标准中"××以上"不包括"××"本身，"××以下"包括"××"本身

八、建筑安装工程费用费率实例

1. 某地区其他直接费、现场经费标准，见表 4-5。

其他直接费、现场经费标准　　　　　　表 4-5

工程类	工程类型	计算基础	其他直接费（%）	现场经费（%）			合计（%）
				临时设施费	现场管理费	小计（%）	
建筑工程	一类	定额直接费	6.56	3.00	3.65	6.65	13.21
	二类	定额直接费	5.91	2.80	3.40	6.20	12.11
	三类	定额直接费	4.88	2.60	3.02	5.62	10.50
	四类	定额直接费	3.84	2.40	2.66	5.06	8.90
	五类	定额直接费	3.46	2.20	2.39	4.59	8.05
安装工程	一类	定额人工费	42.43	20.47	26.95	47.42	89.85
	二类	定额人工费	38.18	18.90	25.14	44.04	82.22
	三类	定额人工费	32.29	17.33	21.13	38.46	70.75
	四类	定额人工费	24.17	15.75	19.04	34.79	58.96
	五类	定额人工费	21.72	14.18	16.88	31.06	52.78

2. 某地区企业管理费标准，见表 4-6。

工 程 类 型	工 程 类 别	计 算 基 础	企业管理费费率（%）
建筑工程	一类工程	直接工程费	7.55
	二类工程	直接工程费	7.00
	三类工程	直接工程费	6.06
	四类工程	直接工程费	5.32
	五类工程	直接工程费	4.55
安装工程	一类工程	定额人工费	50.62
	二类工程	定额人工费	46.43
	三类工程	定额人工费	39.66
	四类工程	定额人工费	34.28
	五类工程	定额人工费	29.11

3. 某地区财务费用标准，见表 4-7。

取费级别	财 务 费 用			
	计算基础	财务费率（%）	计算基础	财务费率（%）
一级取费	直接工程费	1.24	定额人工费	8.34
二级取费	直接工程费	1.09	定额人工费	7.25
三级取费	直接工程费	0.92	定额人工费	6.04
四级取费	直接工程费	0.75	定额人工费	4.83
五级取费	直接工程费	0.57	定额人工费	3.63

4. 某地区远地施工增加费标准，见表 4-8。

项 目	计 算 基 础	远地施工增加费 （每增加 25km）
建筑工程	直接工程费	0.2～0.4
安装工程	定额人工费	0.2～4.0

注：1. 远地施工增加费，是指施工单位离公司和固定性工程处（工区）基地（办公地点）25km 以外承担施工任务时，可增收远地施工增加费用。其范围包括需增加的职工差旅费、探亲费、电报和电话费、生活用车和中小型机械设备、周转材料、工具用具的运输费。

2. 远地施工增加费定额收取标准，作为指导性标准，其具体工程项目收取与否及标准由甲乙双方根据指导性标准，在承包合同中明确。

5. 某地区劳动保险费标准，见表4-9。

取费级别	劳 动 保 险 费 标 准			
	计算基础	劳动保险费费率（%）	计算基础	劳动保险费费率（%）
一级取费	直接工程费	3.5～4.2	定额人工费	29.5～34.6
二级取费	直接工程费	2.8～3.5	定额人工费	23.6～29.5
三级取费	直接工程费	2.0～2.8	定额人工费	16.8～23.6
四级取费	直接工程费	1.2～2.0	定额人工费	10.1～16.8
五级取费	直接工程费	0.5～1.2	定额人工费	4.20～10.1

6. 某地区施工队伍迁移费标准，见表4-10。

项　　目	计 算 基 础	施工队伍迁移费费率（%）（每增加25km）
建筑工程	直接工程费	0.4～0.6
安装工程	定额人工费	4.0～6.0

7. 某地区计划利润标准，见表4-11。

取费级别		计算基础	计划利润 %	其　中		计算基础	计划利润 %	其　中	
				施工利润 %	技术装备费 %			施工利润 %	技术装备费 %
一级取费	I	直接工程费＋间接费	10.0	4.6	5.4	人工费	85	39	46
	II	直接工程费＋间接费	8.5	3.9	4.6	人工费	72	33	39
	III	直接工程费＋间接费	7.0	3.2	3.8	人工费	60	28	32
二级取费	I	直接工程费＋间接费	8.0	3.7	4.3	人工费	68	31	37
	II	直接工程费＋间接费	6.5	3.0	3.5	人工费	55	25	30
	III	直接工程费＋间接费	5.0	2.3	2.7	人工费	43	20	23
三级取费	I	直接工程费＋间接费	6.0	2.8	3.2	人工费	51	23	28
	II	直接工程费＋间接费	5.0	2.3	2.7	人工费	43	20	23
	III	直接工程费＋间接费	4.0	1.8	2.2	人工费	34	16	18
四级取费	I	直接工程费＋间接费	4.0	1.8	2.2	人工费	34	16	18
	II	直接工程费＋间接费	3.0	1.4	1.6	人工费	26	12	14
五级取费	I	直接工程费＋间接费	2.5	1.2	1.3	人工费	21	10	11
	II	直接工程费＋间接费	2.0	0.9	1.1	人工费	17	8	9

8. 某地区其他费用标准，见表4-12。

其他费用标准
表 4-12

费用名称	工程类型	计算基础	费率（%）
施工图预算包干费	建筑工程	定额直接费	1.5%
	安装工程	定额人工费	15%
定额管理费	建筑、安装工程	除税金以外的工程造价	1.8‰

第三节　建筑安装工程费用计算实例

一、建筑工程实例

某单位综合楼工程由一级取费证施工企业施工，根据下列条件计算该工程的工程造价。

有关条件：

(1) 建筑层数：12层（二类工程）；

(2) 施工企业取费证等级：一级取费；

(3) 定额直接费：6 184 800 元

其中：定额人工费　912 720 元

　　　定额材料费　4 777 296 元

　　　定额机械费　494 784 元；

(4) 单项材料价差：800 000 元；

(5) 施工地点离施工单位基地 35km；

(6) 合同规定，收取施工图预算包干费；

(7) 调整材料价差综合系数 1.08%。

【解】

根据上述条件查各费率表得：

查表4-5得：其他直接费费率　5.91%

　　　　　　现场经费费率　6.20%

查表4-6得：企业管理费费率　7%

查表4-7得：财务费用费率　1%

查表4-8得：远地施工增加费费率　0.4%（取上限）

查表4-9得：劳动保险费费率　4.2%（取上限）

查表4-11得：计划利润率　10%（取上限）

查表4-12得：施工图预算包干费费率　1.5%

　　　　　　定额管理费费率　1.8‰

营业税税率：3 0928%

城市维护建设税税率　7%

教育费附加税率　2%

127

综合楼工程造价计算，见表 4-13（根据表 4-2 造价计算程序计算）。

某综合楼工程造价计算表 表 4-13

序 号	费 用 名 称	计 算 式	金额（元）
（一）	定额直接费	详例题	6 184 800
（二）	其他直接费	6 184 800.00×5.91%	365 521.68
（三）	现场经费	6 184 800.00×6.20%	383 457.60
（四）	单项材料价差调整	详例1	800 000.00
（五）	综合系数调整材料价差	4 777 296×1.08%	51 594.80
（六）	施工图预算包干费	6 933 779.28×1.5%	104 006.69
（七）	企业管理费	6 933 779.28×7%	485 364.55
（八）	财务费用	6 933 779.28×1.24%	85 978.86
（九）	劳动保险费	6 933 779.28×4.20%	291 218.73
（十）	远地施工增加费	6 933 779.28×0.4%	27 735.12
（十一）	施工队伍迁移费	—	—
（十二）	计划利润	7 824 076.54×10%	782 407.65
（十三）	定额管理费	9 562 085.68×1.8‰	17 211.75
（十四）	营业税	9 579 297.43×3.092 8%	296 268.51
（十五）	城市维护建设税	2 96 268.51×7%	20 738.80
（十六）	教育费附加	2 96 268.51×2%	5 925.37
（十七）	工程造价		9 902 230.11

二、安装工程实例

根据下列资料计算某宾馆电照安装工程造价：

（1）工程名称：××宾馆电照安装工程；

（2）工程类别：五类工程；

（3）施工企业取费证等级：四级取费；

（4）定额直接费：8 299.11 元；

其中：定额人工费　3 304.36 元

　　　计价材料费　4 606.21 元

　　　定额机械费　388.54 元；

（5）未计价材料费：35 845.64 元；

（6）按文件规定，计价材料调增 1.78%；

（7）施工地点距施工单位基地 40km；

（8）按合同规定，收取施工图预算包干费；

（9）各项费率查表 4-5～表 4-12 中数据。

【解】　根据上述条件查费率表：

查表 4-5 得：其他直接费费率　21.72%

　　　　　　现场经费费率　31.06%

查表 4-6 得：企业管理费费率　29.11%

查表 4-7 得：财务费用费率　4.83%

查表 4-8 得：远地施工增加费费率　4%（取上限）

查表 4-9 得：劳动保险费费率　16.8%（取上限）

查表 4-11 得：计划利润率　34%（取上限）

查表 4-12 得：施工图预算包干费费率　15%

　　　　　　　定额管理费费率　1.8‰

营业税率'：3.0928%

城市建设维护税税率：7%

教育费附加税率：2%。

某宾馆电照安装工程造价计算，见表 4-14（根据表 4-2 造价计算程序计算）。

某宾馆电照安装工程造价计算表　　　　　　　　表 4-14

序　号	费 用 名 称	计 算 式	金额（元）
（一）	定额直接费	见例题	8 299.11
（二）	其他直接费	3 304.36×21.72%	717.71
（三）	现场经费	3 304.36×31.06%	1 026.33
（四）	未计价材料费	见例题	35 845.64
（五）	计价材料价差调整	4 606.21×1.78%	58.82
（六）	施工图预算包干费	3 304.36×15%	495.65
（七）	企业管理费	3 304.36×29.11%	961.90
（八）	财务费用	3 304.36×4.83%	159.60
（九）	劳动保险费	3 304.36×16.8%	555.13
（十）	远地施工增加费	3 304.36×4%	132.17
（十一）	施工队伍迁移费	—	—
（十二）	计划利润	3 304.36×34%	1 123.48
（十三）	定额管理费	49 375.54×1.8‰	88.88
（十四）	营业税	49 464.42×3.0928%	1 529.84
（十五）	城市维护建设税	1 529.84×7%	107.09
（十六）	教育费附加	1 529.84×2%	30.60
（十七）	工程造价	（一）～（十六）之和	51 131.95

本 章 小 结

建筑安装工程费用的组成，不仅有理论上的依据，而且还有实用上的要求。只有从理论上弄清楚建筑安装工程费用组成的基本原理，才能更好地应用各地区具体规定的工程造价计算程序，正确计算工程造价。

计算间接费的模式，一般有以下几种：

（1）以人工费为基础；

（2）以直接费为基础。

间接费率的大小，一般按工程类别和取费等级来划分。

不管采用什么样的取费模式，用什么费率计算间接费和其他费用，其基本目的就是一个，即用施工图预算这种特殊的定价方式，合理确定建筑安装工程造价。

复 习 思 考 题

1. 建筑安装工程费用由哪些费用组成？

2. 计取企业管理费有哪几种方法？

3. 叙述建筑安装工程费用计算程序。

4. 工程造价中为什么要包含计划利润和税金？

5. 根据所在地区的有关规定，分别列出建筑工程费用计算程序和安装工程费用计算程序。

第五章　建筑工程施工图预算的编制

建筑工程施工图预算，是确定建筑工程的预算造价以及工料消耗的文件。它是建筑安装工程施工图预算的一个组成部分。编制建筑工程施工图预算，就是根据经过会审的施工图纸及施工组织设计，按照当地现行预算定额（或单位估价表），逐项计算分项工程量，并套用预算单价计算定额直接费、工料用量并汇总，再根据当地现行取费标准计算其他直接工程费、间接费、利润、税金，以及总造价和单位造价，写编制说明，装订成册的过程。

第一节　建筑工程施工图预算的编制依据及作用

一、编制依据

（一）施工图纸、有关标准图、图纸会审记录

施工图预算的工程量计算是根据施工图、相关标准图及图纸会审记录进行的，所以施工图纸、相关标准图及图纸会审记录是编制施工图预算的重要依据。

（二）预算定额（或单位估价表）

预算定额系指当地现行的预算定额，预算定额中一般都有工程量计算规则。它是计算工程量、计算定额直接费和工料的重要依据。

（三）施工组织设计（或施工方案）

施工组织设计（或施工方案）是确定单位工程进度计划、施工方法或主要技术措施以及施工现场平面布置等内容的文件。在计算工程量时，施工图纸未确定的内容如：土方工程的施工方法、运距、放坡或支挡土板；基础垫层是否支模；钢筋混凝土构件、木构件、金属构件是在现场加工还是在加工厂加工、运距多远；等等，都要根据施工组织（或施工方案）进行计算。

（四）现行材料预算价格、取费标准

定额直接费是根据预算定额或单位估价表计算的，预算定额或单位估价表中的材料价格系相对固定的，在施工图预算编制的时候材料价格有可能发生了变化，这就得根据施工图预算编制时候的材料价格进行调整。定额直接费算出后，其他直接费以及间接费等的计取要依据当地现行的取费标准进行计算。

（五）工程合同或协议

通常要根据工程合同或协议计取间接费或其他费用等。

（六）预算工作手册

预算工作手册属于工具书，手册中有常用数据（如钢筋混凝土标准构件体积和钢筋用量；砖基础大放脚增加面积等）、计算公式和工程量计算系数等，查用手册可加快工程量的计算速度。

二、建筑工程施工图预算的作用

经审批的施工图预算具有以下几方面的作用。

（1）是确定建筑产品预算造价的文件。

（2）是建设单位与施工单位签订工程承包合同的依据。

（3）是建设单位与施工单位办理拨款和工程竣工结算的依据。

（4）是施工企业编制劳动力计划、材料需用量计划、统计完成工作量和考核工程成本的依据。

第二节　建筑面积计算

建筑面积亦称"建筑展开面积"，它是指房屋建筑各层面积的总和。建筑面积是计算平米指标（即每平方米建筑面积的技术经济指标）和脚手架工程等工程量的重要依据。建筑面积计算规则如下：

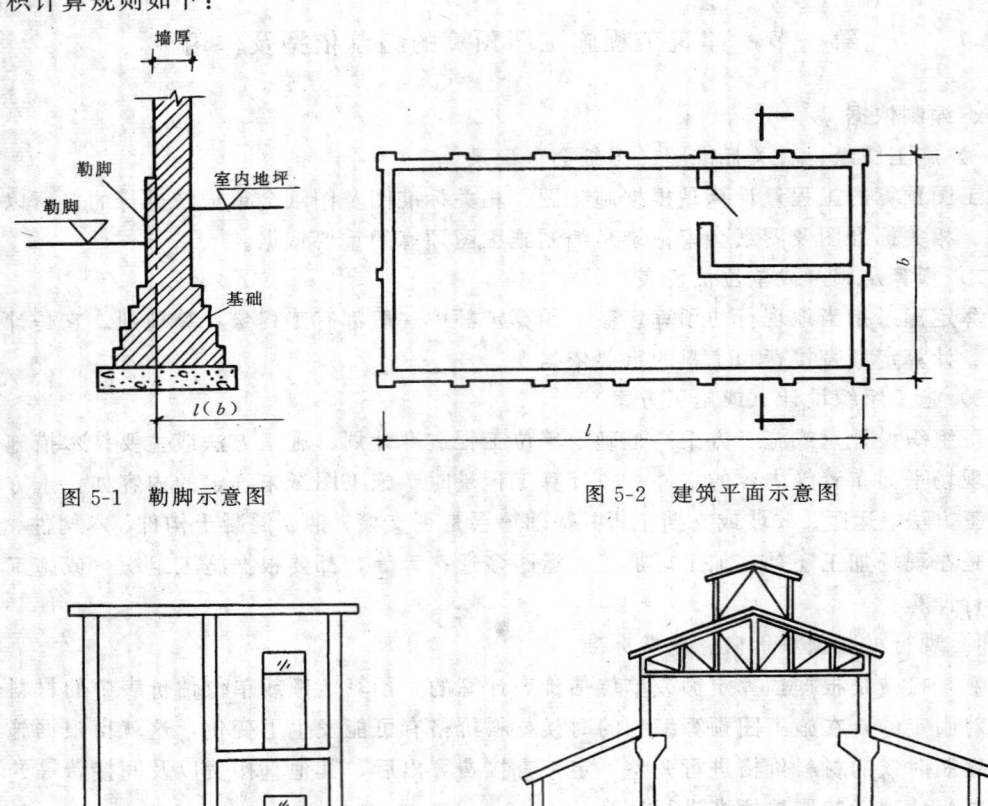

图 5-1　勒脚示意图　　　　　　　　图 5-2　建筑平面示意图

图 5-3　建筑剖面示意图　　　　　　图 5-4　高低联跨厂房示意图

132

（1）单层建筑物不论其高度如何均按一层计算，其建筑面积按建筑物外墙勒脚以上的外围水平面积计算。单层建筑物内如带有部分楼隔层者，亦应计算建筑面积，见图5-1、图5-2、图5-3。

（2）高低联跨的单层建筑物，如需分别计算建筑面积时，高低联跨相邻部分以高跨柱外边线为分界线，见图5-4。

（3）多层建筑物的建筑面积按各层的建筑面积的总和计算，其底层按建筑物外墙勒脚以上外围水平面积计算；二层及二层以上按外墙外围水平面积计算。

（4）地下室、半地下室、地下车间、仓库、商店、地下指挥部等及相应出入口的建筑面积按其外墙上口（不包括采光井、防潮层及其保护墙）外围的水平面积计算，见图5-5。

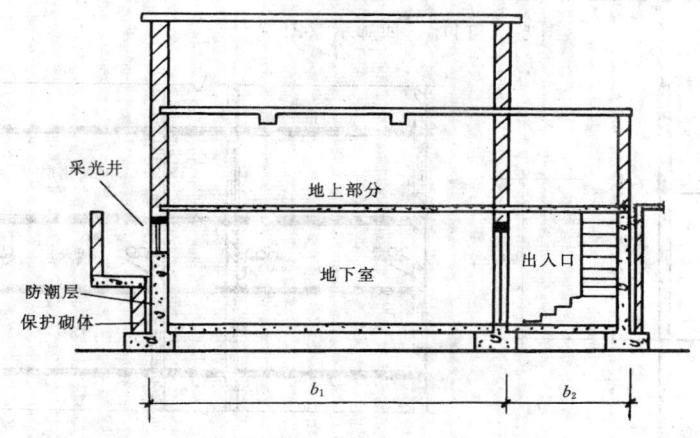

图 5-5　地下室示意图

（5）加以利用的深基础地下架空层，层高超过2.2m者，按围护结构外围水平面积的一半计算建筑面积。层高未超过2.2m者不计算建筑面积，见图5-6。

（6）穿过建筑物的通道、建筑物内的门厅、大厅不论其高度如何，均按一层计算建筑面积；门厅、大厅内回廊部分按其水平投影面积计算建筑面积，见图5-7、5-8。

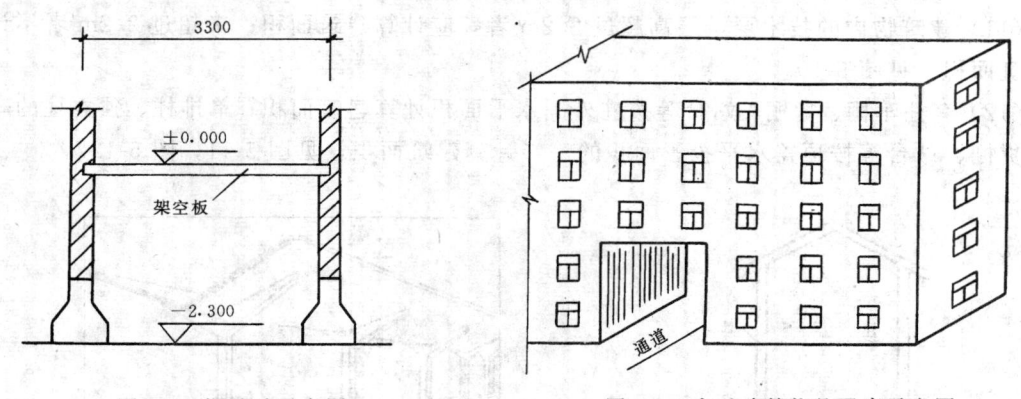

图 5-6　深基础示意图　　　　　　图 5-7　穿过建筑物的通廊示意图

（7）坡地建筑物利用吊脚作架空层加以利用且层高额过2.2m的，按其围护结构外围水平面积计算建筑面积。未超过2.2m的不计算建筑面积，见图5-9。

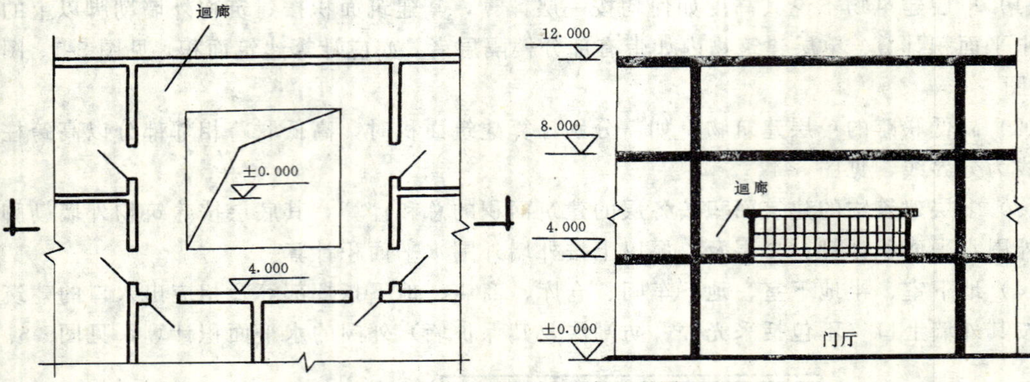

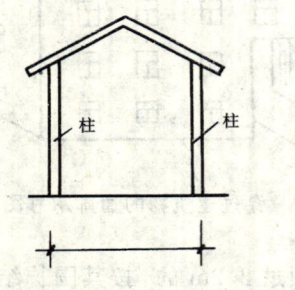

图 5-8 门厅、回廊示意图

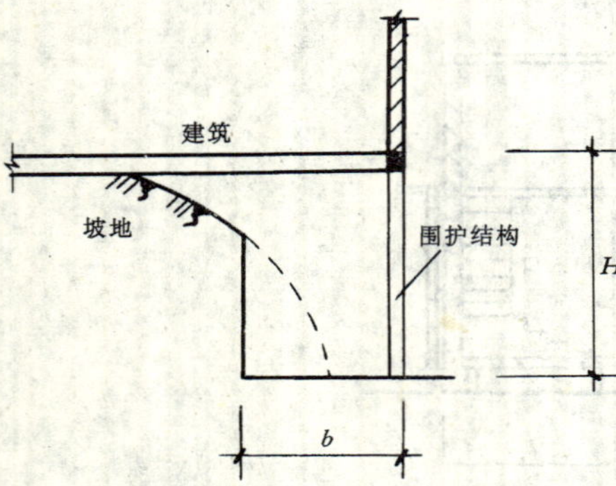

图 5-9 坡地建筑示意图

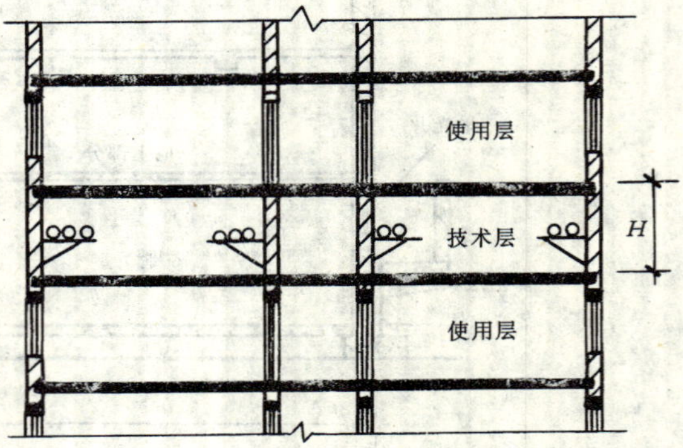

图 5-10 技术层示意图

（8）图书馆的书库按书架层计算建筑面积。书架层系指搁放书架的层数，不是指书架上放置书籍的层数。

（9）电梯井、提物井、垃圾道、管道井等均按建筑物自然层计算建筑面积。

（10）舞台灯光控制室按围护结构外围水平面积乘以实际自然层数计算建筑面积。

（11）建筑物内的技术层，层高超过 2.2m 者，应计算建筑面积；未超过 2.2m 者不计算建筑面积，见图 5-10。

（12）有柱车棚、货棚、站台等按柱外围水平面积计算建筑面积；单排柱、独立柱的车棚、货棚、站台等按顶盖水平投影面积的一半计算建筑面积，见图 5-11，图 5-12。

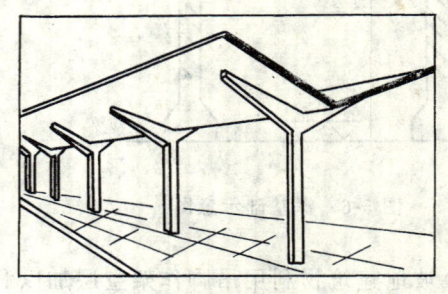

图 5-11　有柱货棚、站台

图 5-12　单排柱货棚、站台示意图

（13）有柱雨篷按柱外围水平面积计算建筑面积；独立柱雨篷按顶盖水平面积的一半计算建筑面积；无柱雨篷不计算建筑面积，见图5-13、图5-14。

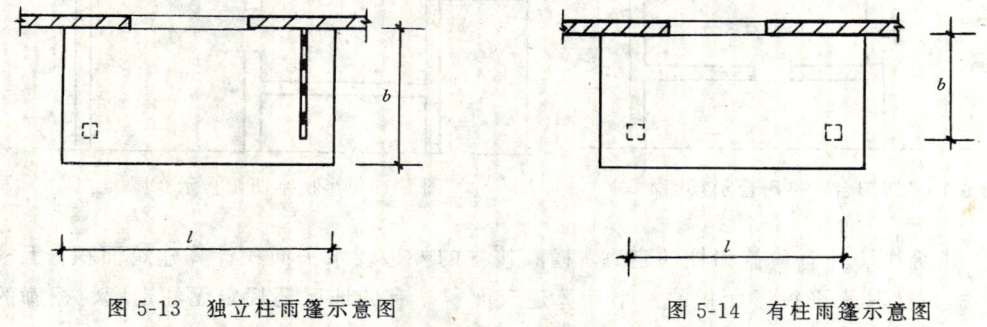

图5-13　独立柱雨篷示意图　　　　　　　　图5-14　有柱雨篷示意图

（14）突出屋面有围护结构的楼梯间、水箱间、电梯机房等按围护结构外围水平投影面积计算建筑面积。无围护结构的水箱间不计算建筑面积，见图5-15。

（15）突出墙外的门斗按围护结构外围水平面积计算建筑面积；无围护结构的门斗不计算建筑面积，见图5-16。

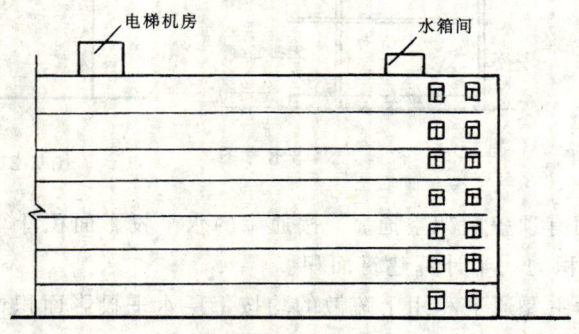

图5-15　水箱间、电梯机房示意图

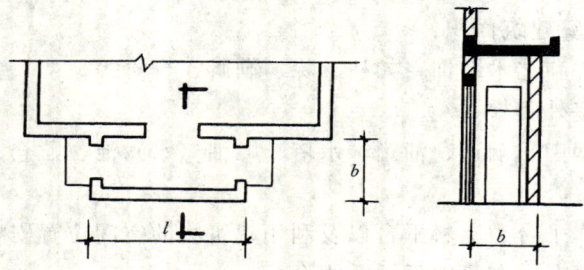

图5-16　门斗示意图

（16）挑廊、封闭式阳台、凹阳台按其水平投影面积计算建筑面积；挑阳台按其水平投影面积的一半计算建筑面积。半挑半凹阳台以外墙外皮为分界线，按凹阳台和挑阳台分别计算建筑面积。三面有墙者称凹阳台，两面或一面有墙者均称挑阳台，阳台栏杆上部装窗者称封闭式阳台，见图5-17、图5-18、图5-19。

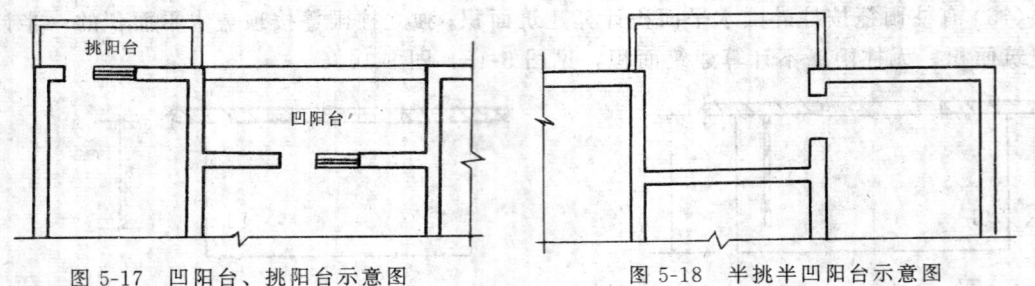

图 5-17　凹阳台、挑阳台示意图　　　　　图 5-18　半挑半凹阳台示意图

（17）建筑物墙外有顶盖和柱的走廊、檐廊按柱的外边线水平面积计算建筑面积；无柱的走廊、檐廊按其水平投影面积的一半计算建筑面积。有的地区还规定无柱走廊、檐廊的阶沿大于 40cm 才按一半计算建筑面积，否则不计算建筑面积，见图 5-20、图 5-21。

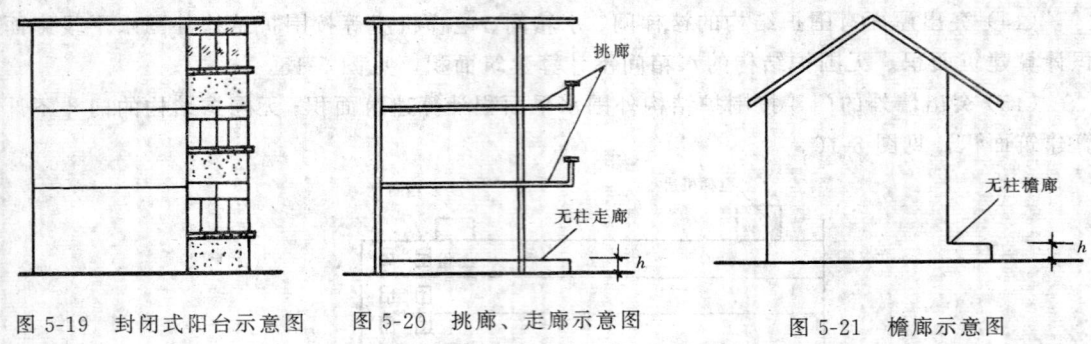

图 5-19　封闭式阳台示意图　　　图 5-20　挑廊、走廊示意图　　　图 5-21　檐廊示意图

（18）两个建筑物间有顶盖的架空通廊，按通廊的水平投影面积计算建筑面积；无顶盖的架空通廊按其投影面积的一半计算建筑面积。

（19）室外楼梯作为主要通道和用于疏散的均按每层水平投影面积计算建筑面积；室内有楼梯者，室外楼梯按其水平投影面积的一半计算建筑面积。

（20）跨越其他建筑物、构筑物的高架单层建筑物，按其水平投影面积计算建筑面积，多层者按多层计算。

（21）下列情况不计算建筑面积：

①突出墙面的构配件和艺术装饰，如柱、垛、勒脚、台阶等；

②检修、消防用的室外爬梯；

③构筑物，如独立烟囱、烟道、油罐、水塔、贮油（水）池、贮仓、圆库、地下人防干支线等；

④建筑物内外的操作平台、上料平台以及利用建筑物的空间位置安置箱罐的平台；

⑤舞台及台后悬挂幕布、布景的天桥、挑台；

⑥单层建筑物内分隔的操作间、控制间、仪表间等单层房间。

建筑面积计算举例见本章第七节表 5-29 "建筑面积" 项。

第三节　工程量计算

工程量是指用物理计量单位或自然计量单位表示的分项工程的实物数量。物理计量单位系指需经量度的具有物理属性的单位，如"长度"、"面积"、"体积"、"重量"等的单位。自然计量单位系指勿需量度的具有自然属性的单位，如"个"、"台"、"组"等单位。

计算工程量，就是根据施工图和预算定额的项目划分及工程量计算规则，列出所算项目名称（即分项工程名称）、列出计算式，最后计算出结果的过程。工程量计算的结果，除钢构件以吨为单位保留三位小数、土方以立方米为单位可保留整数以外，其余工程量均可保留两位小数。

一、工程量计算基本原则

计算工程量应注意下列三项基本原则：

（一）口径一致

所算分项工程项目的工程内容，必须同预算定额中相应项目的工程内容一致，以便准确套用预算定额。如镶贴面层项目，定额项目内除包括镶贴面层的工料外，还包括了粘结层的工料，即是说粘结层不得另行计算。这就要求预算人员必须熟悉定额的基本组成和所包括的工程内容。

（二）单位一致

指工程量的计量单位必须与定额相应项目的单位一致，否则无法套用定额。如水磨石地面的定额计量单位是 $100m^2$，则在计算工程量时必须以平方米计算。

（三）规则一致

指在计算工程量时，必须遵循工程量计算规则，否则将是错误的。工程量计算规则与预算定额的内容组成是相呼应的，如内墙面抹灰工程量计算规则规定："……应扣除门窗框外围和空圈所占的面积，不扣除踢脚线、挂镜线、$0.3m^2$ 以内的孔洞和墙与梁头交接处的面积，但门窗洞口、空圈侧壁和顶面也不增加"，为简化工程量计算，内墙面抹灰定额已对踢脚线等作了综合考虑，定出了上述计算规则。若不按所规定计算，既麻烦又不正确。

下面分别介绍工程量的主要计算规则和方法。

二、土石方工程

土方工程量计算主要包括平整场地、挖土、回填土和运土四部分内容。

（一）平整场地

平整场地是指厚度在 ±30cm 以内的就地挖、填、找平，见图 5-22。

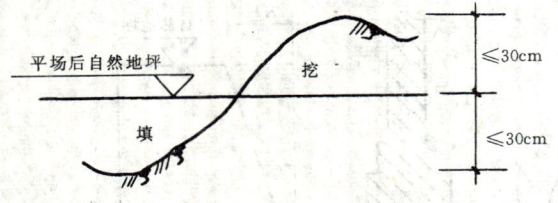

图 5-22 平整场地示意图

平整场地工程量以建筑物（或构筑物）底面积的外边线每边各加 2m 按面积以平方米计算见图 5-23。计算公式为：

$$S_平 = S_底 + 2L_外 + 16 \tag{5-1}$$

137

式中 $S_平$——平整场地工程量；

$\quad\quad S_底$——底层面积；

$\quad\quad L_外$——外墙外边线长。

公式适用于任何由矩形直交组合而成的建筑物或构筑物的场地平整工程量计算。

例见本章第七节表 5-29 "工程量计算表"序 53。

（二）挖土

挖土包括挖土方（即平基）、挖地槽、挖地坑，三者的概念区别，见表 5-1。

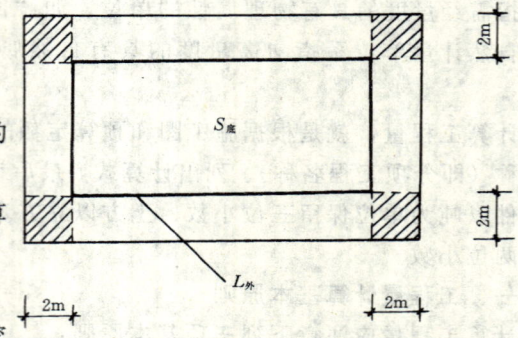

图 5-23 平整场地计算示意图

表 5-1

土方名称	概　念　（区　别）
挖 地 槽	槽长＞3 倍槽宽，且槽宽≤3m
挖 地 坑	槽长≤3 倍槽宽，且坑底面积≥20m²
挖土方（平基）	槽宽＞3m 或坑底面积＞20m² 或±30cm 以上的场地平整（即竖向布置挖土）

注：表中槽宽、坑底面积均不含工作面。

1. 挖地槽（沟）

地槽系指墙基下地槽，地沟系指管道沟。工程量按体积以立方米计算，按挖土深度不同分别执行相应的地槽、地坑定额。

（1）地槽

①放坡地槽（图 5-24）计算公式

$$V = (a + 2C + KH)HL \tag{5-2}$$

式中 a——基础垫层宽度（m）；

$\quad\quad C$——预留工作面（m）；

$\quad\quad K$——放坡系数；

$\quad\quad H$——挖土深度（m）；

$\quad\quad L$——槽底长度（m）。

②支挡土板地槽（图 5-25）计算公式

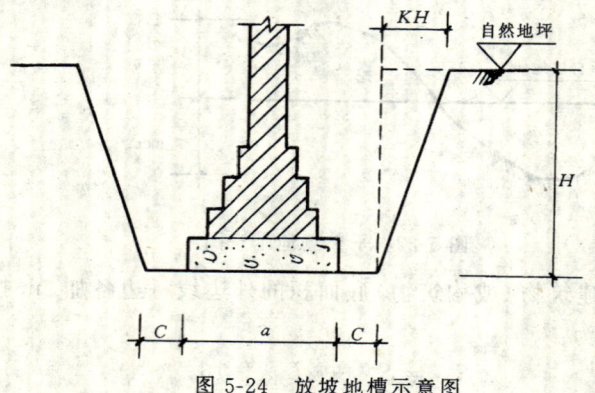

图 5-24　放坡地槽示意图

138

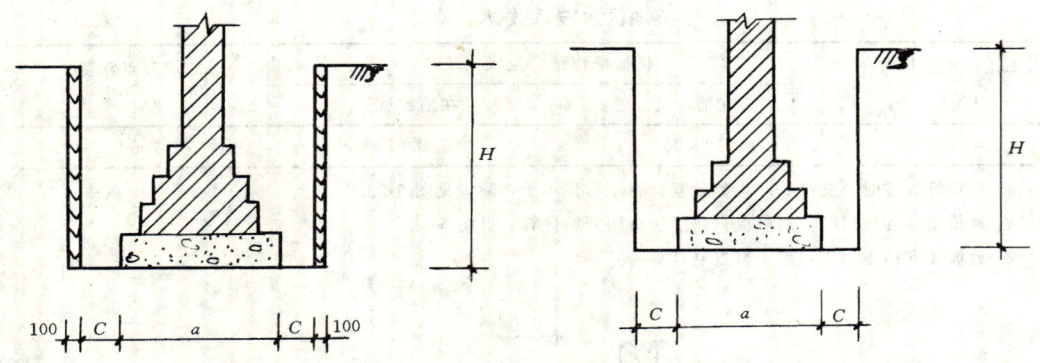

图 5-25　支挡土板地槽示意图　　　　图 5-26　不放坡地槽示意图

$$V = (a + 2C + 2 \times 0.1)HL \tag{5-3}$$

式中　0.1——支挡土板预留宽度；

其余字母含义同放坡地槽计算公式。

③不放坡、不支挡土板地槽（图 5-26）计算公式

$$V = (a + 2C)HL \tag{5-4}$$

④不留工作面、不放坡地槽（图 5-27）计算公式

$$V = aHL \tag{5-5}$$

⑤从垫层上表面放坡地槽（图 5-28）计算公式

$$V = [a_1 H_1 + (a_2 + 2C + KH_2)H_2]L$$
$$\tag{5-6}$$

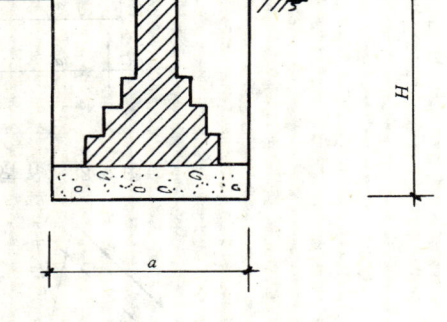

图 5-27　不留工作面地槽示意图

上列各式中工作面 C 按施工组织设计规定计算，若施工组织设计无规定时，可按预算定额中工程量计算规则规定的工作面计算。如某地预算定额对地槽、地坑工作面的规定见表 5-2。

某地区地槽、地坑工作面（C）表　　　　　表 5-2

基 础 材 料	各边增加工作面 （mm）
砖	200
浆砌毛石、条石	150
混凝土基础或垫层需支模者	300
使用卷材或防水砂浆做垂直防潮层	800

注：原槽做基础垫层时，基础的工作面应自垫层上表面开始计算。

放坡系数 K，应根据施工组织设计规定计算，若施工组织设计无规定时，可按预算定额中工程量计算规则规定的放坡系数计算。如某地预算定额对放坡系数的规定见表 5-3。

某地区放坡系数(K)表

表 5-3

人工挖地槽、地坑 (K)	机械挖地槽、地坑 (K)		放坡起点深度 (m)
	在槽、坑底	在槽、坑边	
0.3	0.25	0.67	1.50

注：1. 在计算放坡时，交接处产生的重复计算工程量不予扣除，见图 5-29。

2. 原槽做基础垫层时，放坡应自垫层上表面开始计算，见图 5-28。

3. 放坡和支挡土板工程量不得重复计算。

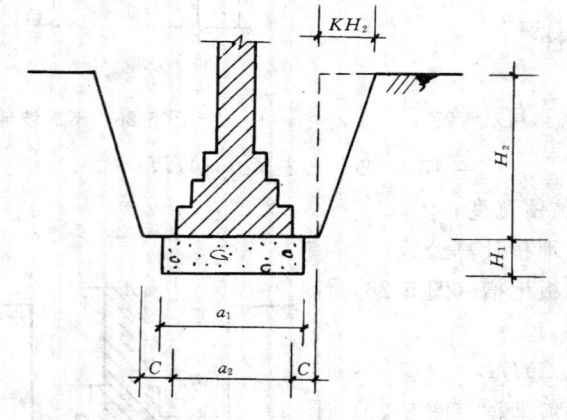

图 5-28 从垫层上表面放坡示意图

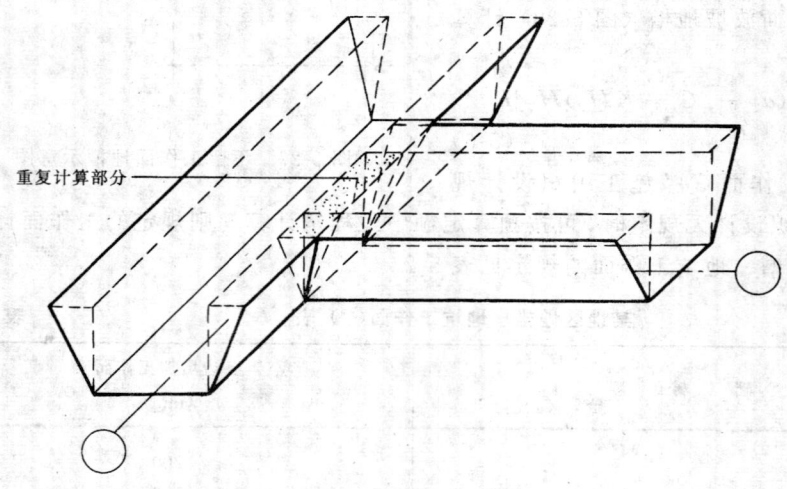

图 5-29 两槽相交重复计算部分示意图

挖土深度 H，根据施工图纸确定，H 等于施工场地的原有自然地坪与基础垫层底的高差。如本章第七节施工图结施图（见图 5-148）中 1-1 剖基础，该基础垫层底标高 -2.000m，建施 1 设计说明②说明为相对标高 ±0.000 相当于绝对标高 489.73m，自然地坪的绝对标高 489.03m，可知该基础的槽深 $H = 2.0 - (489.73 - 489.03) = 1.30\text{m}$。

要注意的是，室外地坪标高不一定等于自然地坪标高。室外地坪是指工程竣工后形成的地坪，而自然地坪是指工程开工前的原有地坪，两者是有区别的。在计算槽坑深度时要首先弄清楚两者是否合一，以免出现差错。有的工程两者是一致的，有的则不然。如前面的例子中，若不注意两者的区别，很有可能将自然地坪等同于室外地坪，则槽深错为 $H = 1.7m$。

地槽长度 L，外墙地槽按外墙槽底中心线长计算，内墙地槽按内墙槽底净长计算。其突出部分（如附壁柱等）的体积并入地槽工程量内计算。

【例】 见本章第七节表 5-29"工程量计算表"序 54。

地槽长度可用墙长扣除不同槽底宽的 T 型接头处长度之和的办法来计算，其计算公式为：

$$槽长 L = L_中 + L_内 - \Sigma\left(n \times \frac{槽底宽 - 墙厚}{2}\right) \tag{5-7}$$

式中 $L_中$——外墙中心线长；

$L_内$——内墙净长；

n——T 型接头个数。

$$槽底工程量 = \Sigma(槽长 \times 槽断面积) \tag{5-8}$$

（2）管道沟

管道沟挖土工程量计算公式：

$$V = (a + KH)HL \tag{5-9}$$

式中 V——管沟挖土工程量（m^3）；

a——管沟底宽度（m）；

K——放坡系数；

H——管沟挖土深度（m）；

L——管沟长度（m）。

管沟底宽 a 按设计底宽计算，若无设计底宽时，按预算定额中工程量计算规则规定计算，某地区规定见表 5-4。

管沟底宽尺寸表（m）

表 5-4

管 径（mm）	铸铁管、钢管、石棉水泥管	混凝土管	陶土管
50～75	0.60	0.80	0.70
100～200	0.70	0.90	0.80
250～350	0.80	1.00	0.90
400～450	1.00	1.30	1.10
500～600	1.30	1.50	1.40
700～800	1.60	1.80	
900～1 000	1.80	2.00	
1 100～1 200	2.00	2.30	
1 300～1 400	2.20	2.60	

表注：1. 表中尺寸已包括工作面，不得再加工作面。

2. 计算管沟土方工程量时，各种检查井类和排水管道接口等处，因加宽而增加的工程量，均不计算；但铺设铸铁给水管道时，接口处的土方工程量应按铸铁管道沟全部土方工程量增加 2.5% 计算。

放坡系数 K，按施工组织设计计算，若无施工组织设计，按预算定额中的规定计算。见表 5-3。

2. 挖地坑

（1）方形地坑

①方形不放坡地坑计算公式：

$$V = abH \qquad (5\text{-}10)$$

②方形放坡地坑（图 5-30）计算公式：

$$V = (a + KH)(b + KH)H + \frac{1}{3}K^2H^3 \qquad (5\text{-}11)$$

式中　a、b——分别表示坑底长、宽（含工作面）（m）；

　　　K——放坡系数，参见表 5-3；

　　　H——地坑深度（m）。

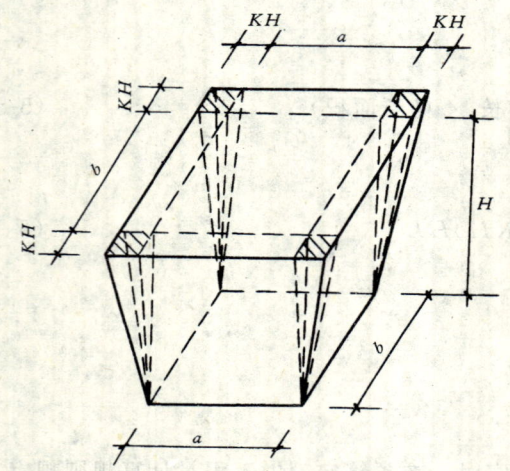

图 5-30　方形放坡地坑计算示意图

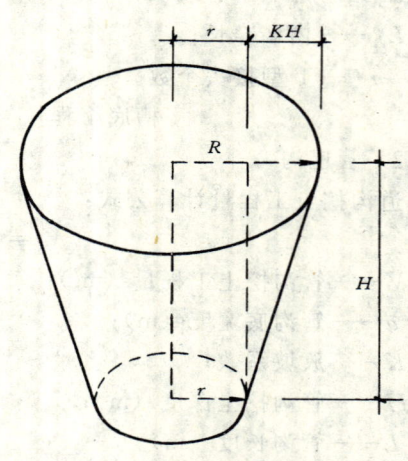

图 5-31　圆形放坡地坑计算示意图

（2）圆形地坑

①圆形不放坡地坑计算公式

$$V = \pi r^2 H \qquad (5\text{-}12)$$

②圆形放坡地坑计算公式（图 5-31）

$$V = \frac{1}{3}\pi H(r^2 + R^2 + rR)$$

$$= \frac{\pi}{12}H(d^2 + D^2 + dD) \qquad (5\text{-}13)$$

式中　r——坑底半径（含工作面）（m）；

　　　d——坑底直径（含工作面）（m）；

　　　R——坑口半径，$R = r + KH$，（m）；

　　　D——坑口直径，$D = d + 2KH$，（m）；

　　　H——地坑深度（m）。

（3）人工挖大孔桩土方

人工挖大孔桩（图 5-32）的土方工程量按孔桩设计图示尺寸以立方米计算。分不同深度执行"人工挖孔桩"定额。

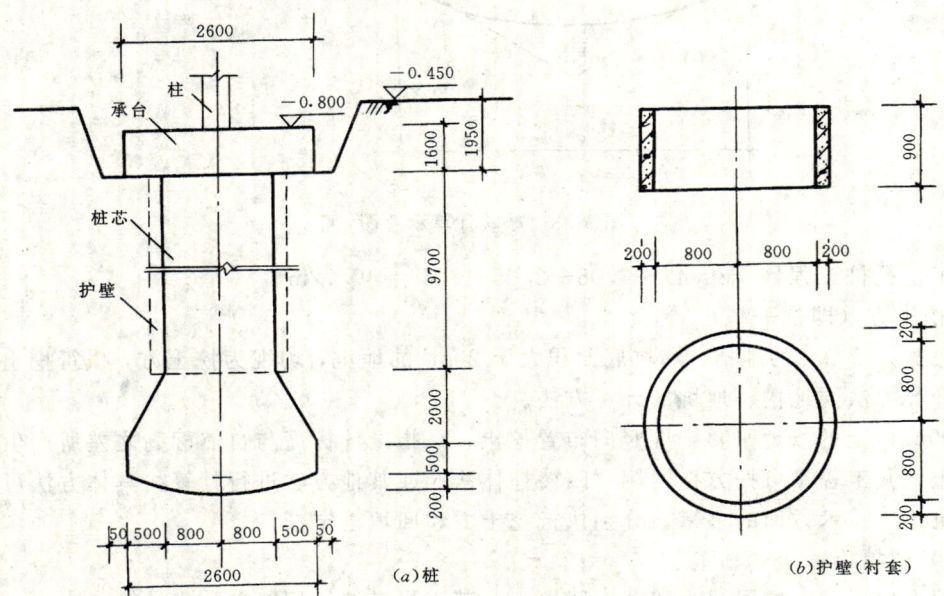

图 5-32 人工挖大孔桩示意图

【例】 计算如图 5-32 所示人工挖大孔桩的土方工程量。上部承台土方为圆形地坑，按圆台计算，执行挖地坑定额；下部孔底土方，由圆柱、圆台、球缺组成，应分别按圆柱、圆台和球缺计算，执行"人工挖孔桩"定额。所以应分列两项计算。

①人工挖地坑，放坡系数 $K=0.3$，工作面 $C=0.30$m。

$$V = \frac{1}{3} \times \frac{\pi}{4} \times 1.95 \times (3.2^2 + 4.37^2 + 3.2 \times 4.37) = 22.12 \text{m}^3$$

②人工挖孔桩土方

桩身部分：$\frac{\pi}{4} \times 9.7 \times 2.0^2 = 30.47 \text{m}^3$

圆台部分：$\frac{\pi}{12} \times 2.0 \times (1.6^2 + 2.6^2 + 1.6 \times 2.6) = 7.06 \text{m}^3$

大圆柱部分：$\frac{\pi}{4} \times 0.5 \times 2.6^2 = 2.65 \text{m}^3$

锅底部分：

计算公式：$\qquad V_{球缺} = \pi h^2 \left(r - \frac{h}{3}\right)$ 且 $d^2 = 4h (2r - h)$ $\qquad$ (5-14)

式中各字母含义如图 5-33 所示。

已知：$d = 2.60$m，$h = 0.2$m

而：$2.6^2 = 4 \times 0.2 (2r - 0.2)$，则 $r = 4.325$m

所以：$V_{球缺} = \pi \times 0.2^2 \left(4.325 - \frac{0.2}{3}\right) = 0.54 \text{m}^3$

143

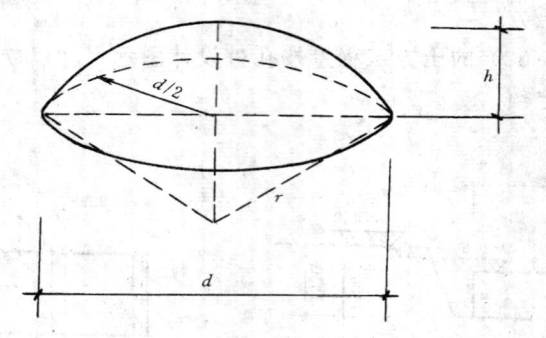

图 5-33　球缺计算示意图

人工挖孔桩工程量＝30.47＋7.06＋2.65＋0.54＝40.72m³

3. 挖土方（即挖平基）

槽底宽大于 3m 的地槽，和坑底面积大于 20m² 的地坑，均视为挖土方，执行挖土方定额，其计算方法同地槽、地坑的计算方法。

±30m 以上的场地平整，即竖向布置挖土，系指设计标高与自然标高之差所产生的挖土或填土。其工程量可按方格网用"四棱柱体法"或其他方法进行计算，具体方法可参见有关建筑施工技术方面的书籍。分别执行挖土方和回填土定额。

（三）回填土

回填土包括槽、坑回填土和室内回填土。其工程量按体积以立方米计算。

1. 槽、坑及管沟回填土

（1）槽、坑回填土

槽、坑回填土工程量＝挖方量－自然地坪标高以下的埋设体积　　　　　　(5-15)

自然地坪标高以下的埋设体积系指埋设在自然地坪以下的基础及其垫层等，见图 5-34。

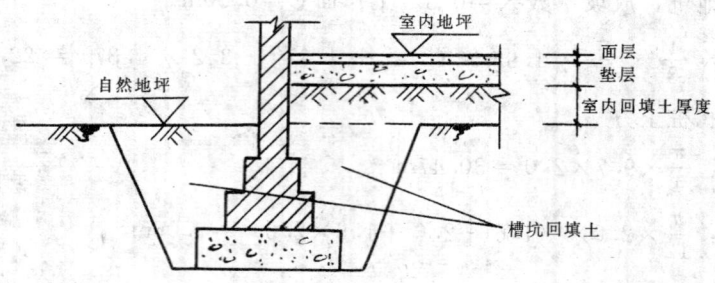

图 5-34　回填土示意图

【例】　见本章第七节表 5-29 "工程量计算表" 序 55。

（2）管沟回填土

$$管沟回填土工程量＝挖方量－管长×每米管道所占体积　　　　(5-16)$$

式中每米管道所占体积可按预算定额中工程量计算规则规定计算。如某地预算定额规定见表 5-5。

144

项　　目	管　道　直　径　（mm）					
	500～600	700～800	900～1 000	1 100～1 200	1 300～1 400	1 500～1 600
钢　　管	0.21	0.44	0.71			
铸 铁 管	0.24	0.49	0.77			
钢筋混凝土管	0.33	0.60	0.92	1.15	1.35	1.55

注：管道直径小于 500mm 时不扣减管道所占体积。

2. 室内回填土

$$室内回填土工程量＝主墙间净面积×回填土厚度 \qquad (5-17)$$

式中主墙系指厚度在 12cm 以上的墙；主墙间净面积不扣除垛、柱及附墙烟囱所占的面积；回填土厚度系指室内地坪与自然地坪的高差减地面垫层及面层厚度，见图 5-34。

例：见本章第七节表 5-29 "工程量计算表"序 74。

（四）运土

运土包括余土外运和取土。余土外运系指单位工程总挖方量大于总填方量时的多余土方运至堆土场；取土系指单位工程总填方量大于总挖方量时，不足土方从堆土场取回运至填土地点。

$$运土工程量 ＝ ｜总挖方量 － 总填方量｜ \qquad (5-18)$$

±30cm 以外的场地平整的挖土方量与填土方量之差所产生的运土工程量另行计算，其方法同上式。

取土，包括取未松动土和已松动土。取已松动土时，只计算运土工程量；取未松动土时，除计算运土工程量外，还应计算挖土方工程量。该挖土工程量等于运土工程量，执行挖土方（即平基）定额。有的地区规定已松动土和未松动土，以被取土的堆积时间一年为界，一年以内为已松动土，一年以上为未松动土。

土方的挖、填、运工程量均按自然密实体积（即指按设计图纸计算的体积）计算，不能按虚松体积计算。

石方工程量包括凿石平基、地槽、地坑。人工凿石平基、地槽、地坑均按图示尺寸以立方米计算。地槽、地坑人工摊座按底面积以平方米计算。

三、砖石工程

砖石工程是指砖砌体和石砌体两部分，包括基础、墙体、柱及其他零星砌体。

（一）基础工程

1. 基础与墙、柱的划分

（1）砖基础与墙、柱的划分：①有防潮层者，以防潮层为界；②无防潮者，以室内地坪为界。有的地区规定无论有无防潮层均以室内地坪为界，还有的地区规定以室外地坪为界。界下为基础，界上为墙、柱。

（2）毛石基础与墙身的划分：①内墙以室内地坪为界；②外墙以室外地坪为界。界下为基础，界上为墙。

（3）条石基础与勒足、墙身的划分：条石基础与勒足以设计室外地坪为界，勒脚与墙身以设计室内地坪为界，见图 5-35。

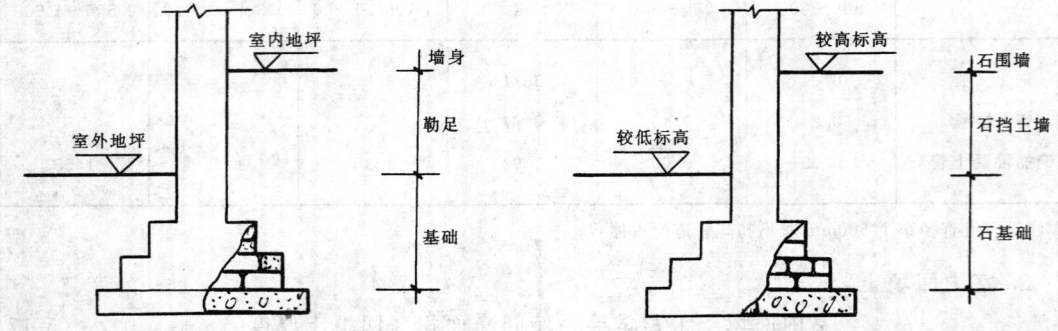

图 5-35　条石基础与勒足　　　　　图 5-36　石基础与挡土墙及
　　　的墙身划分示意图　　　　　　　　围墙划分示意图

（4）砖基础与砖围墙的划分：以室外地坪为界。界下为基础、界上为围墙。

（5）石基础与石围墙的划分：①围墙内外地坪标高相同时，以地坪标高为界，界下为石基础，界上为石围墙；②围墙内外地坪标高不同时，较低标高以下为石基础，较高标高以上为石围墙，内外标高之差部分为挡土墙，见图 5-36。

2.带型基础工程量计算

砖石基础均按图示尺寸以立方米计算。

砖石基础长度：外墙墙基按外墙中心线长度计算；内墙墙基按内墙净长计算。

砖石基础中嵌入的钢筋、铁件、管子、基础防潮层、单个面积在 0.3m² 以内的孔洞、以及砖石基础大放脚的 T 型接头重复计算部分见图 5-37，均不扣除。但靠墙暖气沟的挑砖、石

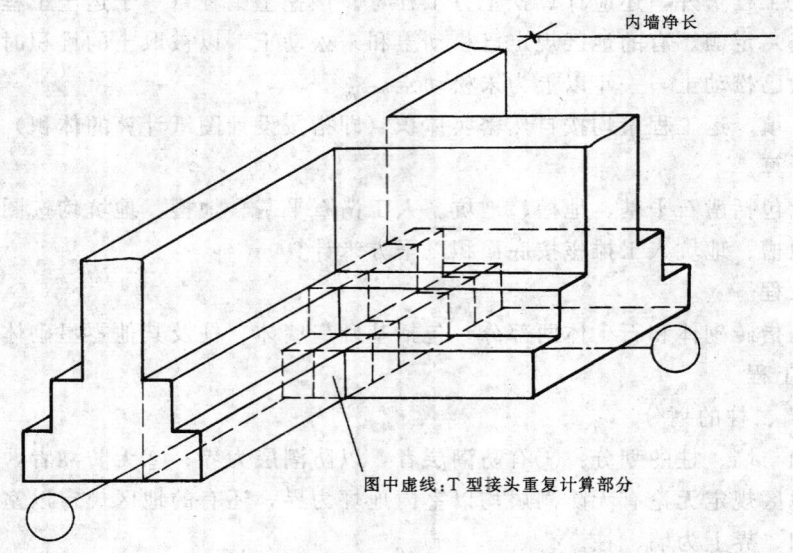

图 5-37　砖基础 T 型接头示意图

146

基础洞口上的砖平碹亦不另行计算。

带型基础工程量计算公式

$$V_{带} = \Sigma(LS_{断}) \qquad (5\text{-}19)$$

式中　$V_{带}$——带型基础工程量；

　　　L——砖石基础的墙长；

　　　$S_{断}$——砖石基础的断面积。

砖基础断面积 $S_{断}$：见图 5-38、5-39。

$$S_{断} = hb + \Delta S_{断}$$

$$或 = (h + \Delta h)b \qquad (5\text{-}20)$$

式中　h——基础墙高；

　　　b——基础墙厚；

　　　ΔS——大放脚增加面积（可查表求得，
　　　　　　见表 5-6）；

　　　Δh——大放脚折加高度（可查表求得，
　　　　　　见表 5-6）。

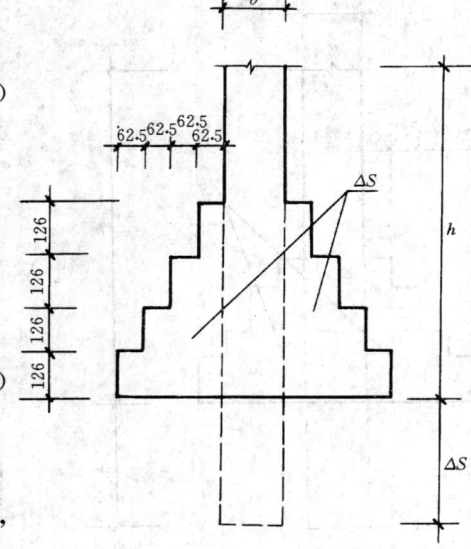

图 5-38　等高式砖基础断面图

砖墙基础大放脚增加表　　　　　　　　　　　　　　　　表 5-6

放脚层数 (n)	增加断面积 (m²) $\Delta S_{断}$		基　础　墙　厚											
			1/2 砖		3/4 砖		1 砖		1½ 砖		2 砖		2½ 砖	
	等高	不等高	等高	不等高	等高	不等高	等高	不等高	等高	不等高	等高	不等高	等高	不等高
一	0.015 75	0.015 75	0.137	0.137	0.066	0.066	0.066	0.066	0.043	0.043	0.032	0.032	0.026	0.026
二	0.047 25	0.039 38	0.411	0.342	0.197	0.164	0.197	0.164	0.129	0.108	0.096	0.08	0.077	0.064
三	0.094 5	0.078 75			0.394	0.328	0.398	0.328	0.259	0.216	0.193	0.161	0.154	0.128
四	0.157 5	0.126			0.656	0.525	0.651	0.525	0.432	0.345	0.321	0.253	0.256	0.205
五	0.236 3	0.189			0.984	0.788	0.984	0.788	0.647	0.518	0.482	0.380	0.384	0.307
六	0.330 8	0.259 9			1.378	1.083	1.378	1.083	0.906	0.712	0.672	0.58	0.538	0.419
七	0.441 0	0.346 5			1.838	1.444	1.838	1.444	1.208	0.949	0.900	0.707	0.717	0.563
八	0.567 0	0.441 0			2.363	1.838	2.363	1.838	1.553	1.208	1.157	0.90	0.922	0.717
九	0.708 8	0.551 3			2.953	2.297	2.953	2.297	1.942	1.510	1.447	1.125	1.153	0.896
十	0.866 3	0.669 4			3.610	2.789	3.61	2.789	2.372	1.834	1.768	1.366	1.409	1.088

注：1. 等高式放脚：每层放脚高度为 $(53+10) \times 2 = 126$mm，放脚宽度为 $\frac{1}{4}(240+10) = 62.5$mm，增加断面积 $\Delta S_{断} = 0.007875n \, (n+1)$。

2. 不等高式（即间隔式）放脚：放脚高度为 $(53+10) \times 2 = 126$mm 和 $53+10 = 63$mm 相间隔。放脚宽度为 $\frac{1}{4} \times (240+10) = 62.5$mm。增加断面积 $\Delta S_{断} = 0.00196875 \left(3n^2 + 4n + \left| \sin \frac{n\pi}{2} \right| \right)$。

3. 大放脚折加高度 $\Delta h = \dfrac{\Delta S_{断}}{墙厚}$，见图 5-38、图 5-39。

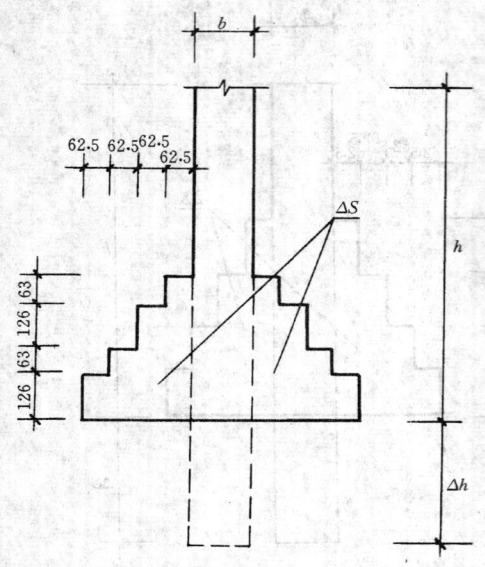
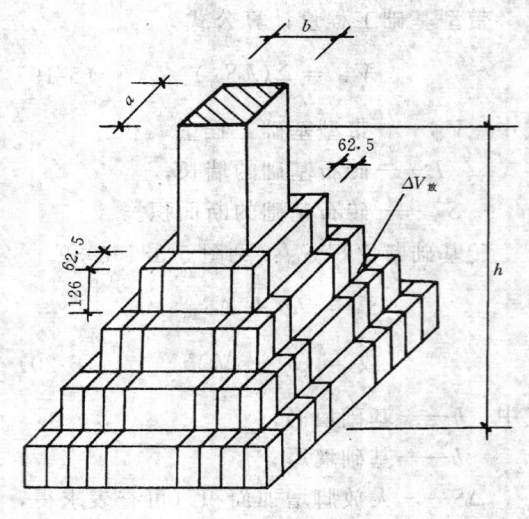

图 5-39　不等高式砖基础断面图　　　　图 5-40　等高式砖柱基础示意图

石基础断面积按图示尺寸计算。

【例】　见本章第七节表 5-29 "工程量计算表" 序 48。

3. 独立砖基础工程量计算

独立砖基础（砖柱基础）工程量按体积以立方米计算。其计算公式为：

$$V_{柱} = abh + \Delta V_{放} \tag{5-21}$$

式中　$V_{柱}$——柱基工程量；

　　a、b——基础柱断面长、宽，见图 5-40；

　　　h——基础柱高度，即基础垫层上表面至基础与柱的分界线的高度；

　　$\Delta V_{放}$——柱基大放脚增加体积（可查表求得，见表 5-7、表 5-8）。

（二）砖墙

墙体按其部位的不同可分为内墙和外墙，按其使用材料的不同又分为实砌砖墙、空斗墙、填充墙、空花墙、砌块墙等。

1. 实砌砖墙

砖墙工程量计算的一般公式：

$$V_{墙} = （墙长 \times 墙高 - 门窗面积） \times 墙厚 - 圈梁、挑梁、柱体积$$
$$+ 垛及附墙烟囱等体积 \tag{5-22}$$

（1）墙长：外墙按中心线长（$L_{中}$）计算，内墙按内墙净长（$L_{内}$）计算。

在计算墙长时，①两墙 L 型相交时，两墙均算至中心线（见图 5-42①节点）；②两墙 T 型相交时，外墙拉通算，内墙算净长（见图 5-42②节点）；③两墙十字相交时，内墙均按净长计算（见图 5-42③节点）。

【例】　计算图 5-41 所示的墙长（墙厚均为 240mm）。

①外墙长度：　　　　$L_{中} = （16.50 + 8.10） \times 2 = 49.20\text{m}$

Ⓑ④～⑥段　②～⑤、Ⓑ、Ⓒ段

砖柱基础大放脚体积增加表（等高式）

表 5-7

$a+b$	0.48	0.605	0.73	0.855	0.98	1.105	1.23	1.355	1.48
$a \times b$	0.24×0.24	0.24×0.365	0.365×0.365 0.24×0.49	0.365×0.49 0.24×0.615	0.49×0.49 0.365×0.65	0.49×0.615 0.365×0.74	0.365×0.865 0.615×0.615 0.49×0.74	0.615×0.74 0.49×0.865	0.74×0.74 0.615×0.865
一	0.010	0.011	0.013	0.015	0.017	0.019	0.021	0.024	0.025
二	0.033	0.038	0.045	0.050	0.056	0.062	0.068	0.074	0.080
三	0.073	0.085	0.097	0.108	0.120	0.132	0.144	0.156	0.167
四	0.135	0.154	0.174	0.194	0.213	0.233	0.253	0.272	0.292
五	0.221	0.251	0.281	0.310	0.340	0.369	0.400	0.428	0.458
六	0.337	0.379	0.421	0.462	0.503	0.545	0.586	0.627	0.669
七	0.487	0.543	0.597	0.653	0.708	0.763	0.818	0.873	0.928
八	0.674	0.745	0.816	0.887	0.957	1.028	1.095	1.170	1.241
九	0.910	0.990	1.078	1.167	1.256	1.344	1.433	1.521	1.61
十	1.173	1.282	1.390	1.498	1.607	1.715	1.823	1.931	2.04

注：等高式大放脚高 126mm，宽 62.5mm，柱基大放脚增加体积 $\Delta V_{放} = n\,(n+1)\,[0.007\,875\,(a+b) + 0.000\,328\,125 \times (2n+1)]$。式中：$n$ 为大放脚层数，a 和 b 分别为基础柱断面的长和宽。

砖柱基础大放脚体积增加表（间隔式）　　表 5-8

$a+b$	0.48	0.605	0.73	0.855	0.98	1.105	1.23	1.355	1.48
$a \times b$	0.24×0.24	0.24×0.365	0.365×0.365 0.24×0.49	0.365×0.49 0.24×0.615	0.49×0.49 0.365×0.615	0.49×0.615 0.365×0.74	0.365×0.865 0.615×0.615 0.49×0.74	0.615×0.74 0.49×0.865	0.74×0.74 0.615×0.865
一	0.010	0.011	0.013	0.015	0.017	0.019	0.021	0.023	0.025
二	0.028	0.033	0.038	0.043	0.047	0.052	0.057	0.062	0.067
三	0.061	0.071	0.081	0.091	0.101	0.106	0.112	0.13	0.14
四	0.11	0.125	0.141	0.157	0.173	0.188	0.204	0.22	0.236
五	0.179	0.203	0.227	0.25	0.274	0.297	0.321	0.345	0.368
六	0.269	0.302	0.334	0.367	0.399	0.432	0.464	0.497	0.529
七	0.387	0.43	0.473	0.517	0.56	0.599	0.647	0.69	0.733
八	0.531	0.586	0.641	0.696	0.751	0.806	0.861	0.916	0.972
九	0.708	0.776	0.845	0.914	0.983	1.052	1.121	1.19	1.259
十	0.917	1.001	1.084	1.168	1.252	1.335	1.419	1.503	1.586

注：不等高式（即同隔式）大放脚宽为 62.5mm，大放脚高为 126mm，大放脚高为 126mm 和 63mm 相间隔，最下一层为 126mm。不等高式大放脚增加体积 $\Delta V_{放}=0.001\,968\,75\,(3n^2+4n)+\left|\sin\dfrac{n\pi}{2}\right|(a+b)+0.000\,492\,1875\times n\,(n+1)^2$。式中：$n$ 为放脚层数，a 和 b 分别为基础柱断面长和宽。

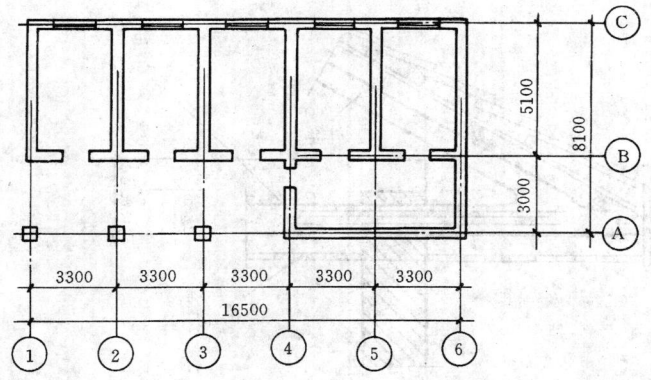

图 5-41　底层平面图

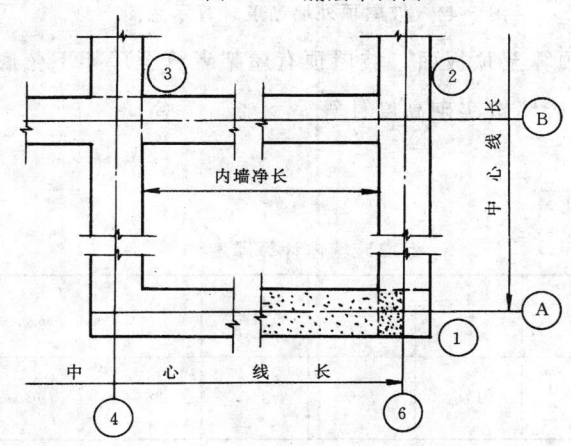

图 5-42　墙长计算节点图
Ⓑ交④～⑥段　　②～⑤交Ⓑ

②内墙长度：$L_内 = 6.36 + 4.86 \times 4 = 25.80 \text{m}$

（2）墙高：

①外墙高度：平屋顶算至顶板面。坡屋顶设计图纸有规定时，按图示尺寸计算；如设计图纸无规定时，ⓐ有屋架且室内外均有天棚者，算至屋架下弦底再加 12cm；ⓑ其余情况算至屋架下弦再加 30cm（如出檐宽度超过 60cm 时，应按实砌高度计算）。见图 5-43、5-44。

女儿墙高度，自顶板面算至图示高度，执行相应的砖墙定额项目。

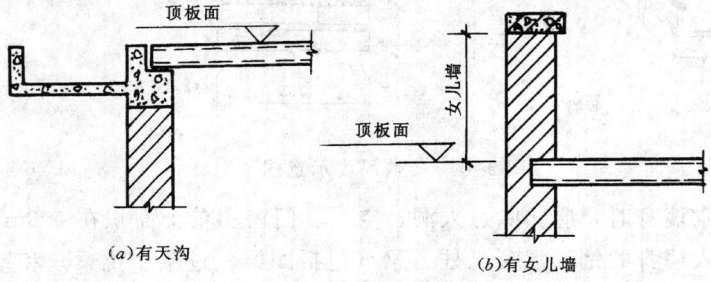

（a）有天沟　　　　　　　　　（b）有女儿墙

图 5-43　平屋顶外墙高度计算示意图

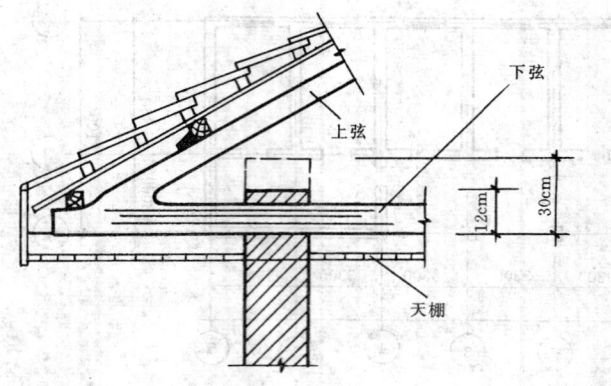

图 5-44 坡屋顶外墙高度计算示意图

②内墙高度：平屋顶算至顶板面。坡屋顶有屋架者算至屋架下弦底；无屋架者算至天棚底再加 10cm。$\frac{3}{4}$ 和 $\frac{1}{2}$ 砖墙按实砌高度计算。

（3）墙厚

墙体厚度按表 5-9 计算。

标准砖墙体计算厚度   表 5-9

墙　　厚	$\frac{1}{4}$	$\frac{1}{2}$	$\frac{3}{4}$	1	$1\frac{1}{2}$	2	$2\frac{1}{2}$	3
计算厚度（mm）	53	115	180	240	365	490	615	740

注：标准砖规格 240×115×53（mm），灰缝宽度 10mm。

无论图纸上怎样标注墙体厚度，均应按本表计算，如 $\frac{1}{2}$ 砖及 $1\frac{1}{2}$ 砖墙，图纸上一般都标注为 120 和 370，但在计算工程量时，不能按 120 和 370 计算，而应按 115 和 365 计算，见图 5-45。

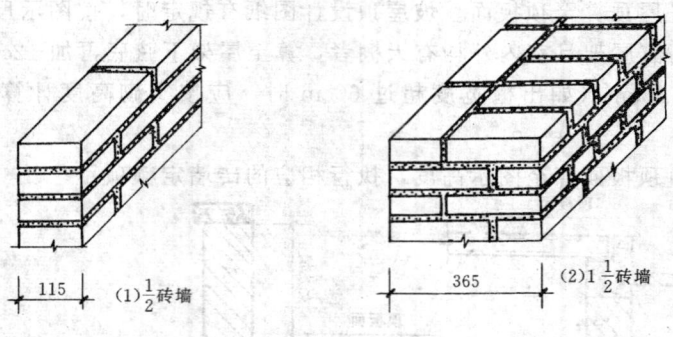

图 5-45 砖墙厚度示意图

（4）在计算实砌墙身时，应扣除过人洞、空圈、门窗和单个面积在 0.3m² 以上的孔洞所占体积，以及嵌入墙身的钢筋混凝土柱、梁（包括圈梁、过梁、挑梁）和壁龛等所占的体积。但不扣除梁头、板头、梁垫、檩木、垫木、木楞头、木砖、门窗走头、砖墙内的加

152

固钢筋、木筋、铁件所占的体积。突出墙面的窗台虎头砖、压顶线、山墙泛水、烟囱根、门窗套、三皮砖以内的腰线和挑檐等体积亦不增加。见图5-46～图5-53。

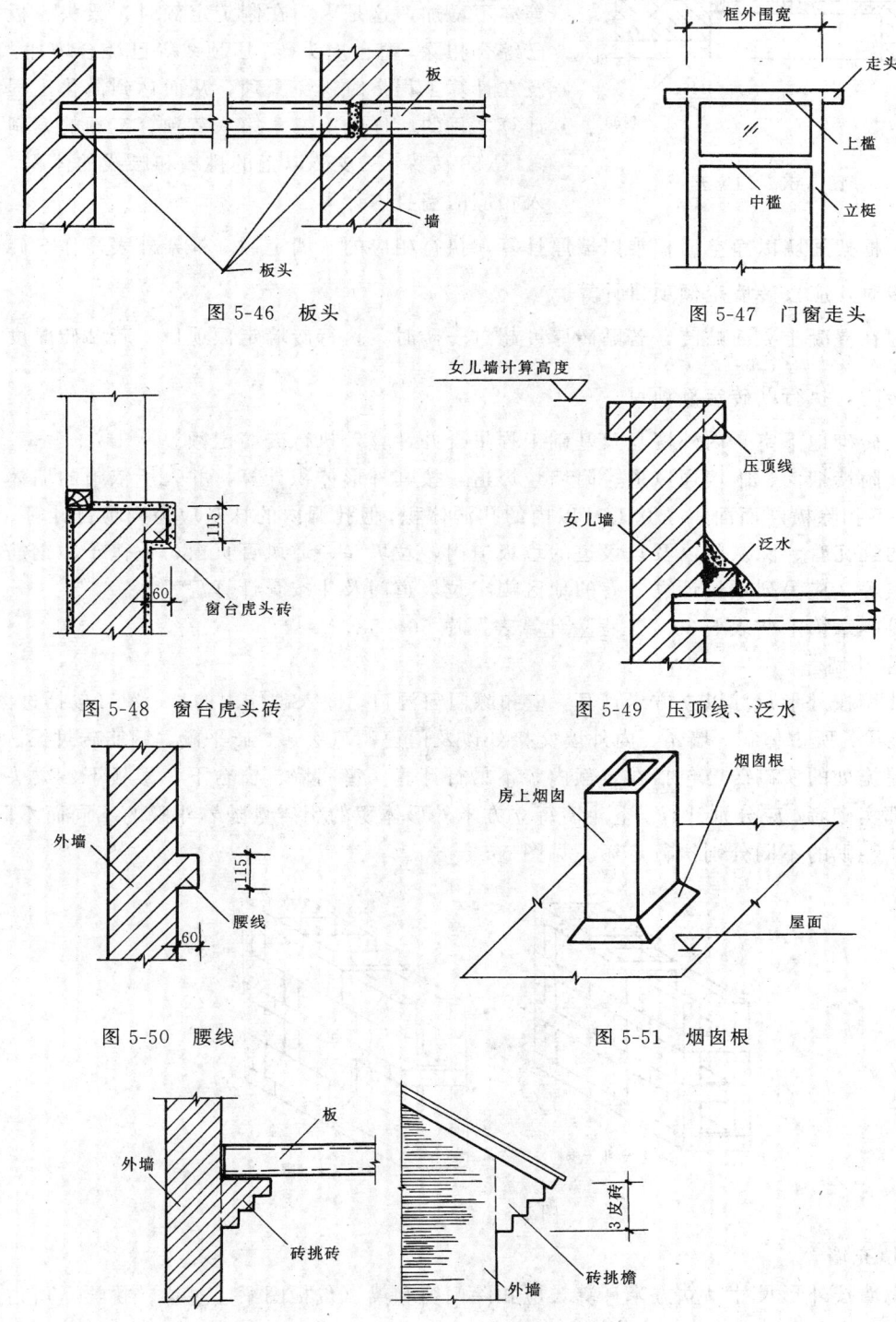

图 5-46　板头

图 5-47　门窗走头

图 5-48　窗台虎头砖

图 5-49　压顶线、泛水

图 5-50　腰线

图 5-51　烟囱根

图 5-52　砖挑檐

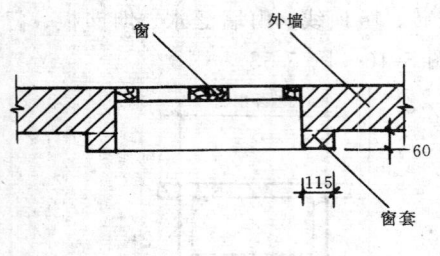

图 5-53 门窗套

工程量计算规则之所以规定梁头、板头等所占体积不扣除，以及突出墙面的窗台虎头砖、压顶线等亦不增加，这是因为在制定定额时，梁头、板头已综合扣除，窗台虎头砖、压顶线等已综合增加，以及在计算工程量时避免繁琐，从而达到简化工程量计算之目的。详见第二章第八节预算定额的编制。

(5)砖垛、三皮砖以上的挑檐和腰线的体积，并入相应的墙身内计算。

(6)框架间墙以净空面积乘以墙厚计算，执行相应的砖墙定额。框架外表需作 $\frac{1}{2}$ 砖以上的贴砖时，应按砖墙定额项目计算。

(7)在混凝土立面贴砖，若贴砖厚度超过 $\frac{1}{2}$ 砖时，执行砖墙定额项目；若贴砖厚度未超过 $\frac{1}{2}$ 砖时，执行贴砖定额项目。

(8)砖砌地下室，内外墙身及基础工程量合并计算，执行砖墙定额。

(9)附墙烟囱、附墙通风道、附墙垃圾道，按其外形体积计算，并入所依附的墙体工程量内，不扣除横断面面积在 $0.1m^2$ 以内的孔洞体积，但孔洞内的抹灰应另列项目计算。附墙烟囱的红瓦管、除灰门以及垃圾道的垃圾道门、垃圾斗、通风百页窗、铁篦子、钢筋混凝土顶盖等，应另列项目计算。有的地区规定垃圾道门及斗按套计算。

例见本章第七节表 5-29"工程量计算表"序 56～58。

2. 空斗墙

空斗墙按外形尺寸以立方米计算，应扣除门窗洞口，嵌入砌体内的柱、梁（包括过梁、圈梁、挑梁）所占体积。墙角、内外墙交接处以及门窗洞口玄边、砖平碹、钢筋砖过梁、窗台砖和屋檐处的实砌砖已包括在定额内，不另行计算。窗间墙、窗台下、楼板下、梁头下等有全部实砌者，应分别计算。空斗墙每立方米外形体积的用砖量随着斗眠的不同而不同，所以，按斗眠的不同分别执行定额。见图 5-54。

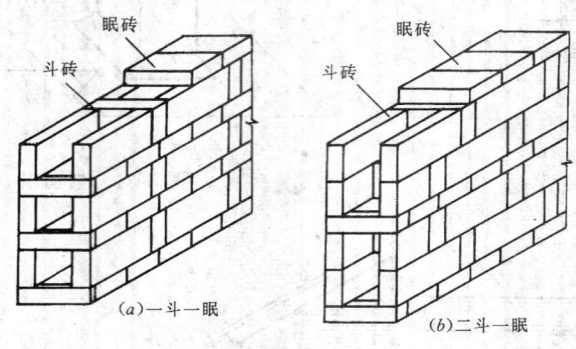

(a)一斗一眠   (b)二斗一眠

图 5-54 空斗墙

3. 填充墙

填充墙按外形尺寸以立方米计算，应扣除门窗和梁（包括圈梁、过梁、挑梁）所占的体积，其实砌部分已经包括在定额内，不另计算，但填料若与定额不同时允许换算。见图 5-55。

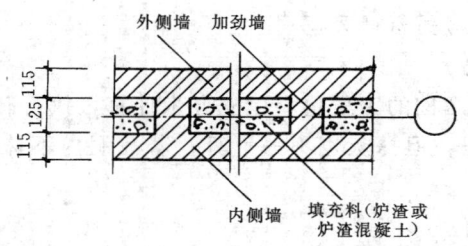

图 5-55　填充墙

4. 空花墙

空花墙按外形尺寸以立方米计算，不扣除空花漏空部分体积。见图 5-56。

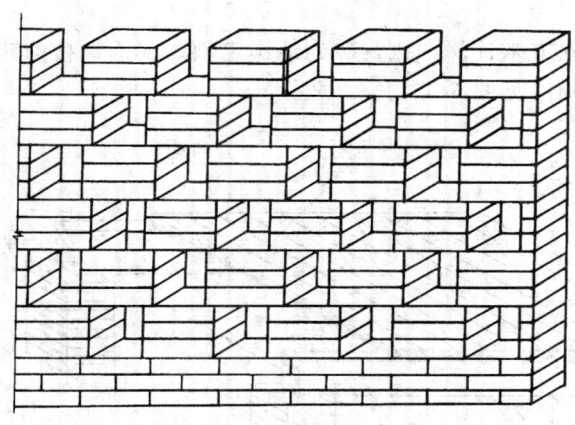

图 5-56　空花墙

5. 砌块墙

砌块墙包括加气混凝土块、硅酸盐块、混凝土空心砌块、水泥煤渣空心砌块墙，其工程量按图示尺寸以立方米计算，应扣除门窗和单个面积在 0.3m² 以上的孔洞所占体积，以及嵌入砌体内的柱、梁（包括圈梁、过梁、挑梁）所占的体积，所需镶嵌的标砖已综合考虑在定额内，不另行计算。

（三）砖柱

砖柱按图示尺寸以立方米计算，应扣除混凝土或钢筋混凝土梁垫，但不扣除伸入柱内的梁头、板头所占体积。其计算公式为：$V_柱 = （柱高-梁垫厚）\times 柱断面积$。

（四）石墙

毛石墙、毛条石墙、清条石墙、方整石墙，均按图示尺寸以立方米计算。石墙中砌砖部分（如门窗立边、钢筋砖过梁等）另行计算，执行零星砌砖定额。石表面加工按面积以平方米计算。

（五）其他

1. 砖砌锅台、炉灶

砖砌锅台是指集体食堂等的大型砌砖灶，砖砌炉灶是指民用住宅的小型灶，均按外形尺寸以立方米计算，不扣各种空洞的体积。分别执行锅台、炉灶相应定额。但锅台、炉灶表面的抹灰及贴块料面层，应另行计算。

2．砖砌锅台的独立烟囱

不附墙砖砌锅台的独立烟囱的工程量，以立方米计算，执行砖柱的相应定额。若孔洞内要抹灰时，不扣孔洞体积，但抹灰也不另计算；若孔洞内不抹灰时，则应扣孔洞的体积。

3．砖砌污水斗、小便槽

砖砌污水斗按个计算。小便槽按延长米计算。执行相应的污水斗、小便槽定额。

4．砖砌地沟

砖砌地沟系指地面等的排水沟道（不是指墙脚排水用的明沟），地沟的墙身、墙基工程量合并计算，执行砖砌地沟定额。

5．砖砌地垄墙

砖砌地垄墙按体积以立方米计算，执行砖砌地沟定额。支承地楞的砖墩按体积以立方米计算，执行独立砖柱定额。见图 5-57。

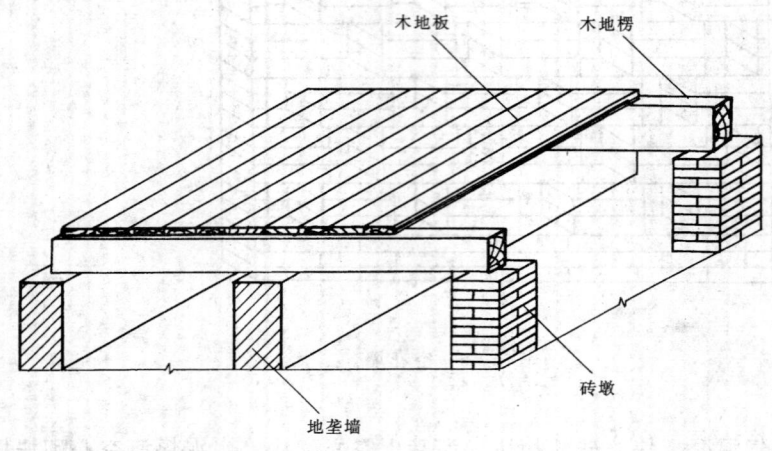

图 5-57　支承地楞的地垄墙、砖墩

6．砖砌台阶

砖砌台阶按水平投影面积以平方米计算（见图 5-58，其水平投影面积不包括梯带），执行砖砌台阶定额。

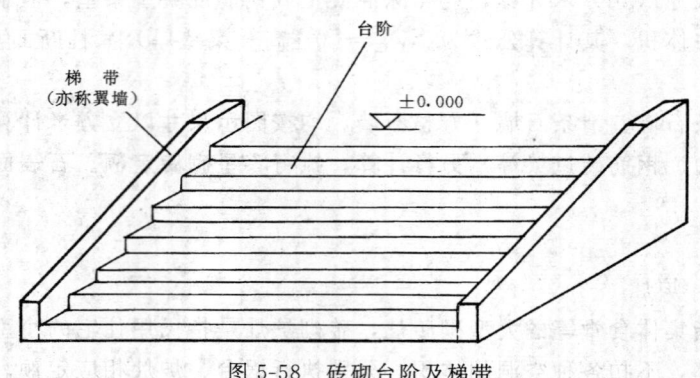

图 5-58　砖砌台阶及梯带

156

7. 零星砌砖

零星砌砖包括：砖砌厕所蹲台、水槽腿、垃圾箱、台阶梯带、阳台栏杆（见图 5-59）、花台、花池、房上烟囱、架空隔热板砖礅、砖带等，以及石墙的门窗口立边、窗台虎头砖、钢筋砖过梁、砖平碹等砖砌体。均按体积以立方米计算，执行零星砌砖定额。有的地区规定垃圾箱按个计算（包括出灰门及箱上的混凝土盖板），架空隔热板及其砖墩按面积以平方米计算。

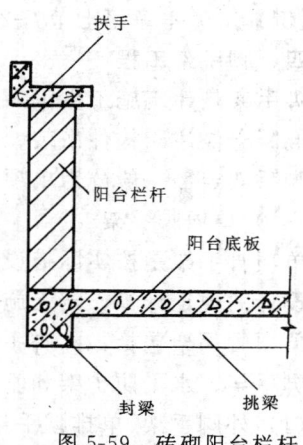

图 5-59　砖砌阳台栏杆

【例】　见本章第七节表 5-29"工程量计算表"序 59。

8. 清水墙面勾缝

清水墙的墙面勾缝，按墙面垂直投影面积以平方米计算，应扣除墙裙、墙面的抹灰面积，不扣除门窗、腰线抹灰、门窗套抹灰等所占面积，但附墙垛和门窗洞口侧壁的勾缝面积亦不增加。独立柱、房上烟囱的勾缝按图示外形尺寸以平方米计算。执行墙面勾缝定额。

9. 砌体内加固钢筋

砌体内加固钢筋（包括抗震、加固、钢筋砖过梁，见图 5-60、图 5-61）应根据设计规定，按重量以吨计算。

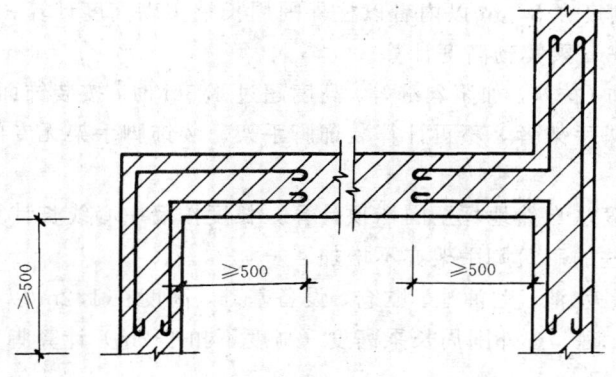

图 5-60　砖砌体内加固钢筋

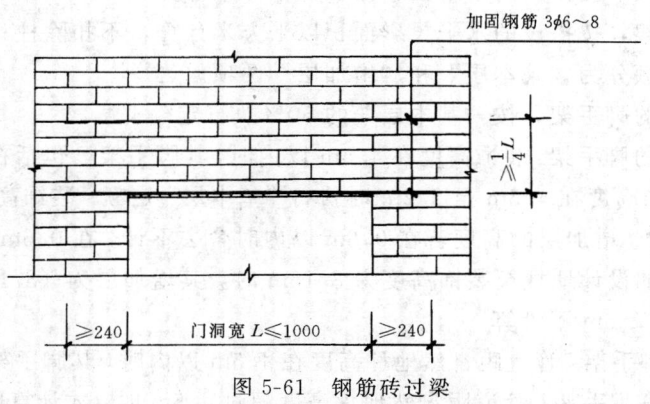

图 5-61　钢筋砖过梁

157

【例】 见本章第七节 5-29 "工程量计算表" 序 27。

四、脚手架工程

脚手架是建筑施工供工人操作和堆置、运输材料等用途的施工设施，主要用于砌体砌筑、混凝土浇注、构件吊装、装饰等。

脚手架定额一般分为单项脚手架和综合脚手架两类。

（一）单项脚手架

单项脚手架是按实际搭设方式和不同用途分别计算的脚手架。单项脚手架应根据施工组织设计的规定计算，若无施工组织设计的规定时，根据当地现行预算定额的规定计算。

单项脚手架包括：外脚手架、里脚手架、挑脚手架、悬空脚手架、满堂脚手架、室外管道脚手架、水平防护架和垂直防护架等。

（1）外脚手架、单排脚手架、装饰脚手架和里脚手架，均按垂直投影面积以平方米计算。

①砌砖工程，高度超过 1.35m 时，应计算脚手架工程量。砖墙砌体高度在 1.35～3.6m 以内者执行里脚手架定额；砖墙砌体高度在 3.6m 以上者执行外脚手架定额。独立柱高度在 3.6m 以内者按柱外围周长乘以实砌高度计算工程量，执行里脚手架定额；高度在 3.6m 以上者按柱外围周长加 3.6m 乘实砌高度计算工程量，执行单排脚手架定额。单排脚手架无专门定额时，可按外脚手架的 70% 执行。

②砌石墙、石柱工程（包括砌块），高度超过 1m 时均应计算脚手架工程量，执行外脚手架定额。独立石柱高度在 3.6m 以内者以柱外围周长乘实砌高度计算；高度在 3.6m 以上者以柱外围周长加 3.6m 乘实砌高度计算。

③装饰工程，装饰（抹灰、加浆勾缝等）高度超过 4.5m 时，按装饰面计算装饰脚手架。但装饰面已计算砌筑脚手架者，不再计算装饰脚手架。装饰脚手架无专门定额时，可按外脚手架的 30% 执行。

④围墙，围墙高度从自然地坪至围墙顶计算，长度按墙中心线长计算，不扣除门所占面积，但门柱和独立柱的砌筑脚手架亦不增加。

⑤室内外混凝土贮水池、贮油池、贮仓、设备基础，高度在 1.2m 以内时，不能计算脚手架；高度超过 1.2m 时，按外围周长乘高度（高度不扣 1.2m）计算脚手架工程量，执行外脚手架定额。

（2）挑脚手架，按搭设长度乘搭设层数以延长米计算。

（3）悬空脚手架，按搭设的水平投影面积以平方米计算。

（4）满堂脚手架，按搭设的水平投影面积以平方米计算，不扣除柱、垛所占面积。

满堂脚手架定额分为"基本层"和"增加层"两项。

满堂基础搭设的脚手架，按"基本层"的 50% 执行定额。

室内装饰搭设的脚手架：装饰高度在 4.5m 以内时，其脚手架已包括在相应的装饰定额内，不另计算；装饰高度在 4.5m 至 5.2m 时执行"基本层"定额；装饰高度超过 5.2m 时，执行"增加层"定额。增加层的高度若在 0.6m 以内时舍去不计，在 0.6m 以上至 1.2m 时，按增加一层计算。如设计地坪至装饰高度为 8.15m 时，其增加层为 $(8.15-5.2) \div 1.2 = 2$ 层，舍去余下的 0.55m 不计算。

（5）室外管道脚手架：管道距自然地坪高度在 4.5m 以内时，其脚手架已包括在管道安装定额，不单独计算脚手架；管道距自然地坪高度超过 4.5m 时，才计算脚手架。其工程量计算，高度从自然地坪管至管道下皮（多层排列管道，以最上一层管道下皮为准），长度按管道中心线，按长度乘高度以平方米计算。

（6）水平防护架，垂直防护架，是指直接服务于工程施工以外的，间接地为工程施工顺利进行，而单独搭设的用于车马通道、人行通道的防护和施工与高压线等的隔离措施。水平防护架，按脚手板的实铺水平投影面积以平方米计算；垂直防护架按高度（指从自然地坪至最上层横杆的距离）乘以两边立杆之间的距离以平方米计算。

（二）综合脚手架

有的地区为了简化工程量的计算，采用综合脚手架。

综合脚手架，是不管搭设方式，将砌筑、浇注、吊装、装饰所需脚手架的消耗摊在建筑面积上，按建筑面积综合为同一定额，凡是能按"建筑面积计算规则"计算建筑面积的工程，均按建筑面积以平方米计算综合脚手架工程量，执行相应的综合脚手架定额。

计算了综合脚手架后，除满堂基础另按其底板计算满堂脚手架、垂直防护架按其实搭垂直投影面积（一般指建筑的临街立面）计算垂直防护架、水平防护按其实搭水平投影面积计算水平防护架，执行相应的定额外，均不再计算其他脚手架费用。

【例】 见本章第七节表5-29"工程量计算表"序87。

五、混凝土及钢筋混凝土工程

混凝土构件按材料分为无筋混凝土构件和钢筋混凝土构件。钢筋混凝土构件是主要构件，按施工方法和程序的不同分为现浇构件和预制构件。无论哪种构件，混凝土的工程量均按施工图纸尺寸计算，不扣除钢筋、铁件以及单个面积在 $0.05m^2$ 以内的螺栓盒等所占体积。现浇墙、板、预制板类构件均不扣除单个面积在 $0.3m^2$ 以内的孔洞的混凝土体积。

混凝土的工程量除少数构件按长度或面积以米或平方米计算外，均按体积以立方米计算。钢筋工程量均按重量以吨计算。

（一）现浇构件

1. 基础

（1）无梁式满堂基础，其倒转柱头（帽）并入基础计算；有梁式满堂基础（亦称肋形满堂基础或梁板式满堂基础），梁、板合并计算，见图5-62。

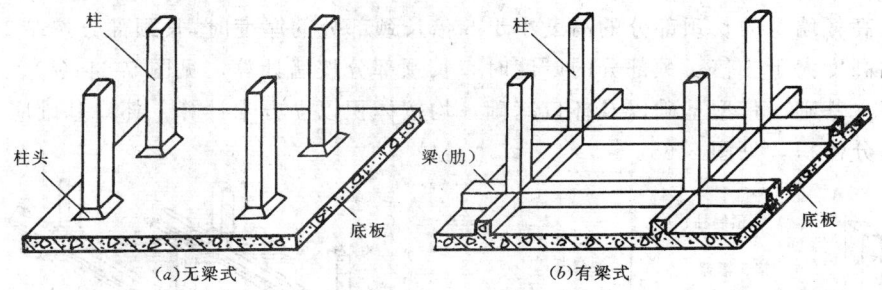

图 5-62 满堂基础

（2）框架式设备基础，分别按基础、柱、梁、板的体积以 m^3 计算工程量，执行相应的定额。楼层上的设备基础按有梁板计算，执行有梁板定额。箱式基础，按满堂基础、墙、板分别计算工程量，执行相应的定额，见图5-63。

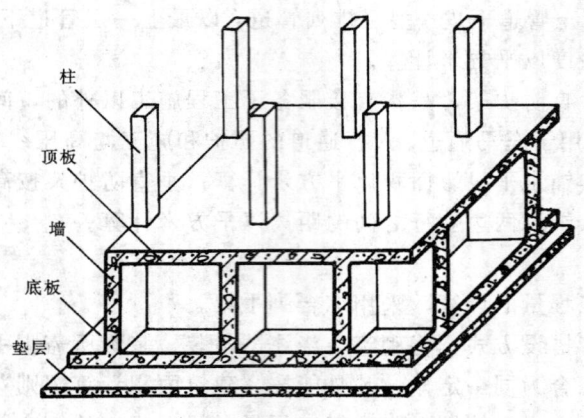

图 5-63　箱式基础

（3）混凝土长颈基础（亦称高杯基础）

混凝土长颈柱基的长颈部分高度小于其横断面长边的 3 倍时，长颈部分按基础计算；长颈高度大于 3 倍横断面长边时，长颈部分按柱计算见图 5-64（a）。

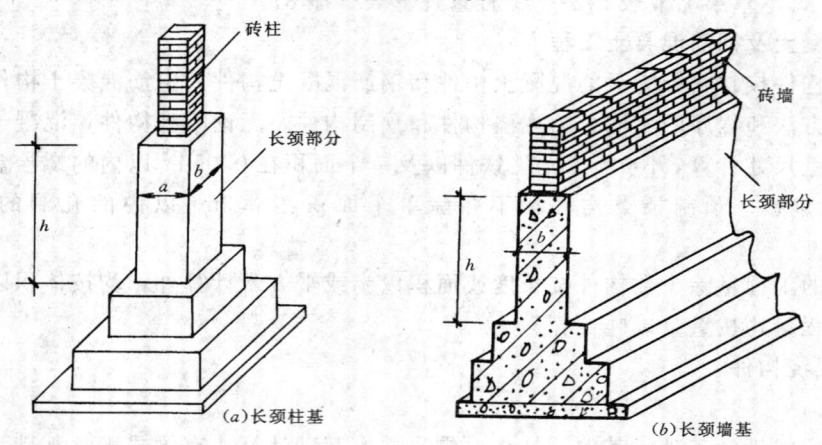

图 5-64　长颈基础

混凝土高杯墙基的长颈部分的高度小于 5 倍长颈部分的厚度时，长颈部分按基础计算；长颈部分的高度大于 5 倍长颈部分的厚度时，长颈部分按墙计算，见图 5-64（b）。

（4）独立基础、带型基础以及杯口基础，均按体积以立方米计算。杯口基础应扣除插柱的空杯部分体积，见图 5-65。

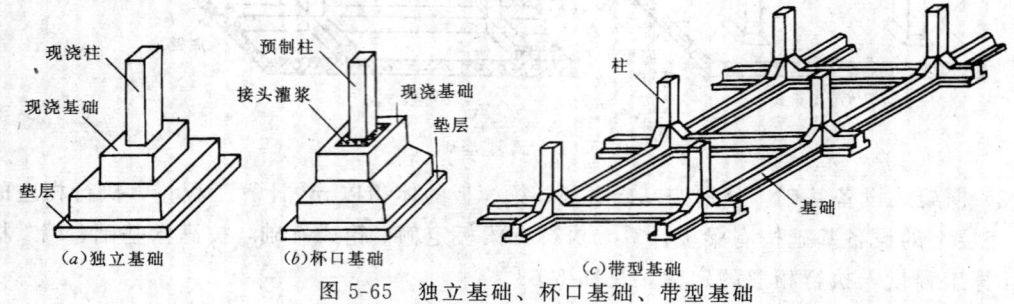

图 5-65　独立基础、杯口基础、带型基础

【例1】 计算如图 5-66 所示杯形基础的混凝土工程量。

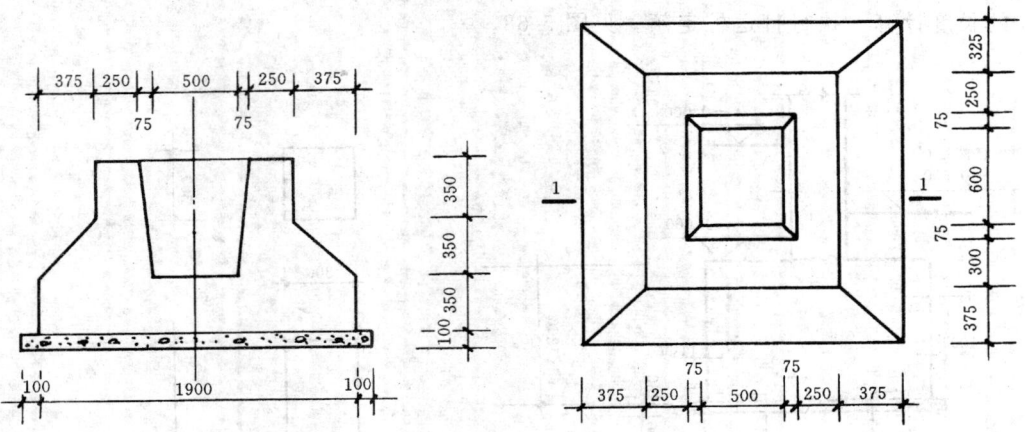

图 5-66 杯形基础

$$混凝土工程量 = 1.15 \times 1.30 \times 0.35 + 1.90 \times 2.0 \times 0.35 + \frac{0.35}{6} \left[1.15 \times 1.30 \right.$$

$$\left. + 1.9 \times 2.0 + (1.15 + 1.9) \times (1.3 + 2.0) \right] - \frac{0.7}{6} \times \left[0.5 \times 0.6 \right.$$

$$\left. + 0.65 \times 0.75 + (0.5 + 0.65) \times (0.6 + 0.75) \right] = 2.48 \text{m}^3$$

【例2】 见本章第七节表 5-29 "工程量计算表" 序 45。

（5）桩基础由承台和桩两部分组成。

①承台，有独立承台和带型承台两种形式。其工程量按体积以立方米计算。预制桩上部的承台不扣除浇入承台的桩头体积，见图 5-67。

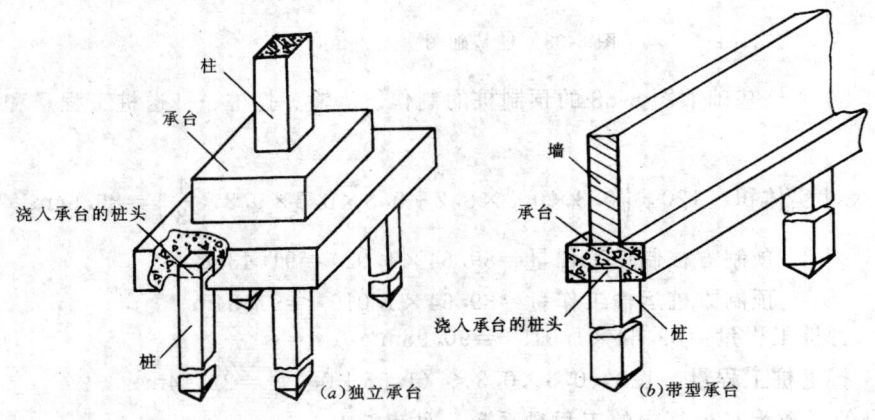

图 5-67 桩承台

②桩，有预制桩、现浇灌注桩（如打拔灌注桩、钻孔灌注桩等）、大孔桩等。

  a. 预制桩。应分别计算制作、运输、打桩和打送桩四种工程量。其制作、运输和打桩工程量，均按桩的设计尺寸实体积（有的地区规定桩尖按虚体积计算，即按桩尖的设计全长乘以桩断面积计算）再乘以相应的工程量损耗系数（见本节后面"预制构件"部分）计算，

执行相应的定额。打送桩，系指将被打桩送至室外地坪以下的桩顶设计标高所用的工具式桩（一般有木制或钢制两种）。其工程量是按被打桩截面积乘以设计桩顶面至自然地坪另加0.5m的长度计算。执行打送桩定额。见图5-68。

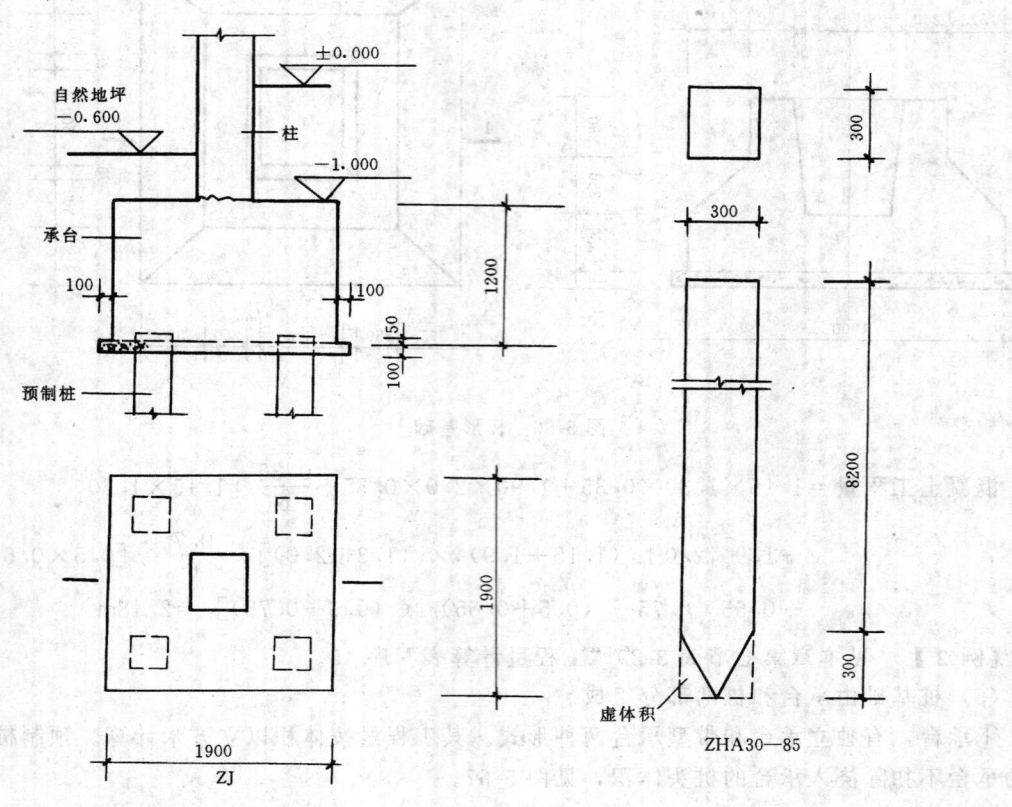

图 5-68　桩基础图

【例】　计算 30 个桩基础如图 5-68 的预制桩的制作、运输、打桩、打送桩工程量和现浇承台工程量。

方桩的设计尺寸实体积：$120 \times \left(0.3 \times 0.3 \times 8.2 + 0.3 \times 0.3 \times 0.3 \times \dfrac{1}{3}\right) = 89.64 \mathrm{m}^3$

则　　　　　　　　预制方桩制作工程量 $= 89.64 \times 1.02^* = 91.43 \mathrm{m}^3$

预制方桩运输工作量 $= 89.64 \times 1.019^* = 91.34 \mathrm{m}^3$

打桩工程量 $= 89.64 \times 1.015^* = 90.98 \mathrm{m}^3$

打送桩工程量 $= 120 \times 0.3 \times 0.3 \times (1.55 + 0.5) = 22.14 \mathrm{m}^3$

（注：带 * 号的系数为某地规定的工程量系数，见表 5-11）

现浇承台工程量 $= 30 \times 1.90 \times 1.90 \times 1.20 = 129.96 \mathrm{m}^3$

b. 现浇灌注桩。按设计尺寸的体积以立方米计算。

c. 大孔桩（即人工挖大孔桩）。按桩芯和护壁（护壁亦称衬套）分别计算工程量，执行相应的定额。

【例】　计算图 5-32 所示大孔桩基础的桩芯、护壁和承台工程量。

$$桩芯工程量＝\overset{桩身}{\pi×0.80^2×9.70}+\overset{大圆柱}{\pi×1.30^2×0.50}+\overset{圆台}{\frac{1}{3}\pi×2.00×（0.80^2+1.30^2}$$

$$\overset{球缺}{+0.80×1.30）+0.54}=29.76m^3$$

护壁工程量＝π（1.00²－0.80²）×9.70＝10.97m³

承台工程量＝π×1.30²×1.60＝8.49m³

2. 柱

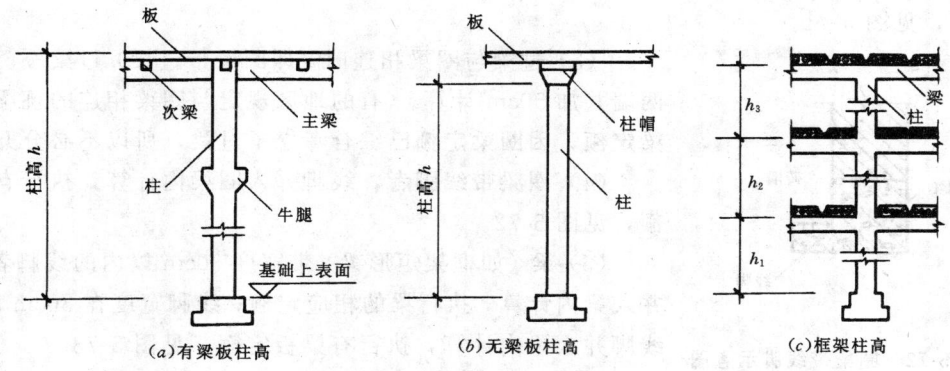

图 5-69　柱高计算示意图

（1）矩形桩

柱的工程量按柱高乘以柱断面积以体积立方米计算。柱高计算：见图 5-69。

1）有梁板的柱高：从柱基上表面算至板上表面；

2）无梁板的柱高：从柱基上表面算至柱帽下表面；

3）框架柱的柱高：从柱基上表面算至梁上表面（有楼隔层）或柱顶（无楼隔层）。

附属于柱的牛腿，并入柱身体积内计算。

【例】　见本章第七节表 5-29"工程量计算表"序 14。

（2）构造柱

嵌入砌体内的构造柱（即抗震柱）按其混凝土体积以立方米计算，墙内的咬口（或称马牙槎）并入构造柱内计算，见图 5-70。

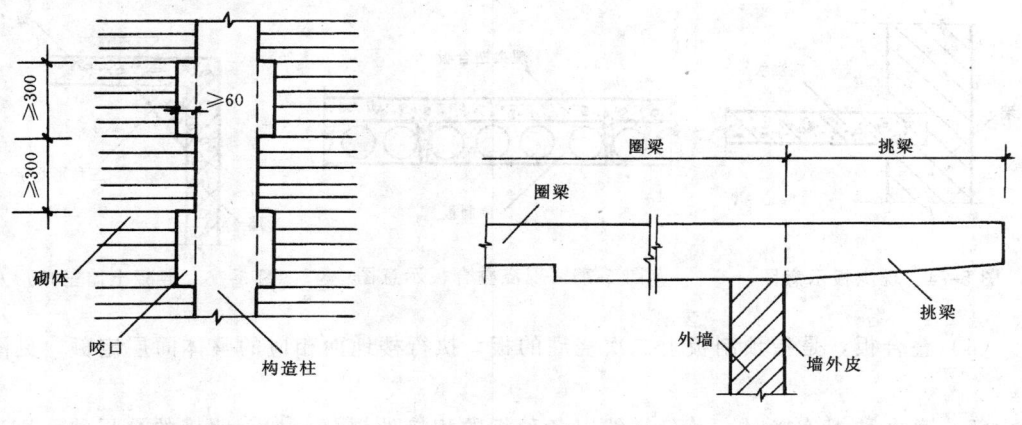

图 5-70　构造柱咬口示意图　　　　　图 5-71　挑梁与圈梁连接示意图

【例】　见本章第七节表 5-29"工程量计算表"序 21。

3. 梁

（1）梁高为梁底至梁顶面的距离。梁长：梁与柱连接时，梁长算至柱侧面；与主梁连接的次梁，长度算至主梁的侧面。伸入墙内的梁头应计算在梁的长度内。现浇梁头处有现浇垫块者，垫块体积并入梁内计算。

【例】 见本章第七节表 5-29"工程量计算表"序 15。

（2）挑梁与圈梁相连时，以墙的外皮为界，伸出墙外部分按梁计算，墙内部分按圈梁计算，见图 5-71。

（3）过梁与圈梁相连时（即圈梁带过梁）过梁按门窗洞口两端共加 50cm 计算。（有的地区规定与圈梁相连的挑梁执行圈梁定额，因圈梁定额已综合考虑了过梁，所以不必分开计算）。

（4）圈梁带线脚者，线脚并入圈梁内计算，执行有梁板定额，见图 5-72。

（5）梁（如框架矩形梁）带宽度 30cm 以内的线脚者，线脚并入梁内计算，执行梁的相应定额；线脚宽度在 30cm 以上时，线脚并入梁内计算，执行有梁板定额，见图 5-73。

【例】 见本章第七节表 5-29"工程量计算表"序 51、序 52。

4. 板

（1）有梁板，是指梁（包括主梁、次梁、圈梁除外）、板同时现浇构成整体的板。其梁板体积合并计算，见图 5-69（a）。

（2）无梁板，是指不带梁（圈梁除外）直接由柱支承的板。其柱头（帽）的体积并入板内计算，见图 5-69（b）。

（3）平板，是指无梁（圈梁除外）直接由墙支承的板，见图 5-74。

【例】 见本章第七节表 5-29"工程量计算表"序 16、序 20。

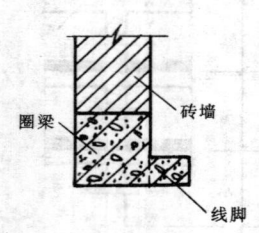
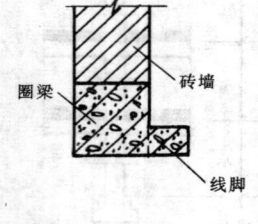

图 5-72 圈梁带线脚示意图

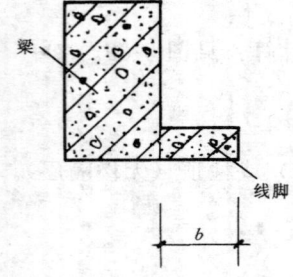

图 5-73 梁带线脚示意图

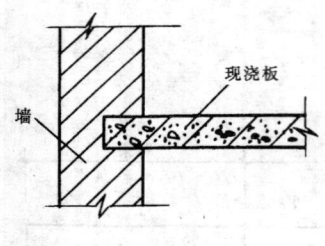

图 5-74 现浇板示意图

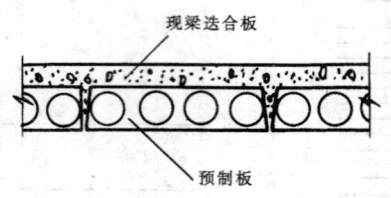

图 5-75 现浇叠合板示意图

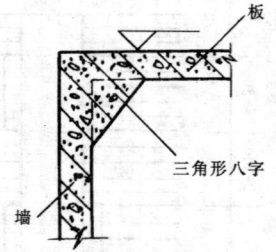

图 5-76 混凝土墙三角形八字

（4）叠合板，是指预制板上二次浇灌的板，执行楼地面相应的整体面层定额，见图 5-75。

（5）有多种板连接时，其分界线以各种板的相接处划分，如无明确的分界线，则以墙的中心线划分。伸入墙内的板头体积并入板内计算。

5. 墙

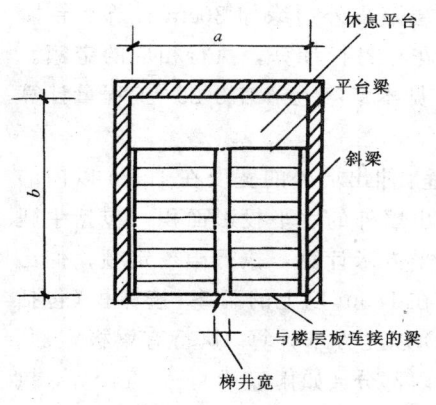

图 5-77　楼梯平面图

混凝土墙中的圈梁、过梁及三角形八字(见图 5-76)并入墙的体积内计算。

6. 楼梯

(1)整体楼梯：指包括踏步、休息平台、平台梁、与楼层板的连接梁同时现浇为一个整体的楼梯，其工程量分层按水平投影面积以平方米计算。不扣除宽度小于 50cm 的楼梯井空隙(见图 5-77)，伸入墙内部分的体积已包括在定额内，不另计算。当整体楼梯与现浇楼层无梯梁连接时，按楼层的最后一个踏步外边缘加 30cm 为界计算，见图 5-78。

(2)螺旋型楼梯：包括踏步、梁、休息平

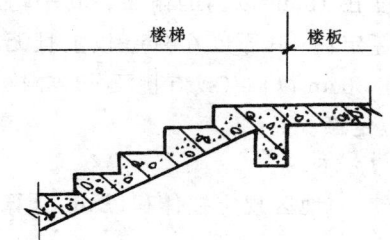 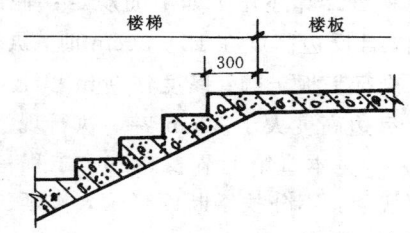

图 5-78　楼梯与楼层划分界线示意图

台按水平投影面积以平方米计算。螺旋型楼梯的水平投影面即是圆环面，其计算公式为：

$$螺旋梯混凝土工程量 = \frac{\omega}{360}\pi(R^2 - r^2) \tag{5-23}$$

式中　ω——螺旋梯旋转角度；

　　　R——梯外边缘螺旋线旋转半径；

　　　r——梯内边缘螺旋线旋转半径。

(3)楼梯基础、栏杆、与地坪相连的混凝土(或砖)踏步和楼梯的支承柱另行计算，执行相应的定额，见图 5-79。

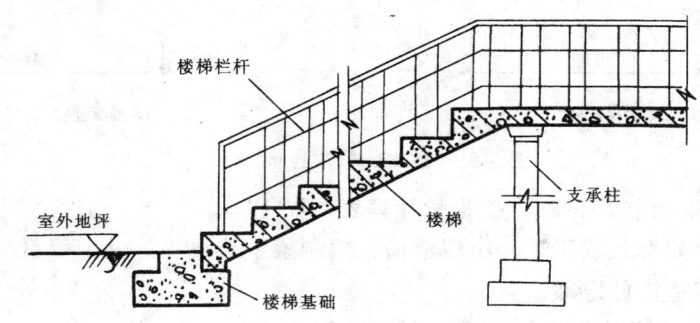

图 5-79　楼梯剖面图

7. 其他

(1)混凝土台阶：按水平投影面积以平方米计算。若台阶与地坪或平台连接时，其分

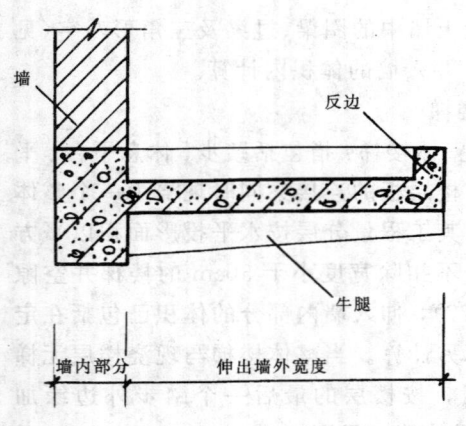

图 5-80 雨篷示意图

界线以最上层踏步外边缘加 30cm 计算。台阶侧的梯带或花台另行计算，执行相应的定额。

【例】 见本章第七节表 5-29"工程量计算表"序 67。

(2) 雨篷：伸出墙外的宽度在 1.5m 以内的雨篷，按伸出墙外的水平投影面积（包括牛腿和反边）以平方米计算，执行雨篷定额；伸出墙外的宽度在 1.5m 以上的雨篷，按体积（包括牛腿及反边）以立方米计算，执行有梁板定额。雨篷嵌入墙内部分（如雨篷梁），另行计算，执行相应的定额，见图 5-80。

有的地区对伸出墙外宽度在 1.5m 以内的雨篷的工程量计算还作了如下的规定：伸出墙外宽度在 1.5m 以内的雨篷，其平均厚度在 6cm 以内，且反边高度在 12～30cm 时，执行现浇雨篷定额；其厚度在 9cm 以上且无反边及挑梁者，执行平板定额；厚度在 9cm 以上，且反边在 30cm 以内（或有挑梁）者，执行有梁板定额；反边高度大于 30cm 者，执行现浇墙的相应定额。

【例】 见本章第七节表 5-29"工程量计算表"序 16。

(3) 扶手：不分扶手断面形式，按延长米计算。有的地区规定按体积以 m^3 计算，执行"零星构件"定额。

(4) 天沟（檐沟）、挑檐：与屋面板或板连接时，以外墙外皮为分界线；与梁、圈梁连接时，以梁、圈梁外皮为分界线。界外部分为天沟（檐沟）、挑檐，执行相应的定额，见图 5-81。

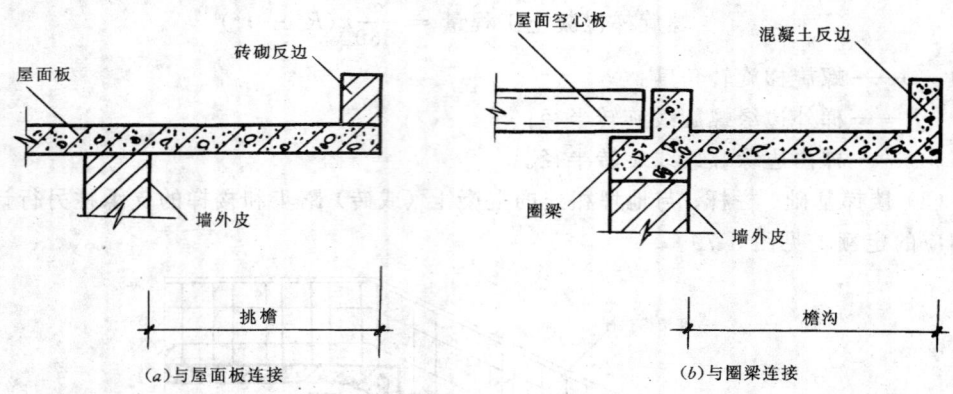

(a) 与屋面板连接　　　　(b) 与圈梁连接

图 5-81 挑檐、檐沟连接

【例】 见本章第七节表 5-29"工程量计算表"序 19。

(5) 零星构件：如女儿墙压顶、小型池槽、预制梁下垫块等，其工程量均按实体积以立方米计算，执行零星构件定额。

【例】 见本章第七节表 5-29"工程量计算表"序 22。

8. 现浇梁、板超高增加费

由于现浇梁、板定额内操作高度是按一定高度（一般为 4.5m 以内）综合的，若现浇梁板的操作高度超过定额的综合高度时，应另行增加超高增加费，以增加超高（超 4.5m）所发生的费用（主要指超高增加的模板费）。

现浇梁板超高增加费的工程量，按超过定额规定的高度（4.5m）部分的梁板的体积计算。

（二）预制构件

预制构件又称装配式构件，是指预先在预制构件加工厂制作好，再从加工厂将构件运输到工程现场，进行装配，最后进行接头灌浆，才能形成工程实体的构件。所以预制构件要计算制作、运输、安装和接头灌浆四种工程量。

由于预制构件在制作成型后可能出现废品，在运输、堆放以及安装过程中可能产生构件的损坏，而造成构件的损耗。如某地对该损耗的规定见表 5-10。对于这些损耗，有的地区已纳入相应的定额中，有的地区未纳入定额，未纳入定额的就要在计算工程量时加入工程量，即用构件的净量乘以大于 1 的构件工程量系数，见表 5-11。

预制构件制作、运输、安装各阶段损耗率   表 5-10

构　件　类　别	制作废品率（%）	运输堆放损耗率（%）	安装（打桩）损耗率（%）
各类预制构件	0.2	0.8	0.5
预制桩	0.1	0.4	1.5
预制水磨石、窗台板、隔断	0.4	1.6	1.0

　　注：1. 预制梁、柱（不含过梁、围墙柱）不计表中损耗。

　　　　2. 现场预制件不计运输、堆放损耗。

预制构件制作、运输、安装工程量系数   表 5-11

构　件　类　别	制作工程量	运输工程量	安装（打桩）工程量
各类预制构件	1.015	1.013	1.005
预　制　桩	1.02	1.019	1.015
预制水磨石、窗台板、隔断	1.03	1.026	1.01

　　注：1. 预制梁、柱（不含过梁、围墙柱）不乘表中系数。

　　　　2. 本表系数是按构件在预制构件加工厂制作考虑的，设构件净体积为 1，则各种工程量系数为：

　　　　　　制作工程量系数＝1＋制作废品率＋运输堆放损耗率＋安装（打桩）损耗率

　　　　　　运输工程量系数＝1＋运输堆放损耗率＋安装（打桩）损耗率

　　　　　　安装（打桩）工程量系数＝1＋安装（打桩）损耗率

　　　　3. 若为现场预制构件时，各种工程量系数为：

　　　　　　制作工程量系数＝1＋制作废品率＋安装（打桩）损耗率

　　　　　　安装（打桩）工程量系数＝1＋安装（打桩）损耗率

1. 预制构件制作工程量

预制构件制作工程量＝构件净体积×制作工程量系数

构件净体积指按图示尺寸以立方米计算。预制花格按外围面积以平方米计算。

2. 预制构件运输工程量

预制构件运输工程量＝构件净体积×运输工程量系数

预制构件运输要按构件类别分别计算，见表 5-12。

预 制 构 件 类 别 表   表 5-12

构件分类	构 件 名 称
Ⅰ 类	各类屋架、薄腹梁、各类柱、山墙防风桁架、吊车梁、9m 以上的桩、梁、大型屋面板、空心板、槽形板等
Ⅱ 类	9m 以内的桩、梁、基础梁、支架、大型屋面板、槽形板、肋形板、空心板、平板、楼梯段
Ⅲ 类	墙架、天窗架、天窗挡风架（包括柱侧挡风板、遮阳板、挡雨板支架）、墙板、侧板、端壁板、天沟板檩条、上下档、各种支撑、预制门窗框、花格。预制水磨石窗台板、隔断板、池槽

3. 预制构件安装工程量

预制构件安装工程量＝构件净体积×安装工程量系数

4. 预制构件接头灌浆工程量

预制构件接头灌浆工程量，除柱与柱基二次灌浆（即柱基杯口灌浆）、柱与柱、柱与梁的接头灌浆工程量按接头个数计算外，其余构件的接头灌浆均按构件体积（不包括堵头、座浆、灌浆体积）计算。即：

预制构件接头灌浆工程量＝构件净体积

【例】 某工程的大型屋面板经计算净体积为 250m³，则大型屋面板的各种工程量为：

制作工程量＝250×1.015＝253.75m³

运输工程量＝250×1.013＝253.25m³

安装工程量＝250×1.005＝251.25m³

接头灌浆工程量＝250m³

（三）钢筋混凝土构件的钢筋、铁件

在建筑工程中，钢筋用量大价值高，在总造价中占有一定的比重，所以要按设计图纸计算钢筋用量，以准确计算钢筋的价值。

1. 钢筋理论净重量

钢筋理论净重量，系根据施工图纸的钢筋长度乘以钢筋的单位重量（每米重量）计算。即：

钢筋理论净重量＝钢筋长度×每米重量

式中，钢筋长度按施工图纸计算，每米重量查表可得。钢筋每米重量计算公式：

$$w = 0.006\,165d^2 \tag{5-24}$$

式中 d——钢筋直径（mm）。

（1）混凝土保护层

混凝土保护层，图纸有规定时按规定计算，无规定时按表 5-13 计算。

混 凝 土 保 护 层				表 5-13
环 境 条 件	构件名称	混凝土强度等级		
		≤C20	C25 及 C30	≥C35
室内正常环境	板、墙、壳	15		
	梁、柱	25		
露天或室内高湿度环境	板、墙、壳	35	25	15
	梁、柱	45	35	25

注：混凝土基础有垫层 35，无垫层 70。

（2）钢筋长度（L）

①两端无弯钩的直筋

$$L = 构件长 - 保护层 \tag{5-25}$$

②两端有弯钩的直筋

$$L = 构件长 - 保护层 + 弯钩长 \tag{5-26}$$

弯钩有三种形式：180°圆弯钩、135°斜弯钩、90°直弯钩。弯钩长度按设计规定计算，若设计无规定时可按图 5-82 所示计算。

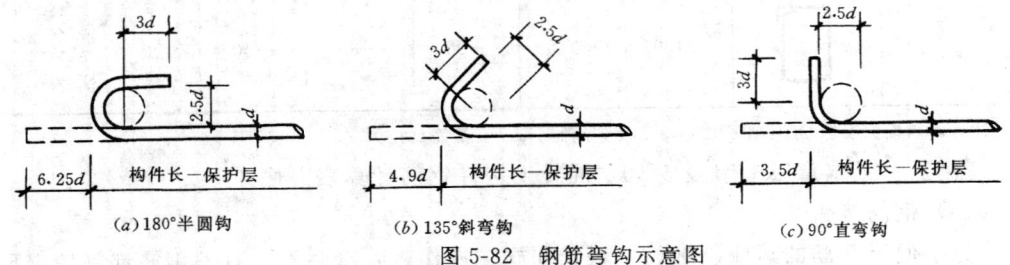

（a）180°半圆钩　　（b）135°斜弯钩　　（c）90°直弯钩

图 5-82　钢筋弯钩示意图

③弯起钢筋

$$L = 构件长 - 保护层 + 弯钩长 + 弯起增加值（\Delta L） \tag{5-27}$$

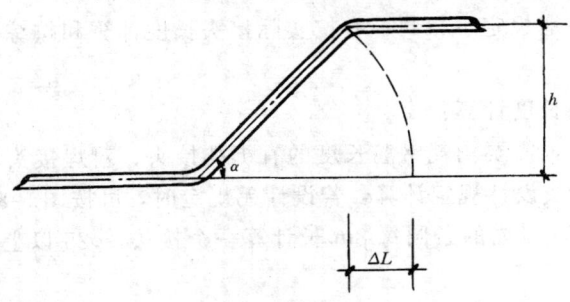

图 5-83　弯起钢筋示意图

弯起钢筋的弯起角度有 30°、45°、60°三种，其弯起增加值 ΔL 见图 5-83。

当 $\alpha = 30°$ 时，$\Delta L = 0.27h$

当 $\alpha = 45°$ 时，$\Delta L = 0.41h$

当 $\alpha = 60°$ 时，$\Delta L = 0.58h$

④箍筋

箍筋长度按构件断面周长减 8 个箍筋保护层再加弯钩长度计算。为简便起见，可按构件断面周长加箍筋增减值计算，其公式为：

$$箍筋长度 = L + \Delta L \tag{5-28}$$

式中　L——构件断面周长；

　　　ΔL——箍筋增减值，见表 5-14。

箍筋增减值（ΔL）表（单位：mm）　　　　　　表 5-14

形　式	ϕ						备　注
	4	6	6.5	8	10	12	
	ΔL						
抗震结构	−90	−40	−30	10	70	120	平直长度 10d 弯心圆 2.5d
非抗震结构	−150	−120	−110	−90	−60	−40	平直长度 5d 弯心圆 2.5d
	−130	−110	−90	−60	−40	0	

注：本表根据国标 GBJ204—91 第 3.3.4 条编制。d——箍筋直径。

【例】　见本章第七节表 5-30 "混凝土构件钢筋计算表"序 4。

（3）钢筋接头

为了便于钢筋的运输、堆放、保管和施工操作，除盘圆外，直条钢筋都是按定尺长度生产出厂的，而钢筋的定尺长度与构件所需要的长度不可能一致，当构件所需钢筋长度超过钢筋的定尺长度时，就需要接头。

钢筋的接头计算，各地规定不相同，有按实际接头长度计算和按综合系数计算两种处理方式。

第一种：按实际接头长度计算：

钢筋的接头形式很多，需要消耗钢筋长度的有绑扎接头、对焊接头、错焊接头、绑条焊接头几种。其接头长度按设计规定计算，若设计无规定时，可按图 5-84 计算。其接头个数，有的地区统一规定 ϕ25 以内的条圆每 8m 长计算一个接头，ϕ25 以上的条圆每 6m 计算一个接头。

钢筋接头长度可采用综合计算，在计算钢筋接头长度时用钢筋的图示长度乘以钢筋接头系数。钢筋接头系数公式为：

$$钢筋接头系数 = \frac{8m（6m）＋接头长度}{8m（6m）} \tag{5-29}$$

将钢筋接头系数制成表格，以便在计算钢筋接头时查用，见表 5-15。

【例】　见本章第七节表 5-30 "混凝土构件钢筋计算表"序 10。

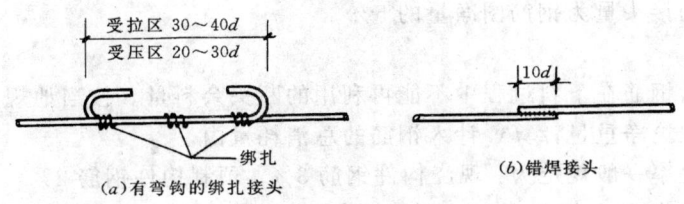

(a)有弯钩的绑扎接头　　　(b)错焊接头

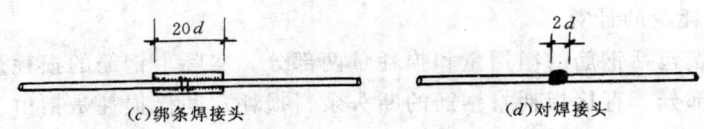

(c)绑条焊接头　　　(d)对焊接头

图 5-84　钢筋接头示意图

钢 筋 接 头 系 数 表　　　　　　　　　　　　　　　表 5-15

钢 筋 规 格	绑 扎 接 头		对 焊	错 焊	绑条焊
	有 弯 钩	无 弯 钩			
$\phi 10$	1.053 0	1.037 5			
$\phi 12$	1.063 8	1.045 0			
$\phi 14$	1.074 4	1.052 5	1.003 5	1.017 5	1.035 0
$\phi 16$	1.085 0	1.060 0	1.004 0	1.020 0	1.040 0
$\phi 18$	1.095 6	1.067 5	1.004 5	1.022 5	1.045 0
$\phi 20$	1.106 3	1.075 0	1.005 0	1.025 0	1.050 0
$\phi 22$	1.116 9	1.082 5	1.005 5	1.027 5	1.055 0
$\phi 24$	1.127 5	1.090 0	1.006 0	1.030 0	1.060 0
$\phi 25$	1.132 9	1.093 8	1.006 3	1.031 3	1.062 5
$\phi 26$	1.184 2	1.130 0	1.008 7	1.043 3	1.086 7
$\phi 28$	1.198 3	1.140 0	1.009 3	1.046 7	1.093 3
$\phi 30$	1.212 5	1.150 0	1.010 0	1.050 0	1.100 0
$\phi 32$	1.226 7	1.160 0	1.010 7	1.053 3	1.106 7

注：1. 每个接头长度：绑扎采用 $42.5d$（有弯钩）和 $30d$（无弯钩）、对焊采用 $2d$、错焊采用 $10d$、绑条焊采用 $20d$。
d 为钢筋直径。

2. 使用方法：本表系按各种规格钢筋每米长增加搭接长度编制的，使用时将图纸中钢筋分规格算出延长米数，乘上表中系数，再乘上每米重量，即为钢筋重量。

第二种：综合系数计算：

为简化钢筋接头的计算，不论采用何种接头形式，钢筋接头均按规定的综合系数计算。

如某地区就规定钢筋接头量为钢筋图净量的 5%。

2. 钢筋损耗量

钢筋损耗量是指钢筋在下料过程中不能再利用的断头余料量。按当地规定的综合损耗率乘以图纸钢筋的理论净重量计算，计入钢筋的总消耗量内。

钢筋的综合损耗率一般规定为：现浇构件钢筋 3%、预制构件钢筋 2%、先张法预应力构件钢筋 6%、预应力钢筋和钢丝束 9%、后张法预应力钢筋 10%、吊车梁预应力钢筋 13%、预埋铁件 1%。

3. 钢筋的总消耗量的计算

钢筋的总消耗量包括钢筋的净用量和损耗量两部分。实际上钢筋的损耗量又包括直接损耗和间接损耗两部分。直接损耗指钢筋的断头余料损耗；间接损耗是指由于预制构件的损坏带来的钢筋损耗（因为损坏后的构件中的钢筋无法再利用）。所以，钢筋的总消耗量计算公式应为：

$$钢筋总消耗量 = 钢筋净用量 \times (1 + 构件损耗率) \times (1 + 钢筋损耗率) \quad (5\text{-}30)$$

式中构件损耗率仅指预制构件，若是现浇构件则视为零；钢筋净用量包括图算量和钢筋接头。

如某工程先张法预应力空心板和平板的预应力钢丝，按图纸计算的理论净重量为 1.925t，则该钢筋的总消耗量应为：

$$钢筋总消耗量 = 1.925 \times (1+1.5\%) \times (1+9\%) = 2.130t$$

4. 钢筋工程定额的执行

由于各地的钢筋工程定额制定不尽相同，一般有两种情况：

（1）计算钢筋"量差"执行"钢筋增减调整"定额。

有的地区在钢筋混凝土构件的制作定额中装有钢筋用量，以反映构件含钢筋在内的单位价值。但实际上各种构件的定额钢筋用量与实际钢筋用量是有很大出入的。为准确计算钢筋的价值，所以要按设计图纸实际用量与定额用量进行量差调整。用钢筋量差去套用"钢筋增减调整"定额基价，以计算量差部分的钢筋价值。量差调整公式为：

$$钢筋调整量 = 图纸钢筋总消耗量 - 定额钢筋量 \quad (5\text{-}31)$$

钢筋调整量若为正数，则钢筋为调增；钢筋调整量若为负数，则为钢筋调减。

【例】 某职工住宅图纸钢筋总消耗量（含损耗）为：先张法预应力构件 2.130t、预制构件 1.189t、现浇构件 9.706t。定额钢筋量（构件制作工程量乘以制作定额钢筋消耗量）为：先张法预应力构件 2.660t、预制构件 1.50t、现浇构件 8.206t。则钢筋量差分别为：

先张法预应力构件 = 2.13 - 2.66 = -0.53t（调减）

预制构件 = 1.189 - 1.50 = -0.311t（调减）

现浇构件 = 9.706 - 8.206 = 1.50t（调增）

（2）按图纸钢筋总消耗量直接执行"钢筋制作与安装"定额。

有的地区在钢筋混凝土构件制作定额中未装钢筋用量。钢筋工程有专门的制作安装定额，直接用图纸钢筋总消耗量执行"钢筋制作与安装"定额，以确定其整个钢筋工程的价值，不进行钢筋的量差调整。如前例，直接用图纸钢筋总消耗量 2.13t、1.189t、9.706t 分别作为工程量，分别套用相应的"钢筋制作、安装"定额。

六、金属结构工程

金属结构工程包括钢结构件、钢门窗、铝合金制品等。

（一）钢结构件

钢结构件包括钢柱、钢屋架、钢支撑、钢吊车梁、钢拉杆等项目。钢结构件一般是在钢结构加工厂制作，经运输、安装、再刷漆、最后构成工程实体。所以要计算钢结构件的制作、运输、安装和刷漆四种工程量。

1. 钢结构件制作

钢结构件制作工程量，按理论净重量以吨计算。钢结构件不会产生构件的损坏，所以不乘任何系数。

$$钢结构件理论净重量 = \Sigma[杆件长度（或面积）\times 单位重量] \qquad (5-32)$$

式中的单位重量是指每米重量（型钢）或每平方米重量（钢板）。

型钢（如角钢、槽钢、工字钢）按设计图纸的规格尺寸计算，钢板按几何图形的外接矩形计算。不扣除孔、眼、切肢、切边等的重量，螺栓及焊缝重量已包括在定额内，不另计算。见图 5-85、5-86。

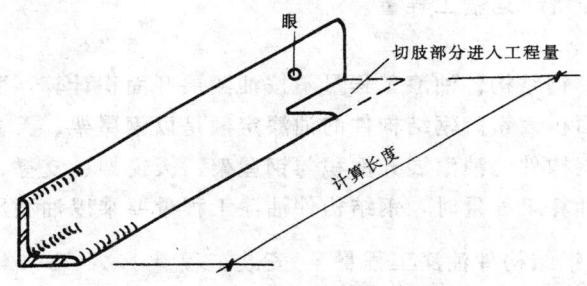

图 5-85　角钢工程量计算示意图

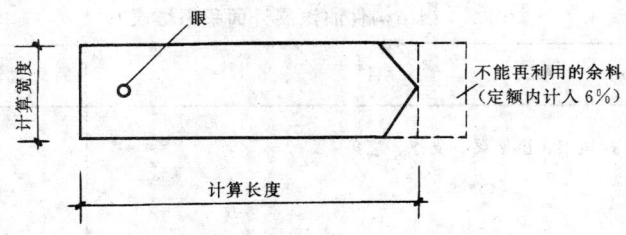

图 5-86　钢板工程量计算示意图

在计算钢结构件制作工程量时，还应注意下列问题：

（1）依附于柱上的钢牛腿及悬臂梁应并入柱的工程量计算。

（2）设在吊车梁旁的制动板并入梁的工程量内计算。

（3）天窗挡风架、柱侧挡风板、遮阳板、挡雨板支架的工程量合并计算，均执行挡风架定额。

（4）射线防护门、钢管钢丝网门制作工程量按门扇外围面积以平方米计算。

2. 钢结构件运输

钢结构件运输工程量，按制作工程量增加 1.5% 的焊缝、螺栓等重量计算。即：

$$钢结构件运输工程量＝制作工程量×（1+1.5\%）\qquad(5-33)$$

钢结构件运输定额是按构件类型分项的，所以其运输工程量要按构件类型进行项目的合并，以便执行定额。钢结构件运输分类见表 5-16。

钢 结 构 件 运 输 分 类 表　　　　　　　　　表 5-16

构件分类	构 件 名 称
Ⅰ 类	各类屋架、柱、山墙防风桁架
Ⅱ 类	支架、吊车梁、制动梁
Ⅲ 类	墙架、天窗架、天窗挡风架（包括柱侧挡风板、遮阳板、挡雨篷支架、拉杆、平台、自加工钢门窗檩条、各种支撑、大门钢骨架、其他零星构件）

3. 钢结构件安装

钢结构件安装工程量等于运输工程量。

4. 钢结构件刷漆

为简化工程量计算，钢结构件油漆工程量不按油漆展开面积计算，而按重量计算，在工程量中考虑油漆展开面积因素。钢结构件的油漆定额是以钢屋架、天窗架、支撑、檩条等为基础制定的，其它钢构件的油漆展开面积与钢屋架、天窗架、支撑、檩条等的油漆展开面积不相同，所以在计算工程量时，钢结构件油漆工程量要乘以油漆展开面积系数。

$$钢结构件油漆工程量 ＝ 安装工程量 × K\qquad(5-34)$$

式中　K —— 油漆展开面积系数，某地规定见表 5-17。

钢结构件油漆展开面积系数表　　　　　　　　　表 5-17

项　　　　　目	油漆展开面积系数（K）
钢屋架、天窗架、挡风架、屋架梁、支撑、檩条	1.00
墙架（空腹式）	0.50
墙架（格板式）	0.80
钢柱、吊车梁、花式梁柱、空花构件	0.60
操作台、走台、制动梁、车挡	0.70
钢栅栏门、栏杆、窗栅	1.70
钢爬梯	1.20
轻型屋架	1.40
踏步式钢扶梯	1.10
零星铁件	1.30

由于钢结构件在制作后要作一道防锈处理，所以在钢结构件的制作定额中已综合了一

道防锈漆。在执行钢结构刷防锈漆定额时，应按实刷油漆遍数扣减一遍执行，以避免重复计算。

【例】 如图 5-87 所示是某工业厂房水平钢支撑（共 24 副）计算其制作、运输、安装和油漆工程量。

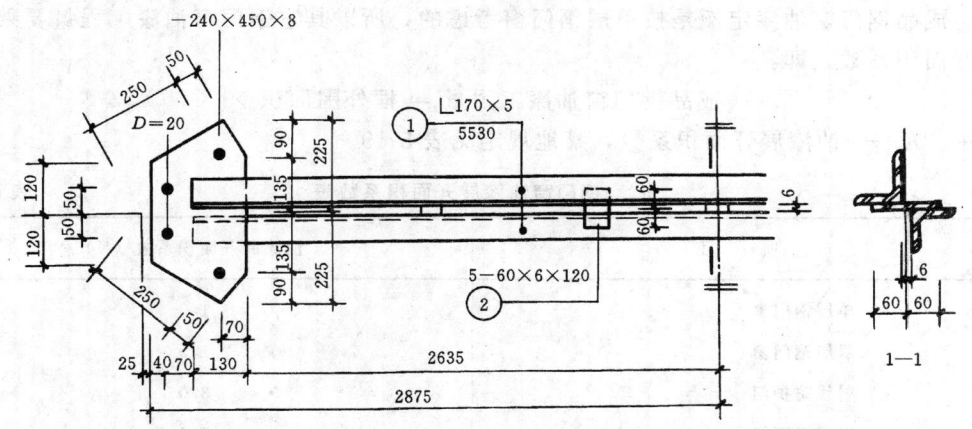

图 5-87　钢支撑 XX-18-3 详图

一副钢支撑的理论净重量用表 5-18 计算。

钢 材 重 量 计 算 表

表 5-18

零件号	规　格	单　位	数　量	件　数	单位重量	小计（kg）
①	L70×5	m	5.53	2	5.397	59.69
②	－60×120×6	m²	0.0072	5	47.10	1.70
③	－240×450×8	m²	0.108	2	62.80	13.56
	合　　计					74.95

钢支撑制作工程量＝24×74.95＝1798.8kg＝1.799t

钢支撑运输工程量＝1.799×1.015＝1.826t

钢支撑安装工程量＝1.826t（同运输工程量）

钢支撑油漆工程量＝1.826×1.0＝1.826t

有的地区将钢结构件的制作安装合并为一个项目，而且螺栓焊缝也综合到相应的定额内。则上例中钢支撑的制安、运输、油漆工程量分别是 1.799t、1.799t、1.799t。

（二）钢门窗

1. 自制钢门

自制钢门是指施工单位自行加工的钢门（如厂房钢大门等）。自制钢门的施工过程与钢结构件相同，所以其工程量计算也与钢结构件相同，包括制作、运输、安装和刷漆工程量。

2. 成品钢门窗

成品钢门窗是指自专门的钢门窗生产厂家购入成品后，再行安装的钢门窗。由于成品钢门窗的单价是按一般材料单价处理的（即包括购买价、运杂费、采保费），所以成品钢门窗只计算安装和油漆两种工程量。

（1）成品钢门窗安装

成品钢门窗的安装工程量按框外围面积以平方米计算。有的地区规定按洞口面积以平方米计算。

（2）成品钢门窗油漆

成品钢门窗油漆定额是按单层钢门窗考虑的，所以其它钢门窗油漆工程量要乘以油漆展开面积系数。即：

$$成品钢门窗油漆工程量 = 框外围面积 \times K \qquad (5-35)$$

式中　K——油漆展开面积系数，某地规定见表5-19。

钢门窗油漆展开面积系数表　　　　　　　　表5-19

项　　目	油漆展开面积系数（K）
单层钢门窗	1.0
双层钢门窗	1.5
射线防护门	3.0
半截百页门	2.2
钢百页门窗	2.7
钢折叠门	2.3
全钢板平开门、推拉门	1.7
铝丝网大门	0.8

（三）铝合金制品

（1）铝合金门窗、间壁、幕墙的制作、安装工程量均按框外围面积以平方米计算。间壁带门、幕墙带窗时，应扣除门窗框外围面积。有的地区规定按洞口面积以平方米计算。

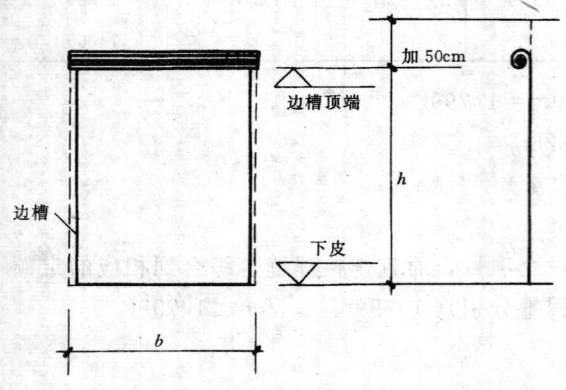

图5-88　金属卷闸门计算示意图

（2）铝合金天棚、地板制作、安装工程量按实铺面积以平方米计算。

（3）铝合金栏杆、扶手、栏板的制作、安装工程量以延长米计算。

（4）金属卷闸门安装工程量按两边槽外皮间的距离乘以下皮至槽顶端长度再加50cm计算，如图5-88。卷闸门工程量 $= b \times (h+0.5)$。

七、木作工程

木作工程包括木门窗、木装修、木间壁墙、木护壁、木墙裙、木天棚、木楼地面、木楼梯、木扶手、木栏杆、木屋架、屋面木基层等。

（一）木门窗

木门窗一般是在加工厂制作，运到工地后，进行安装、刷漆，最后形成工程实体。所以要计算其制作、运输、安装和油漆四种工程量。

木门窗制作、运输和安装工程量均按框外围面积计算（有的地区规定按洞口面积计算），无框者按扇的外围面积计算。若同一樘窗上部为半圆窗，下部分为矩形窗时，其工程量以横挡上表面分为界线分别计算工程量，见图5-89。

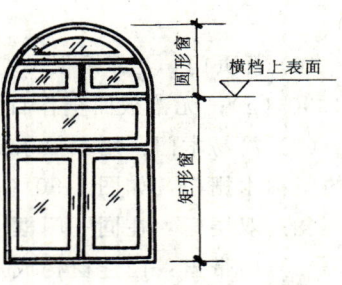

图 5-89 半圆窗计算示意图

木门窗油漆定额是按普通单层木门窗考虑的，其他木门窗工程量要乘以油漆展开面积系数。即：

$$木门窗油漆工程量 = 木门窗框外围面积 \times K$$

$$(5-36)$$

式中 K——油漆展开面积系数，某地规定见表5-20、表5-21。

执行木门窗油漆定额的展开面积系数　　　　　　　　　　表 5-20

项　　　　　目	油漆展开面积系数（K）
单层木门窗	1.00
双层木门窗	1.40
木全百页门窗	1.40
半截百页门、厂库房大门	1.20
木间壁、木隔断	1.10
玻璃隔断、露明墙筋	0.90
木栅栏、木栏杆（带扶手）	1.10
筒子板	0.90
壁　橱	1.10
木护壁、墙裙	1.10

执行单层木组合窗油漆定额的展开面积系数　　　　　　表 5-21

项　　　　　目	油漆展开面积系数（K）
单层组合窗	1.00
双层组合窗	1.40

1. 木门分类

（1）镶板门：门扇全部用冒头结构镶板，或玻璃面积小于镶板面积的一半的门，如图5-90（a）、（c）、（d）。

（2）夹板门（亦称联合板门或层板门）：门扇两面均钉胶合板，或玻璃面积小于胶合板面积的一半的门，如图5-90（l）、（n）。

（3）半玻门：同一门扇上镶玻璃面积大于或等于镶板（或胶合板）面积的一半的门。如图5-90（b）、（e）为半玻镶板门，（m）为半玻夹板门。

（4）全玻门：在同一门扇上无镶板，全装玻璃的门，如图5-90（f）。

（5）拼板门：用上下冒头或带一根中冒头钉在企口板，面起三角槽的门，如图5-90

（k）。

（6）百页门：上部镶板（或钉板）、下部为百页条的门为半截百页门（如厕所的门），如图 5-90（g）；无镶板而全作百页条的门为全百页门，如图 5-90（h）。

（7）简易木门：用木拉条拼连木板的门称木板门，如图 5-90（p）；用小木条组成的栅式的门称木栅门，如图 5-90（q）。

（8）双层门：在同一门框上连有一层纱门和一层普通的门。

（9）门带窗：门连窗构成一体。如图 5-90（o）。

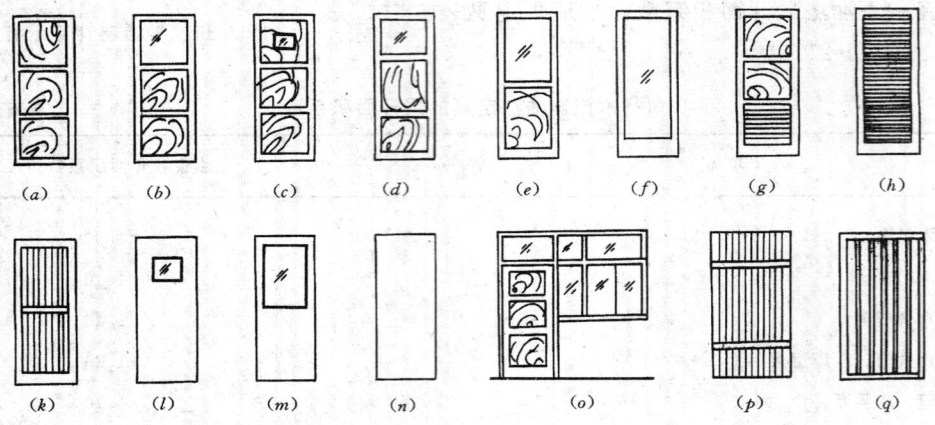

（a）　　（b）　　（c）　　（d）　　（e）　　（f）　　（g）　　（h）

（k）　　（l）　　（m）　　（n）　　（o）　　（p）　　（q）

图 5-90　木门示意图

2. 木窗分类

（1）单层玻窗：不分开启形式，窗框上仅一层窗扇的窗。

（2）双层窗：同一窗框上两层玻璃窗扇，或同一窗框上一层玻窗扇一层纱窗扇，见图 5-91。

（3）木百页窗：分矩形百页窗和圆形百页窗，见图 5-92。

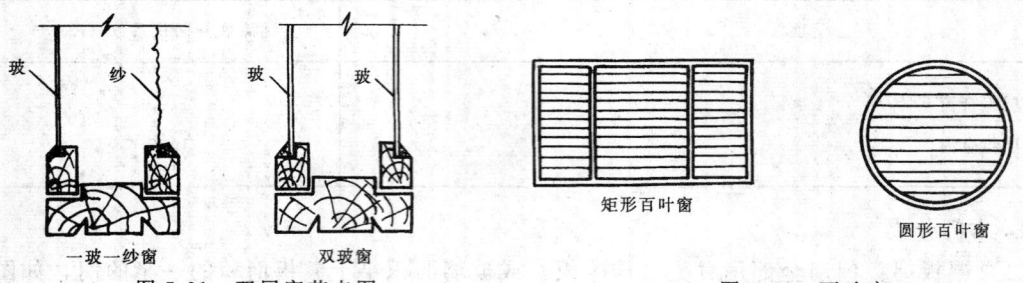

图 5-91　双层窗节点图　　　　　　　　图 5-92　百叶窗

（4）圆形玻璃窗，见图 5-93。

（5）天窗，指天窗架旁的窗，分为全中悬窗、中悬带固定窗，如图 5-94。

（6）组合窗，由多个基本窗组合而成的窗，组合窗又分靠框式和进框式两种，如图5-95。

上述木门窗，由于各自消耗的工料不同，应分别执行相应的定额项目。

木门窗制作定额内注明的框边立梃断面积，是以毛料为准的，如设计注明的断面为净断面时，应增加刨光损耗：一面刨光加 3mm，两面刨光加 5mm。

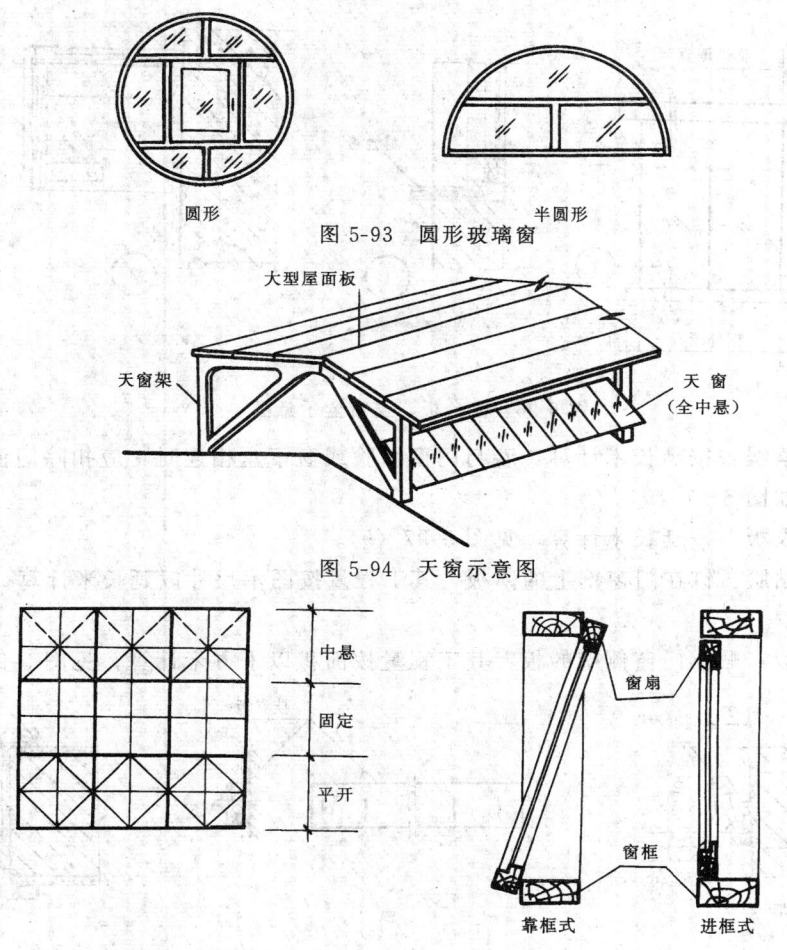

图 5-93　圆形玻璃窗

图 5-94　天窗示意图

图 5-95　组合窗示意图

木门窗安装定额内综合的五金为一般五金，若使用贵重五金时，增加贵重五金的材料费，不增加安装费，但定额中的一般五金费也不作扣除。一般五金是指普通折页、插销、风钩、普通翻窗铰链、搭扣和镀铬弓背拉手。贵重五金是指价值较高的五金，如推棍、暗门锁等。

【例】　见本章第七节表 5-29"工程量计算表"序 30～42。

（二）木装修及其他

木装修包括木窗台板、窗帘盒、挂镜线、筒子板、贴脸板等。其工程量包括安装和油漆两种工程量（安装定额内已包括了制作和运输）。

1．木装修安装

（1）木窗台板：按木窗台板图纸尺寸面积以平方米计算，如图纸未注明窗台板的长度和宽度时，可按窗框外围宽度两边共加 10cm，凸出墙面的宽度按墙外皮加 5cm 计算，见图 5-96。

（2）木窗帘盒：按图纸尺寸以延长米计算，如图纸未标示长度时，可按窗框外围宽度两边共加 30cm 计算，见图 5-96。

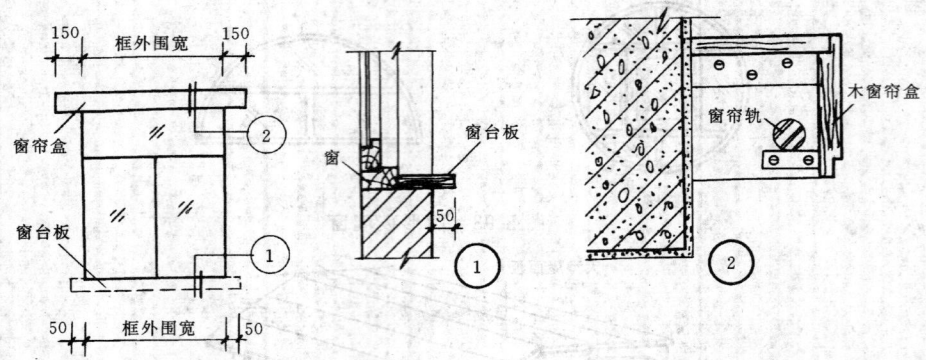

图 5-96　窗台板、窗帘盒示意图

（3）木挂镜线：按延长米计算，若与门窗贴脸或窗帘盒相连时，应扣除门窗框或窗帘盒所占长度，如图 5-97（a）。

（4）木挂衣板：按延长米计算，见图 5-97（b）。

（5）门窗贴脸：钉在门窗框上的薄板，其工程量按图示尺寸以延长米计算，见图 5-97（c）。

（6）筒子板：贴于门窗侧壁的板，其工程量按面积以平方米计算，见图 5-97（c）。

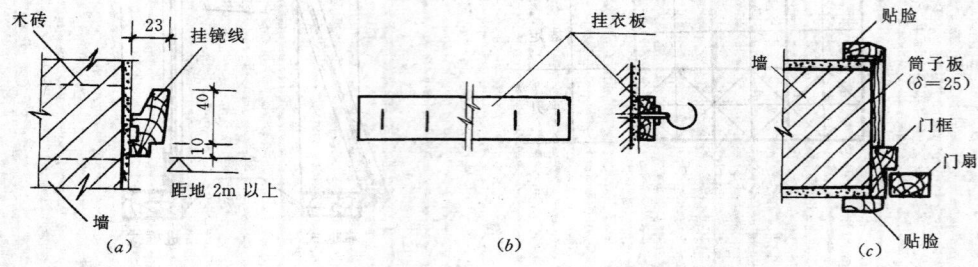

图 5-97　挂镜线、挂衣板、贴脸、筒子板

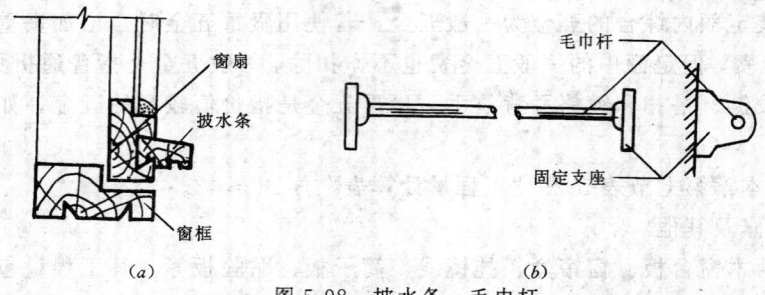

图 5-98　披水条、毛巾杆

（7）木盖板：按图纸尺寸以平方米计算。

（8）木搁板：按图纸尺寸以平方米计算。

（9）披水条：按延长米计算，见图 5-98（a）。

（10）毛巾杆：按套计算，见图 5-98（b）。

（11）信报箱、墙壁镜、木碗柜：分别按个计算。

2. 木装修油漆

（1）木窗帘盒、挂镜线、挂衣板，按延长米计算乘以表 5-22 中的系数，执行木扶手（不带托）油漆定额。

执行木扶手（不带托板）的油漆定额的油漆展开面积系数表　　　表 5-22

项　　　　目	油漆展开面积系数（K）
木扶手（不带托板）	1.00
木扶手（带托板）	2.60
窗帘盒	2.00
封檐板、搏风板	1.70
挂衣板	0.50
挂镜线、窗帘棍、压条	0.40

（2）筒子板、信报箱、墙壁镜、碗柜等，按实刷展开面积以平方米计算。执行筒子板的油漆的相应定额。

（3）门窗贴脸及披水条油漆，刷门窗油漆时已经包括，不单独计算。

（三）间壁墙、护壁、墙裙、隔断、玻璃间壁墙

1. 间壁墙、护壁、墙裙

按墙的净长乘净高以平方米计算。应扣除门窗所占面积，但不扣除 0.3m² 以内的孔洞面积。

间壁墙是指起分隔作用的非承重墙。墙裙是指沿墙的局部$\left(\text{一般约在墙高度的} \dfrac{1}{3} \sim \dfrac{2}{3}\right)$的木装修。护壁是指沿墙面整个高度满做$\left(\text{一般约大于} \dfrac{2}{3}\right)$木装修。

2. 隔断

按下横档底面至上横档顶面的面积以平方米计算，见图 5-99。隔断上的门扇面积并入隔断面积内计算。

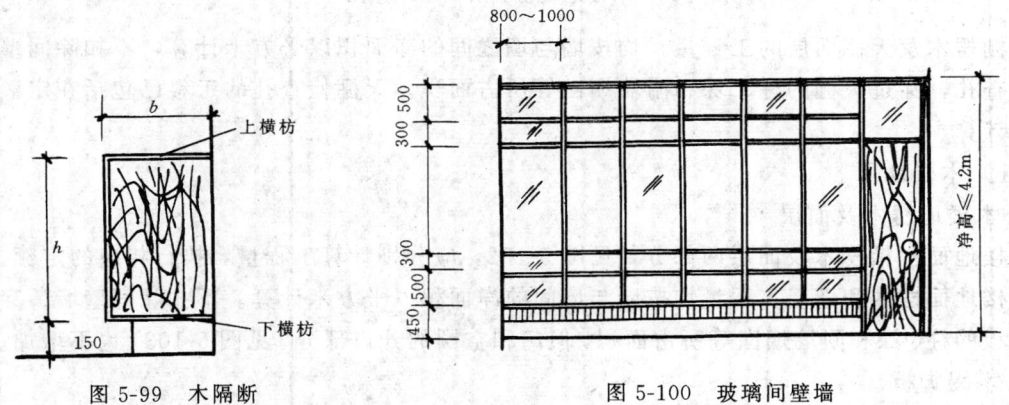

图 5-99　木隔断　　　　　　　　　图 5-100　玻璃间壁墙

3. 玻璃间壁墙

玻璃间壁墙高度按上、下横档间距离，宽度按两边立樘间距离计算。应扣除门和 0.3m² 以上的孔洞所占面积，见图 5-100。

（四）天棚

天棚包括天棚楞木（龙骨）和天棚面层两部分见图 5-101，应分别计算工程量，执行相应的定额。

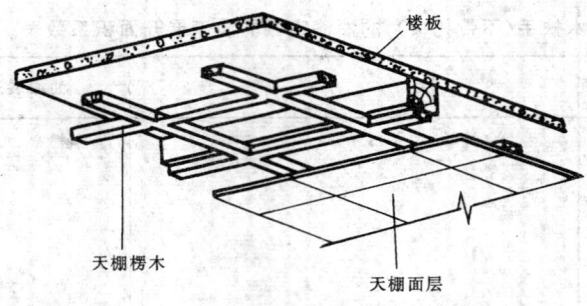

图 5-101 吊顶天棚示意图

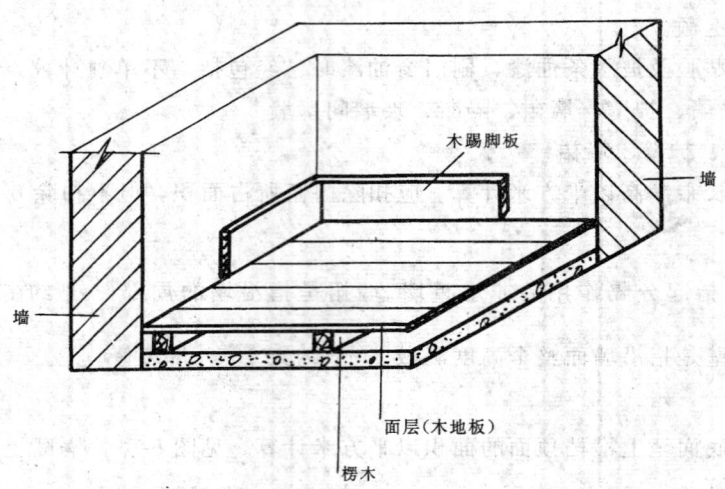

图 5-102 木楼地板楞木及面层示意图

天棚楞木及天棚面层的工程量，均按墙与墙之间的净面积以平方米计算，不扣除间壁墙、检查孔，穿过天棚的柱、垛和附墙烟囱等所占面积。天棚检查孔的工料已包括在定额内不另计算。

（五）木楼地面

1．木楼地楞木及面层

木楼地面包括楞木及面层两部分，见图 5-102，应分别计算工程量，执行相应的定额。

木楼地面楞木和面层工程量均按墙与墙间的净面积以平方米计算。不扣除间壁墙、穿过木地板的柱、垛和附墙烟囱等所占面积，但门和空圈的开口部分（见图 5-103）也不增加。

2．木踢脚板

木踢脚板工程量按面积以平方米计算，不扣除门窗洞口和空圈处的长度，但门洞空圈的侧壁部分也不增加，见图 5-102。

3．木楼梯

木楼梯按水平投影面积以平方米计算，不扣除宽度在 30cm 以内的楼梯井所占面积。木楼梯的踢脚板、平台及伸入墙内部分已包括在木楼梯定额内，不另计算。

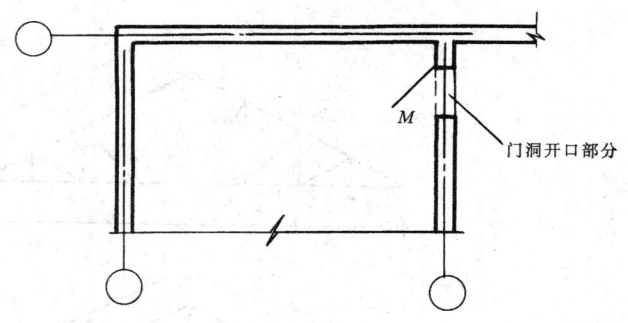

图 5-103 门洞开口部分示意图

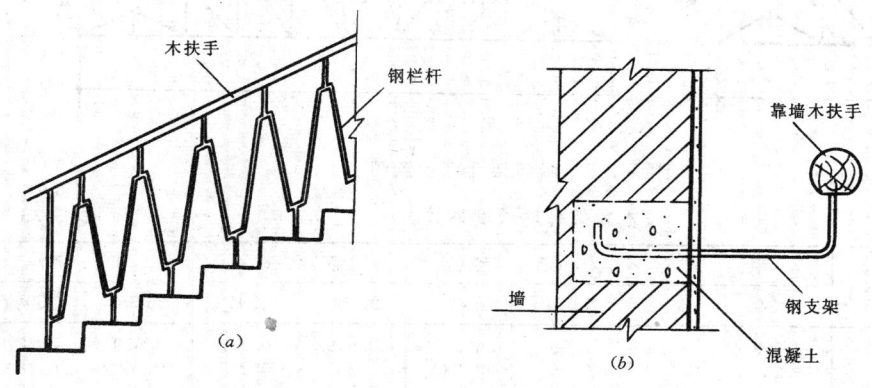

图 5-104 木扶手示意图

4. 木栏杆及木扶手

楼梯木栏杆及木扶手工程量可按其全部水平投影长度（不包括墙内部分）乘以系数 1.15 以延长米计算。其他木栏杆及木扶手工程量直接按延长米计算。

木栏杆上的木扶手已包括在木栏杆定额内，不单独计算。钢栏杆上的木扶手按木扶手计算（钢栏杆按重量计算，单独执行钢栏杆定额），执行木扶手定额，靠墙扶手定额内已包括了扶手支架，支架不另计算，见图 5-104。有的地区规定栏杆及其扶手均执行同一定额，其工程量按延长米计算。

（六）木屋盖

1. 木屋架

木屋架按竣工木材体积以立方米计算。其后备长度及配制损耗均已包括在定额内，不另计算。附属于屋架上的木夹板、垫木、风撑、与屋架连接的挑沿木，均按竣工木材计算后并入相应的屋架工程量内。

圆木屋架杆件材积根据杆件长度查"圆木材积表"即可求出；方木屋架杆件材积用杆件长度乘以杆件断面积计算。木屋架杆件长度用屋架跨度（屋架两端上、下弦中心线交点之间的长度）乘以木屋架杆件长度系数计算。即：

$$杆件长度 = L \times 杆件长度系数 \tag{5-37}$$

式中 L——屋架跨度，见图 5-105；

杆件长度系数见表 5-23。

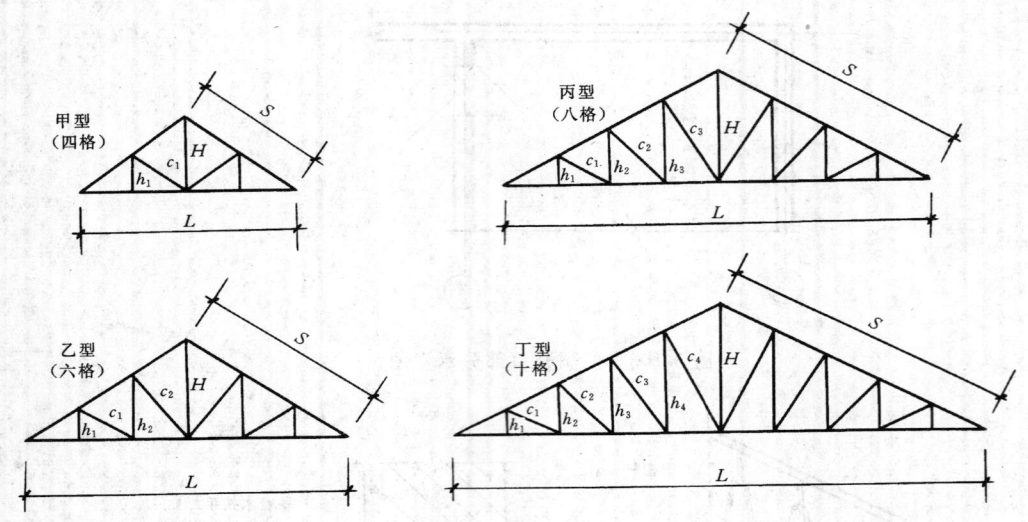

图 5-105 木屋架计算示意图

木屋架杆件长度系数表 表 5-23

杆 件 号	甲 型		乙 型		丙 型		丁 型	
	26°34′	30°	26°34′	30°	26°34′	30°	26°30′	30°
S	0.559	0.577	0.559	0.577	0.559	0.577	0.559	0.577
H	0.25	0.289	0.25	0.289	0.25	0.289	0.25	0.289
h_1	0.125	0.144	0.083	0.096	0.063	0.072	0.05	0.057
h_2			0.167	0.192	0.125	0.144	0.10	0.116
h_3					0.188	0.217	0.15	0.173
h_4							0.20	0.231
c_1	0.280	0.289	0.185	0.192	0.139	0.144	0.112	0.115
c_2			0.235	0.254	0.177	0.191	0.141	0.153
c_3					0.226	0.25	0.18	0.20
c_4							0.224	0.252

【例】 计算如图 5-106 所示乙型跨度 12m（YMJQ123）圆木屋架的木材材积。

(1) 圆木材积计算（见表 5-24）。

表中：

① "长度计算" 栏的系数（代 ＊ 号者）查表 5-23。

圆 木 材 积 计 算 表 表 5-24

杆件名称	尾径（cm）	长度计算（m）	单根材积（m³）	杆件根数（根）	材积（m³）
上 弦	$\phi17$	$12×0.559^*=6.708$	0.258	2	0.516
下 弦	$\phi18$	$6+0.35=6.35$	0.238	2	0.476
斜 杆$_1$	$\phi18$	$12×0.186^*=2.232$	0.065	2	0.130
斜 杆$_2$	$\phi16$	$12×0.236^*=2.832$	0.069	2	0.138
合 计					1.260

② "单根材积" 栏查 "原木材积累计表" 国标 GB4814—84。长度以 20cm 为增进单位，不足 20cm，凡满 10cm 的进位，不足 10cm 的舍去；径级以 2cm 为增进单位，不足 2cm，凡满 1cm 的进位，不足 1cm 的舍去。附该表计算公式：

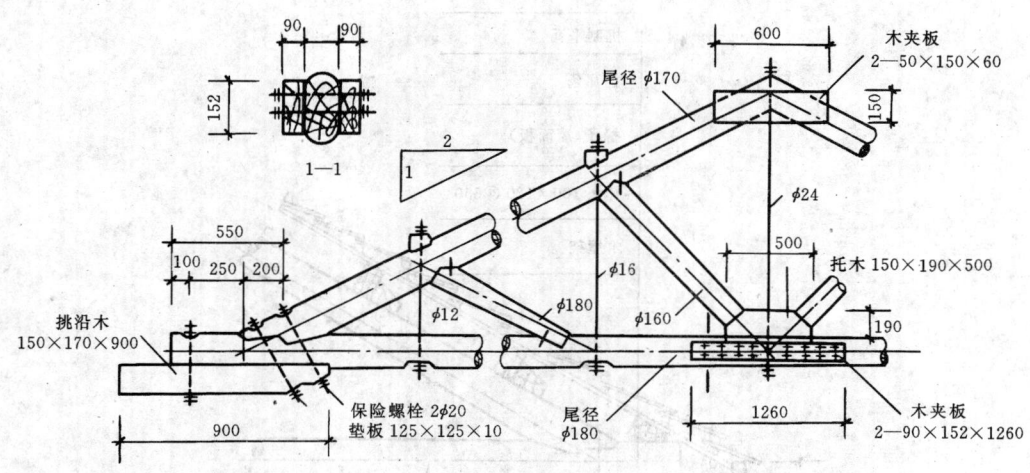

图 5-106　木屋架

检尺径（尾径）自 4～12cm 的小径原木材积：

$$V = 0.785\,4L(D + 0.45L + 0.2)^2 \div 10\,000$$

检尺径（尾径）14cm 以上的原木材积：

$$V = 0.785\,4L[D + 0.5L + 0.005L^2 + 0.000\,125L(14 - L)^2(D - 10)]^2 \div 10\,000$$

式中　V——材积（m³）；

　　　L——检尺长度（m）；

　　　D——检尺尾径（cm）。

（2）方木材积计算

顶点木夹板：$2 \times 0.05 \times 0.15 \times 0.6 = 0.009$m³　⎫

下弦木夹板：$2 \times 0.09 \times 0.152 \times 1.26 = 0.034$m³　⎪

下弦中间托木：$0.15 \times 0.19 \times 0.50 = 0.014$m³　⎬ 0.103m³

下弦端部挑沿木：$2 \times 0.15 \times 0.17 \times 0.9 = 0.046$m³　⎭

折合成圆木：$0.103 \div 65\% = 0.158$m³

（原木出材率按 65％计算）

木屋架合计材积（原木）：$1.26 + 0.158 = 1.418$m³

2. 木檩条

木檩条按竣工木材以立方米计算，檩条垫木或钉在屋架上的檩托木，已包括在定额内，不另行计算。檩条长度按设计规定计算，檩条搭接长度按设计或规范规定计算（规范规定：搭接长度等于支承面）。

单独的挑沿木（见图 5-107）、水平支撑、剪刀撑（指木屋架上的支撑）均按体积以立方米计算，执行檩条木定额项目。

3. 屋面木基层

屋面木基层是指瓦防水层以下的层次，包括木屋面

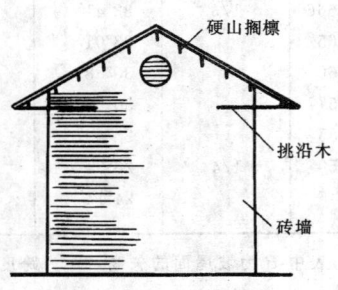

图 5-107　挑沿木示意图

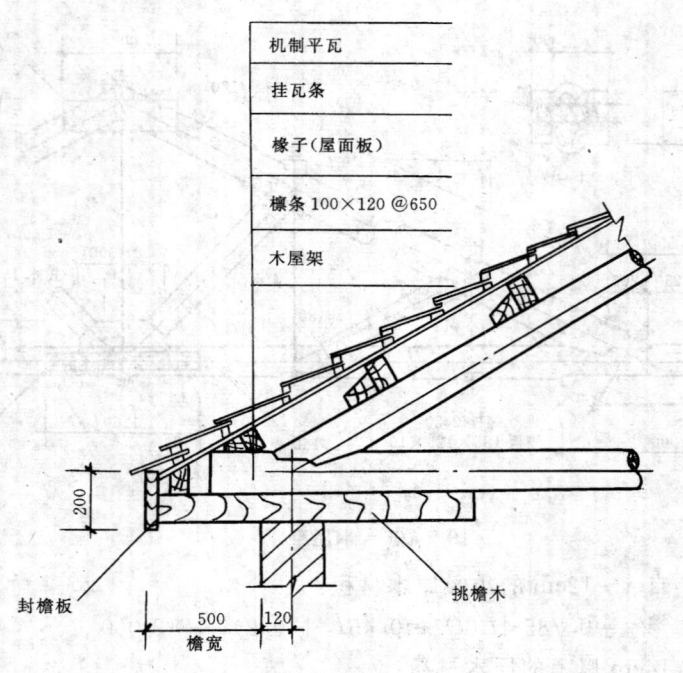

图 5-108　木屋面图

板、挂瓦条、椽子等内容（见图 5-108）。均按斜面面积以平方米计算。不扣除附墙烟囱、通风帽底座、屋顶小气窗和斜沟的面积。天窗挑沿与屋面重叠部分按设计规定增加。

屋面木基层工程量计算公式为：

$$屋面木基层工程量 = 屋盖水平投影面积 \times 屋面坡度系数 \tag{5-38}$$

式中屋面坡度系数见表 5-25。

屋 面 坡 度 系 数 表　　　　　　　　　表 5-25

坡　　　　度			坡度系数 C	坡　　　　度			坡度系数 C
B $(A=1)$	$\dfrac{B}{2A}$	角　度 θ		B $(A=1)$	$\dfrac{B}{2A}$	角　度 θ	
1	1/2	45°	1.4142	0.40	1/5	21°48′	1.0770
0.75		36°52′	1.2500	0.35		19°47′	1.0595
0.70		35°	1.2207	0.333	1/6	18°26′	1.0541
0.666	1/3	33°41′	1.2015	0.25	1/8	14°02′	1.0308
0.65		33°01′	1.1927	0.20	1/10	11°19′	1.0198
0.60		30°58′	1.1662	0.167	1/12	9°27′	1.0138
0.577		30°	1.1545	0.125	1/16	7°28′	1.0078
0.55		28°49′	1.1413	0.10	1/20	5°42′	1.0050
0.50	1/4	26°34′	1.118	0.083	1/24	4°45′	1.0034
0.45		24°14′	1.0966	0.066	1/30	3°49′	1.0022

注：表中 B 为坡屋面的矢高，A 为跨度的一半，$\dfrac{B}{2A}$ 为矢跨比，坡度系数 C 即当 A 为 1 时坡屋面的斜长，$C=(\cos\theta)^{-1}$，见图 5-109。无论几坡水（两坡水、三坡水、四坡水）屋面的实际面积均为该屋面的水平投影面积乘以坡度系数。

【例】 计算如图 5-110 和 5-108、图 5-106 所示的屋面木基层的工程量。

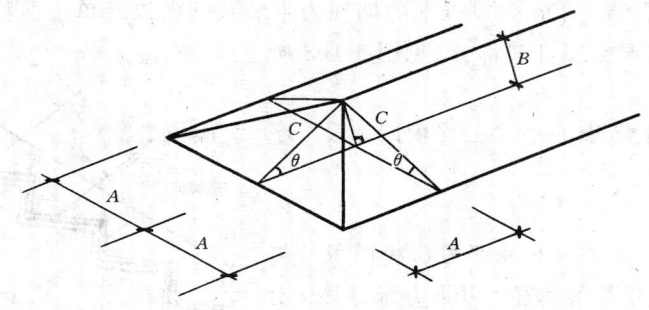

图 5-109 坡屋面计算示意图

屋面木基层工程量＝33.24×13.24×1.118＝492.03m²

4. 封檐板、搏风板

封檐板工程量按延长来计算,搏风板按斜长计算,搏风板有大刀头者,每个大刀头增加 50cm,见图 5-111。

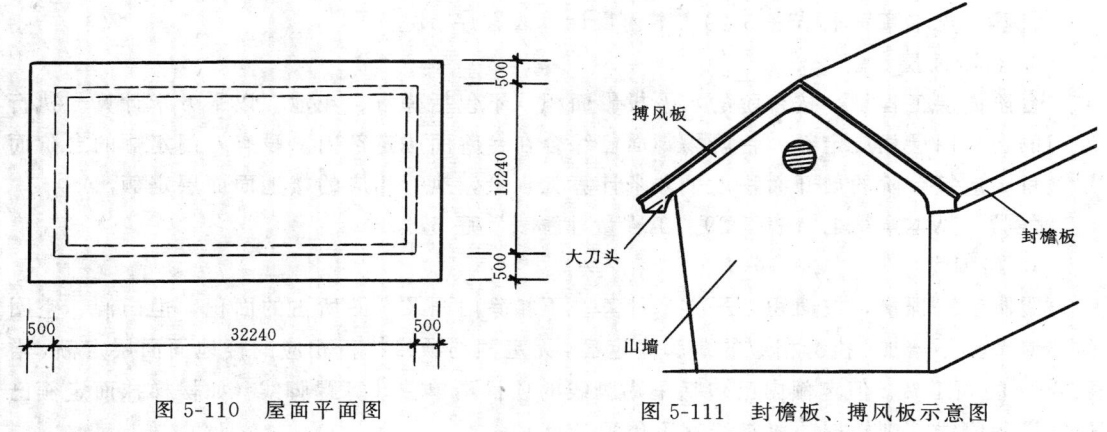

图 5-110 屋面平面图　　　图 5-111 封檐板、搏风板示意图

【例】 计算前例中封檐板、搏风板的工程量。

封檐板：33.24×2＝66.48m

搏风板：13.24×1.118×2＋4×0.5＝31.60 ⎫ 98.08m

式中 1.118 是屋面坡度系数,查表 5-25,4×0.5 是大刀头长度。

八、楼地面工程

楼地面工程包括面层、垫层、找平层、防潮层、散水明沟、变形缝等内容。

(一) 楼地面面层

楼地面面层,按使用材料和操作的不同有整体面层和块料面层 (也叫镶贴面层)。整体面层如水泥砂浆、水泥豆石浆、水磨石、混凝土面层等;块料面层如马赛克、缸砖、大理石、水磨石板面层等。按部位的不同有室内及走廊、楼梯、台阶和踢脚线。由于使用的材料和所做部位的不同,工料消耗有差异,应分别计算工程量,执行相应的定额。

1. 室内及走廊的面层

室内及走廊的面层工程量,按主墙间净面积以平方米计算。应扣除凸出地面的构筑物、

187

设备基础、室内铁道和不做面层的地沟盖板等所占面积，不扣除柱、垛、间隔墙（120mm厚以内的墙可视为间隔墙，120mm厚以上的墙视为主墙）、烟囱以及单个面积在 $0.3m^2$ 以内的孔洞所占面积，但门洞空圈开口部分（见图5-103所示）亦不增加。

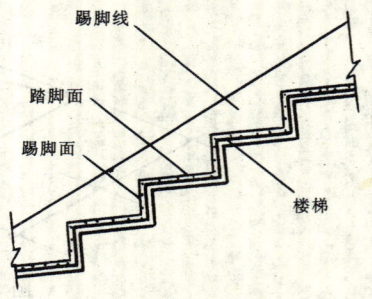

图 5-112　楼梯踢脚线示意图

【例】　见本章第七节表5-29"工程量计算表"序60～65。

2. 楼梯面层

楼梯面层的工程量，按楼梯水平投影净面积（包括踏步、休息平台、梯横梁等部位）以平方米计算。不扣除楼梯井宽（参见图5-77）在50cm以内的面积。执行专门的楼梯面层相应定额。为简化楼梯面层工程量计算，楼梯面层定额内已综合了踢脚面和踢脚线（见图5-112）等的展开面积用工料因素，所以楼梯的踢脚面及踢脚线均不另行单独计算工程量。

楼梯抹面工程量 ＝ 楼梯间净面积 ×（楼层数 － 1）

【例】　见本章第七节表5-29"工程量计算表"序64。

3. 台阶面层

台阶面层工程量，按台阶的水平投影面积（不包括梯带、花池）以平方米计算。执行专门的台阶面层相应定额。台阶踢脚面已综合在台阶面层定额内。没有专门定额的台阶面层项目，应按台阶的展开面积以平方米计算工程量，执行相应的楼地面面层定额。

【例】　见本章第七节表5-29"工程量计算表"序67。

4. 踢脚线

踢脚线工程量，按面积以平方米计算。不扣除门洞及空圈所占的面积，但门洞、空圈的墙侧壁亦不增加。执行相应的踢脚线定额，无定额的项目执行相应的楼地面面层定额，增加60％的人工费。但定额内已包括了踢脚线的项目不单独计算踢脚线（如楼梯抹面定额已包括了踢脚线，则楼梯的踢脚线就不单独计算）。

【例】　见本章第七节表5-29"工程量计算表"序79。

（二）垫层

1. 地面垫层

地面垫层工程量，按地面面层面积乘垫层厚度以立方米计算。执行相应的垫层定额。

【例】　见本章第七节表5-29"工程量计算表"序68。

2. 基础垫层

基础垫层工程量按图示尺寸以立方米计算。执行基础垫层定额。若基础垫层实际发生支模时，定额人工费增加10％，同时每 m^2 模板接触面积增加 $0.01m^3$ 二等中枋。有的地区还规定，基础垫层厚度大于300mm时执行相应的现浇混凝土基础定额。有的地区未制定专门的基础垫层定额，而规定为基础垫层执行相应的地面垫层定额，但定额人工费增加20％（由于基础垫层施工工作面比地面施工工作面狭窄，故人工费增加20％）。

【例】　见本章表5-29"工程量计算表"序46、序47。

墙基垫层工程量可用下面的公式计算：

$$墙基垫层长度 = L_{中} + L_{内} - \Sigma\left(n\frac{垫层宽 - 墙厚}{2}\right) \tag{5-39}$$

$$墙基垫层工程量 = 垫层长度 \times 垫层宽 \times 垫层厚 \tag{5-40}$$

式中　　　　　　$L_{中}$——外墙中心线长；

$L_{内}$——内墙净长；

n——T型接头个数；

$\Sigma\left(n\dfrac{垫层宽 - 墙厚}{2}\right)$——不同垫层宽的T型接头长度。

3. 基础垫层支模

由于基础垫层执行地面垫层定额，而地面垫层定额内又无模板摊销费，所以基础垫层需支模者要单独计算模板量。某地规定每平方米模板接触面积增加 $0.01 m^3$ 板材。基础垫层模板接触面积可按下面公式计算：

$$模板接触面积 = [垫层长度 \times 2 - \Sigma(n \times 垫层宽)] \times 垫层厚 \tag{5-41}$$

【例】　见本章第七节表5-29"工程量计算表"序46。

（三）找平层

找平层工程量同相应的面层工程量。

（四）防潮层

平面防潮层工程量同相应的面层工程量；立面防潮层工程量按图示尺寸以平方米计算，不扣除单个面积在 $0.3 m^2$ 以内的孔洞面积；墙基防潮层工程量，按需做防潮层的墙体结构面积以平方米计算，即按墙长乘墙厚计算。

（五）散水、明沟

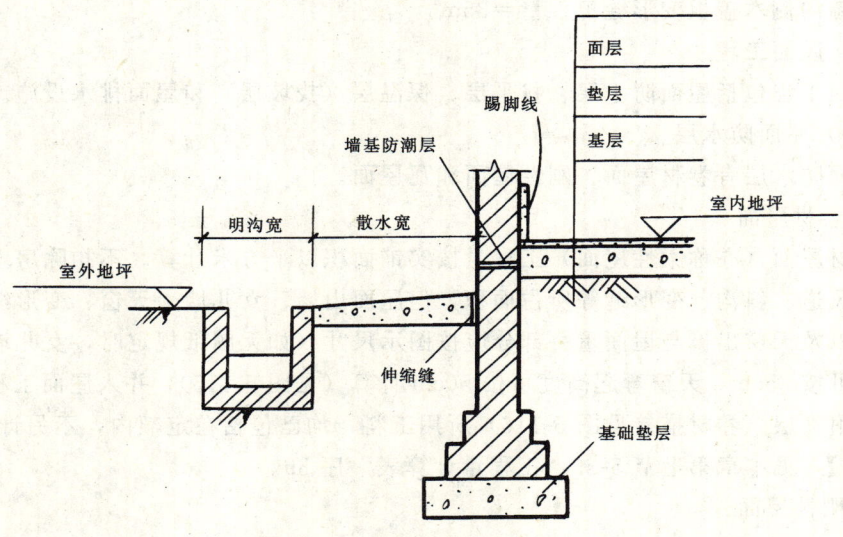

图 5-113　明沟、散水示意图

散水及明沟如图5-113所示。散水（也称墙脚排水坡）按面积以平方米计算。其计算公式为：

$$散水面积 =（L_外 - 台阶等不做散水的长度）\times 散水宽 + 4 \times 散水宽 \times 散水宽 \tag{5-42}$$

式中　$L_外$——外墙外边线长。

明沟按延长米计算。其计算公式为：

$$明沟长度 = L_外 + 8 \times 散水宽 + 4 \times 明沟宽 - 不做明沟长度 \tag{5-43}$$

【例】　见本章第七节表 5-29"工程量计算表"序 69、72、73。

（六）变形缝

各类变形缝（包括伸缩缝、沉降缝）按不同用料分别以延长米计算。外墙变形缝如内外双面填缝者，工程量按双面计算。变形缝定额项目适用于屋面、墙面、地面等部位。

【例】　某工程外墙伸缩缝作法见图 5-114，墙高 35m。则：

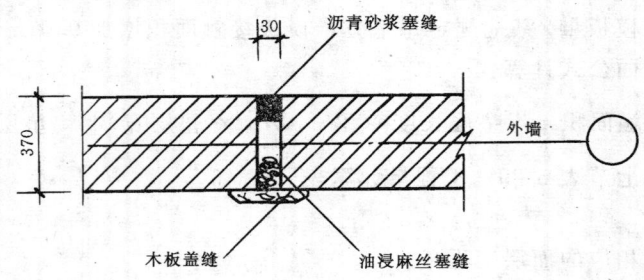

图 5-114　外墙变形缝

外墙外侧沥青砂浆变形缝工程量＝35m

外墙内侧油浸麻丝变形缝工程量＝35m

外墙内侧木盖板变形缝工程量＝35m

九、屋面工程

屋面工程包括屋面防水层、找平层、保温层（找坡层）和屋面排水设施。

（一）屋面防水层

屋面防水层有卷材屋面、刚性屋面和瓦屋面。

1. 卷材屋面

卷材屋面（亦称柔性屋面）工程量按实铺面积以平方米计算。不扣除房上烟囱、风帽底座、风道、斜沟、变形缝等所占面积，但屋面山墙、女儿墙、天窗、变形缝、天沟等弯起部分以及天窗出檐与屋面重叠部分应按图示尺寸（如无图纸规定时，女儿墙和变形缝弯起高度可按 25cm，天窗弯起高度可按 50cm 计算（见图 5-115），并入屋面工程量内。上述部位的附加层（卷材搭接见图 5-116）所用工料，均已包括在定额内，不另计算。

【例】　见本章第七节 5-29"工程量计算表"序 89。

2. 刚性屋面

刚性屋面（即细石混凝土屋面）按实铺水平投影面积以平方米计算，泛水和刚性屋面变形缝等的弯起部分或加厚部分，已包括在定额内，不另增加，见图 5-117。

3. 瓦屋面

瓦屋面（包括粘土瓦、小青瓦、小波石棉瓦等）工程量按图示尺寸的水平投影面积乘

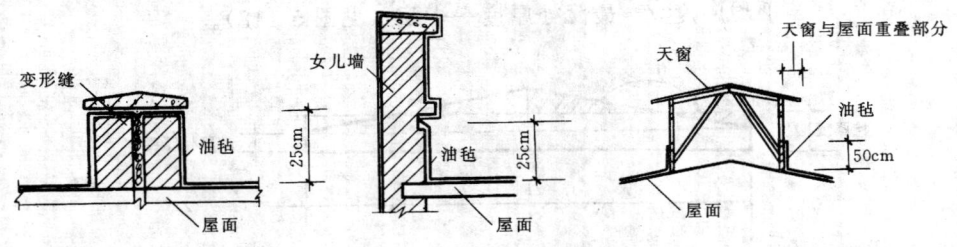

图 5-115　屋面油毡弯起部分示意图

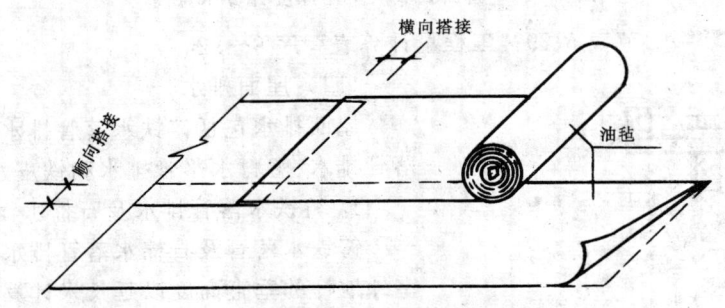

图 5-116　卷材搭接示意图

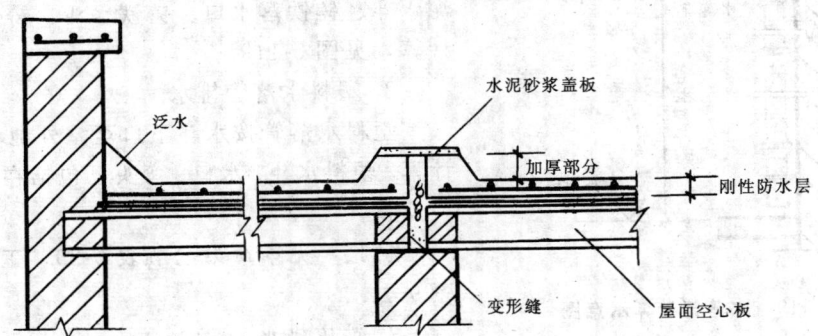

图 5-117　刚性屋面

屋面坡度系数（见表 5-25）以平方米计算。不扣除房上烟囱、风帽底座、风道、屋面小气窗和斜沟等所占面积，但屋面小气窗出檐与屋面重叠部分的面积亦不增加，天窗出檐与屋面重叠部分的面积应并入屋面工程量计算。

【例】　计算图 5-108、5-110 所示两坡水屋面机制平瓦的工程量，（高跨比为 1/4）。

机制平瓦工程量 $= 33.24 \times 13.24 \times 1.118 = 492.03 \text{m}^2$

（二）屋面找平层

屋面找平层工程量同相应的防水层面积。

（三）屋面保温层

屋面保温层既有保温作用也有找坡作用，所以又作找坡层。其工程量按图示尺寸以立方米计算。其计算公式为：

$$屋面保温层体积 = 保温层实铺面积 \times 平均厚度 \overline{d} \qquad (5-44)$$

191

式中 　　　　　　平均厚度 $\overline{d} = $ 最薄处厚度 $+ \frac{1}{2}Li$（见图 5-118）。

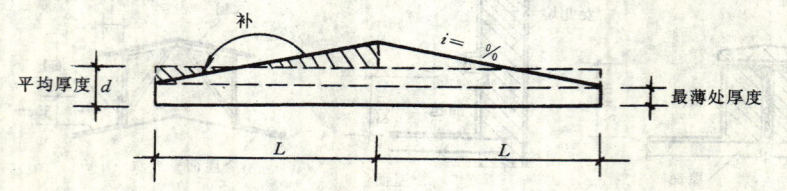

图 5-118　屋面找坡层平均厚度计算示意图

【例】　见本章第七节表 5-29 "工程量计算表"序 9～92。

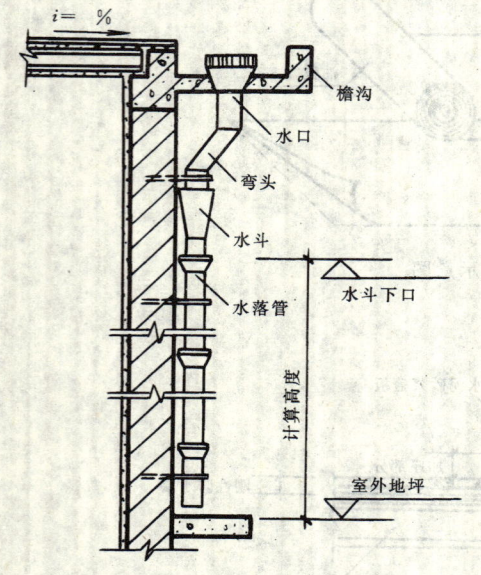

图 5-119　水落管计算示意图

（四）屋面排水

屋面排水包括铸铁水落管排水、石棉水泥水落管排水、塑料水落管排水和铁皮水落管排水等。

1. 铸铁水落管排水及石棉水泥水落管排水

铸铁水落管及石棉水落管排水按水斗下口到室外地坪的垂直高度以延长米计算；石棉水泥檐沟按实际安装的水平长度以延长米计算；石棉水泥水斗、铸铁落水口、铸铁水斗、铸铁弯头按个计算，见图 5-119。

2. 塑料水落管排水

塑料水落管按水斗下口至室外地坪以延长米计算。塑料水斗、水口、弯头已包括在定额内，不另计算。

【例】　见本章第七节表 5-29 "工程量计算"序 93。

3. 铁皮排水

铁皮排水包括水落管、檐沟、水斗等，均按展开面积以平方米计算。铁皮排水展开面积若图纸无规定时，可按表 5-26 展开计算。

十、耐酸、防腐、保温、隔热工程

（一）耐酸防腐

（1）耐酸防腐工程量按图示尺寸以平方米计算。耐酸防腐地坪不扣除柱、附墙垛和 0.30m² 以内孔洞所占面积；耐酸防腐墙面不扣除 0.30m³ 以内孔洞所占面积。

（2）踢脚线按净长乘高以平方米计算，应扣除门和洞口所占的长度，增加侧壁的长度。

铁皮排水单件零件展开面积表　　　　　　表 5-26

名　称	水落管 (m)	檐　沟 (m)	水　斗 (个)	漏　斗 (个)	下水口 (个)	天　沟 (m)	斜沟、天窗、窗台泛水 (m)	天窗侧面泛水 (m)	烟囱泛水 (m)	通气管泛水 (m)	滴　水 (m)
展开面积 (m²)	0.32	0.3	0.40	0.16	0.45	1.30	0.50	0.70	0.80	0.22	0.24

192

（3）砌双层耐酸块料面层应按相应定额项目加倍计算。

（二）保温隔热

（1）保温隔热体的厚度，按保温隔热材料净厚（不包括打底及胶结材料的厚度）计算。

（2）保温隔热工程量按图示尺寸以立方米计算。地坪保温隔热层，不扣除柱、附墙垛和 0.30m² 以内孔洞所占体积；墙面保温隔热层不扣除 0.30m² 以内孔洞所占体积。

（3）计算带木框或龙骨的保温隔热墙工程量时，不扣除木框和龙骨所占体积。

十一、装饰工程

装饰工程按使用材料的不同可分为抹灰，镶贴块料、油漆、涂料等几部分。

（一）抹灰

1. 天棚抹灰

（1）天棚抹灰

天棚抹灰面积按主墙间的净面积以平方米计算，不扣除柱、垛、间壁墙、附墙烟囱、检查洞、天棚装饰线脚、管道以及 0.30m² 以内的通风孔、灯槽等所占的面积。梁肋侧面的面积并入天棚抹灰工程量内计算。为简化工程量计算，某地区将梁肋侧面积规定为以乘以梁肋增加面积系数的方法增加。并将此系数规定为：槽形板板底、混凝土折瓦板底为 1.3，有梁板底为 1.1，密肋板底、井字梁板底为 1.5。其工程量计算公式为：天棚抹灰面积＝室内净空面积×系数。井字梁板为井内面积小于或等于 5m² 的密肋板。

（2）楼梯底抹灰

楼梯底面抹灰工程量（包括楼梯休息平台、斜梁、横梁）按水平投影面积乘以下列系数以平方米计算：斜平顶乘以系数 1.10，锯齿形顶乘以系数 1.50，执行天棚抹灰定额，见图 5-120。

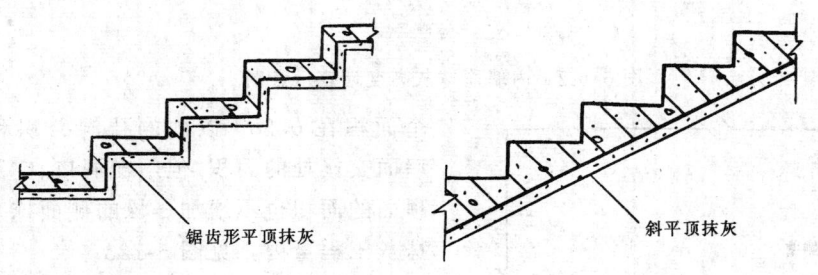

锯齿形平顶抹灰　　　　　　　　　斜平顶抹灰

图 5-120　楼梯底面抹灰示意图

（3）天棚装饰线抹灰

天棚装饰线（亦称瓦口线）工程量分 3 道线或 5 道线以内以延长米计算。小圆角工料已包括在定额内不另计算，见图 5-121。

2. 墙面抹灰

（1）内墙面抹灰

内墙面抹灰按抹灰长度乘高度以平方米计算。抹灰长度：按主墙间的图示净长计算。抹灰高度：无墙裙者从室内地面算至楼板底面；有墙裙者从墙裙顶点算至楼板底面；有吊顶天棚者从室内地面（或墙裙顶点）算至天棚下皮再加 20cm，见图 5-122。

内墙面及内墙裙抹灰面积，应扣除门窗框和空圈所占面积，不扣除踢脚线、挂镜线、单

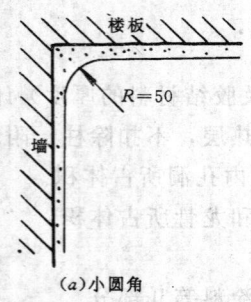
(a)小圆角

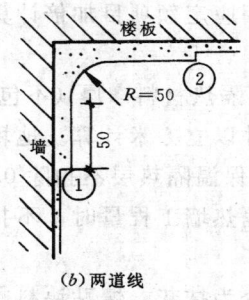
(b)两道线

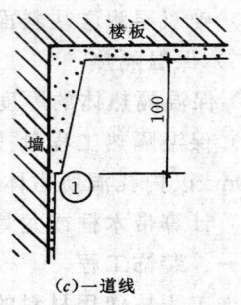
(c)一道线

图 5-121 天棚装饰线

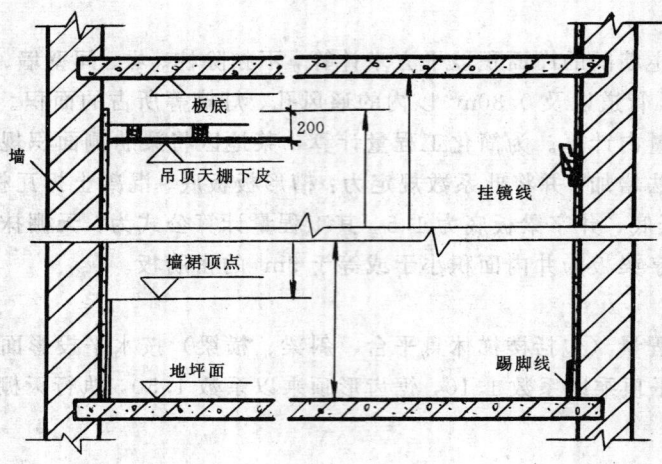

图 5-122 内墙面抹灰高度计算示意图

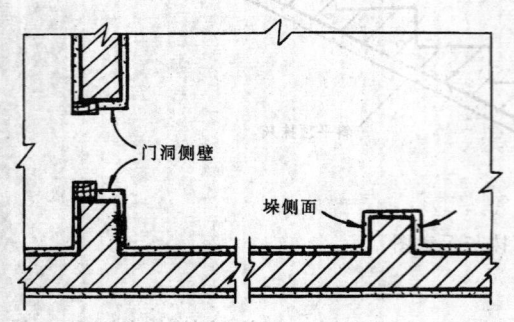

图 5-123 门窗洞侧壁及垛侧面抹灰示意图

个面积在 0.3m² 以内的孔洞面积和梁头与墙面交接处的面积。但门窗洞口、空圈侧壁和顶面的面积也不增加。垛的侧面抹灰合并在抹灰工程量内，见图 5-123。

（2）外墙面抹灰

外墙面和墙裙抹灰工程量按面积以平方米计算。应扣除门窗和空圈以及单个面积在 0.30m² 以内的孔洞等的面积。门窗洞口、空圈的侧壁、顶面及垛的侧面抹灰合并在外墙面抹灰工程量内计算。

3. 零星抹灰

零星抹灰包括挑檐、天沟、腰线、单独窗台线、栏杆、栏杆立柱、栏板、扶手、压顶、门窗套、窗台板、阳台线、雨篷线、洗手池、遮阳板等的抹灰。零星抹灰工程量按展开面积以平方米计算。执行零星抹灰定额。单独窗台线抹灰，若设计图纸无规定时，可按窗框外围宽度两边共加 20cm、窗台展开宽度可按 36cm 计算，见图 5-124。

194

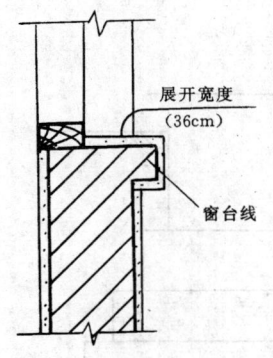

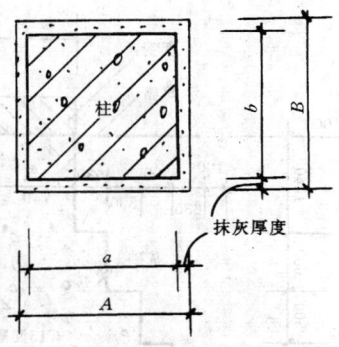

图 5-124　单独窗台线抹灰　　　　　　　　图 5-125　独立柱抹灰

4. 独立柱和单梁的抹灰

独立柱和单梁的抹灰工程量按设计结构尺寸（有保温隔热、防潮层者，按其外表面尺寸）以平方米计算。执行梁柱抹灰定额，见图 5-125，$(a+b) \times 2$ 为结构尺寸周长。

（二）块料镶贴面层及壁纸

块料镶贴面层（如马赛克、缸砖、大理石等）按实铺面积以平方米计算，如图 5-125，$(A+B) \times 2$ 为实铺周长。

（三）油漆及涂料

（1）木材面油漆，在木结构工程内已述及。

（2）金属面油漆，在金属结构工程已述及。

（3）抹灰面油漆及涂料工程量同相应的抹灰工程量。

十二、构筑物工程

构筑物是指独立于房屋建筑以外的烟囱、水塔、贮水（油）池等。

（一）烟囱

烟囱主要包括烟囱基础、烟囱筒身及内衬等几部分。

1. 烟囱基础

烟囱基础工程量按体积以立方米计算。砖基础与砖筒身以砖基础大放脚的扩大顶面为界，界下为基础，界上为筒身。钢筋混凝土烟囱基础包括基础和筒座（见图 5-126）两部分，筒座以上为筒身。

【例】　计算图 5-126 烟囱钢筋混凝土基础的工程量及土方工程量。

（1）人工挖地坑工程量

放坡系数查表 5-3 为 0.3，工作面查表 5-2 为 0.3m。则地坑下底半径为：5.1+0.3＝5.4m；上口半径为：5.4+3.57×0.3＝6.47m。

$$V = \frac{\pi}{3} \times 3.57 \times (5.4^2 + 6.47^2 + 5.4 \times 6.47) = 396.13 \text{m}^3$$

（2）烟囱基础及其垫层工程量

① C10 混凝土基础垫层

$$V = \pi \times 5.1^2 \times 0.1 = 8.17 \text{m}^3$$

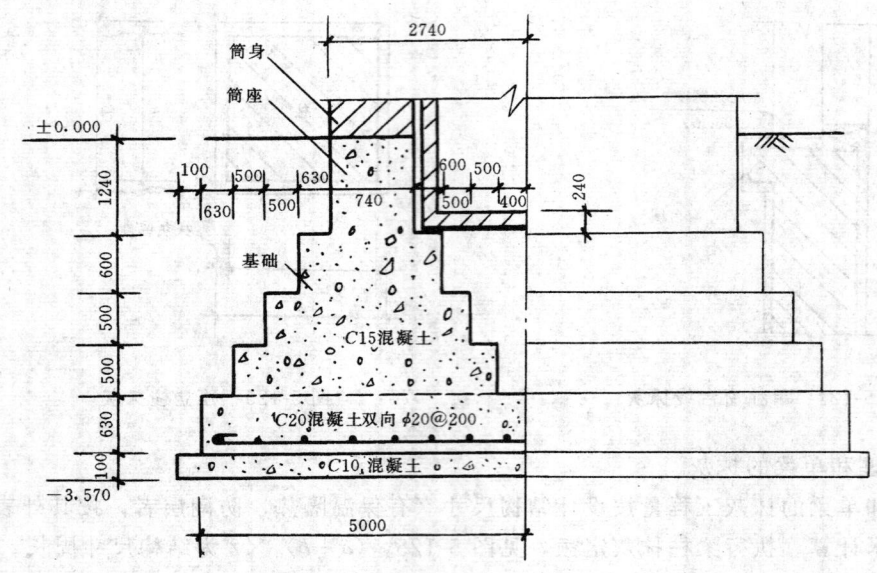

图 5-126 烟囱基础剖面图

② C20 钢筋混凝土基础

$$V = \pi \times 5.0^2 \times 0.63 = 49.48 m^3$$

③ C15 混凝土基础（用基础的中心线长度乘以相应的断面积计算）

$$V = (筒座)2\pi \times 2.37 \times 1.24 \times 0.74 + (基础)2\pi \times 2.385$$
$$\times (0.6 \times 1.97 + 0.5 \times 2.97 + 0.5 \times 3.97)$$
$$= 83.38 m^3$$

2. 烟囱筒身

（1）烟囱筒身工程量，不论圆形、方形均按图示尺寸不同厚度、不同材料分段以立方米计算。牛腿体积应并入筒身内计算，但筒身的各种孔洞（如入烟口、出灰口，砖烟囱还应包括钢筋混凝土过梁、圈梁）的体积应予扣除。

圆形烟囱筒身（见图 5-127）体积计算公式为：

$$V = \Sigma[\pi(R + r)hd] \qquad (5-45)$$

式中　R——每段筒壁下端中心半径；
　　　r——每段筒壁上端中心半径；
　　　h——每段筒壁高度；

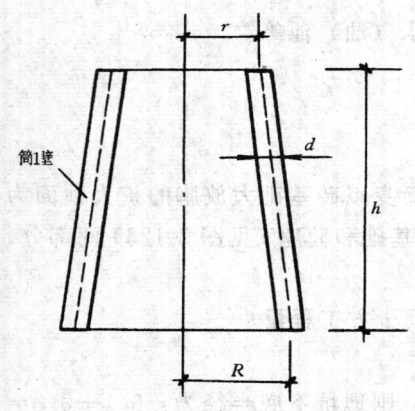

图 5-127 烟囱筒壁计算示意图

　　　d——每段筒壁厚度。

（2）砖烟囱内钢筋混凝土圈梁

砖烟囱内的钢筋混凝土圈梁工程量按图示体积以立方米计算。其计算公式为：

$$V = 2\pi Rab \qquad (5-46)$$

式中　　　R——圈梁中心半径；

196

a、b——圈梁断面的宽度和厚度。

（3）砖烟囱砌体内采用钢筋加固者，根据设计规定按重量以吨计算。

【例】 计算图 5-128 砖烟囱筒壁工程量及钢筋混凝土圈梁工程量。

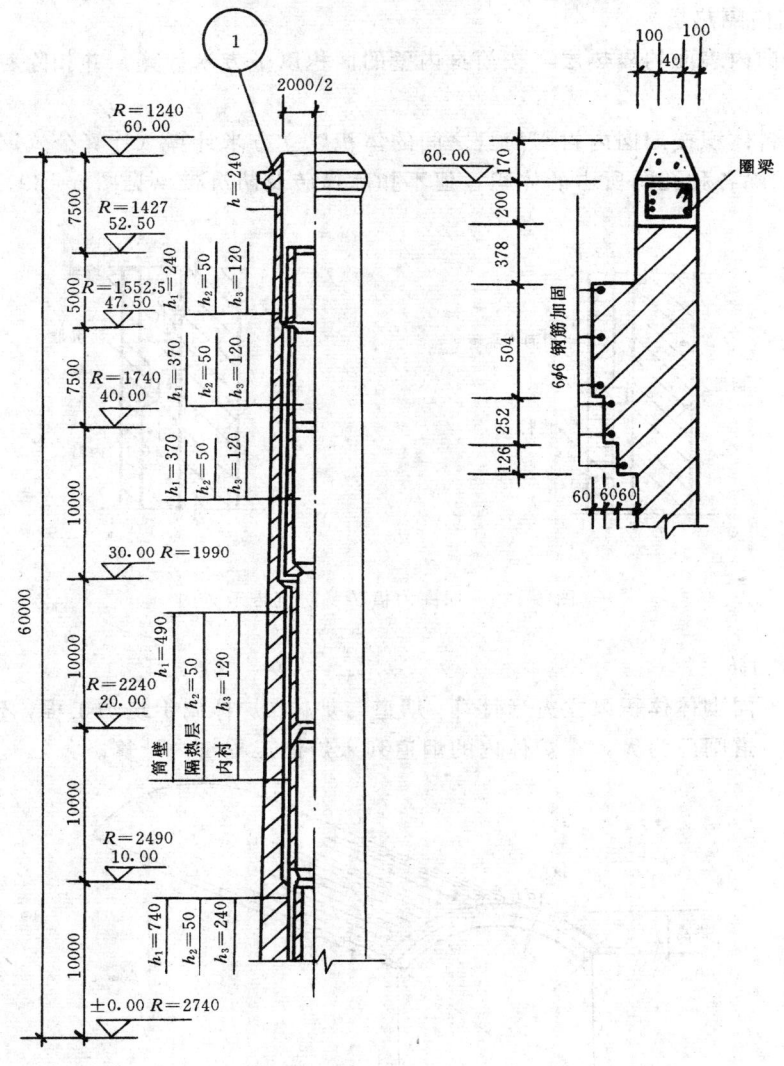

图 5-128 烟囱筒身简图

① 钢筋混凝土圈梁工程量为
$$V = 2\pi \times 1.12 \times 0.24 \times 0.20 = 0.34\text{m}^3$$

② 砖砌烟囱筒壁工程量为
$$V = 10.0\pi(2.37 + 2.12) \times 0.74 + 20.00\pi(2.245 + 1.745)$$
$$\times 0.49 + 17.5\pi(1.805 + 1.3675) \times 0.37 + 12.5\pi(1.4325$$
$$+ 1.12) \times 0.24 + 2\pi \times 1.24 \times (0.18 \times 0.504 + 0.12 \times 0.252$$
$$+ 0.06 \times 0.126) - 圈梁 0.34 - 入烟口及出灰口体积 3.67$$
$$= 312.81\text{m}^3$$

3. 烟囱内衬

烟囱内衬工程量分不同材料按体积以立方米计算（计算公式同筒身体积计算公式），并扣除孔洞所占的体积。

4. 烟囱内隔热层

（1）烟囱内表面的隔热层，按筒身内壁的面积以平方米计算，并扣除各种孔洞所占的面积。

（2）填料体积按烟囱内衬与筒身之间的体积以立方米计算（计算公式同筒身体积计算公式），并扣除各种孔洞所占的体积，但不扣除横砖及防沉带（见图 5-129）的体积。

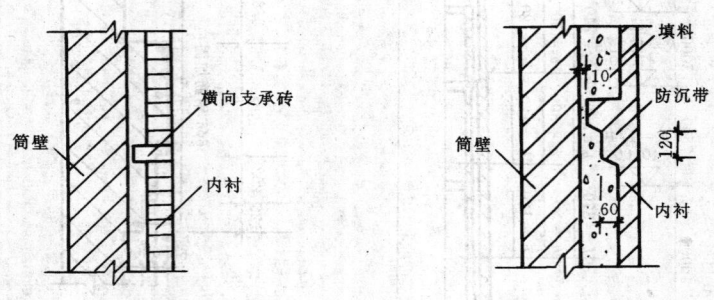

图 5-129　烟囱内横砖、防沉带示意图

5. 烟道砌砖

烟道按不同砌体体积以立方米计算。烟道与炉体（炉体属于筑炉工程，不属构筑物）的划分，以第一道闸门为界，在炉体内的烟道列入炉体工程量内计算。

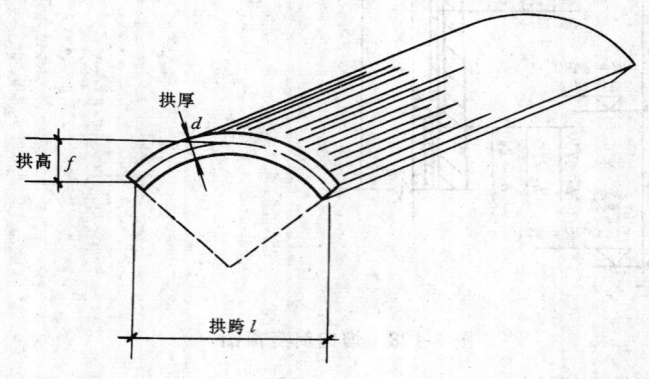

图 5-130　拱顶计算示意图

烟道拱顶计算公式（见图 5-130）：

$$V = lKdL \tag{5-47}$$

式中　l——拱跨；

　　　K——弧长系数，见表 5-27；

　　　d——拱厚；

　　　L——拱长。

198

拱顶弧长系数表（K）   表 5-27

矢跨比 $\dfrac{f}{l}$	$\dfrac{1}{2}$	$\dfrac{1}{2.5}$	$\dfrac{1}{3}$	$\dfrac{1}{3.5}$	$\dfrac{1}{4}$	$\dfrac{1}{4.5}$	$\dfrac{1}{5}$	$\dfrac{1}{5.5}$	$\dfrac{1}{6}$
弧长系数 K	1.571	1.383	1.274	1.205	1.159	1.127	1.103	1.086	1.073
矢跨比 $\dfrac{f}{l}$	$\dfrac{1}{6.5}$	$\dfrac{1}{7}$	$\dfrac{1}{7.5}$	$\dfrac{1}{8}$	$\dfrac{1}{8.5}$	$\dfrac{1}{9}$	$\dfrac{1}{9.5}$	$\dfrac{1}{10}$	
弧长系数 K	1.062	1.054	1.047	1.041	1.037	1.033	1.027	1.026	

若不用上述公式，也可用近似计算公式：

$$V = \left[8\sqrt{f^2 + \left(\frac{l}{2}\right)^2} - l \right] \div 3 \times d \times L \tag{5-48}$$

式中各字母含义同前。近似公式适用于工程量较小的拱顶计算。

【例】 计算图 5-131 烟道的工程量（设烟道长为 20m）。

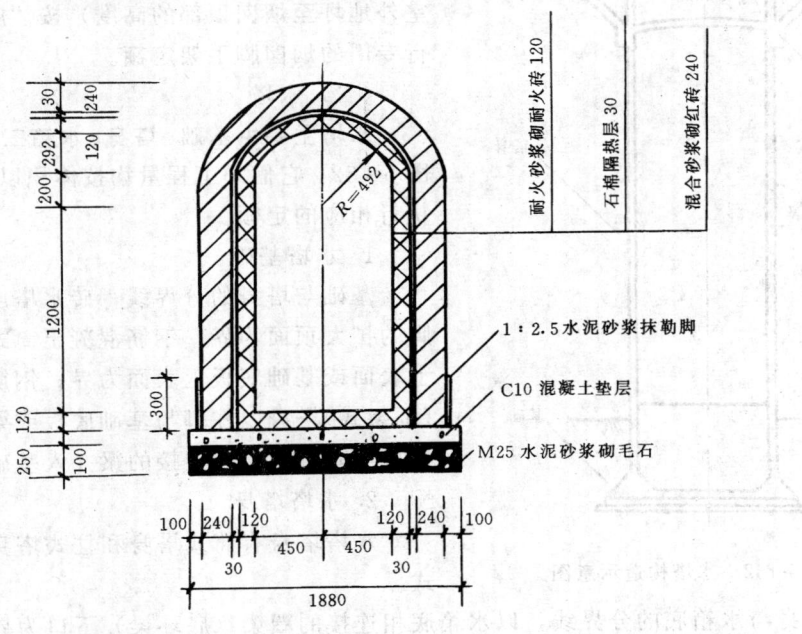

图 5-131 烟道剖面图

（1）耐火砂浆砌 120 耐火砖工程量

$$V = 20 \times (2 \times 1.52 + 0.9 + 1.02 \times 1.296^*) \times 0.12 = 12.63 \text{m}^3$$

*注：因 $l=1.02$，$f=0.352$，$l \div f = 1.02 \div 0.352 \approx 2.90$，所以 $\dfrac{f}{l} = \dfrac{1}{2.90}$，用插值法求得 $K=1.296$。以后各式中 K 值（即带 * 号数值）的计算方法同。

（2）石棉隔热层工程量　　　（$l=1.17$，$f=0.427$）

$$V = 20 \times (2 \times 1.52 + 1.17 \times 1.331^*) \times 0.03 = 2.78 \text{m}^3$$

（3）混合砂浆砌红砖　　　（$l=1.44$，$f=0.562$）

199

$$V = 20 \times (2 \times 1.52 + 1.44 \times 1.361^*) \times 0.24 = 24.00\text{m}^3$$

（4）1：2.5水泥砂浆抹勒脚工程量

$$S = 20 \times 0.3 \times 2 = 12.00\text{m}^2$$

（5）C10混凝土垫层工程量

$$V = 20 \times 0.1 \times 1.88 = 3.76\text{m}^3$$

（6）M2.5水泥砂浆砌毛石工程量

$$V = 20 \times 0.25 \times 1.88 = 9.40\text{m}^3$$

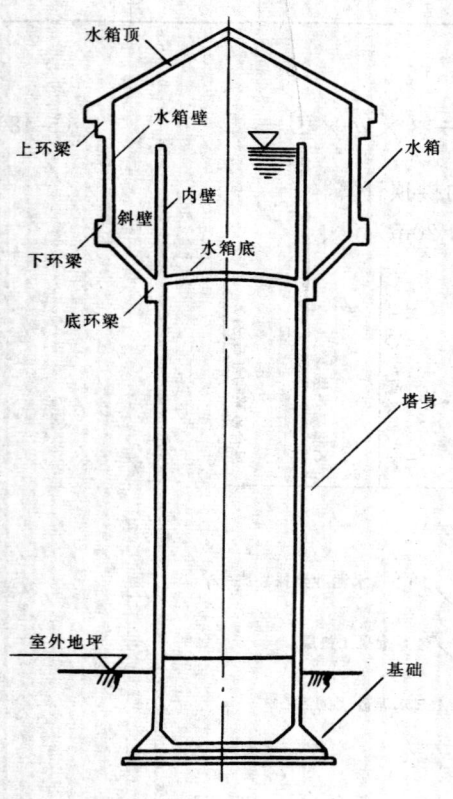

图 5-132　水塔构造示意图

6. 烟囱脚手架

钢筋混凝土烟囱采用滑升模施工，不另计脚手架，因定额内已包括了脚手架。砖烟囱不论是采用外脚手架还是竖井架（直竖于烟囱里面的脚手架，烟囱较高大时一般采用，定额中烟囱高度超过60m时采用的是竖井架）均分烟囱高度（指室外地坪至烟囱顶部的高度）按"座"计算。执行专门的烟囱脚手架定额。

（二）水塔

水塔主要由基础、塔身、水箱三部分组成。见图5-132。它们的工程量均按体积以立方米计算，执行相应的定额。

1. 水塔基础

基础与塔身的分界线；砖水塔以砖基础大放脚的扩大顶面为界；钢筋混凝土筒式塔身以筒座上表面或基础底板上表面为界；钢筋混凝土柱式（框架式）塔身以柱脚与基础底板或梁的交接处为界。与基础底板相连接的梁并入基础内计算。

2. 水塔塔身

水塔塔身有筒式塔身和柱式塔身两种结构形式。

（1）塔身与水箱底的分界线，以水箱底相连接的圈梁（底环梁）下口为界，界上为箱底，界下为塔身）。

（2）钢筋混凝土筒式塔身，应扣除门窗所占体积，依附于塔身的过梁、雨篷、挑檐等工程量并入筒壁体积内计算；钢筋混凝土柱式塔身的梁、柱（直柱或斜柱）合并计算。

（3）砖塔身不分厚度、直径，以立方米计算，应扣除门窗和混凝土构件（如圈、过梁）所占的体积。砖碹及砖出檐等并入塔身体积内。钢筋混凝土圈梁按体积以立方米计算。

3. 水箱

水箱由水箱底、水箱壁和水箱顶三部分组成。

（1）钢筋混凝土水箱底及水箱顶的工程量合并计算，执行"水箱底水箱顶"定额。水箱底包括底环梁及挑出的斜壁和下环梁，水箱顶包括上环梁。

（2）钢筋混凝土水箱壁包括内壁、外壁、依附于水箱内壁的梁、柱，合并计算工程量，执行"水箱壁"定额。砖水箱不分壁厚以立方米计算。

4．水塔脚手架

水塔脚手架分塔高按"座"计算。塔高指从室外地面至塔顶的高度。

5．水塔工程量计算

几个基本公式见图 5-133。

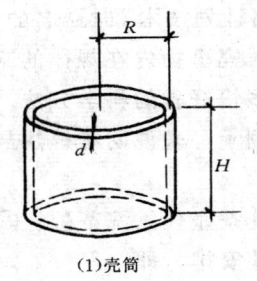
(1)壳筒

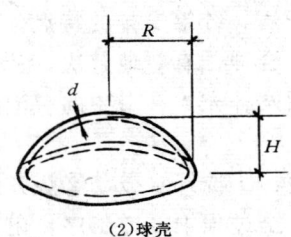
(2)球壳

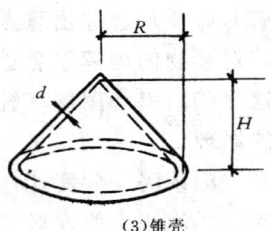
(3)锥壳

图 5-133　壳体计算示意图

（1）筒壳体积计算公式：$V = 2\pi RHd$

（2）球壳体积计算公式：$V = \pi (R^2 + H^2) d$

（3）锥壳体积计算公式：$V = \pi R \sqrt{R^2 + H^2} d$

（三）贮水（油）池

贮水（油）池主要由池底、池壁和池盖三部分组成。

1．池底

（1）平底的池底体积，应包括池壁下部的八字靴脚，池底如带有斜坡时，斜坡部分应并入池底工程内计算。

（2）锥形底的池底体积，有壁基梁时算至壁基梁底；无壁基梁时算至锥形坡底的上口。

2．池壁

池壁分不同厚度（上薄下厚的池壁按平均厚度）计算，其高度从池底上表面算至池盖下表面。

3．池盖

（1）无梁盖，指不带梁直接由柱支撑的盖。其体积的计算应包括与池壁相连的扩大部分（三角八字）的体积。

（2）柱高应从池底表面算至池盖的下表面，柱帽、柱座应计算在柱的体积内。

（3）肋形盖应包括主、次梁的体积。

（4）球形盖从池壁顶面开始计算。带边侧梁的球形盖，边侧梁应并入球形盖体积内计算。

4．砖（石）贮水池

砖（石）贮水池的独立柱带有混凝土或钢筋混凝土结构时，合并在池底或池盖中计算。

5．贮水（油）池脚手架

见本章本节第四部分。

第四节　运用统筹法原理计算工程量

运用统筹法原理计算工程量，就是运用统筹方法的基本原理，合理安排工程量计算顺序，以达到迅速、准确计算工程量的效果。每一个单位工程施工图预算的工程量都有几十乃至百多个分项工程项目，先算哪一个项目，后算哪一个项目，才能事半功倍，这就是运用统筹法原理计算工程量所要解决的主要问题。

一、运用统筹法原理计算工程量的基本要点

（一）统筹法的基本原理

统筹法是我国著名数学家华罗庚在 60 年代初，引进并推广"网络计划技术"时命名的。它具有着眼全局、突出重点，揭示矛盾，统筹安排的特点。它是在研究事物内在规律的基础上，对事物的内部矛盾进行系统、合理、有效地解决，从而达到多快好省的科学方法。

这里仍沿引华罗庚《统筹法平话及补充》一书中的"泡茶喝"例子，来说明统筹法最基本的原理。

设"泡茶喝"共需这样 6 道工序：①洗开水壶、②烧开水、③洗茶壶、④洗茶碗、⑤拿茶叶、⑥泡茶。假设对"泡茶喝"全过程中 6 道工序作出下列两种安排，即：

第一种安排共需 20min20s（图 5-134）：

第二种安排共需 16min20s（图 5-135）：

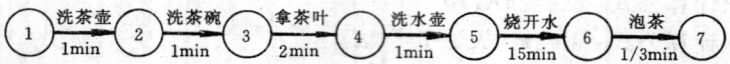

图 5-134　第一种安排

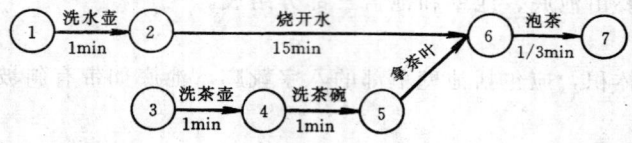

图 5-135　第二种安排

两种安排的目的一样，但效果大不相同。第一种安排窝了工，白费了时间，而第二种安排由于利用了烧开水的"技术间隙时间"作了洗茶壶、洗茶碗和拿茶叶的工序，缩短了时间。显然，第二种安排比第一种安排科学。

建筑工程工程量的计算顺序也有科学的统筹安排问题，安排合理就少走弯路。例如砖墙体和墙面抹灰工程量的计算，都要扣除门窗洞口，如果先算门窗工程量，后算墙体工程量及抹灰工程量，在算墙体工程量及抹灰工程量时就可利用门窗工程量。又如地槽、墙基、墙基垫层、墙基防潮层以及墙体工程量的计算，都与墙的长度有关，先将墙长计算出来，在计算这些工程量时便可利用等等。这些规律性的东西，只要我们进行认真分析，统筹安排工程量的计算顺序，大可简化繁琐的计算，既快且准地完成工程量的计算工作。

（二）运用统筹法原理计算工程量的基本要点

运用统筹法计算工程量的基本要点是"统筹程序，合理安排；利用基数，连续计算；一决算出，多次使用；结合实际，灵活机动"。

1. 统筹程序，合理安排

工程量计算的先后顺序合理与否，直接关系到工程量计算工作效率的高低。按预算定额的顺序计算工程量、按施工顺序计算工程量、甚至按施工图的编号计算工程量，都存在

着无法避免的缺陷。施工有施工的顺序，比如整个建筑的施工程序是基础→主体→装饰，这个程序不能颠倒或更换，否则就无法进行。预算定额的制定也有它自身的规律性，它是按不同的工种、部位，考虑其人工、材料、机械的消耗进行制定的，如室内天棚抹灰、地面抹灰和室内回填土分布在三个不同的分部。而在计算工程量时，这三项工程量可同时计算，如果按预算定额分部计算工程量就会走弯路。所以工程量计算有它自身的规律，"统筹程序，合理安排"就是寻找这种规律，对工程量计算程序进行合理安排，以达到事半功倍的效果。

2. 利用基数，连续计算

基数，就是在算某些工程量之前，预先计算出来的基础数据。运用统筹法计算建筑工程工程量的基数是"四线"和"一面"。"四线"是指：外墙中心线，用 $L_中$ 表示；内墙净长线，用 $L_内$ 表示；外墙外边线，用 $L_外$ 表示；室内净长线，用 $L_净$ 表示。"一面"是指底层建筑面积，用 $S_底$ 表示。

利用基数，连续计算，就是根据施工图预先计算基数"四线"、"一面"的长度和面积，在计算相关工程量时利用这些基数，以减少重复劳动。比如：砖基础、基础防潮层、地圈梁、墙体、楼层圈梁的工程量均可用外墙中心线 $L_中$ 和内墙净长线 $L_内$ 来进行计算。

3. 一次算出，多次使用

就是把不能利用基数"线"、"面"进行计算的标准构件和一些常用系数（如砖基础大放脚断面积、屋面坡度系数等），预先计算出来，汇编成手册，供在计算相关项目的工程量时查用。例如钢筋混凝土空心板的计算，可根据手册进行，手册摘录见表5-28。

钢筋混凝土空心板　　　　　　　　　　　　　　　表5-28

标准图集：西 G211

序　号	代　号	C30 混凝土 （m³/块）	ϕ^b4 冷拔丝 （kg/块）	序　号	代　号	C30 混凝土 （m³/块）	ϕ^b4 冷拔丝 （kg/块）
1	YKB245—3	0.083	1.85	35	YKB246—3	0.101	2.16
2	YKB245—4	0.083	2.10	36	YKB246—4	0.101	2.67
3	YKB245—5	0.083	2.61	37	YKB246—5	0.101	2.92
4	YKB245—6	0.083	2.86	38	YKB246—6	0.101	3.43
5	YKB275—3	0.094	2.31	39	YKB276—3	0.114	2.94
6	YKB275—4	0.094	2.88	40	YKB276—4	0.114	3.22
7	YKB275—6	0.094	3.16	41	YKB276—6	0.114	3.79

4. 结合实际，灵活机动

由于建筑工程结构类型、各部位的装饰标准各不相同，基础断面、墙体厚度、砂浆强度、各楼层的面积等都可能不同，在计算工程量时必须结合设计图纸，灵活机动地采用分段、分层、分块、补加补减的方法进行计算。

（1）分段计算

如基础断面不同时，就应分段计算。如某职工住宅的基础断面有1-1剖为8层不等高式大放脚和2-2剖为4层不等高式大放脚两种，则在计算其工程量时分别计算其基数和工程量。

（2）分层计算法

如遇有多层建筑物，各楼层的面积不等时，应分层计算。

（3）分块计算法

楼地面、天棚、墙面抹灰的做法不同时，应分块计算。

（4）补加补减计算法

如遇工程量计算涉及的各部位，除个别部位外基本相同时，应先算共同性部位的工程量，然后进行补加或补减计算。见本章第七节表5-29"工程量计算表"序49地圈梁和序52楼层圈梁计算。

二、建筑工程量计算程序统筹图

建筑工程计算程序统筹图简称统筹图。它是根据运用统筹法原理计算建筑工程量的基本原理和要点，由箭杆和节点组成的，指示工程量计算顺序的程序图。统筹图的编制应符合当地现行的预算定额和工程量计算规则。此外还应考虑下列三条原则：

（一）个性分别处理，共性合在一起

个性分别处理就是把外墙中心线，内墙净长线，外墙外边线，以及与这些无关的楼、地面面积，与线和面均无关的构配件和零星项目进行分别处理，归于不同的系统中。

共性合在一起就是凡有关联的项目合在一起，归于同一系统中。

（二）先主后次统筹安排

用统筹法计算各分项工程要先算主要项目后算次要项目，以达到连续计算的目的。如计算砖墙体工程量根据当地现行预算定额工程量计算规则规定要扣除门窗和圈梁、过梁、挑梁所占体积，所以应先算门窗工程量和圈梁、过梁、挑梁工程量，然后计算砖墙体工程量时才有数可减。即先算的项目要为后算的项目创造条件，后算的项目就能利用先算项目的数据。

（三）独立性项目单独处理

混凝土构件以及零星砌砖、零星抹灰等与墙长和楼地面无关的项目的工程量计算，进行单独处理。

这里介绍一种工程量计算统筹图，即"册、线、面工程量计算统筹图"，见图5-136。这种统筹图是将整个单位工程的工程量分五大部分来考虑的。

第一部分，包括混凝土构件、木结构、金属结构三大内容。因这一部分可利用工程量计算手册来计算（主要指标准件），所以叫"册"。由于这些工程量的计算与利用"线"、"面"基数计算工程量无关，而又可给利用"线"、"面"基数计算的工程量作准备，如圈梁、过梁、挑梁、构造柱以及门窗，在计算砖墙体工程量时要作扣除，所以首先计算，排在统筹程序之首。

第二部分，指利用外墙中心线长 $L_{中}$、内墙净长 $L_{内}$、外墙外边线长 $L_{外}$ 计算的项目。利用 $L_{中}$、$L_{内}$ 计算基础工程量和墙体工程量，利用 $L_{外}$ 计算散水、明沟及外墙面装饰工程量。由于计算墙体工程量时要利用第一部分的圈梁、过梁、挑梁、构造柱、门窗数据，计算外墙装饰工程量要利用第一线的门窗数据，所以排在第一部分的后面。由于这一部分是利用墙长线来算的项目，所以叫"线"。

第三部分，指利用室内净长 $L_{净}$ 计算的项目，包括楼、地面、天棚工程量计算和内墙面装饰工程量计算。由于楼地面、天棚的作法以及内墙面装饰日趋复杂，若利用 $L_{中}$、$L_{内}$ 来计算已不适应，故而另增加基数 $L_{净}$ 来计算，显得十分方便。室内净长乘以净宽可算楼、地面、天棚工程量；室内净长及净宽乘以内墙面净高可算内墙面工程量。由于这一部分是利

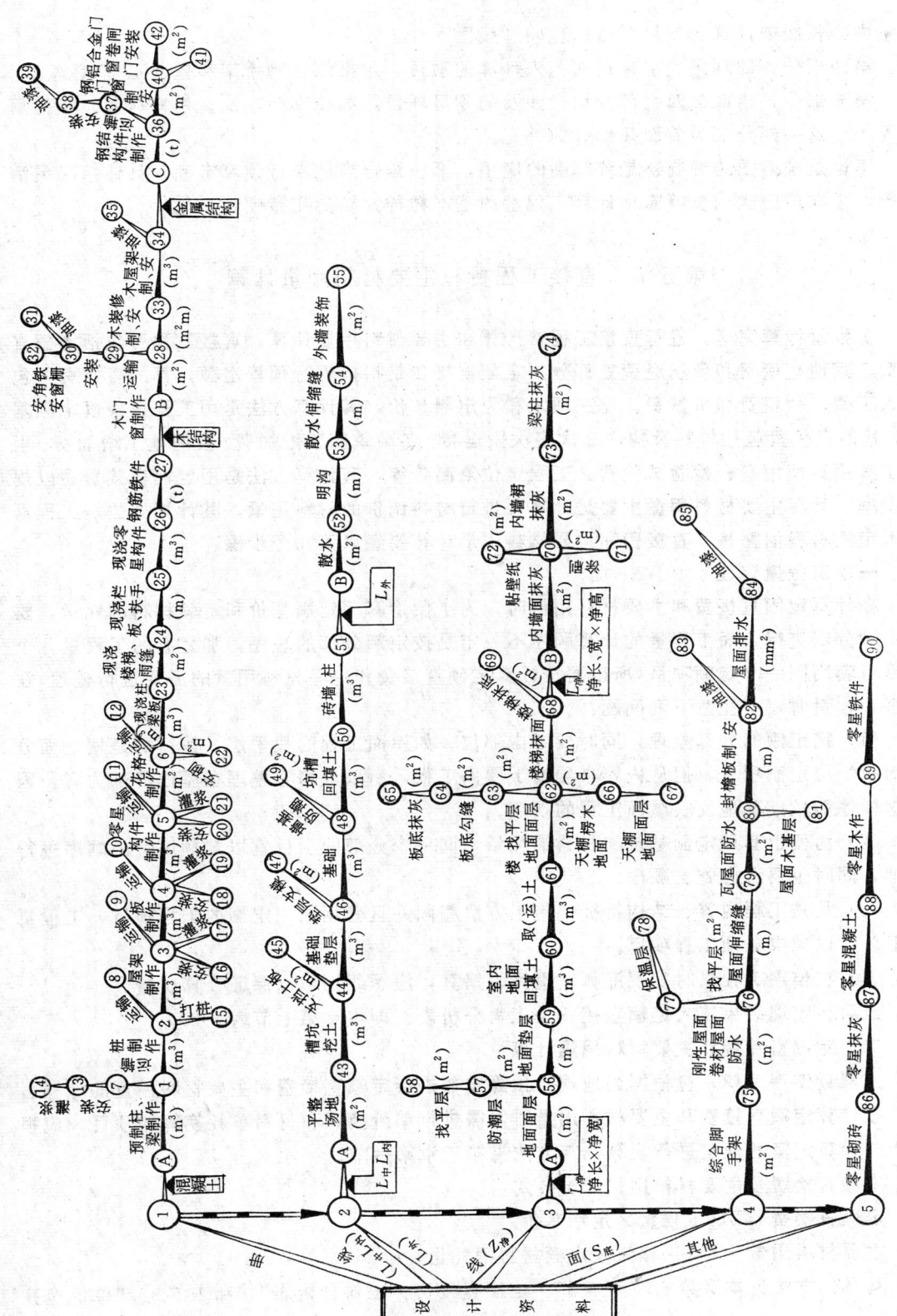

图 5-136 册、线、面工程量计算统筹图

205

用室内净长线来计算的项目，所以也叫"线"。

第四部分，即利用底层建筑面积来计算的项目，包括综合脚手架和屋面工程量。

第五部分，指前面四大部分均未涉及的零星项目，如砖砌污水池、栏杆抹灰、壁柜搁板等等。这一部分实为前面几部分的补充。

不论是统筹图的编制还是统筹图的应用，都应结合当地现行预算定额及具体情况灵活进行，重在理解运用统筹原理计算工程量的基本精神，切勿死搬硬套。

第五节　直接工程费和主要材料用量计算

工程量计算完毕，进行直接工程费计算和主要材料用量计算。直接工程费包括定额直接费、其他直接费和现场经费三部分。定额直接费是指按现行预算定额计算的直接费，包括人工费、材料费和机械费。此三项之和为定额基价，其计算方法是用工程量乘以定额基价。其他直接费包括材料及构件二次多次搬运费、冬雨季施工增加费、夜间施工增加费、生产工具用具使用费、检验试验费、工程定位复测费等，其计算方法是用定额直接费乘以规定费率。计算主要材料用量主要是计算要进行材料调价的材料用量，其计算方法是工程量乘以定额材料消耗量。直接费和主要材料用量计算要经以下几个步骤：

一、工程量整理

在计算定额直接费和主要材料用量时，为了便于套用定额基价和定额材料消耗量，要按定额分部进行，而工程量的计算顺序不一定是按定额分部的顺序，加之有的工程量几个项目可套用同一个定额项目，所以要按计算定额直接费和主要材料用量的需要进行整理。在整理工程量时，要注意下列问题：

（1）按定额的分部整理，同时要考虑部位。如屋面工程的找平层，执行的是楼地面分部的找平层定额项目，但从内容来看属于屋面工程，所以应将它整理在屋面分部为宜，因为这样才能较准确地反映屋面工程的费用。

（2）为便于套用定额基价和材料消耗量，同一个分部的项目宜以定额编号的顺序进行整理，同时也要考虑施工顺序。

（3）凡是工程内容、结构特征、施工方法相同并且套用同一定额的工程项目，工程量应汇总，以减少分项工程项目。

（4）在整理工程量时发现漏算、重算、错算，应予纠正，以保证预算质量。

最后将整理结果填入定额直接费及工料分析表。即本章第七节表 5-33。

二、定额直接费和主要材料用量计算

工程量整理完毕，应根据当地现行预算定额进行定额直接费和主要材料用量的计算。

在计算定额直接费和主要材料用量时，需进行单价换算和材料单耗换算的项目，应根据现行预算定额的规定进行换算，其方法见第三章第六节。

定额直接费及主要材料用量计算公式：

定额直接费＝Σ（工程量×定额基价）

主要材料用量＝Σ（工程量×定额材料消耗量）

其具体方法见本章第七节表 5-33 "定额直接费、工料分析表"，和表 5-32 "单价换算表"。

三、其他直接费计算

其他直接费等的计算是在定额直接费计算完成后，以定额直接费为基数，乘以规定费率而得。其计算方法见本章第七节表 5-35"工程造价计算表"。

四、材料价差调整

材料价差系指现行材料价与预算定额中材料价之差。调整方法见本章第七节表 5-34"材料价差调整计算表"和表 5-35"工程造价计算表"。

第六节　工程造价计算

工程总造价包括直接工程费、间接费、利润和税金四大部分。直接工程费计算出来后，间接费、利润和税金是在直接工程费的基础上根据规定的费（税）率计算的。计算举例见本章第七节表 5-35"工程造价计算表"。

第七节　建筑工程施工图预算编制实例

以某房屋开发公司住宅楼施工图为例，编制建筑工程施工图预算。编制结果如表 5-29～表 5-36。

职工住宅施工图预算编制说明

（一）本预算根据下列资料编制：

（1）图纸：房屋建设开发公司职工住宅土建施工图。

（2）预算定额：19××年《××省建筑工程计价定额》、《××省装饰工程计价定额》。

（3）取费文件：19××年《××省建设工程间接费用定额》。

（4）材料调价：19××年《××市建筑材料预算价格调整表》。

（二）本预算按三级施工企业收取各项费用（各项费率详见本书表 4-3）。

（三）各构件运输距离：钢筋混凝土构件 1km，金属构件 1km，木门窗 1km，均为汽车运输。拖拉机运土方运距 1km。

本　章　小　结

土建工程施工图预算主要包括计算工程量、直接费、工料分析、材料调价、工程造价计算等内容。

工程量计算是编制施工图预算的主要工作。因为它涉及的知识面广，运用的计算方法较多，因而计算的工作量也大。只有熟悉定额、能识施工图、懂得施工技术和建筑材料等方面的知识，才能较准确地计算工程量。

通过用示意图来说明计算规则和计算方法的方式来理解繁杂的工程量计算规则和众多的工程量计算方法，有助于简化学习过程和提高学习效果。

统筹法是一种科学的计划和管理方法。借助于工程量计算统筹图，能使初学者在较短的时间内掌握工程量的计算顺序。

完整的土建工程施工图预算实例，详尽地表达了施工图预算编制过程中的每一个步骤，表现了施工图预算的基本内容。

房屋建设开发公司住宅楼建筑施工图

设计说明

①本工程为某房屋建设开发公司的点式住宅楼。共六层，底层商店，二至六层住宅。建筑面积1057.09m²。

②本工程位于蚬江西路，相对标高±0.000相当于绝对标高489.73m，自然地坪绝对标高489.03m。

③建筑结构：底层框架，二至六层砖混。柱下独立基础，墙下条形基础。构造柱、钢筋混凝土圈梁、预应力空心板、木门窗、临街铝合金。

④屋面：三布四油沥青防水；1:2.5 水泥砂浆20厚找平，1:8 水泥炉渣100厚（平均）找坡 $i=2\%$。

⑤楼面：10厚，贴300×300地砖，素水泥浆1厚。厨卫间：1:2.5 水泥砂浆25厚，素水泥浆1厚搭缝。陶瓷马赛克白水泥浆搭缝4厚；1:1 水泥砂浆10厚；1:2.5 水泥砂浆20厚。居室：1:2 水泥石浆20厚。楼梯、阳台：1:2 水泥砂浆15厚；1:3 水泥砂浆20厚。浆铁板压光20厚。

⑥地面：卫生间：同楼面。其余部位：1:2 水泥豆石浆铁板压光20厚；C10混凝土垫层80厚（卫生间同）；素土夯实。

⑦天棚：106涂料2遍；1:0.3:3 水泥石灰砂浆4厚；107胶素水泥浆11厚；1:0.5:2.5 水泥石灰砂浆18厚。

⑧内墙：厨卫间：1.6米高152×152 瓷砖墙裙；水泥石灰浆106两遍。其余部位：白色内墙涂料106两遍；水泥石灰砂浆18厚〔其中：1:1:4（7厚）、1:0.5:2.5（6厚）、1:0.3:3（5厚）〕。

⑨外墙面：详各立面图。

⑩油漆：木门窗刷乳白色调和漆两遍；金属栏杆除锈红丹打底，孔黄色调和漆两遍。花格刷白水泥浆两遍。

⑪踢脚线：除厨卫间外，其余均贴152×152瓷砖踢脚线。

门窗明细表

代号	名称	洞口尺寸(mm) 宽	高	1层	2层	3层	4层	5层	6层	屋顶层	合计	备注
M1	金属卷闸门	3200×3800	3400	4							4	详底层平面图
M2	金属防盗门	900	2000		2	2	2	2	2		10	详建施10
M3	全板夹板门	900	2600		5	5	5	5	5		30	详建施10
M4	全板夹板门	800	2600		2	2	2	2	2		10	详建施10
M5	百叶夹板门	700	2600	2	4	4	4	4	4		22	详建施10
M6	羊蹄夹板门带窗	2100	1900	2	2	2	2	2	2		12	详建施10
M7		2160		1						1	1	详建施10
C1		2400	1700		2	2	2	2	2		10	白色、蓝绿
C2	铝合金窗	1500	1700	1	1	1	1	1			5	
C3		1860	1700	1	1	1	1	1			5	
C4		1200	1700	1	1	1	1	1			5	
C5	十字木窗	900	900	2	2	2	2	2			12	临街为铝合金窗
C6	中悬木窗	700	700	1	3	3	3	3	3		16	详建施10
C7	木窗	1500	1700	2	2	2	2	2	2		12	详建施10
C8	木窗	1200	1700	1	1	1	1	1	1		6	详建施10
C9	铝合金窗	1860+480	1700	1	1	1	1	1	1		6	
C10	木窗	1500	1000								6	详建施10

建施图纸目录

图 号	图 纸 内 容
建施1/10	设计说明、门窗明细表、建施图纸目录、总平面图
建施2/10	底层平面图
建施3/10	标准层平面图
建施4/10	屋顶平面图、节点大样
建施5/10	①立面图、节点详图
建施6/10	①立面图、花格B₁、B₂、B₃
建施7/10	⑧立面图、Ⓐ-①立面图
建施8/10	I-I剖面图、节点大样
建施9/10	II-II剖面图、楼梯间平面图
建施10/10	木门窗详图

总平面图

拟建办公楼　自行车棚　规划住宅楼　新建住宅楼　入口
3m　18.3m　11.4m　18.3m　54m　18.3m　3m

建设单位	房屋建设开发公司	设计号	97-005
工程名称	住宅楼	图别	建施
××设计院		图号	1
		日期	

设计说明
门窗明细表
建施图纸目录
总平面图

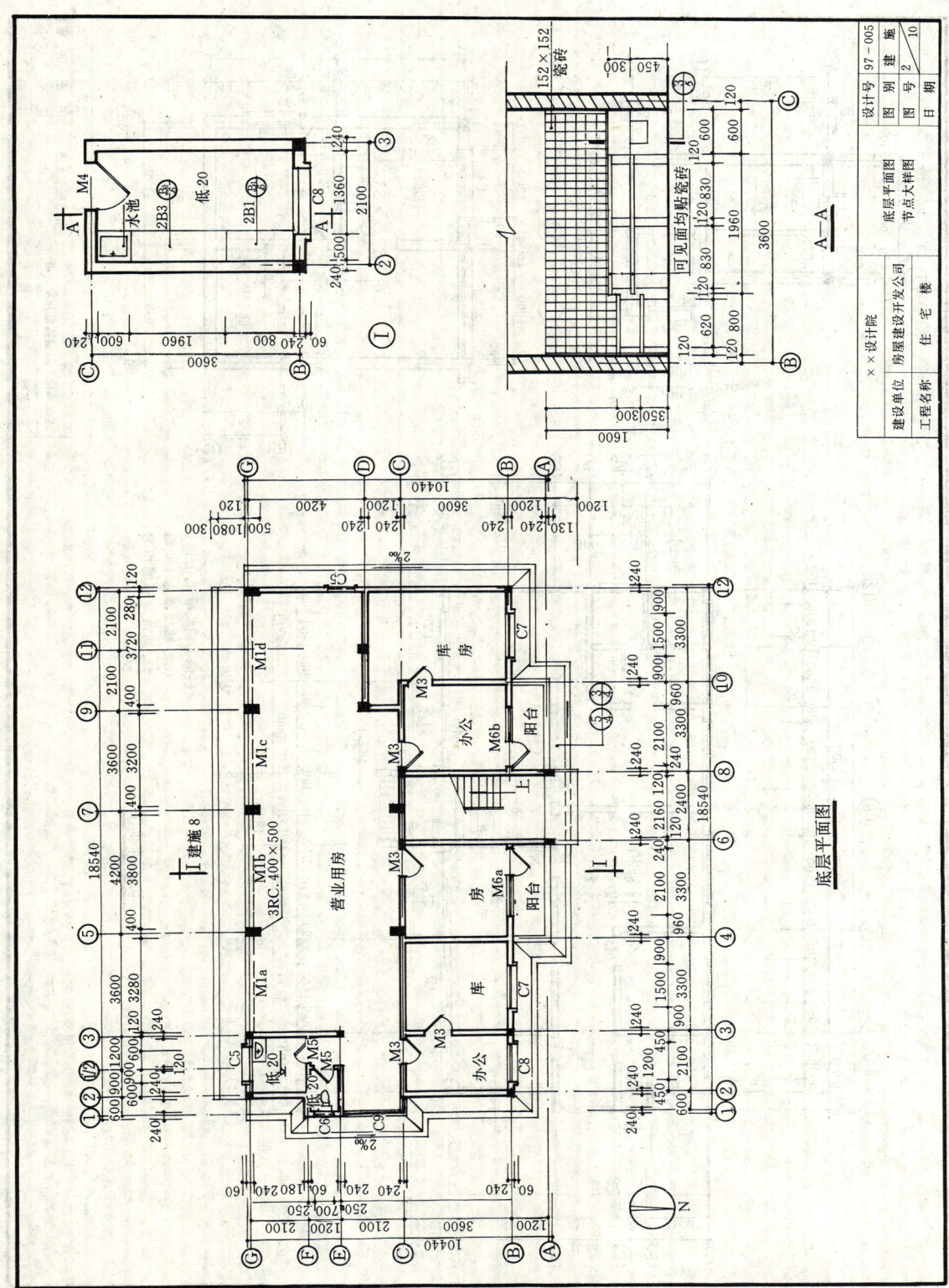

底层平面图

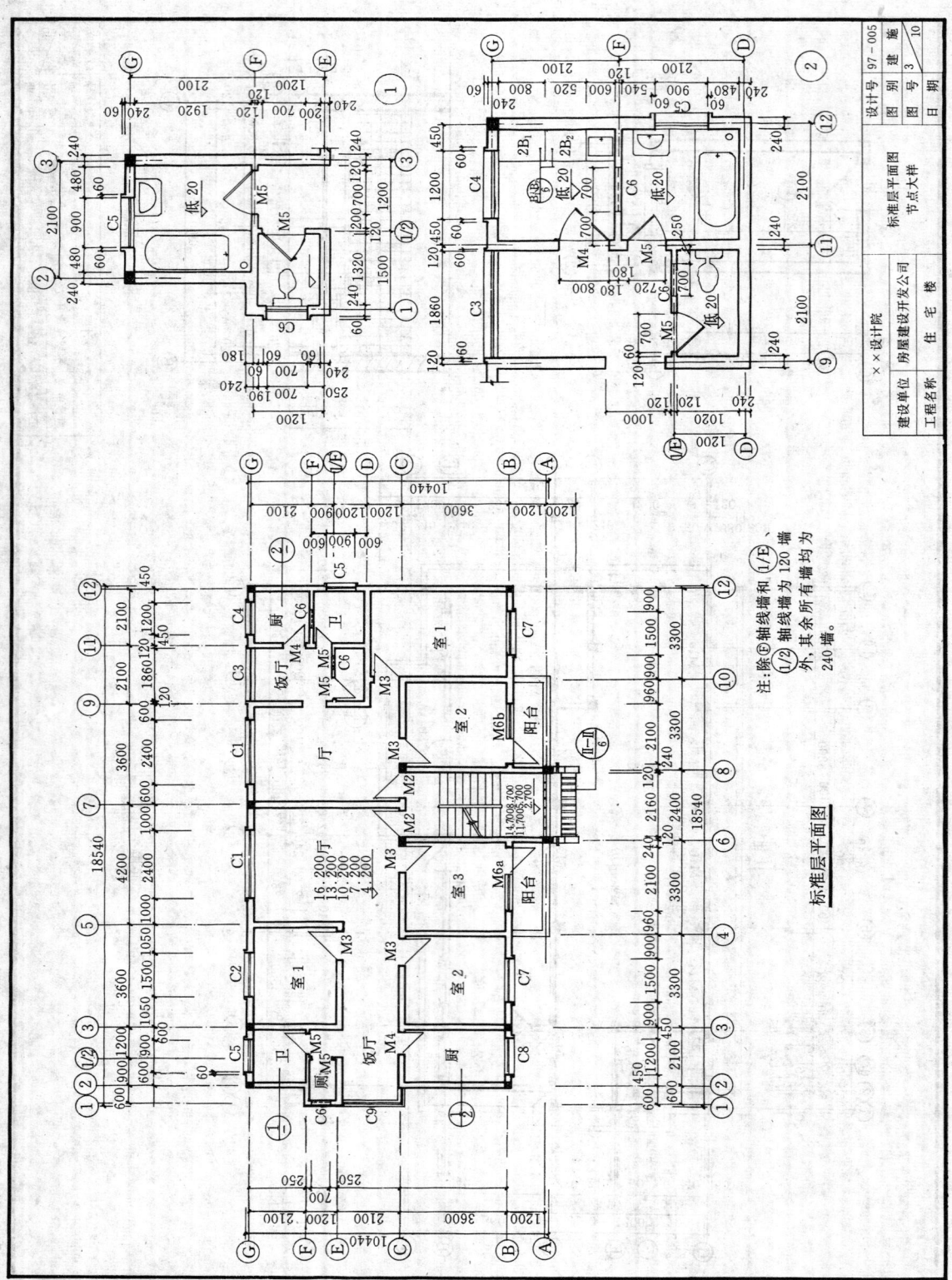

标准层平面图

注：除⑥轴线墙和①/E、
①/2轴线墙为120墙
外，其余所有墙均为
240墙。

设计号	97—005	建施
图 别		
图 号	3	10
日 期		

标准层平面图
节点大样

×× 设计院

| 建设单位 | 房屋建设开发公司 |
| 工程名称 | 住 宅 楼 |

210

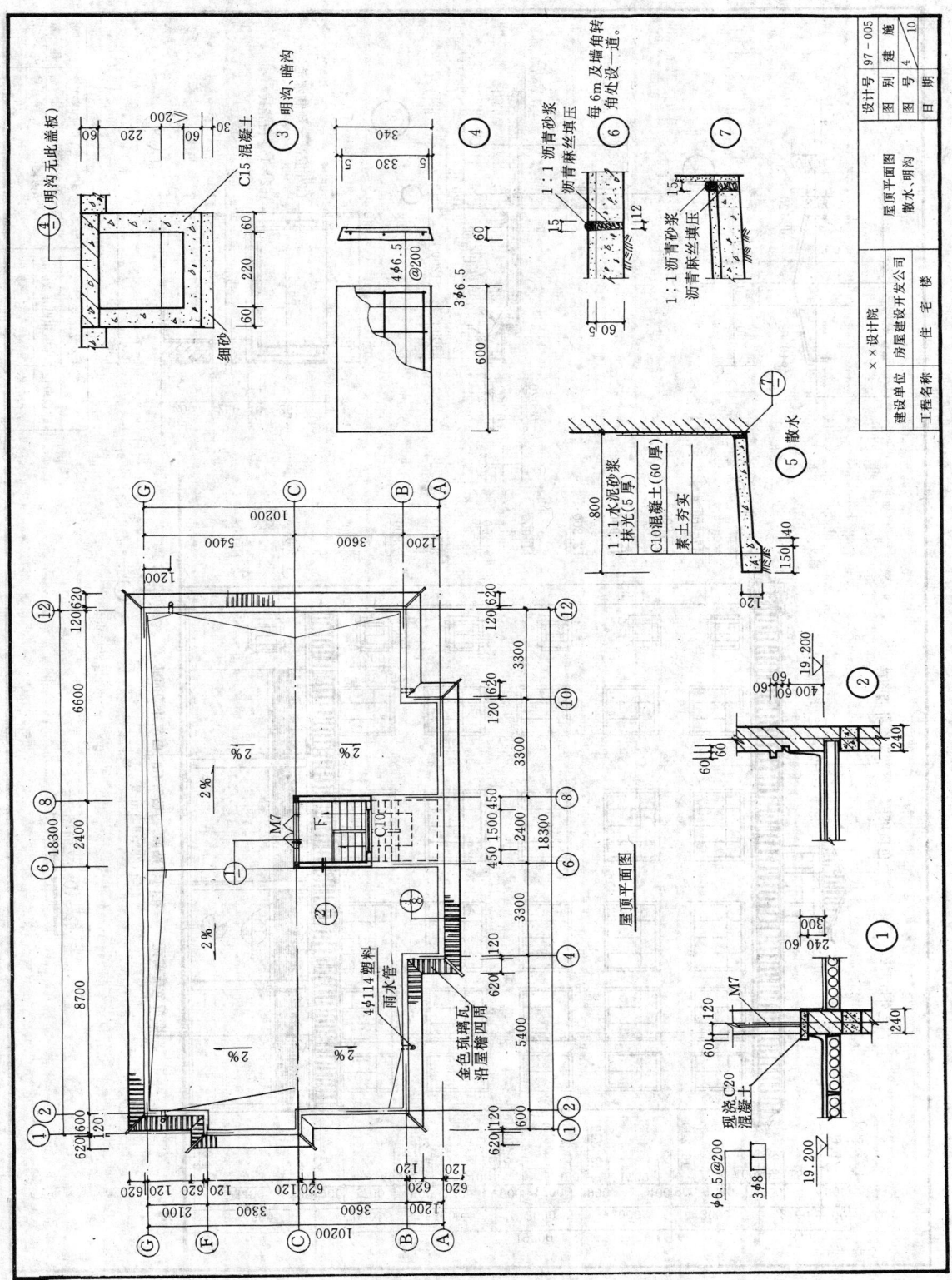

屋顶平面图

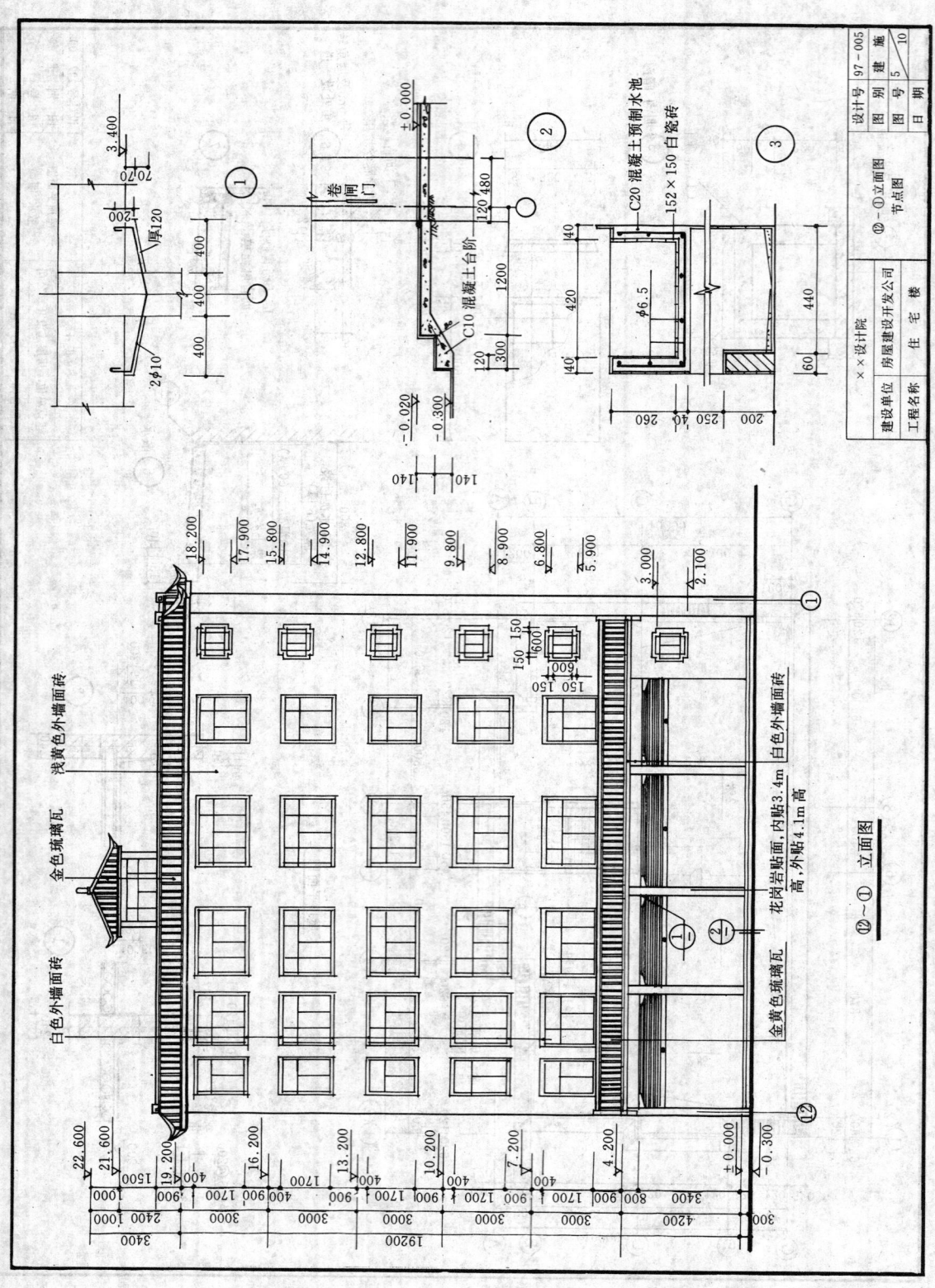

设计号	97－005	施	10
图 别	建	图 号	5
日 期			

×× 设计院	建设单位	房屋建设开发公司
	工程名称	住 宅 楼

⑫－①立面图
节点图

卷闸门

C10混凝土台阶

C20 混凝土顶制水池

152×150 白瓷砖

浅黄色外墙面砖

金色琉璃瓦

白色外墙面砖

白色外墙面砖

金黄色琉璃瓦

花岗岩贴面,内贴3.4m
高,外贴4.1m 高

白色外墙面砖

⑫～①立面图

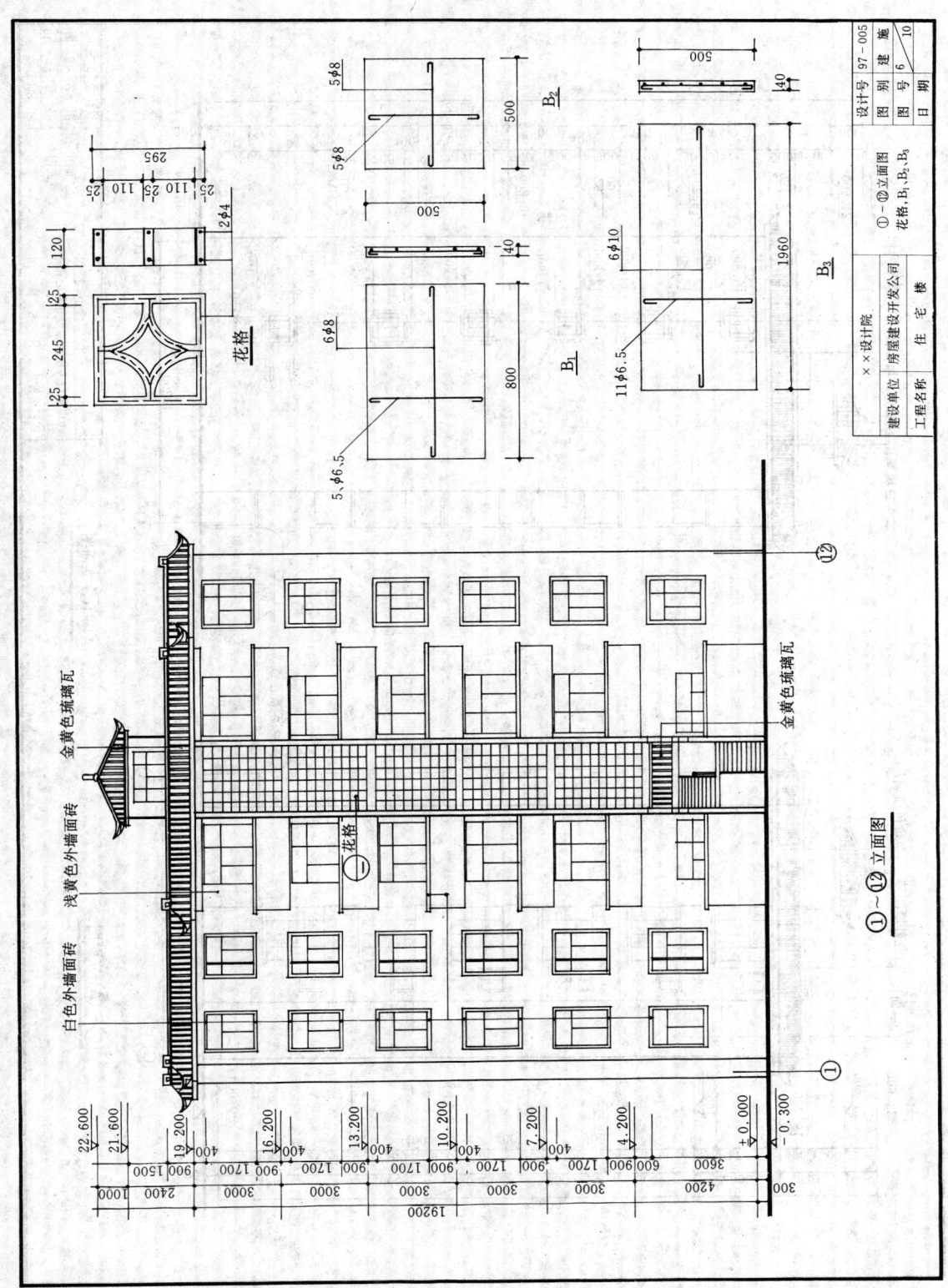

①～⑫立面图

金黄色琉璃瓦

浅黄色外墙面砖

白色外墙面砖

花格

B₁

B₂

B₃

设计号 97－005
图别 建 施
图号 6
日 期
10

①～⑫立面图
花格、B₁、B₂、B₃

工程名称 住 宅 楼
建设单位 房屋建设开发公司
××设计院

213

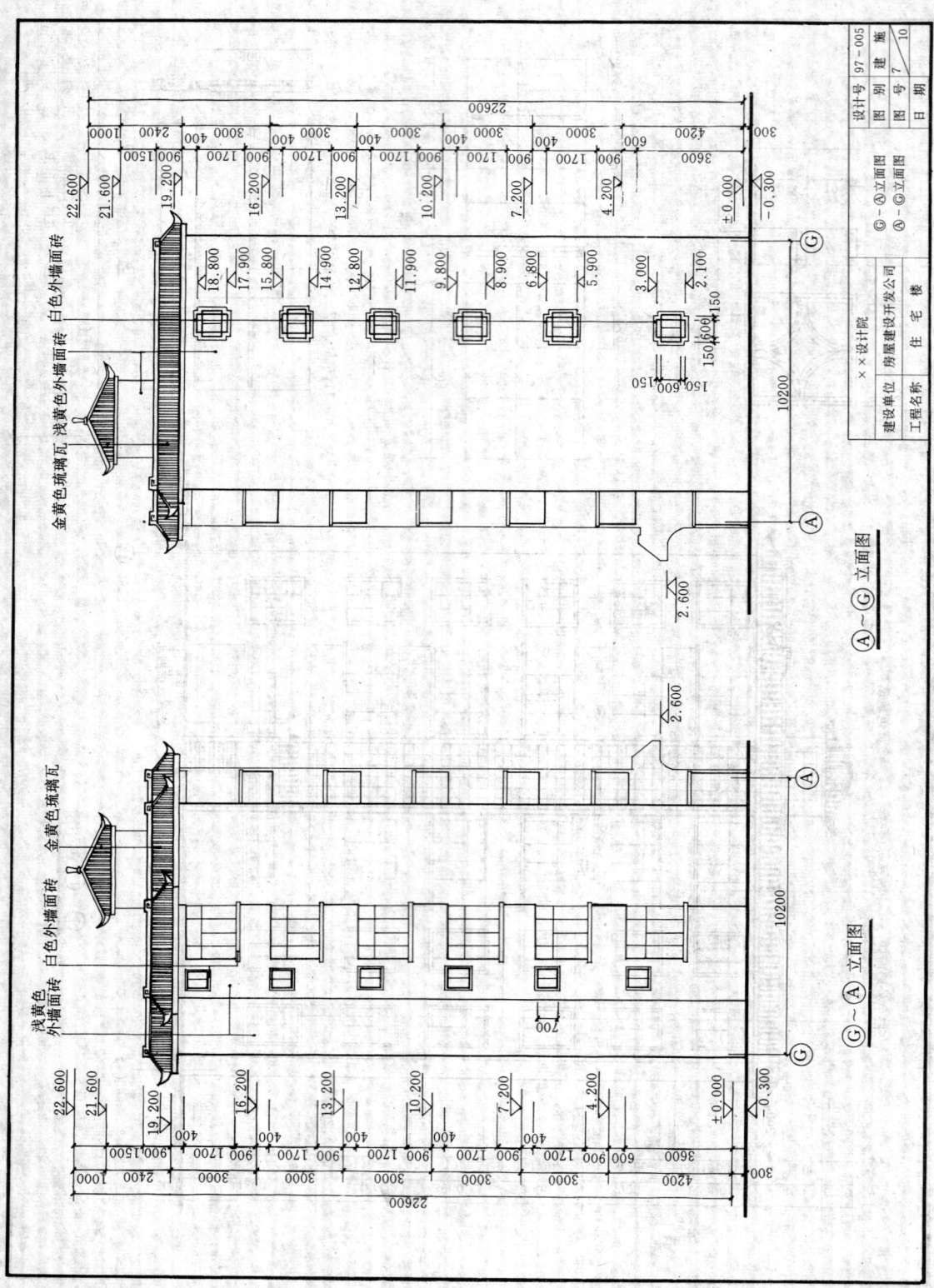

金黄色琉璃瓦 浅黄色外墙面砖 白色外墙面砖

22600

22.600
21.600
19.200
18.800
17.900
16.200
15.800
14.900
13.200
12.800
11.900
10.200
9.800
8.900
7.200
6.800
5.900
4.200
3.000
2.100

10200

2.600

±0.000
−0.300

Ⓐ~Ⓖ 立面图

白色外墙面砖 金黄色琉璃瓦

浅黄色
外墙面砖

22.600
21.600
19.200
16.200
13.200
10.200
7.200
4.200
±0.000
−0.300

2.600

700

10200

22600

Ⓖ~Ⓐ 立面图

设计号 97−005
图别 建施
图号 7
日期

×× 设计院

建设单位 房屋建设开发公司
工程名称 住宅楼

Ⓒ−Ⓐ立面图
Ⓐ−Ⓒ立面图

10

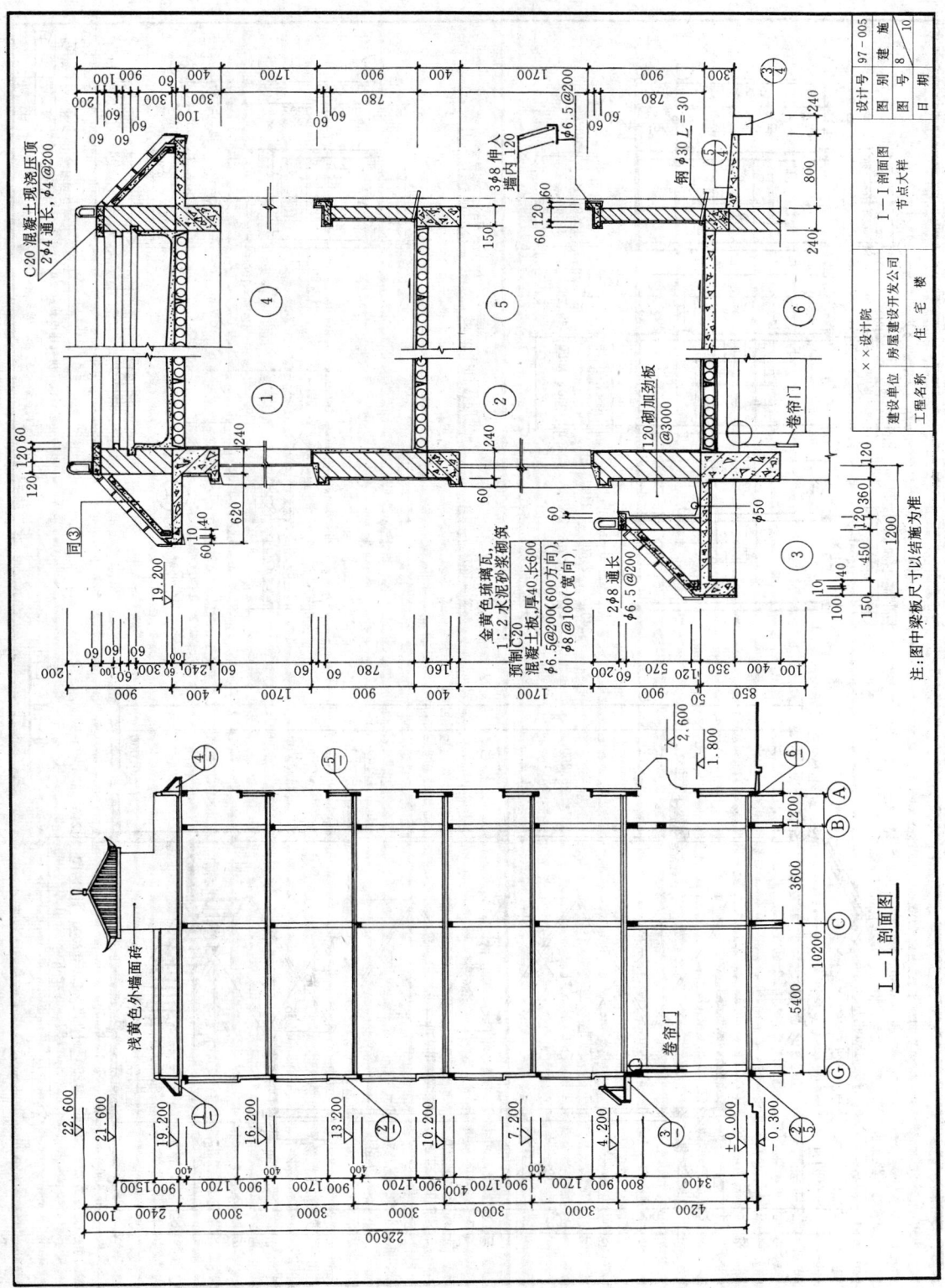

C20混凝土现浇压顶
2φ4通长, φ4@200

3φ8伸入墙内120

钢φ30 L=30

φ6.5@200

120砌加劲板
@3000

卷帘门

金黄色琉璃瓦
1:2水泥砂浆砌筑
预制C20
混凝土板,厚40,长600
φ6.5@200(600方向),
φ8@100(宽向)

2φ8通长
φ6.5@200

注:图中梁板尺寸以结施为准

I—I 剖面图

浅黄色外墙面砖

卷帘门

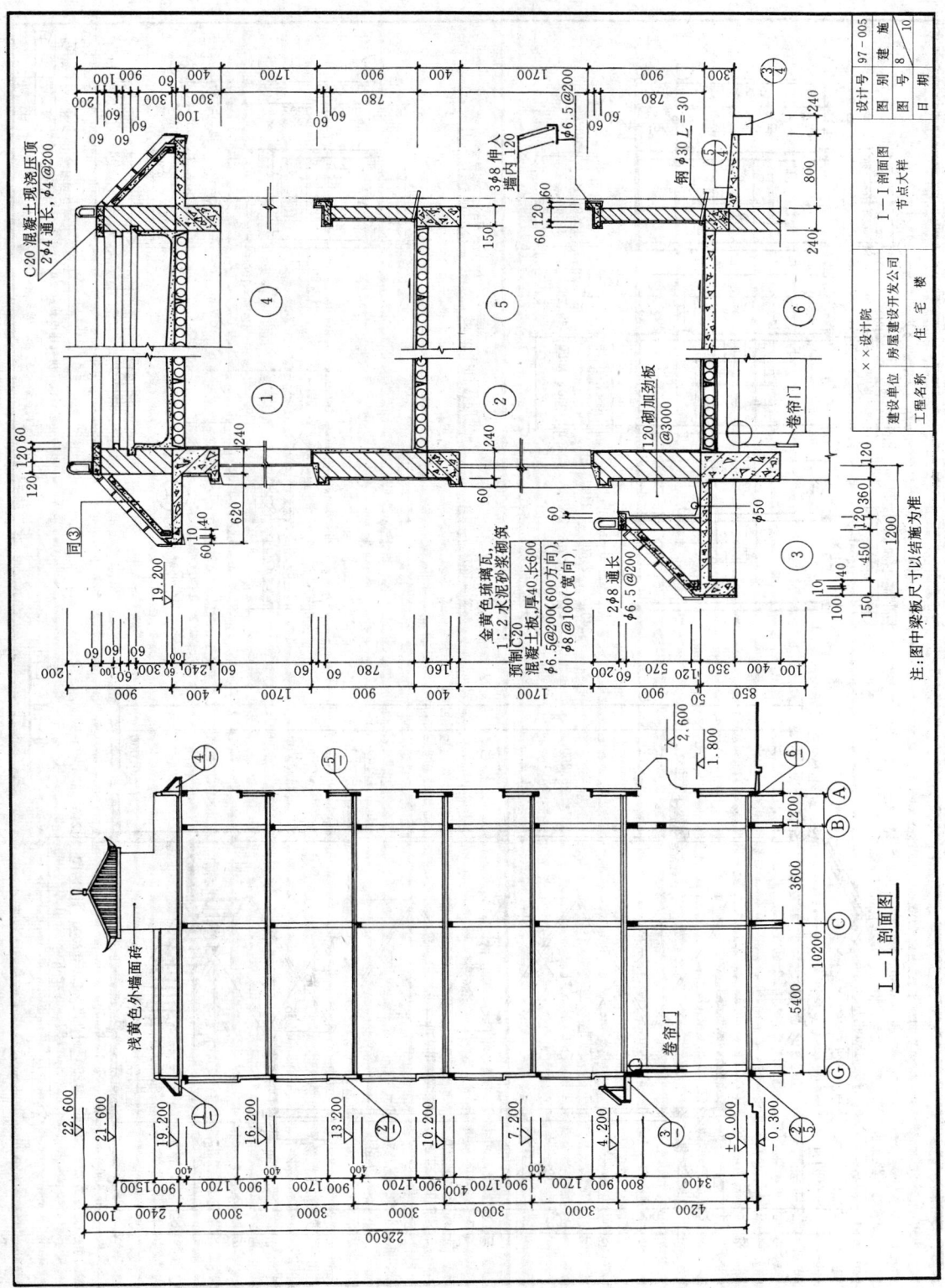

设计号 97—005
图别 建 施
图号 8 10
日期

I—I剖面图
节点大样

××设计院

建设单位 房屋建设开发公司
工程名称 住 宅 楼

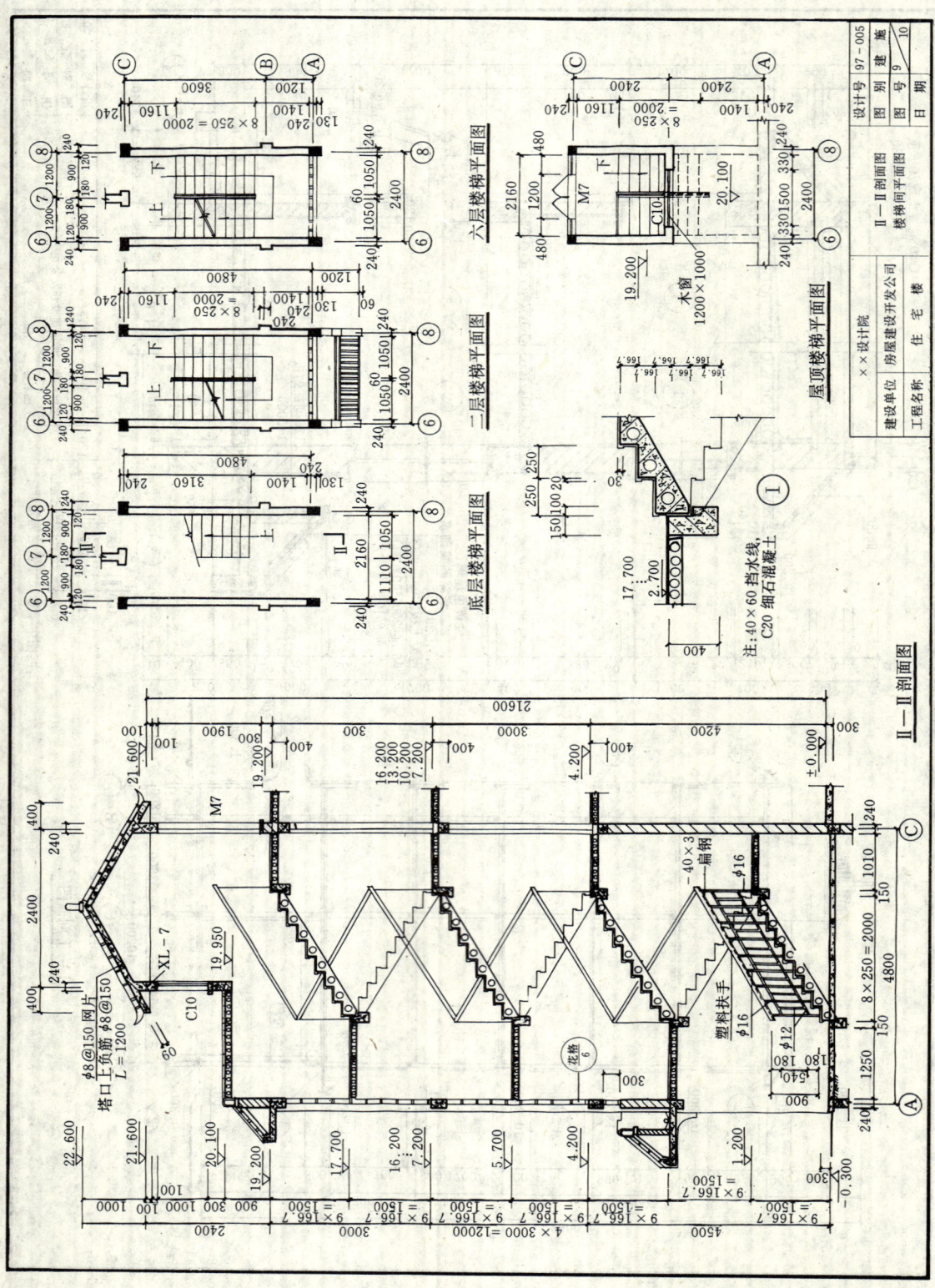

六层楼梯平面图

二层楼梯平面图

底层楼梯平面图

屋顶楼梯平面图

Ⅱ—Ⅱ剖面图

注:40×60挡水线，
C20细石混凝土

设计号 97-005	图别 建施	图号 9	10
Ⅱ—Ⅱ剖面图	楼梯间平面图	日期	
建设单位 ××设计院 房屋建设开发公司	
工程名称 住宅楼	

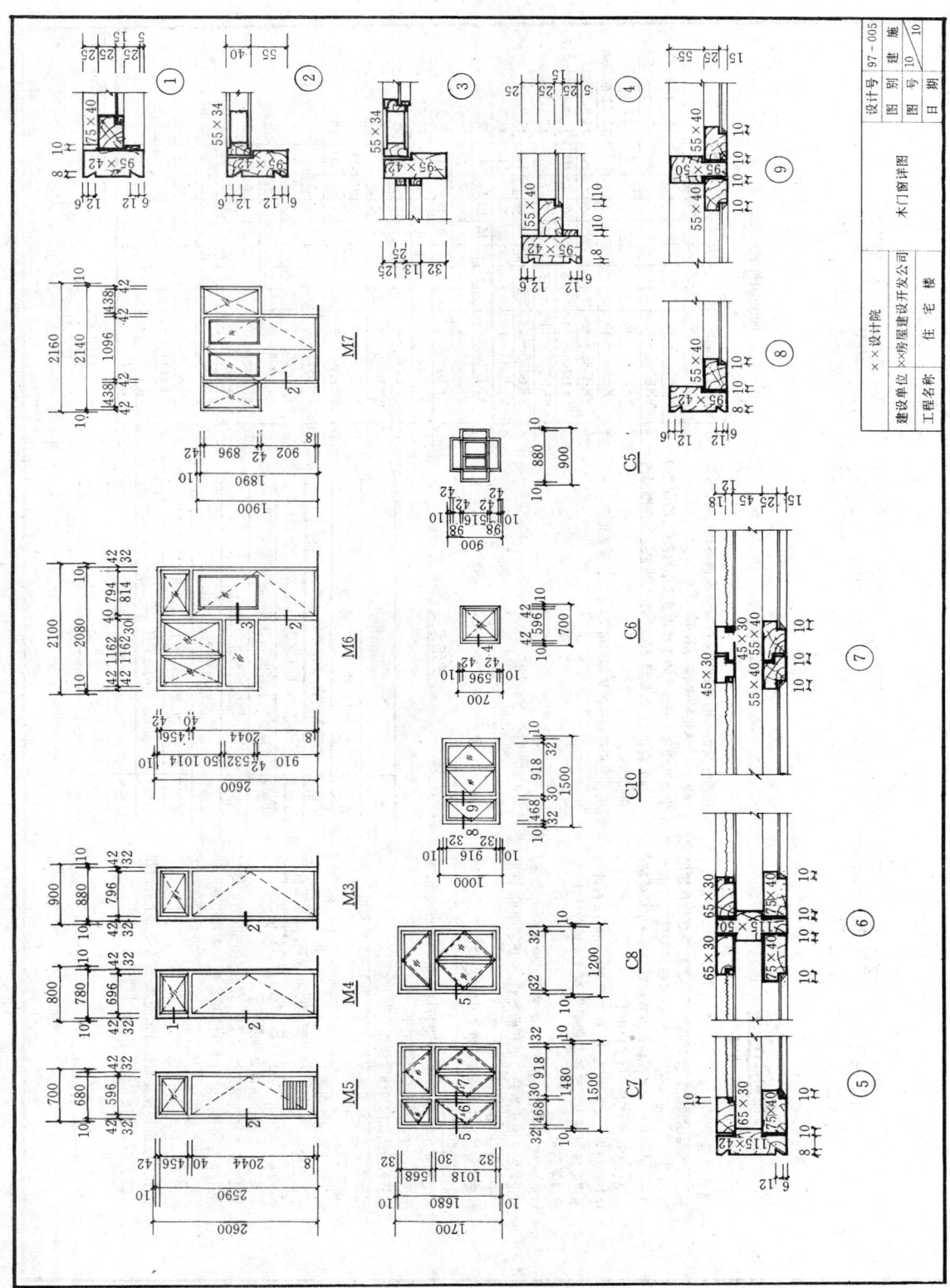

设计号 97-005
图 别 建 施
图 号 10 10
日 期 10

木门窗详图

×× 设计院

建设单位 ××房屋建设开发公司
工程名称 住 宅 楼

217

房屋建设开发公司住宅楼结构施工图

结构设计说明

一、基础工程

1. 本工程地基承载力按180kN/m²设计，基底埋深暂定为：柱基-2.1m，条基-2.00m。基础须搁置在老粘土层上。基坑开挖至设计标高应及时通知设计单位验槽，合格后方可进行下一道工序施工。

2. 柱基垫层采用C10混凝土，柱基混凝土和砖条基础均采用C15混凝土。砖条基础采用MU15标砖，M10水泥砂浆砌筑。

3. XDQL、XDL-1，XGZ1、2、3均采用C20混凝土浇筑。XGZ1、2、3均从基础垫层开始浇筑，至顶层圈梁，纵筋在基础垫层内的弯折长度200。

4. 基础工程质量应符合现行施工及验收规范。

二、钢筋混凝土工程

1. 本工程底层框架梁采用C30混凝土，其余现浇构件均采用C20混凝土。

2. 钢筋的搭接长度和锚固长度均为40d。

3. 钢筋混凝土工程质量应符合现行施工及验收规范。

三、砌体工程

1. 砌体尺寸按建施图施工。

2. 本工程砌体一、二、三层采用MU10标砖，M10混合砂浆，四、五层采用MU10标砖，M7.5混合砂浆，六层采用MU10标砖，M5混合砂浆砌筑。

3. 底层框架柱与墙相交处均设置2φ6.5@500的墙体拉结钢筋，每边伸入墙内1000。构造柱与墙相交处及转角处、和内外墙相交处均设置2φ6.5@500的墙体拉结钢筋，每边伸入墙内500。

4. XQL、XDQL均设置圈梁。圈梁转角处、L转角处及T字接头处上下各附加一根φ12，T字接头处上下各附加两根φ12。

5. 凡顶标高低于圈梁的门洞口均做成钢筋过梁，钢筋2φ8，1:2水泥砂浆20厚找平。

6. 沿女儿墙每一开间及转角处均设置小构造柱，断面240×240，纵筋4φ10，箍筋φ6.5@200，纵筋在屋面圈梁内弯折200。

7. 所有支承预制件的墙体均用1:2水泥砂浆找平。

图纸目录

预制构件统计表

序号	构件编号	一层	二层	三层	四层	五层	六层	合计	备注
1	YKB365-4a	4						4	结9，a 缩175
2	YKB366-4a	5						5	结9，a 缩175
3	YKB395-4b	8						8	结9.b 缩50
4	YKB396-4b	1						1	结9.b 缩50
5	YKB335-4c	7						7	结9.c 缩25
6	YKB245-4d		2	2	2	2	2	10	结9.d 缩300
7	YKB246-4d		7	7	7	7	7	39	结9.d 缩300
8	YKB355-4	22	22	22	22	22		110	结9
9	YKB336-4	9	9	9	9	9		45	结9
10	YKB365-4	15	15	15	15			60	结9
11	YKB366-4	4	4	4	4			16	结9
12	YKB425-4	9	9	9	9			36	结9
13	YKB245-4	1	1	1	1	1		5	结9
14	YKB246-4							17	结9
15	YKB245-6						13	13	结9
16	YKB246-6						15	15	结9
17	YKB365-6						4	4	结9
18	YKB366-6						9	9	结9
19	YKB425-6						1	1	结9
20	YKB426-6						22	22	结9
21	YKB335-6						9	9	结9
22	TL24							14	结10
23	TB105、15							13	结10
24	GL4100							1	结9
25	GL4120							2	结9
26	GL4150							2	结9
27	GL4210							2	结9

×× 设计院

建设单位	房屋建设开发公司		结构设计说明		设计号	97-005
工程名称	住宅楼		图纸目录 预制构件统计表		图别	结施
					图号	1
					日期	

共 10

218

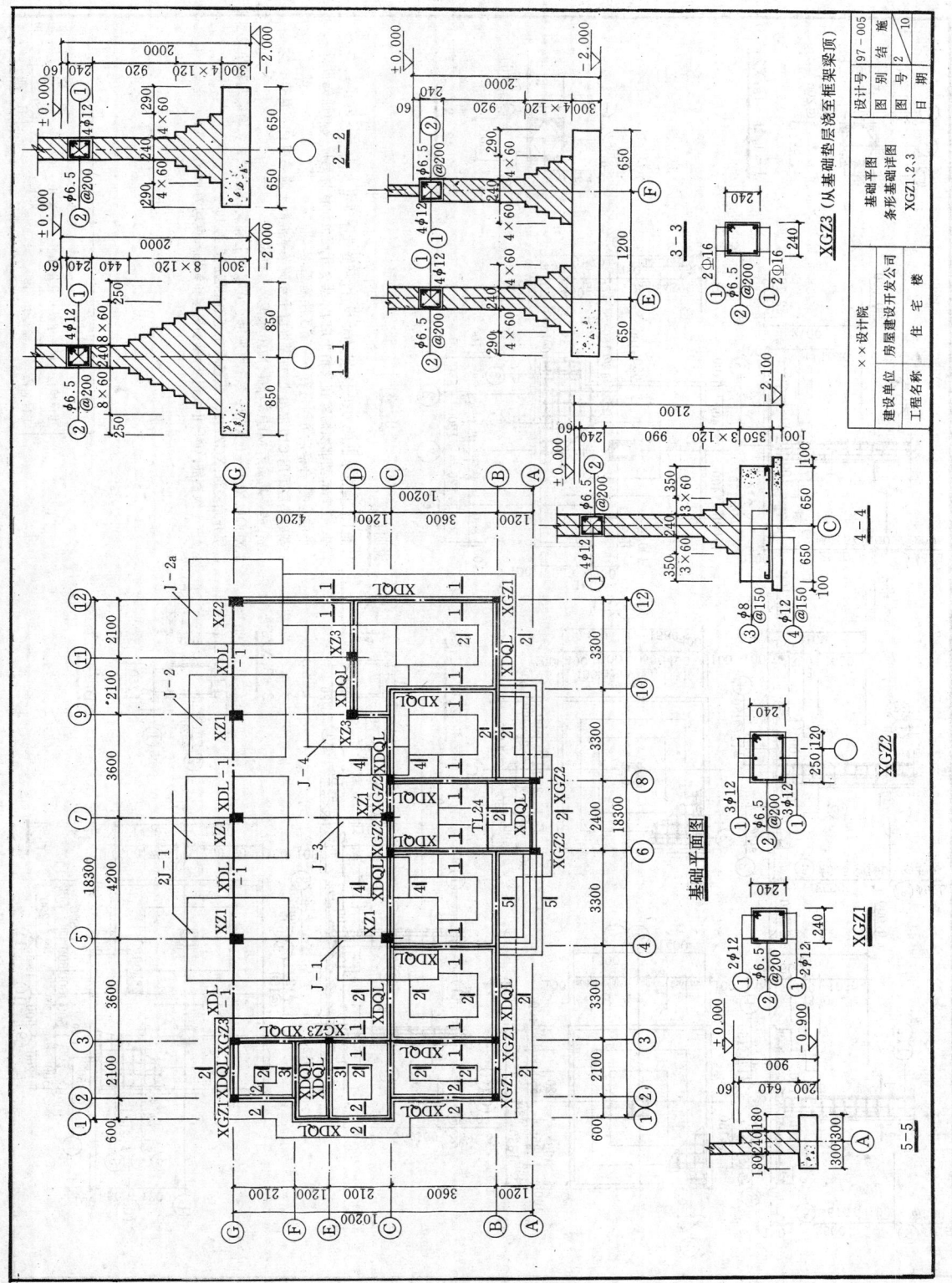

基础平面图

XGZ3 (从基础垫层浇至框架梁顶)

×× 设计院		
建设单位	房屋建设开发公司	
工程名称	住 宅 楼	

基础平面图
条形基础详图
XGZ1.2.3

设计号	97—005	结 施
图别		
图号	2	
日期		10

XGZ1

XGZ2

2—2

1—1

3—3

4—4

5—5

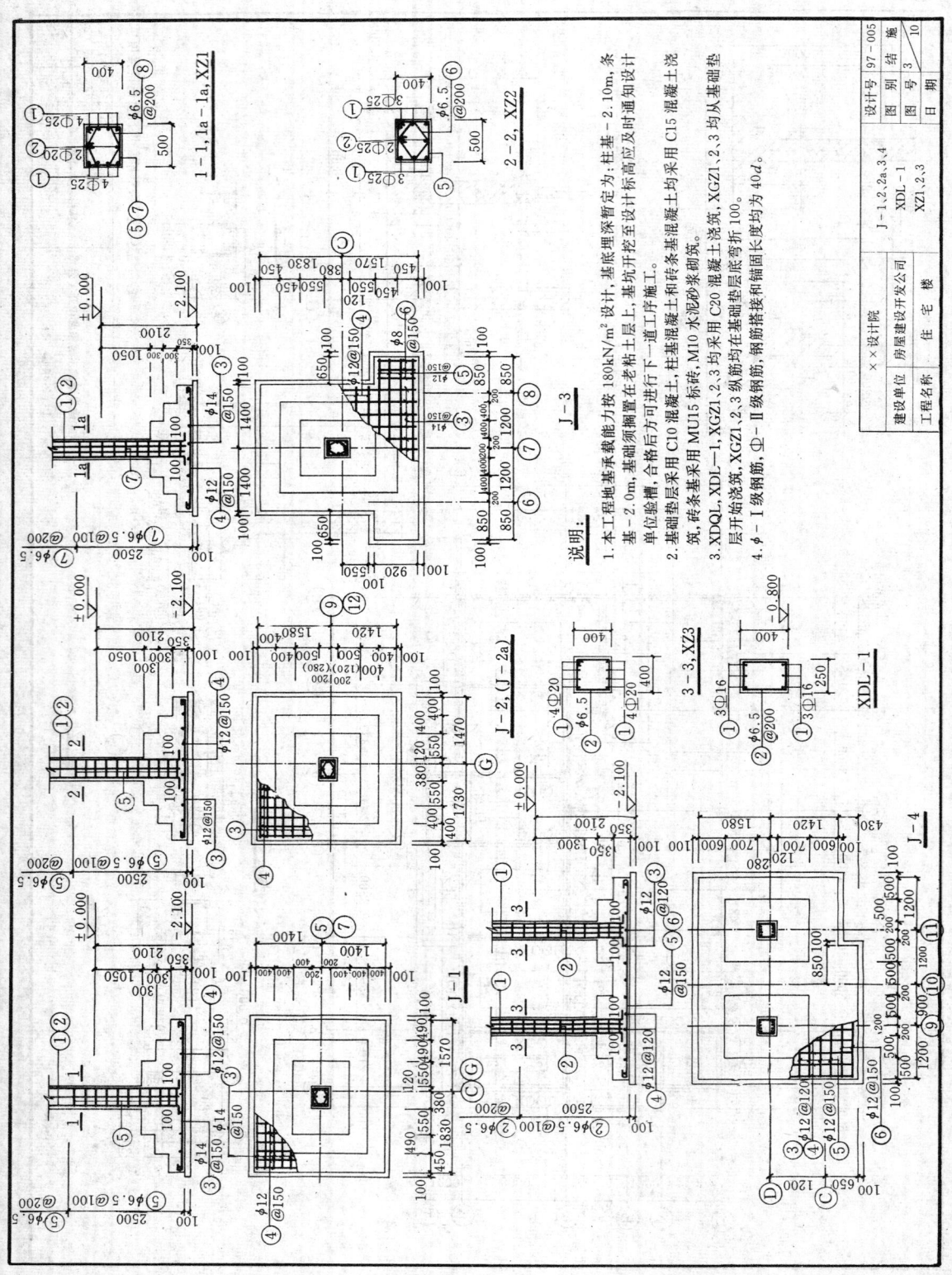

说明:

1. 本工程地基承载能力按 180kN/m² 设计,基底埋深暂定为:柱基 −2.10m,条基 −2.10m,基础须搁置在老粘土层上,基坑开挖至设计标高应及时通知设计单位验槽,合格后方可进行下一道工序施工。

2. 基础垫层采用 C10 混凝土,柱基混凝土和条基混凝土均采用 C15 混凝土浇筑,砖条基采用 MU15 标砖,M10 水泥砂浆砌筑。

3. XDQL、XDL−1,XGZ1.2.3 均采用 C20 混凝土浇筑,XGZ1.2.3 均从基础垫层开始浇筑,XGZ1.2.3 纵筋均在基础垫层底层弯折 100。

4. φ − I 级钢筋,Φ − II 级钢筋,钢筋搭接和锚固长度均为 40d。

设计号	97−005	施
图 别	结	
图 号	3	10
日 期		

| J−1.2.2a.3.4 |
| XDL−1 |
| XZ1.2.3 |

×× 设计院		
建设单位	房屋建设开发公司	住
工程名称		宅 楼

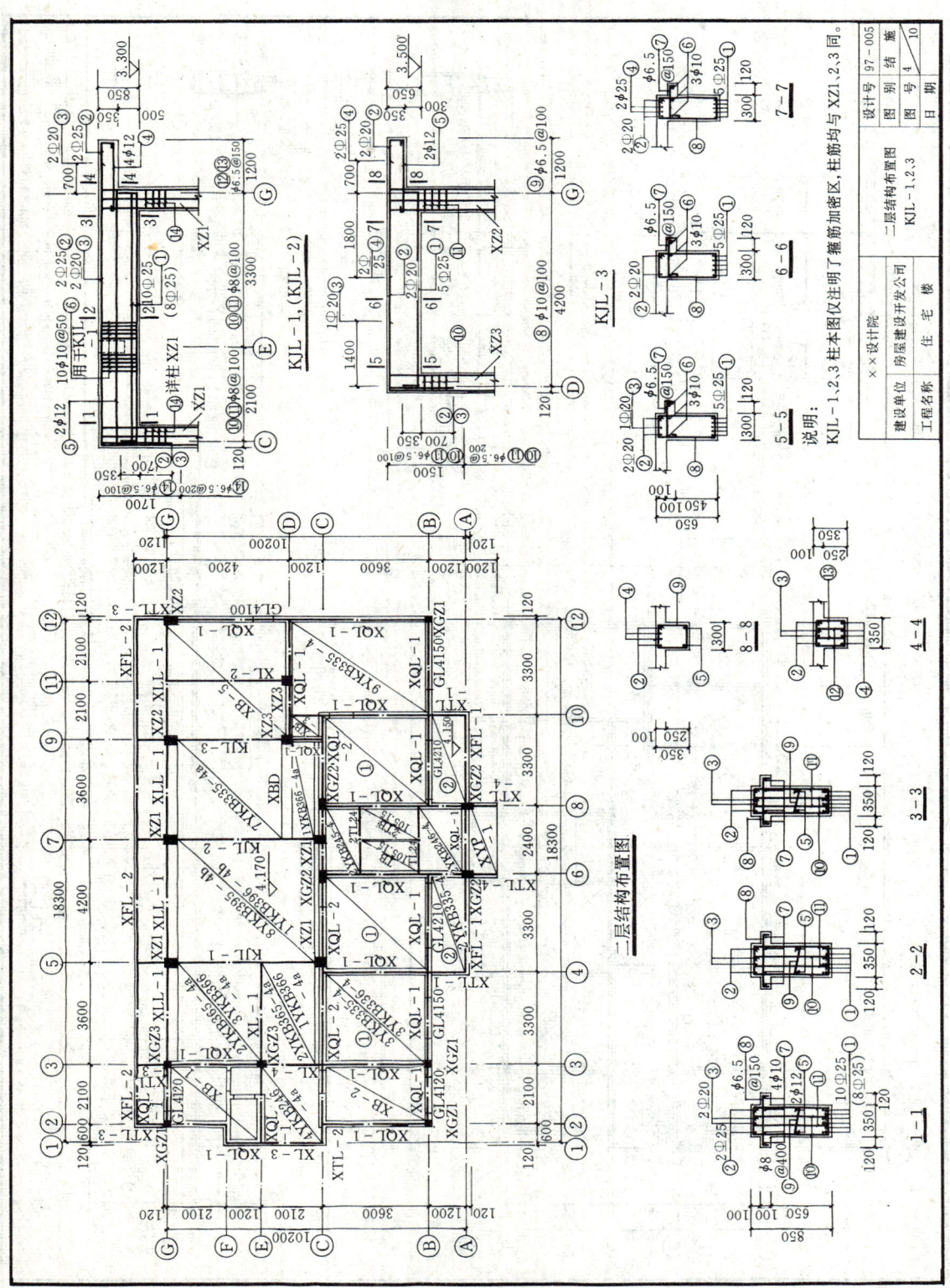

KJL－1，(KJL－2)

KJL－3

5－5

6－6

7－7

说明：
KJL－1.2.3柱本图仅注明丁箍筋加密区，柱筋均与XZ1.2.3同。

1－1

2－2

3－3

4－4

8－8

二层结构布置图

建设单位	房屋建设开发公司	二层结构布置图	设计号	97-005
工程名称	住宅楼	KJL-1.2.3	图别	结	施
××设计院			图号	4	10
			日期		

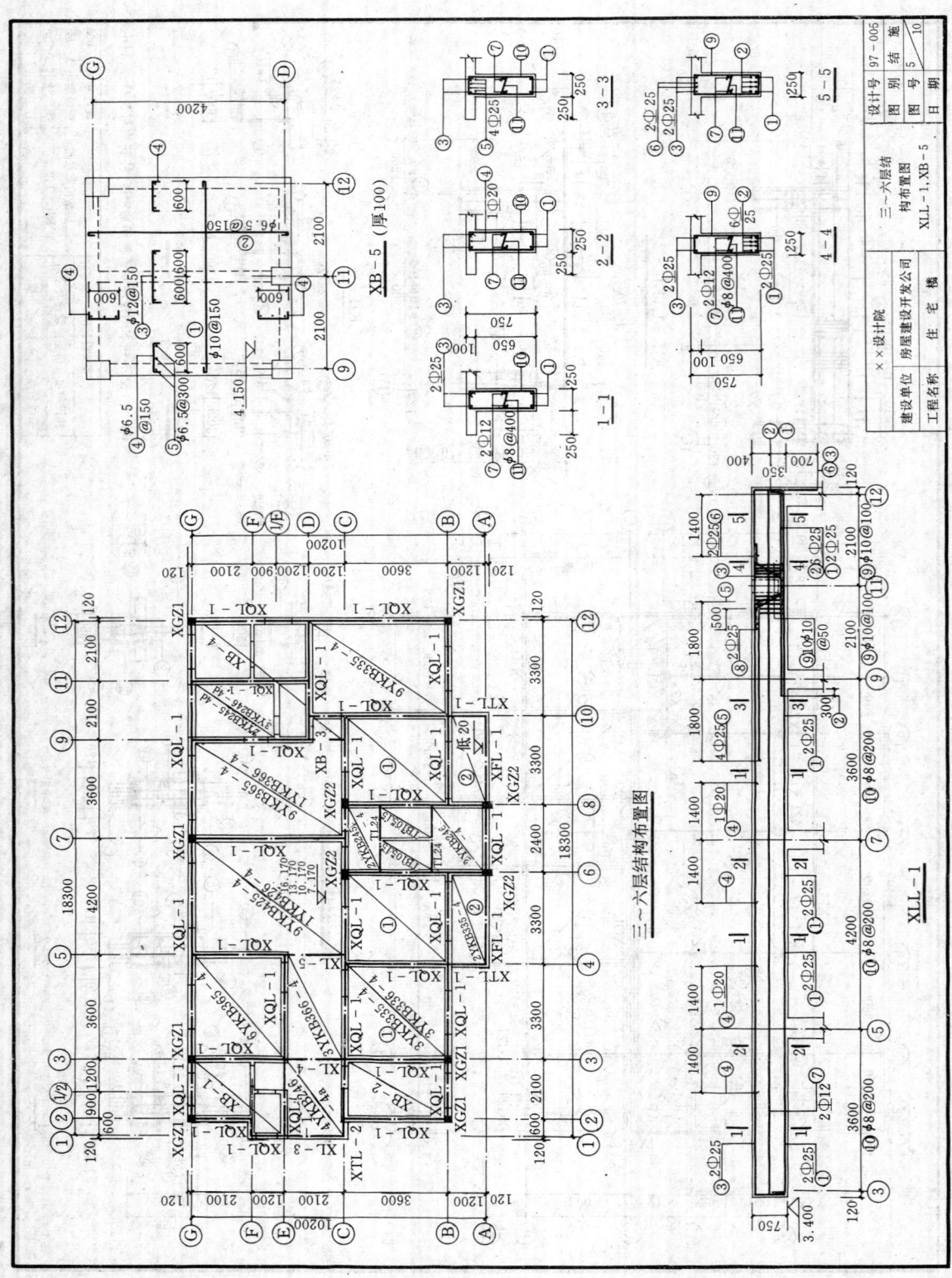

三~六层结构布置图

XB-5 (厚100)

XLL-1

设计号	97-005	施
图 别	结	
图 号	5	5
日 期		10

三~六层结构构布置图 XLL-1,XB-5

××设计院	
建设单位	房屋建设开发公司
工程名称	住宅楼

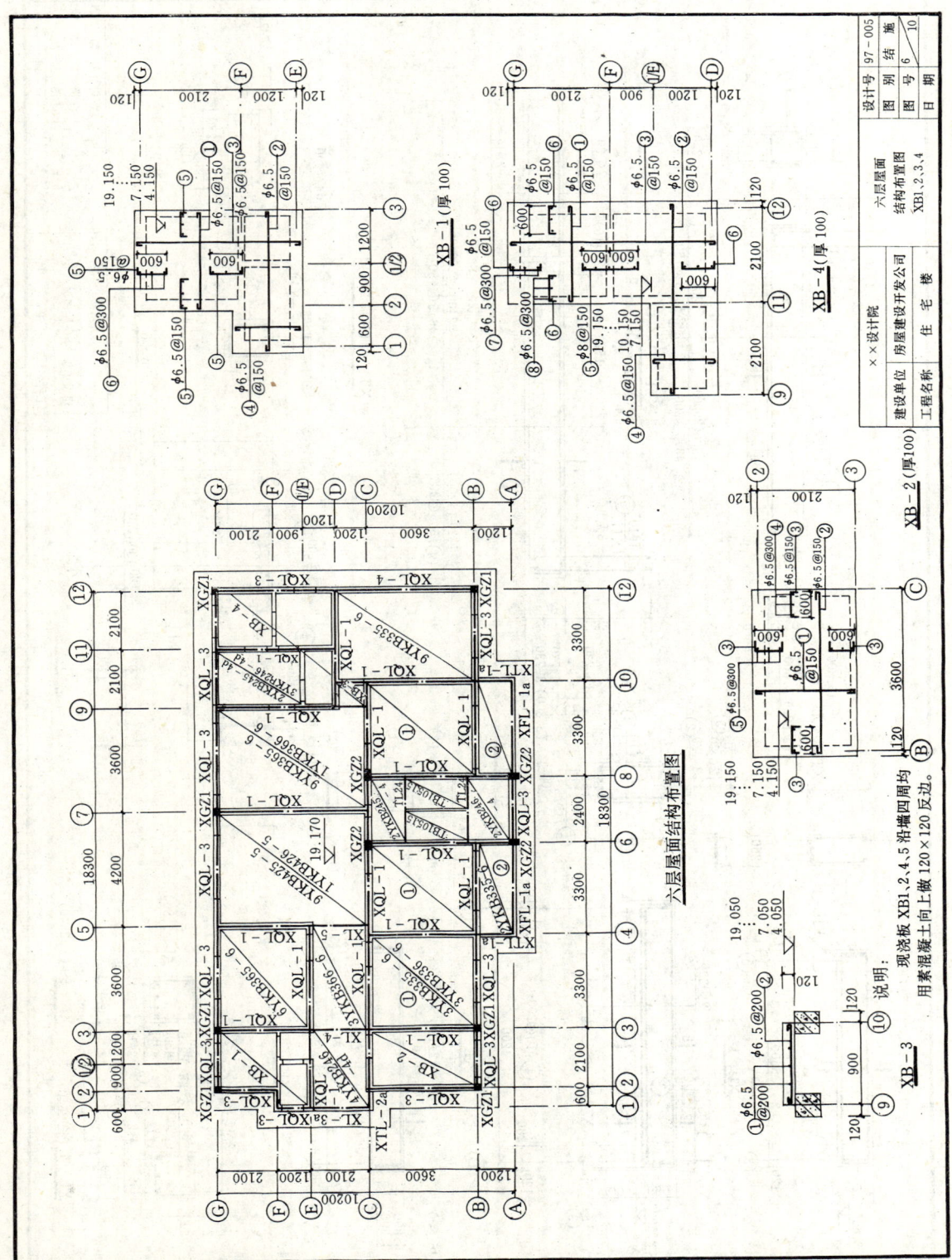

六层屋面结构布置图

XB-1(厚100)

XB-4(厚100)

XB-2(厚100)

XB-3

说明:
现浇板XB1、2、4、5沿墙四周均
用素混凝土向上向做120×120反边。

设计号	97-005
图别	结 施
图号	6	10
日期	

六层屋面 结构布置图 XB1、2、3、4		
××设计院		
建设单位	房屋建设开发公司	
工程名称	住 宅 楼	

223

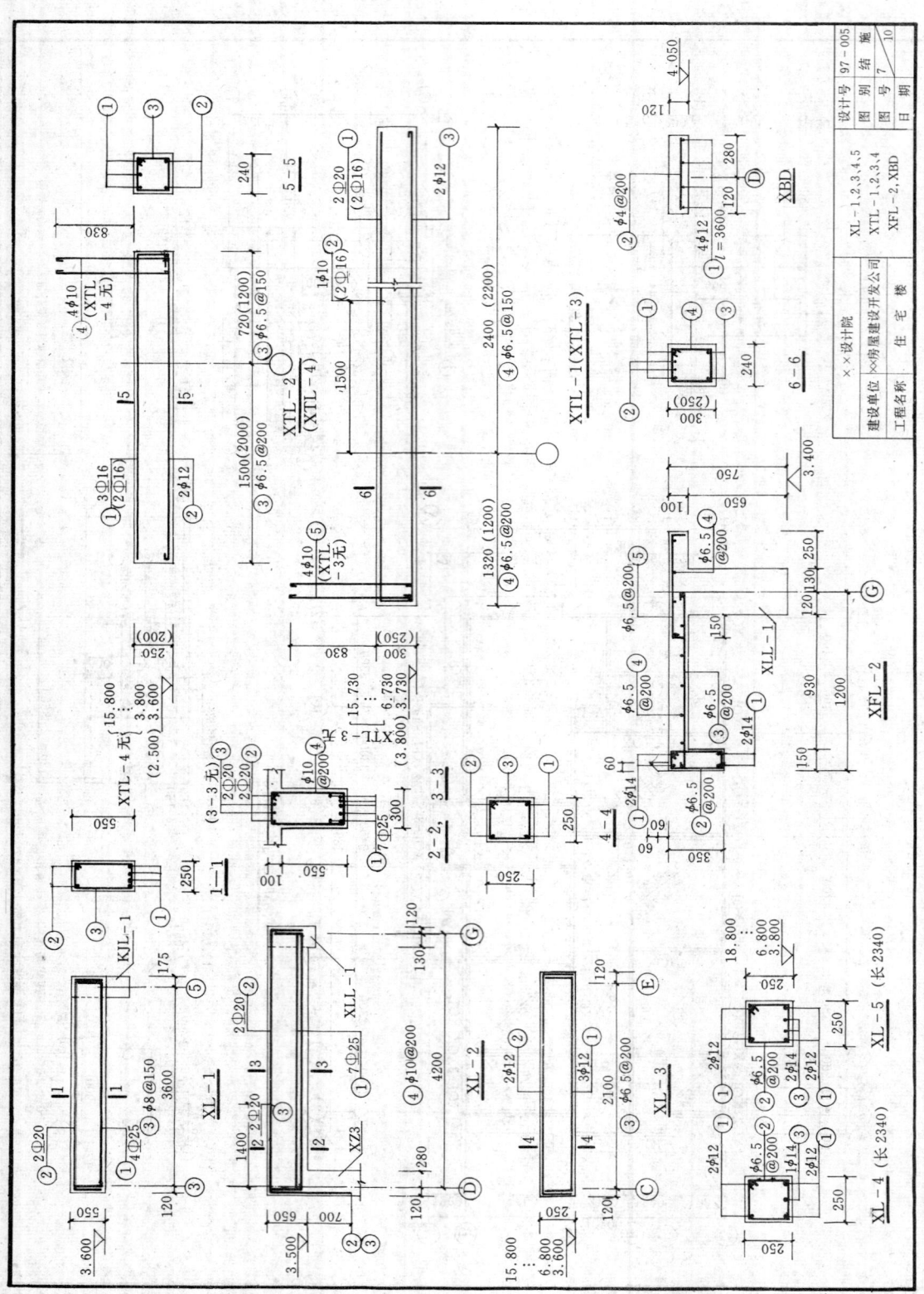

224

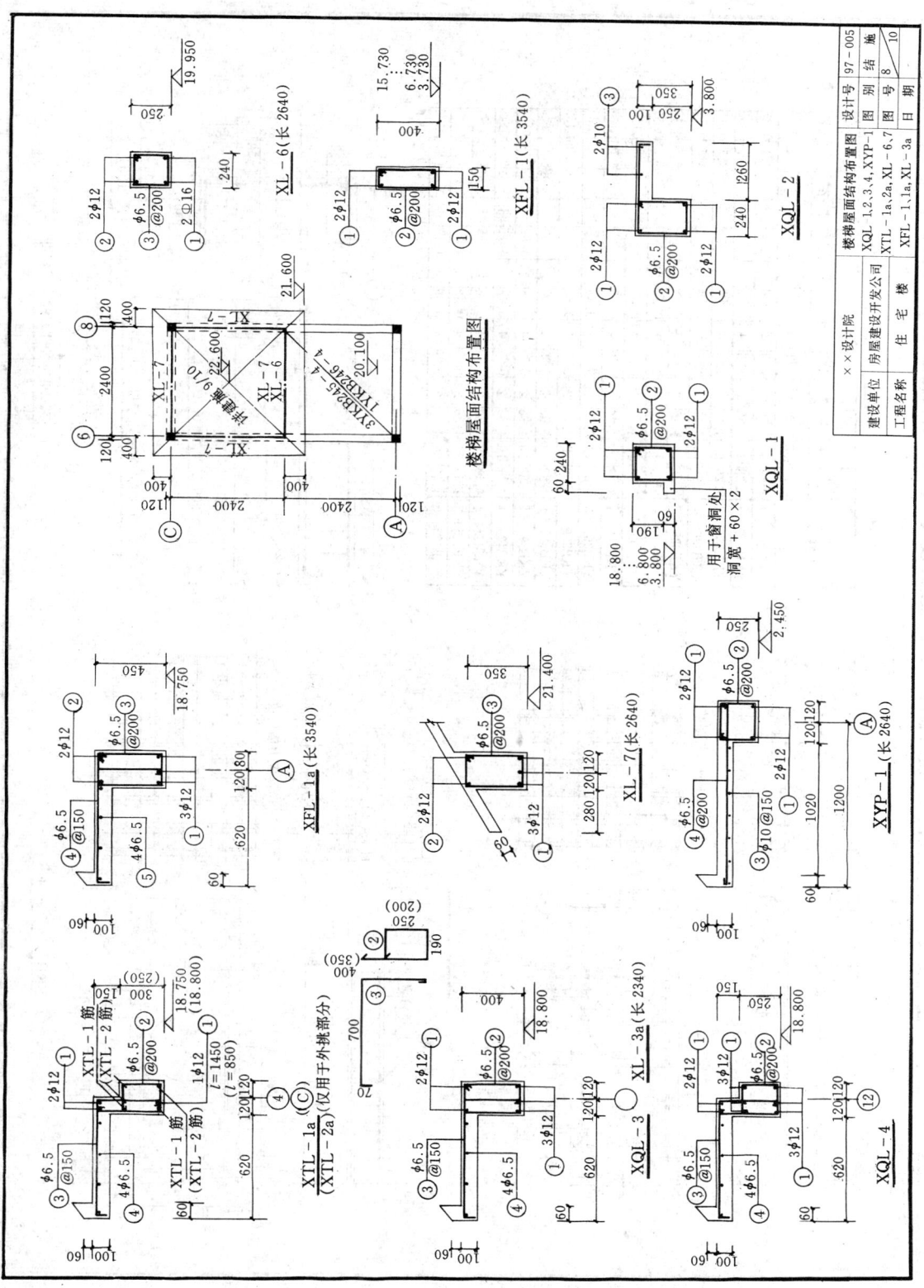

楼梯屋面结构布置图

楼梯屋面结构布置图	设计号	97-005
XQL 1,2,3,4,XYP-1		
XTL-1a,2a,XL-6,7		
XFL-1,1a,XL-3a		
图 别	结
图 号	8
日 期	10
××设计院		
建设单位	房屋建设开发公司	住宅楼
工程名称		

225

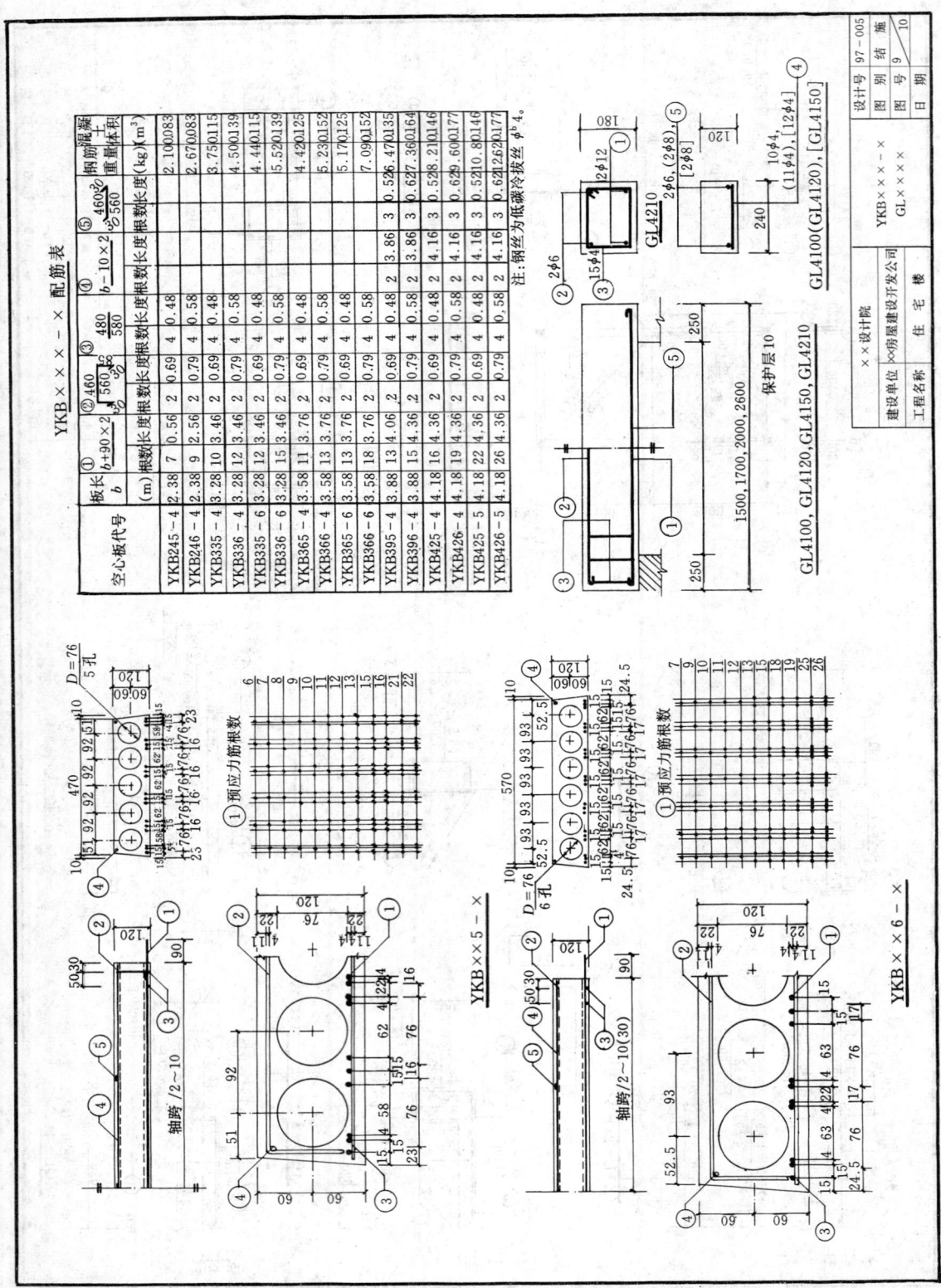

YKB×××-× 配筋表

空心板代号	板长 b (m)	① b+90×2 根数	长度	② (460)(560) ×90×2 根数	长度	③ (480)(580) 根数	长度	④ b-10×2 (460×2)(580) 根数	长度	⑤ (460×2)(560) 根数	长度	钢筋(kg)	混凝土 (m³)
YKB245-4	2.38	7	2.56	2	0.56	4	0.48	2	0.69			2.10	0.083
YKB246-4	2.38	9	2.56	2	0.56	4	0.58	2	0.79			2.67	0.083
YKB335-4	3.28	10	3.46	2	3.46	4	0.48	2	0.69			3.75	0.115
YKB336-4	3.28	12	3.46	2	3.46	4	0.58	2	0.79			4.50	0.139
YKB335-6	3.28	12	3.46	2	3.46	4	0.48	2	0.69			4.44	0.115
YKB336-6	3.28	15	3.46	2	3.46	4	0.58	2	0.79			5.52	0.139
YKB365-4	3.58	11	3.76	2	3.76	4	0.48	2	0.69			4.42	0.125
YKB365-6	3.58	13	3.76	2	3.76	4	0.58	2	0.79			5.23	0.152
YKB366-4	3.58	13	3.76	2	3.76	4	0.48	2	0.69			5.17	0.125
YKB366-6	3.58	18	3.76	2	3.76	4	0.58	2	0.79			7.09	0.152
YKB395-4	3.88	13	4.06	2	3.86	3	0.48	2	0.69	0.52		6.47	0.135
YKB396-4	3.88	15	4.36	2	3.86	3	0.58	2	0.79	0.62		7.36	0.164
YKB425-4	4.18	16	4.36	2	4.16	2	0.48	2	0.69	0.52		8.21	0.146
YKB426-4	4.18	19	4.36	2	4.16	2	0.58	2	0.79	0.62		9.60	0.177
YKB425-5	4.18	22	4.36	2	4.16	2	0.48	2	0.69	0.52		10.80	0.146
YKB426-5	4.18	26	4.36	2	4.16	2	0.58	2	0.79	0.62		12.62	0.177

注：钢丝为低碳冷拔丝 $\phi_b 4$。

GL4210

GL4100(GL4120)，[GL4150]

GL4100，GL4120，GL4150，GL4210

保护层10

1500，1700，2000，2600

① 预应力筋根数

YKB××5-×

YKB××6-×

轴跨/2~10

轴跨/2~10(30)

D=76 5孔

D=76 6孔

设计号	97-005
图别	结 施
图号	9
页	10
日期	

建设单位	××房屋建设开发公司	设计单位	××设计院
工程名称	住宅楼		YKB×××-× GL××××

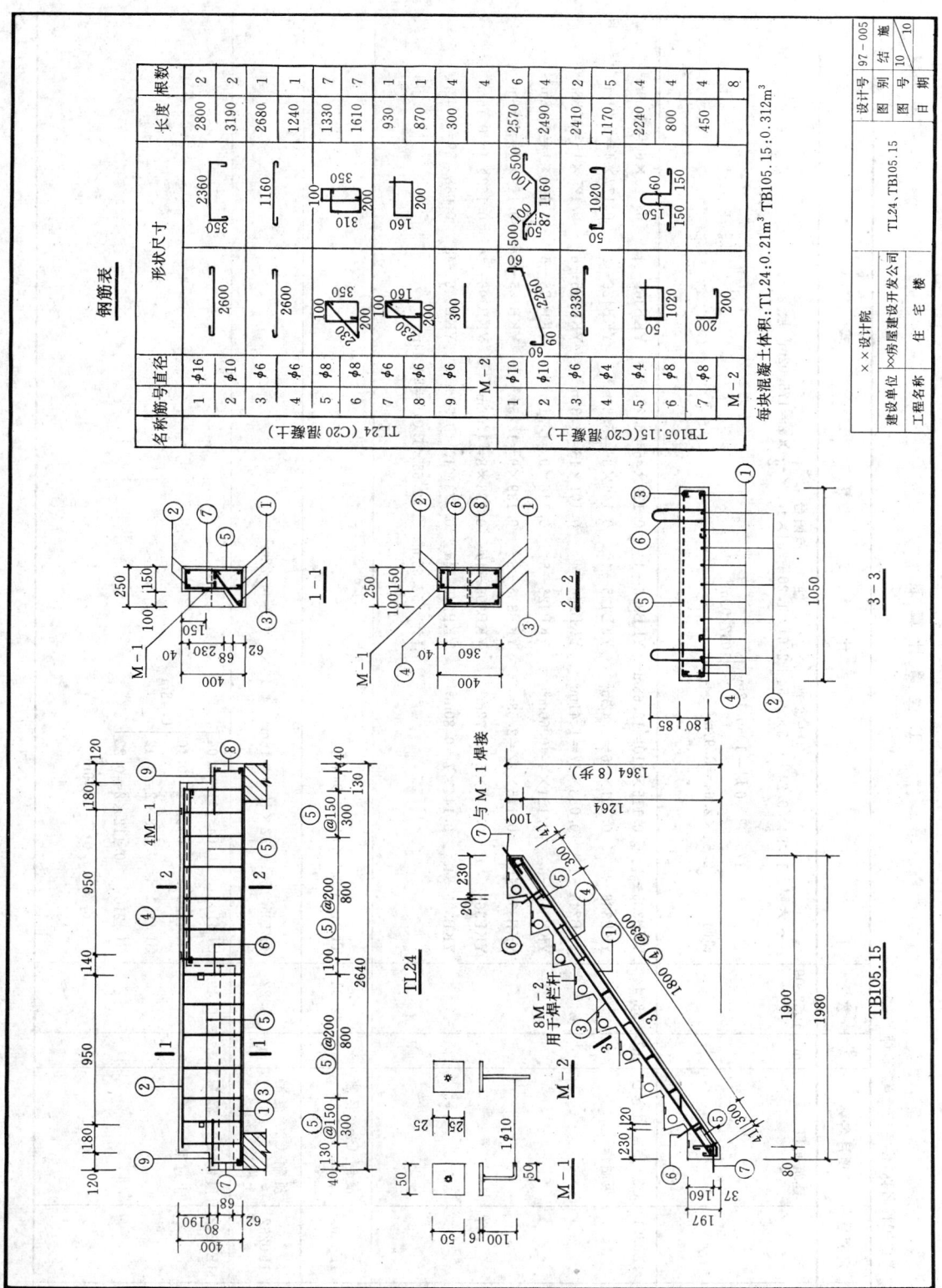

钢筋表

名称	筋号	直径	形状尺寸		长度	根数
TL24（C20 混凝土）	1	φ16	2600 2360 350		2800	2
	2	φ10	2600 1160		3190	2
	3	φ6	350 100 200 310 350		2680	1
	4	φ6	160 200 330		1240	1
	5	φ8		160 200	1330	7
	6	φ8		160 200	1610	7
	7	φ6	300		930	1
	8	φ6			870	1
	9	φ6			300	4
	M-2					4
TB105.15（C20 混凝土）	1	φ10	500 87 2260 60	500 500 100 87 1160	2570	6
	2	φ10	2330 50	1020 50	2490	4
	3	φ6		60 150	2410	2
	4	φ4	50 1020 200	150 150 200	1170	5
	5	φ4			2240	4
	6	φ8			800	4
	7	φ8			450	4
	M-2					8

每块混凝土体积：TL24：0.21m³ TB105.15：0.312m³

M-1, 1-1

M-1, 2-2

3-3

TL24

TB105.15

M-2 用于焊栏杆

M-1

7号与M-1焊接

8M-2 用于焊栏杆

设计号 97-005
图别 结 施
图号 10 10
日期 10

×× 设计院

建设单位 ××房屋建设开发公司
工程名称 住 宅 楼

TL24，TB105.15

表 5-29

工 程 量 计 算 表

单位工程名称：住宅楼土建、装饰

序号	定额号	项目名称	单位	数量	计 算 式
		建筑面积	m²	1057.09	一～六层 17.94×9.24+0.6×3.54+2.64×1.20+3.3×1.2×$\frac{1}{2}$×2=175.02m²/层 （①～②轴）（A～B轴）前阳台 175.02×6层=1050.12m² → 1057.09m² 梯间 2.64×2.64=6.97m²
1	1E0301	C30 预应力空心板制作	m³	53.44	YKB335－4 0.115×110=12.65m³　YKB336－4 0.139×45=6.26m³　YKB365－4 0.125×60=7.50m³ YKB366－4 0.151×16=2.42m³　YKB425－4 0.146×36=5.26m³　YKB426－4 0.177×4=0.71m³ YKB245－4 0.083×17=1.41m³　YKB246－4 0.101×13=1.31m³　YKB365－6 0.125×15=1.88m³ YKB366－6 0.151×4=0.60m³　YKB425－5 0.146×9=1.31m³　YKB426－5 0.177×1=0.18m³ YKB335－6 0.115×22=2.53m³　YKB336－6 0.139×9=1.25m³　YKB365－4a 0.119×4=0.48m³ YKB366－4a 0.144×5=0.72m³　YKB395－4b 0.133×8=1.06m³　YKB396－4b 0.162×1=0.16m³ YKB335－4c 0.144×7=0.80m³　YKB245－4d 0.073×10=0.73m³　YKB246－4d 0.088×39=3.43m³ 合计 52.65m³　52.65×1.015=53.44m³
2	1E0202	预制 C20 混凝土梁	m³	2.94	TL24 0.21×14=2.94m³
3	1E0262	预制 C20 混凝土梯段	m³	4.22	TB105.15 0.32×13=4.16m³　4.16×1.015=4.22m³
4	1E0202	预制 C20 混凝土过梁	m³	0.49	GL4100 0.043×1=0.04　GL4120 0.049×2=0.10　GL4150 0.058×2=0.12　GL4210 0.112×2=0.22　0.48m³　0.48×1.015=0.49m³

序号	定额号	项目名称	单位	数量	计　算　式
5	1E0274	预制 C20 零星构件	m³	3.26	1. 厨房搁板（建施 6） B1:0.8×0.5×0.04×20=0.32 B2:0.5×0.5×0.04×10=0.10　} 0.81m³ B3:1.96×0.5×0.04×10=0.39 2. 琉璃瓦基层板 L=2.16+17.46+ [18.54×2+10.44×2+0.62×4=80.06]　屋檐 60.44 80.06×0.75×0.04=2.40m³ 合计:3.21m³　　3.21×1.015=3.26m³
6	1E0277	预制 C20 混凝土花格	m²	30.35	2.16×(2.75×5+0.3)=30.35m²
7	1E0341	预制构件汽车运输（Ⅱ类,1km）	m³	60.49	序1　　　序3 (52.65+4.16)×1.013*+2.94=60.49m³
8	1E0344	预制构件汽车运输（Ⅲ类,1km）	m³	5.26	序4　　　序6 (0.48+3.21)×1.013+30.35×0.05=5.26m³
9	1E0360	空心板安装及灌浆	m³	52.91	序1　52.65×1.005=52.91m³
10	1E0353	梯梁安装及灌浆	m³	2.94	2.94m³
11	1E0365	梯段安装及灌浆	m³	4.18	4.16×1.005=4.18m³
12	1E0370	零星构件安装及灌浆	m³	3.71	(0.48+3.21)×1.005=3.71m³
13	1E0367	花格安砌	m²	30.35	30.35m²

续表

序号	定额号	项目名称	单位	数量	计 算 式
14	1E0054	现浇 C30 矩形柱	m³	7.98	XZ1.2:0.4×0.5×(4.15+1.05)×6=6.24m³ ⎤ 7.98m³ XZ3: 0.4×0.4×(4.15+1.30)×2=1.74m³ ⎦
15	1E0086	现浇 C30 梁	m³	3.47	KJL-1.2 (0.35×0.85+0.12×0.10×2)×4.64×2=2.98m³ ⎤ 3.47m³ XL-1 0.25×0.55×3.545=0.49m³ ⎦
16	1E0118	现浇 C30 有梁板	m³	9.38	JKL-3 (0.3×0.65+0.12×0.1)×3.54+0.30×0.25×0.93=0.80m³ XL-2 0.30×0.55×3.79=0.63m³ XLL-1 0.25×0.75×14.0+(线角)0.25×0.1×10.28=2.88m³ 造型（建施5①）0.4×0.21×0.12×4=0.04m³ KJL-1.2 0.35×0.25×0.93×2=0.16m³（挑梁部分） KJL-3 0.3×0.25×0.93=0.07m³（挑梁部分） XTL-3 0.24×0.15×0.93×3=0.10m³ XFL-2 (0.15×0.35+0.93×0.10+0.09×0.06)×17.94=2.71m³ XB-5 4.20×4×0.12×0.12=0.24m³ 反边4.17×4.19×0.10=1.75m³ 合计:9.38m³
17	1E0084	现浇 C20 梁	m³	6.43	XL-3,4,5 0.25×0.25×2.34×16=2.34m³ XL-3a 0.24×0.40×2.34=0.22m³ XL-6 0.24×0.25×2.64=0.16m³ XTL-1.1a 0.24×0.3×1.08×12=0.93m³（墙外部分） ⎤ XTL-2.2a 0.24×0.25×0.35×6=0.13m³（墙外部分） ⎥ 6.35m³ XFL-1 0.15×0.40×3.30×10=1.98m³ ⎥ XFL-1a 0.20×0.45×3.30×2=0.59m³ ⎦
18	1E0116	现浇 C20 梯间顶盖	m³	1.53	XL-7 0.24×0.35×2.4×4=0.81m³ ⎤ 1.53m³ 屋盖板 3.20×3.2×0.06×$\sqrt{1^2+1.6^2}÷1.6$=0.72m³ ⎦

序号	定额号	项目名称	单位	数量	计 算 式
19	1E0146	现浇 C20 混凝土挑檐	m³	4.07	$L=18.54×2+10.44×2+0.62×4=60.44m$ $V=60.44×10.62×0.1+反边\ 0.06×0.09)=4.07m³$
20	1E0119	现浇 C20 混凝土平板	m³	17.93	XB-1 $(2.82×1.50+2.04×2.22)×0.1×6=5.26m³$ XB-2 $2.22×3.72×0.1×6=4.96m³$ XB-3 $0.9×1.2×0.12×6=0.78m³$ XB-4 $(4.32×1.38+2.10×3.06)×0.1×5=6.19m³$ 反边 $\overset{XB-1}{(2.7×3.3}+\overset{XB-2}{2.10+3.6}+\overset{XB-4}{4.2×2)}×2×0.12×0.12=0.58m³$ XBD $0.4×0.12×3.25=0.16m³$ 17.93m³
21	1E0066	现浇 C20 混凝土构造柱	m³	19.30	XGZ1.3 $0.24×0.24×[(19.20+1.7)×5+(4.15+1.7)+(19.20-4.15)×2]=8.09m³$ XGZ2 $0.24×0.37×[(19.20+1.7)×2+(19.05+1.7)×2]=7.40m³$ 马牙槎 $0.24×0.06×\frac{1}{2}×[(19.2+1.7)×13+(4.15+1.7)+(19.20-4.15)×5+(19.05+1.7)×2]=2.84m³$ 屋顶构造柱 $0.24×(0.24+0.06)×0.64×21=0.97m³$ 合计:19.30m³
22	1E0156	现浇 C20 混凝土零星构件	m³	2.15	(1)女儿墙压顶: $(18.30+10.20)×2×0.3×0.06=1.03m³$ (2)M7,C10 门垛 $(1.20+1.5)×0.3×0.06=0.05m³$ (3)二层挑檐砌砖压顶 $17.46×0.18×0.06=0.19m³$ (4)阳台扶手 $4.26×0.3×0.06×10=0.77m³$ (5)梯步边挡水线 $(2.0+1.5)×13×0.04×0.06=0.11m³$
23	1E0329	现浇构件钢筋制安	t	15.153	详"混凝土构件钢筋,预埋件统计汇总表"(表5-31)

序号	定额号	项目名称	单位	数量	计 算 式
24	1E0330	预制构件钢筋制安	t	1.211	详"混凝土构件钢筋、预埋件统计汇总表"(表5-31)
25	1E0331	预应力构件钢筋制安	t	1.970	详"混凝土构件钢筋、预埋件统计汇总表"(表5-31)
26	1E0335	预埋铁件制安	t	0.034	详"混凝土构件钢筋、预埋件统计汇总表"(表5-31)
27	1C0097	砌体钢筋加固	t	0.559	详"混凝土构件钢筋、预埋件统计汇总表"(表5-31)
28	2D0039	金属卷闸门安装	m²	56.00	M1 $(3.28+3.8+3.2+3.72)\times(3.40+0.6)=56.00m^2$
29	1F0036	金属防盗门安装	m²	18.00	M2 $0.9\times2.00\times10=18.00m^2$
30	1G0031	全板夹板门制作(45cm²)	m²	91.00	M3 $0.9\times2.6\times30=70.20m^2$ M4 $0.8\times2.6\times10=20.80m^2$ } $91.00m^2$。 框断面积: $(4.2+0.3)\times(9.5+0.5)=45cm^2$
31	1G0034	半截百页夹板门制作	m²	40.04	M5 $0.7\times2.6\times22=40.04m^2$ 框断面: $(4.2+0.3)\times(9.0+0.5)=45cm^2$
32	1G0055	半玻夹板门带窗制作	m²	54.72	M6 $(2.1\times2.6-1.3\times0.9)\times12=51.48m^2$ M7 $2.16\times1.9-0.48\times0.9\times2=3.24m^2$ } $54.72m^2$ 框断面积: $(4.20+0.3)\times(9.5+0.5)=45cm^2$
33	2D0033	铝合金推拉窗安装	m²	107.75	C1:$2.4\times1.7\times10=40.80m^2$ C2:$1.5\times1.7\times5=12.75m^2$ C3:$1.86\times1.7\times5=15.81m^2$ C4:$1.2\times1.7\times5=10.20m^2$ C5:$(0.9\times0.9-0.15\times0.15\times4)\times6=4.32m^2$ C9:$(1.86+0.48)\times1.7\times6=23.87m^2$ 合计:$107.75m^2$

序号	定额号	项目名称	单位	数量	计 算 式
34	1G0001	单层木玻窗制作(45cm²)	m²	13.66	C5: $(0.9×0.9−0.15×0.15×4)×6=4.32m^2$ C6: $0.7×0.7×16=7.84m^2$ C10: $1.5×1.0=1.5m^2$ } $13.66m^2$ 框断面积:$(4.2+0.3)×(9.5+0.5)=45cm^2$
35	1G0004	一玻一纱木窗制作(54cm²)	m²	42.84	C7:$1.5×1.7×12=30.60m^2$ C8:$1.2×1.7×6=12.24m^2$ } $42.84m^2$ 框断面积:$(11.5+0.5)×(4.2+0.3)=54cm^2$
36	1G0080	夹板门安装	m²	91.00	见序30
37	1G0083	半截百叶门安装	m²	40.04	见序31
38	1G0096	半玻夹板门带窗安装	m²	54.72	见序32
39	1G0013	单层木玻窗安装	m²	13.66	见序34
40	1G0015	一玻一纱木窗安装	m²	42.84	见序35
41	1G0148	木门窗汽车运输(1km)	m²	242.26	序30 序31 序32 序34 序35 $91.00+40.04+54.72+13.66+42.84=242.26m^2$
42	2Z0001	木门窗刷调和漆	m²	250.27	序31 序41 $242.26+40.04×0.2=250.27m^2$
43	2A0068	塑料扶手带钢栏杆	m	35.58	梯井宽　安全栏杆 $\sqrt{2.02}+1.52×13+0.16×12+1.16=35.58m$

序号	定额号	项目名称	单位	数量	计 算 式
44	2E0135	钢栏杆油漆	t	0.545	(1)—40×3扁钢：35.58×0.942*＝33.52kg (2)φ16圆钢：(9×13＋5)×0.85×1.578*＝163.64kg (3)φ12圆钢：(9×13＋5)×0.54×0.888*＝58.50kg 35.58×2×0.888*＝63.19kg 合计：33.52＋163.64＋58.50＋63.19＝318.85kg 318.85×1.71*＝545.24kg＝0.545t （注:1.71*系油漆展开面积系数）
45	1E0002	现浇 C15 混凝土基础	m³	41.30	3—J—1:　(1.60×1.2×0.3＋2.50×2.0×0.3＋3.4×2.8×0.35)×3＝16.22m³ 2—J—2.2a: (1.60×1.4×0.3＋2.4×2.2×0.3＋3.2×3.0×0.35)×2＝11.23m³ 1—J—3:　1.2×1.6×0.3＋2.0×2.5×0.3＋(4.1×0.92＋2.8×2.48)×0.35＝5.83m³ 1—J—4:　1.4×1.8×0.35×2＋(4.5×3.43－1.55×0.43)×0.35＝6.93m³ 4—4剖:　(1.4＋1.0)×1.3×0.35＝1.09m³ 合计:41.30m³
46	1H0032换	现浇 C10 柱基垫层	m³	8.29	3—J—1:　3.6×3.0×0.1×3＝3.24m³ 2—J—2.2a: 3.4×3.2×0.1×2＝2.18m³ 1—J—3:　(4.3×3.6－0.65×2.48×2)×0.1＝1.23m³ 1—J—4:　(4.7×3.63－1.55×0.43)×0.1＝1.64m³ 合计:8.29m³
附		垫层支模接触面积	m²	9.85	3—J—1:　(3.6＋3.0)×2×0.1×3＝3.96m² 2—J—2.2a: (3.4＋3.2)×2×0.1×2＝2.64m² 1—J—3:　(4.3＋3.6)×2×0.1×1＝1.58m² 1—J—4:　(4.7＋3.63)×2×0.1×1＝1.67m² 合计:9.85m²

序号	定额号	项目名称	单位	数量	计　算　式
47	1H0033换	现浇 C15 混凝土砖基垫层	m³	26.92	4—4剖：　L=1.2+0.8=2.00m 　　　　V=2.00×1.5×0.1=0.30m³ 3—3剖：　L=2.7—0.85—0.65=1.2m 　　　　V=1.2×2.5×0.3=0.9m³ 5—5剖：　L=(1.08+3.18)×2=8.52m 　　　　V=8.52×0.6×0.2=1.02m³ 2—2剖：　⑥轴①、②轴　④⑧轴　ⓒ轴①~③段　③~⑤段 　　　　L=2.1+9.0+17.7+(2.7—0.85—0.65)+(3.6—0.85—1.40)=31.35m 　　　　V=31.35×1.30×0.30=12.23m³ 1—1剖：　③轴　⑤轴　⑥、⑧轴　⑩轴　⑫轴 　　　　L=(9.0—0.65)+(3.6—0.65—1.57)+(4.8—0.65—1.57)×2+(3.6—0.65—0.65)+(9.0—1.73)=24.46m 　　　　V=24.46×1.7×0.3=12.47m³ 合计：26.92m³
48	1C0005	M10 水泥砂浆砌砖基础	m³	55.41	基础长度 1—1剖：③轴　④轴　⑥、⑧轴　⑩轴　⑫轴 　(9.0—0.12)+(3.6—0.24)+(4.8—0.24)×2+(3.6—0.12)+9.0=33.84m 2—2剖：⑥轴　①、②轴　ⓒ轴　④、⑧轴 　2.1+9.0+0.6+2.1+3.6—0.12+17.70=34.98m 3—3剖：⑥、⑨轴 　(2.7—0.24)×2=4.92m 4—4剖：ⓒ轴　⑨轴　⑪轴 　4.2+3.6+0.9+1.2—0.12+4.2—0.12=13.86m 5—5剖：(3.3+1.2—0.24)×2=8.52m 1—1~4—4剖小计：33.84+34.98+4.92+13.86=87.60m 基础体积：　　┌查表5-6 1—1剖：33.84×(1.4×0.24+0.567*)=30.56m³ 2—2剖：34.98×(1.4×0.24+0.1575*)=17.26m³ 3—3剖：4.92×(1.4×0.24+0.1575*)=2.43m³ 4—4剖：13.86×(1.35×0.24+0.0945*)=5.80m³ 5—5剖：8.52×0.64×0.24=1.31m³ 　　XGZ1.3　　XGZ2 扣柱台体积：0.24×0.24×1.4×6+0.24×0.37×1.4×0.24×0.37×1.4×4+0.5×0.4×1.4×2+0.4×0.4×1.4×2+0.06×$\frac{1}{2}$×0.24×1.4 　　　　　　　　　　　　　XGZ马牙槎 ×2.4=1.95m³ 合计：55.41m³

序号	定额号	项目名称	单位	数量	计　算　式
49	1E0076	现浇 C20 混凝土地圈梁	m³	4.78	序48 　　　XGZ　　XGZ2　　XZ1,3　XZ3　XZ2 $L=33.84+34.98+4.92+13.86-0.24\times8-0.37\times2-0.4\times3-0.32-0.38=83.04m$ $V=83.04\times0.24\times0.24=4.78m^3$
50	1E0072	现浇 C20 混凝土地梁	m³	1.40	$(15.6-0.12-0.4\times3-0.28)\times0.25\times0.4=1.40m^3$
51	1E0116	现浇 C20 混凝土带线脚圈梁	m³	6.85	XQL-1: 　　　　C1　　C2　　C3　　C4　　C5　　C6　　C7　　C8 长度:$2.52\times10+1.62\times5+1.98\times5+1.32\times5+1.02\times12+0.82\times6+1.62\times12+1.32\times6=94.32m$ 体积:$94.32\times(0.24\times0.25+0.06\times0.06)=6.00m^3$ XQL-2: 长度:$11.4-0.4\times2-2.4-0.37\times2=9.62m$ 体积:$9.62\times(0.24\times0.25+0.26\times0.1)+0.37\times2\times0.1\times2=0.85m^3$ 合计:$6.85m^3$
52	1E0076	现浇 C20 混凝土圈梁	m³	41.56	序51 (1)圈梁长度 ①底层圈梁长度 XQL-1: 　序49　⑩轴　③轴　ⓓ,ⓒ轴阳台　XQL2 $83.04-1.86+0.96-1.86-2.46-9.62=68.20m$ ②标准层 XQL-1: 　　　　　　③④⑥⑧　③　⑤　⑦⑨ ⓓ,ⓒ阳台 $(18.3+10.2)\times2-2.1+3.36\times4+4.56+3.06+3.18+5.16\times2+14.4+3.96+6.18-0.24\times9-$ 　　　　　　　　　ⓛ,ⓒ阳台　⑥⑧XQL-1　XQL-4 $0.37\times2=114.46m$ ③屋面 XQL-3: 　　　　　　ⓛ,ⓒ阳台　⑥⑧轴　XQL-4 $(18.3+10.2)\times2-2.1-0.6-1.2\times2-3.3\times2-4.8=40.50m$ ④屋面 XQL-4: 4.8m ⑤屋面 XQL-1:　XQL-3　XQL-4 $114.46-40.50-4.8=69.16m$ (2)圈梁体积 ①XQL-1: $(68.2+114.46\times5+69.16-94.32)\times0.24\times0.25=36.92m^3$ 挑梁加厚: XTL-1,1a $0.24\times0.25\times0.05\times2.52\times12=0.36m^3$ ②XQL-3: $40.5\times0.24\times0.4=3.89m^3$ ③XQL-4: $4.8\times0.25\times0.4-0.12\times0.15)=0.39m^3$ 合计:$41.56m^3$

序号	定额号	项目名称	单位	数量	计　算　式
53	1A0027	人工平整场地	m²	310.90	房1前　　阳台 $S_底=175.02+3.3×1.2×\frac{1}{2}×2=178.98m^2$ $L_外=(18.54+10.44)×2=57.96m$ $S_平=178.98+2×57.96+16=310.90m^2$
54	1A0003	人工挖地槽、地坑	m³	270.62	计算依据： ①自然地面比室内地坪低0.7m（见建施1说明第2条），即$H<1.5$,不放坡； ②垫基垫层采用原槽灌浆,柱基垫层支模。 (1)地槽（墙基） 序47　　柱基工作面　a　H 1—1剖：(24.46—0.3×5)×1.7×1.3=50.74m³ 2—2剖：(31.35—0.3×1)×1.3×1.3=52.47m³ 3—3剖：1.2×2.5×1.3=3.90m³ 4—4剖：(2.0—0.3×4)×1.5×1.4=1.68m³ 5—5剖：8.52×0.6×0.2=1.02m³ 小计:109.81m³ (2)地坑（柱基） J—1：4.2×3.6×1.4×3=63.50m³ J—2,2a：4.0×3.8×1.4×2=42.56m³ J—3：(4.9×4.2—0.65×2.48×2)×1.4=24.30m³ J—4：(5.3×4.23—0.43×1.55)×1.4=30.45m³ 小计:160.81m³ 合计:270.62m³
55	1A0025	坑槽回填	m³	148.42	序54　序45　序46　库47　序48　序48(多扣部分) 挖方量—埋设体积=270.62—41.30—8.29—26.92—55.41+(33.84+34.98+4.92+13.86)×0.24×0.4+1.31 =148.42m²

序号	定额号	项目名称	单位	数量	计　算　式
56	1C0013换	M10混合砂浆砌砖墙	m³	180.99	(1)底层 　　　　序52 ⑩C~D段Ⓐ轴　序51 240墙长: 68.2−0.96−2.16+9.62=74.7m 　　　　Ⓕ轴　　　①/② 轴 120墙长:1.86 + 1.02 = 2.88m 　　　240墙　　XQL　　M.C　120墙　M−5　GL(序4)　XTL−1加厚 体积:[74.7×(4.26−0.25)−29.35]×0.24+(2.88×4.16−3.64)×0.115−0.48−0.24×0.05×2.52×2 　GZ马牙槎 −0.24×0.06×$\frac{1}{2}$×4.01×18=64.75m³ (2)二层 　　　　序52　梯间　⑨C~D段 240墙长:114.46−2.16−0.96=111.34m 　　　　左厕卫　右厕卫 120墙长: 2.88+1.86×2=6.60m 　　　240墙　　XQL　　M.C　120墙　M.C　XTL−1加厚　GZ马牙槎 体积:[111.34×(2.88−0.25)−54.84]×0.24+(6.60×2.9−6.44)×0.115−0.24×0.05×2.52×2−0.24×0.06×$\frac{1}{2}$ ×2.63×21=58.12m³ (3)三层:同二层 58.12m³ 合计:180.99m³
57	1C0013	M7.5混合砂浆砌砖墙	m³	116.24	四层,五层:同二层 58.12×2=116.24m³
58	1C0012	M5混合砂浆砌砖墙	m³	69.03	(1)六层: 二层　XQL−3.4(序52)增加 58.12−(40.50+4.8)×0.24×0.15=56.49m³ (2)女儿墙 $\underbrace{(18.30+10.20)×2×0.24×0.64}_{57.00m}$=8.76m³ (3)七层: ①:⑥,⑧女儿墙:2.16×2×(0.9−0.12)×0.24=0.81m³ 　　　　　M7　　　　　马牙槎　　　C10侧 ②:梯间 [(2.4×3−0.24)×2.2−3.24]×0.24−0.24×0.06×6.20+0.33×2×1.0×0.24=2.97m³ 合计:69.03m³

序号	定额号	项目名称	单位	数量	计 算 式
59	1C0096	零星砌砖	m³	9.81	(1)阳台栏杆 前阳台 二~六层 底层 C9下 $[(3.3+1.08)\times2+(2.1+0.48)]\times(0.78\times5+0.84)\times0.115=6.18m^3$ (2)厨房 端壁板 加劲板 $0.5\times0.115\times(0.57\times10+0.67\times25)=1.29m^3$ (3)雨篷上:$0.115\times0.69\times(17.46+2.16)+1.08\times0.345\times0.115\times4+0.36\times0.115\times0.7\times5=1.87m^3$ (4)花格下:$2.16\times0.24\times0.9=0.47m^3$ 合计:$9.81m^3$
60	1H0111	1:2水泥豆石地面(20厚)	m²	166.35	走廊: $17.94\times0.78=13.99m^2$ 营业用房:$11.16\times5.4+2.7\times1.86+4.2\times4.2=82.93m^3$ 办公库房:$1.86\times3.36+3.06\times3.36\times3+3.06\times4.56+0.9\times0.96=51.91m^2$ 梯底: $2.16\times4.93=10.65m^2$ 阳台: $3.18\times1.08\times2=6.87m^2$ 合计:$166.35m^2$
61	1H0109	1:2水泥砂浆(15),1:3水泥砂浆(20厚)楼面	m²	272.70	居室: $(3.03\times3.36\times4+3.03\times4.56)\times5=272.70m^2$
62	1H0081	1:2水泥砂浆楼面(20厚)	m²	34.34	阳台:$3.18\times1.08\times2\times5=34.34m^2$
63	2A0021	地砖	m²	279.11	厅:$(3.96\times5.16+6.42\times1.86+3.36\times5.16+0.9\times0.96+1.86\times2.82)\times5=279.11m^2$
64	1H0083	1:2水泥砂浆楼梯(20厚)	m²	62.42	底层 $2.16\times4.56\times6+1.05\times3.16=62.42m^2$
65	2A0027	马赛克	m²	99.72	厨卫间:$(1.32\times1.02+1.26+1.86\times1.92)\times6=6.2\times6=37.22m^2$ $(1.86\times1.02+1.86\times1.92\times2+1.86\times3.36)\times5=15.29\times5=76.45m^2$ 扣浴缸:$1.86\times0.75\times10=13.95m^2$(一) 合计:$99.72m^2$
66	1K0077	混凝土天棚底抹混合砂浆	m²	950.44	序60 <u>有梁板增加</u> $166.35+17.94\times0.3+(13.99+17.94\times0.3+82.93)\times0.10=181.96m^2$ 序61 序62 序63 梯底(序64) 序65 挑梁底部 $272.70+34.34+279.11+62.42\times1.1+99.72+13.95=768.48m^2$ 合计:$950.44m^2$

序号	定额号	项目名称	单位	数量	计 算 式
67	1M0047	C10混凝土台阶（水泥砂浆抹面）	m²	10.76	17.94×0.6=10.76m²
68	1H0024	室内地面C10混凝土垫层	m³	15.03	序60　序65 (166.35+6.2+15.29)×0.08=15.03m³
69	1H0198换	C10混凝土散水（60厚）	m²	30.70	36.78 39.42 (18.54+10.44×2-2.64)×0.8+0.8×0.8×2=30.70m²
70	1H0176 1H0180换	1:1沥青砂浆（5×15）沥青麻丝灌散水伸缩缝（60×13）	m	50.78	转角处 36.78+0.80×3+1.13×10=50.78m
71	1M0052	防滑坡道	m²	2.51	2.64×0.95=2.51m²
72	1M0056	C10混凝土暗沟	m	2.64	2.64m（楼梯入口处）
73	1M0055	C10混凝土明沟	m	40.66	36.78+0.8×4+0.34×2=40.66m
74	1A0025	室内回填土	m³	136.48	序60 (1)豆石面下：166.35×(10.70-0.10)=99.81m³ (2)马赛克面下：6.2×(0.7-0.114)=3.63m³ (3)室外：（说明：室外暂填1.5m宽，以保护墙脚，其余待场地回填时再填。） [(18.54+10.44)×2+1.5×4]×1.5×(0.7-0.3)=38.38m³ 室内外高差 扣： ① 走廊重复计算：13.99×0.4=5.6m³（一） ② 散水、坡道：(30.7+2.51)×0.08=2.66m³（一） ③ 暗、明沟： 　　长　　宽　　高 43.30×0.34×0.41*=6.04m³（一） 43.30×2‰×$\frac{1}{2}$+0.28+0.09=0.41(m) （*0.41注：）

合计：136.48m³

240

序号	定额号	项目名称	单位	数量	计　算　式	
75	1A0034	拖拉机运土	m³	14.28	序54　　序55　　序74 挖方－填方＝|270.62－(148.42+136.48)|＝14.28m³	
76	2B0053	零星白色外墙面砖	m²	152.44	(1)窗套: C1: (2.46+1.76)×2×0.06×10＝5.06m² C2: (1.56+1.76)×2×0.06×5＝1.99m² C3: (1.92+1.76)×2×0.06×5＝2.21m² C4: (1.26+1.76)×2×0.06×5＝1.81m² C5: (0.96+0.96)×2×0.06×12＝2.76m² C6: (0.76+0.76)×2×0.06×6＝1.09m² C7: (1.56+1.76)×2×0.06×12＝4.78m² C8: (1.26+1.76)×2×0.06×6＝2.17m² (2)窗侧: C1: (2.4+1.70)×2×0.16×10＝13.12m² C2: (1.50+1.70)×2×0.16×5＝5.12m² C3: (1.86+1.70)×2×0.16×5＝5.70m² C4: (1.20+1.70)×2×0.16×5＝4.64m² C5: (0.9+0.9)×2×0.16×12＝6.91m² C6: (0.7+0.7)×2×0.16×6＝2.69m² C7: (1.5+1.7)×2×0.16×12＝12.29m² C8: (1.2+1.7)×2×0.16×6＝5.57m² (3)阳台栏杆及扶手: (1.2+3.3)×2×[(1.3+0.36)×5+(1.2+0.36)]＝42.75m² (4)卷闸门上部　　造型 (5)六层挑檐线 14.08×0.65+17.94×0.35+0.4×0.21×4＝15.77m² [(18.54+10.44)×2+0.62×8]×0.1＝6.29m² (6)⑥、⑧轴内侧0.25×2×19.4＝9.70m² 合计:(1)+…+(6)＝152.44m²	小计:21.89m² 小计:56.04m²

续表

序号	定额号	项目名称	单位	数量	计 算 式
77	2B0051	外墙面砖	m^2	797.52	七层墙 $(18.54+10.44+0.13)×2×(19.1+0.3)+2.16×2×0.9-2.64×4×(21.5-19.2)+2.16×2×2.64×0.9-2.64×0.9=1155.27m^2$ 扣除面积: 　　　　序32　　序33　　序34　　序35 扣门窗洞:$54.72+107.75+0.7×6+42.84=208.25m^2$(一) 扣窗套立面(序76):$21.89m^2$(一) 扣楼梯间花格:$2.16×(18.8+0.3)=41.26m^2$(一) 瓦 扣卷闸门:$15.60×4.5+17.94×0.9=86.35m^2$(一) 合计:797.52$m^2$
78	2B0015	柱面贴花岗石	m^2	20.20	$0.5×4×4.1+(0.5×3+0.6×7)×3.4=20.20m^2$ 注:块料及砂浆总厚度按50mm计算
79	2A0017	踢脚线贴瓷砖	m^2	139.90	1. 底层 营业用房 $18.06+2.7+5.4×2+$办公库房 $3.36×8+1.96×2+3.06×6+(3.96+4.56)×2=97.76m$ $97.76×0.152=14.86m^2$ 2. 二~六层 左厅$(10.38+5.16)×2+$右厅$(4.26+5.16)×2+(1.86+2.82)×2+$居室 $3.06×10+3.36×8+4.56×2+$阳台 $\overline{17.04m}$ $3.18×4+1.08×4=142.92m$ $142.92×0.152×5=108.62m^2$ 3. 梯间 底层 $(2.16×2+4.56×2)×6+4.93×2+2.16=92.66m$ $92.66×0.152=14.08m^2$ 楼梯增加: 　底层　　　　二至六层　　　　4部分　　　底层平台增加 $(2.0×1.25^*+2.0×1.25^*×12+0.167×0.25^*×9×13+1.16×2+2.16)×0.152=2.34m^2$ 合计:139.90m^2 $\left(*注:楼梯斜度系数=\dfrac{\sqrt{2^2+1.5^2}}{2.0}=1.25\right)$

序号	定额号	项目名称	单位	数量	计　算　式
80	2B0045	厨卫间贴瓷砖墙裙	m²	300.45	1. 左边厕卫： 15.78m 　　　　　　　　　　　　　　　　H　　　$M5$　$C5$　浴盆(底层无) [(1.32×2+1.02×2×3+1.86×2+1.26×2+1.92×2)×1.6−0.7×1.6×4−0.9×0.7×6−(0.75×0.42×2+1.86×0.42)×5=115.35m² 2. 左边厨卫： 10.44m 　　　　　$M4$　　$C8$　灶台 　　　　　　　　$M5$ [((1.86+3.36)×2×1.6−0.8×1.6−1.2×0.7−0.8×0.65−2.56×0.75−0.5×0.65−0.5×0.75]×5=57.22m² 3. 右边厨卫： 20.88m 　　　　　　　　$M4$　　$M5$　$C4$　灶台 [(1.86×6+1.02×2+1.92×4)×1.6−0.8×1.6−0.7×1.6×2−0.7×1.2−0.8×0.65−1.12×0.75−0.5×0.65−0.5 浴盆 ×0.75−0.75×0.42×2−1.86×0.42]×5=127.88m² 合计:300.45m²
81	2B0047	灶台零星瓷砖	m²	57.84	1. 左户： 立面 [1.96×0.75+0.80×0.65+0.53×0.51×2+0.51×4+0.53×2.76+0.53×2.12]×5=32.05m² 平面 (注：① 瓷砖及粘结面按30mm计算；② 不含洗涤盆) 2. 右户： 立面 [1.12×0.75+0.8×0.65+0.53×0.51×2+0.53×0.61×2+0.53×1.12+0.86×0.53]×5=17.98m² 平面 3. 浴盆立面： 1.86×0.42×10=7.81m² 合计:57.84m²

序号	定额号	项目名称	单位	数量	计　　算　　式
82	1K0043 换	砖内墙面抹混合砂浆	m²	2 391.52	(1)底层： 序79 97.76×4.08=398.86m² (2)二～六层： 序79 (142.92-17.04)×2.88×5=1812.67m² (3)梯间 序79 92.66×2.88=266.86m² (4)厨卫生 序80 [15.78×6+(10.44+20.88)×5]×2.9=728.71m² (5)扣减门窗及瓷砖墙裙： 序29　序30　序31　序32　序33　序34　C6　序35　序80 (18.00+91.00+40.04)×2+54.72+107.75+13.66+7.84+42.84+300.45- 　　　　　　　　　　灶台,浴盆　序14(花格) 40.11+　30.35　=815.58m²(一) 合计:(1)+(2)+(3)+(4)-(5)=2391.52m²
83	2E0217	花格刷白水泥浆两遍	m²	30.35	序14
84	2B0053 代	琉璃瓦	m²	87.34	(1)顶盖:$3.2×3.2×\dfrac{\sqrt{1^2+1.6^2}}{1.6}=12.08m^2$ (2)屋顶挑檐:80.06×0.94=75.26m² 序5 合计:87.34m²
85	1K0026	水泥砂浆零星抹灰	m²	151.99	(1)女儿墙:(18.06+9.96)×2×(0.4+0.18+0.06×3)=42.59m² (2)阳台栏杆内侧:(3.18+1.08)×4×6×0.78=79.75m² (3)雨篷:[(17.46-0.12×5+2.16)×2+0.36×12]×0.7=29.65m² 合计:151.99m²

序号	定额号	项目名称	单位	数量	计　　算　　式
86	2E0202	天棚、墙面刷106涂料两遍	m²	3421.71	序66　序82　序85(2) 950.44+2391.52+79.75＝3421.71m²
87	1D0009	综合脚手架（多层，檐高24m以内）	m²	1057.09	详见建筑面积计算（序1前）
88	1D0018换	外墙装饰脚手架	m²	1182.38	(18.54+10.44)×2×20.4＝1182.38m²
89	1D0027换	底层装饰脚手架	m²	410.59	序79 97.76×4.2＝410.59m²
90	1I0041+1I0042×2	三布四油塑料油膏屋面防水层	m²	178.19	序53　序58(2) (1)平面:178.98－57.00×0.24－2.64×2.64＝158.33m² (2)女儿墙泛水:[(18.06+9.96)×2－2.64]×0.30＝16.02m² (3)七层墙泛水:4.80×2×0.4＝3.84m² 合计:178.19m²
91	1H0063	1:2.5水泥砂浆找平层（20厚）	m²	178.19	同序90
92	1I0077	1:6水泥炉渣找坡层	m³	15.83	序90 158.33×0.1＝15.83m³
93	1I0112	φ114塑料水落管	m	78	19.5×4＝78m
94	1M0009	预制钢筋混凝土洗漆盆带污水斗（面贴瓷砖）	套	10	每户一个
95	1I0103	钢吐水管	个	19	阳台　雨篷 10＋7＋2＝19个

混凝土构件钢筋计算表

表 5-30

单位工程名称

序号	构件名称	图号	件数-代号	形状尺寸(mm)	直径	根数	每根	共长	直径	长度	单件重	合计重	总重(kg)
一	现浇构件												
			3-J-1	3330 / 2730	φ14	19	3.505	66.60	φ14	66.60	80.45	241.36	417.82
					φ12	23	2.880	66.24	φ12	66.24	58.82	176.46	
			2-J-2.2a	3130 / 2930	φ12	26	3.28	85.28	φ12	153.04	135.90	271.80	271.80
					φ12	22	3.08	67.76					
1	独立基础	结3	1-J-3	3330 / 2730	φ14	19	3.505	66.60	φ14	66.60	80.45	80.45	150.35
					φ12	16	2.880	46.08	φ12	75.34	66.90	66.90	
					φ12	7	4.18	29.26	φ8	7.6	3.00	3.00	
			1-J-4	4030 / 850	φ8	8	0.95	7.6					
				2930 / 3360	φ12	13	3.08	40.04	φ12	236.57	210.07	210.07	210.07
					φ12	26	3.51	91.26					
				4430 / 2880	φ12	21	4.58	96.18					
					φ12	3	3.03	9.09					
2	条形基础	结2	4-4	2040 / 1230	φ8	9	2.14	19.26	φ12	24.84	22.06	22.06	35.85
					φ12	10	1.38	13.8	φ8	34.92	13.79	13.79	
			4-4	1640 / 1230	φ8	9	1.74	15.66					
					φ12	8	1.38	11.04					

246

续表

序号	构件名称	图号	件数-代号	形状尺寸(mm)	直径	根数	长度(m) 每根	长度(m) 共长	分规格 直径	分规格 长度	分规格 单件重	分规格 合计重	总重(kg)
3	框架柱	结3	4-XZ1	6090/175/100；6065/100（六边形 6065）	Φ25	8	6.365	50.92	Φ25	50.92	196.04	784.17	1048.16
					Φ20	2	6.165	12.33	Φ20	12.33	30.41	121.62	
					φ6.5	53	1.77	93.81	φ6.5	136.37	35.59	142.37	
					φ6.5	32	1.33	42.56					
			2-XZ2	6090/175/100（矩形）；6090/175/100（菱形）	Φ25	6	6.365	38.19	Φ25	50.92	196.04	392.08	460.67
					Φ25	2	6.365	12.73	φ6.5	131.4	34.30	68.59	
					φ6.5	52	1.77	92.04					
					φ6.5	32	1.23	39.36					
			2-XZ3	6065/100；6670/300/1525	Φ20	8	6.165	49.32	Φ20	49.32	121.62	243.25	285.87
					φ6.5	52	1.57	81.64	φ6.5	81.64	21.31	42.62	
4	框架梁	结4	1-KJL-1	5590/350/100；6195/1525；6670/300/1525/350；1535	Φ25	10	6.290	62.9	Φ25	79.998	307.99	307.99	503.68
					Φ25	2	8.549	17.098	Φ20	15.44	38.08	38.08	
					Φ20	2	7.72	15.44	φ12	18.22	16.18	16.18	
					φ12	4	1.685	6.74	φ10	69.34	42.78	42.78	

247

序号	构件名称	图号	件数—代号	形状尺寸 (mm)	直径	根数	长度 每根	长度 共长	分规格 直径	分规格 长度	分规格 单件重	分规格 合计重	总重 (kg)
4	框架梁	结4	1-KJL-1	5590	φ12	2	5.74	11.48	φ8	221.694	87.57	87.57	503.68
				5440 / 560 / 70 70	φ10	20	2.354	47.08	φ6.5	42.464	11.08	11.08	
				366	φ10	4	5.565	22.26					
					φ6.5	32	0.70	22.4					
					φ8	13	0.466	6.058					
					φ8	94	2.294	215.636					
					φ6.5	16	1.254	20.064					
			1-KJL-2	5590 / 350 350 / 6670 1525 300	Φ25	8	6.290	50.32	Φ25	67.418	259.56	259.56	426.2
				6195 / 1525 / 1535	Φ25	2	8.549	17.098	Φ20	15.44	38.08	38.08	
					Φ20	2	7.72	15.44	φ12	18.22	16.18	16.18	
					φ12	4	1.685	6.74	φ10	22.26	13.73	13.73	
				5590 / 5440	φ12	2	5.74	11.48	φ8	221.694	87.57	87.57	
					φ10	4	5.565	22.26	φ6.5	42.464	11.08	11.08	

序号	构件名称	图号	件数-代号	形状尺寸 (mm)	直径	根数	长度 (m) 每根	共长	分规格 直径	长度	单件重	合计重	总重 (kg)
			1-KJL-2	560 70 70 / 366	φ6.5	32	0.7	22.4					426.2
				4390 350 350 / 5470 300 1325	φ8	13	0.466	6.058					
					φ8	9.4	2.294	215.636					
				1495 1325 / 2500	φ6.5	16	1.254	20.064					
					Φ25	5	5.09	25.45	Φ25	30.45	117.23	117.23	
				1535 / 4340	Φ20	2	7.095	14.19	Φ20	17.01	41.95	41.95	
					Φ20	1	2.82	2.82	φ12	3.37	2.99	2.99	
4	框架梁	结4	1-KJL-3	380 70 70 / 4340	Φ25	2	2.50	5.0	φ10	84.315	52.02	52.02	222.12
					φ12	3	1.685	3.37	φ6.5	30.387	7.93	7.93	
					φ10	27	0.561	13.395					
					φ6.5	36	1.97	70.92					
					φ10	12	1.27	15.24					

序号	构件名称	图号	件数—代号	形状尺寸 (mm)	长度 (m) 直径	根数	每根	共长	分规格 直径	长度	单件重	合计重	总重 (kg)
5	构造柱	结2	4—XGZ1 (从基础垫层开始)	20990 / 100 / 100	φ12	4	22.542	90.168	φ12	90.168	80.07	320.28	423.20
					φ6.5	106	0.93	98.58	φ6.5	98.58	25.73	102.92	
			3—XGZ1 (从框架梁上开始)	15500 / 100 / 100	φ12	4	16.702	66.808	φ12	66.808	59.33	177.98	231.87
					φ6.5	74	0.93	68.82	φ6.5	68.82	17.96	53.89	
			4—XGZ2	20990 / 100 / 100	φ12	6	22.542	135.252	φ12	135.252	120.10	480.42	612.11
					φ6.5	106	1.19	126.14	φ6.5	126.14	32.92	131.69	
			2—XGZ3	6090 / 100 / 100	Φ16	4	6.29	25.16	Φ16	25.16	39.70	79.40	94.93
					φ6.5	32	0.93	29.76	φ6.5	29.76	7.77	15.53	
			24—女儿墙小构造柱	1050 / 100 / 100	φ10	4	1.25	5	φ10	5	3.09	74.04	103.17
					φ6.5	5	0.93	4.65	φ6.5	4.65	1.21	29.13	
			2—楼梯间小构造柱	2900 / 100 / 100	φ10	4	3.10	12.4	φ10	12.4	7.65	15.3	22.1
					φ6.5	14	0.93	13.02	φ6.5	13.02	3.40	6.80	
6	现浇梁	结5	1—XLL-1	15790 / 350 / 350 / 4795 / 350	Φ25	2	17.521	35.041	Φ25	130.981	504.28	504.28	648.77
					Φ20	6	5.145	30.87	Φ20	5.6	13.81	13.81	

序号	构件名称	图号	件数—代号	形状尺寸(mm)	直径	根数	长度(m) 每根	共长	分规格 直径	长度	单件重	合计重	总重(kg)
		结5	1—XLL—1	15790 1425 700 / 2800	Φ25	2	19.035	38.07	Φ12	33.0	29.3	29.3	648.77
				3600 / 1495 1425	Φ20	2	2.8	5.6	φ10	86.94	53.64	53.64	
				15790 / 500 900 400 500	Φ25	4	3.6	14.4	φ8	120.864	47.74	47.74	
					Φ25	2	2.92	5.84					
					Φ12	2	16.50	33.0					
					Φ25	2	3.38	6.76					
					φ10	42	2.07	86.94					
					φ8	54	2.01	108.54					
					φ8	39	0.316	12.324					
6	现浇梁	结7	1—XL—1	3845 500 500 / 3845 500 500	Φ25	4	4.845	19.38	Φ25	19.38	74.61	74.61	115.68
					Φ20	2	4.845	9.69	Φ20	9.69	23.90	23.90	
					φ8	27	1.61	43.47	φ8	43.47	17.17	17.17	

序号	构件名称	图号	件数—代号	形状尺寸 (mm)	直径	根数	长度 (m) 每根	长度 (m) 共长	分规格 直径	分规格 长度	分规格 单件重	分规格 合计重	总重 (kg)
6	现浇梁	结7	1—XL—2	600 4390 600；1325 4390；1495 1325	Φ25	7	5.59	39.13	Φ25	39.13	150.65	150.65	220.01
					Φ20	2	6.315	12.63	Φ20	18.27	45.05	45.05	
					Φ20	2	2.82	5.64	φ10	39.4	24.31	24.31	
					φ10	20	1.97	39.4					
			5—XL—3	150 2290 150；2290	φ12	3	2.59	7.77	φ12	12.95	57.50	57.50	70.16
					φ12	2	2.59	5.18	φ6.5	9.7	2.53	12.66	
					φ6.5	10	0.97	9.7					
		结8	1—XL—3a	150 2290 150；730 350 70；2310	φ12	5	2.59	12.95	φ12	12.95	11.50	11.50	22.54
					φ6.5	10	1.25	12.5	φ6.5	42.311	11.04	11.04	
					φ6.5	17	1.191	20.247					
					φ6.5	4	2.391	9.564					
		结7	6—XL—4	150 2290 150	φ12	4	2.59	10.36	φ14	2.71	3.27	19.64	90.03
					φ6.5	10	0.97	9.7	φ12	10.36	9.20	55.2	

续表

序号	构件名称	图号	件数—代号	形状尺寸(mm)	直径	根数	每根	共长	直径	长度	单件重	合计重	总重(kg)
					(直径·根数)		长度(m)		(分规格)				
6	现浇梁	结7	6—XL—4	2290, 210, 210	φ14	1	2.71	2.71	φ6.5	9.7	2.531	15.19	90.03
			5—XL—5	2290, 150, 210；2290, 150	φ12	4	2.59	10.36	φ14	5.42	6.55	32.74	91.40
					φ6.5	10	0.97	9.7	φ12	10.36	9.20	46.00	
					φ14	2	2.71	5.42	φ6.5	9.7	2.53	12.66	
		结8	1—XL—6	2590, 270, 270；2590, 150, 150	φ12	2	2.89	5.78	φ16	6.26	9.88	9.88	17.99
					φ16	2	3.13	6.26	φ12	5.78	5.13	5.13	
					φ6.5	12	0.95	11.4	φ6.5	11.4	2.98	2.98	
			4—XL—7	2590, 150, 150	φ12	3	2.89	8.67	φ12	14.45	12.83	51.33	65.74
					φ12	2	2.89	5.78	φ6.5	13.8	3.60	14.41	
					φ6.5	12	1.15	13.8					

253

序号	构件名称	图号	件数—代号	形状尺寸 (mm)	直径	根数	长度 (m) 每根	长度 (m) 共长	分规格 直径	分规格 长度	分规格 单件重	分规格 合计重	总重 (kg)
7	现浇封梁	结8	10—XFL—1	3490 / 150 / 150	φ12	4	3.79	15.16	φ12	15.16	13.46	134.62	179.30
					φ6.5	16	1.07	17.12	φ6.5	17.12	4.47	44.68	
			2—XFL—1a	3490 / 150 / 150; 710 / 400 / 70 / 3510	φ12	5	3.79	18.95	φ12	18.95	16.83	33.66	65.15
					φ6.5	16	1.27	20.32	φ6.5	60.324	15.74	31.49	
		结7	1—XFL—2	18490 / 210 / 210; 18490	φ6.5	21	1.271	25.64					
					φ6.5	4	3.591	14.364					
				1200 / 650 / 70 / 70	φ14	4	20.317	81.268	φ14	81.268	98.17	98.17	202.81
					φ6.5	86	0.97	83.42	φ6.5	400.936	104.64	104.64	
					φ6.5	86	1.281	110.166					
					φ6.5	6	19.212	115.272					
				11670 / 250	φ6.5	4	12.157	48.628					
					φ6.5	55	0.79	43.45					
8	现浇挑梁	结7	10—XTL—1	3670 / 250; 2795 / 250	Φ20	2	3.920	7.84	Φ20	7.84	19.33	193.33	370.6
					φ10	1	3.045	3.045	φ12	7.64	6.78	67.84	

续表

序号	构件名称	图号	件数-代号	形状尺寸 (mm)	直径	根数	长度 每根	长度 共长 (m)	分规格 直径	分规格 长度 (m)	分规格 单件重	分规格 合计重	总重 (kg)
8	现浇挑梁	结7	10-XTL-1	3670 / 1105 / 2170	φ12	2	3.820	7.64	φ10	7.965	4.91	49.14	370.6
					φ6.5	22	1.05	23.1	φ6.5	23.1	6.03	60.29	
					φ10	4	1.23	4.92					
			5-XTL-2	2170/200 / 1055 / 2170	Φ16	3	2.37	7.11	Φ16	7.11	11.22	56.1	107.38
					φ12	2	2.320	4.64	φ12	4.64	4.12	20.6	
					φ6.5	13	0.95	12.35	φ10	4.72	2.91	14.56	
					φ10	4	1.18	4.72	φ6.5	12.35	3.22	16.12	
			3-XTL-3	3350/200 / 2675/200	φ16	2	3.55	7.1	Φ16	12.85	20.28	60.83	96.06
					Φ16	2	2.875	5.75	φ12	7.64	6.78	20.35	
					φ12	2	3.82	7.64	φ6.5	19	4.96	14.88	
					φ6.5	20	0.95	19					
			2-XTL-4	3150/150 / 3150	Φ16	2	3.3	6.6	Φ16	6.6	10.41	20.83	40.98
					φ12	2	3.3	6.6	φ12	6.6	5.86	11.72	

255

序号	构件名称	图号	件数—代号	形状尺寸 (mm)	直径	根数	长度(m) 每根	共长	分规格 直径	长度	单件重	合计重	总重 (kg)
			2－XTL－4	3670 / 250; 2795 / 250	$\phi6.5$	19	0.85	16.15	$\phi6.5$	16.15	4.22	8.43	40.98
8	现浇挑梁	结7	2－XTL－1a	3670 / 250; 1450 / 1200; 710 / 400 / 70	$\Phi20$	2	3.92	7.84	$\Phi20$	7.84	19.33	38.67	83.56
					$\phi10$	1	3.045	3.045	$\phi12$	12.44	11.05	22.09	
					$\phi12$	2	3.82	7.64	$\phi10$	3.045	1.88	3.76	
					$\phi6.5$	12	1.05	12.6	$\phi6.5$	36.47	9.52	19.04	
					$\phi12$	3	1.600	4.8					
					$\phi6.5$	7	1.11	7.77					
					$\phi6.5$	9	1.22	10.98					
					$\phi6.5$	4	1.28	5.12					
			1－XTL－2a	2170 / 200; 2170 / 850	$\Phi16$	3	2.37	7.11	$\Phi16$	7.11	11.22	11.22	23.84
					$\phi12$	2	2.32	4.64	$\phi12$	7.64	6.78	6.78	
					$\phi6.5$	8	0.95	7.6	$\phi6.5$	22.39	5.84	5.84	
					$\phi12$	3	1.0	3					

序号	构件名称	图号	件数-代号	形状尺寸(mm)	直径	根数	长度(m) 每根	长度(m) 共长	分规格 直径	分规格 长度 共长	分规格 单件重	分规格 合计重	总重(kg)
8	现浇挑梁	结7	1—XTL—2a		φ6.5	5	1.01	5.05					23.84
					φ6.5	6	1.17	7.02					
					φ6.5	4	0.680	2.72					
9	现浇地梁	结3	1—XDL—1		Φ16	6	17.19	103.15	Φ16	103.15	162.77	162.77	187.3
					φ6.5	74	1.27	93.98	φ6.5	93.98	24.53	24.53	
10	现浇地圈梁	结2	XDQL		φ12	4	94.18	376.71	φ12	376.71	334.52	334.52	442.05
					φ6.5	443	0.93	411.99	φ6.5	411.99	107.53	107.53	
			XQL—1		φ12	4	740.0	299.61	φ12	299.61	266.05	266.05	353.33
					φ6.5	352	0.95	334.4	φ6.5	334.4	87.28	87.28	
11	现浇圈梁	结4	XQL—2		φ12	4	12.38	49.52	φ12	49.52	44.55	44.55	81.38
					φ6.5	59	1.41	83.19	φ10	83.19	15.12	15.12	
					φ10	2	12.26	24.51	φ6.5	24.51	21.71	21.71	

续表

序号	构件名称	图号	件数-代号	形状尺寸(mm)	直径	根数	每根	共长	直径	长度	单件重	合计重	总重(kg)
11	现浇圈梁	结5	4-XQL-1	116460	φ12	4	124.05	496.20	φ12	496.20	440.62	1762.50	2340.72
				(箍筋)	φ6.5	583	0.95	553.85	φ6.5	553.85	144.55	578.22	
			XQL-1	72060	φ12	4	76.82	307.27	φ12	307.27	272.86	272.86	362.37
				(箍筋)	φ6.5	361	0.95	342.95	φ6.5	342.95	89.51	89.51	
		结6	XQL-3	40740	φ12	5	43.50	217.49	φ12	217.49	193.13	193.13	388.89
				40740 / 350	φ6.5	205	1.25	256.25	φ6.5	750.03	195.76	195.76	
				730 / 350 / 70	φ6.5	273	1.19	324.87					
					φ6.5	4	42.23	168.91					
			XQL-4	4560	φ12	8	4.71	37.68	φ12	37.68	33.46	33.46	54.34
				710 / 350 / 70	φ6.5	24	1.1	26.4	φ6.5	79.99	20.88	20.88	
				4560	φ6.5	31	1.13	35.03					
					φ6.5	4	4.64	18.56					
		结1	圈梁转角筋	360 / 540 / 360 / 4560	φ12	708	1.41	998.28	φ12	998.28	886.47	886.47	886.47

序号	构件名称	图号	件数—代号	形状尺寸(mm)		直径	根数	长度(m)		分规格				总重(kg)
								每根	共长	直径	长度	单件重	合计重	
12	构造柱、框架柱拉接筋	结1		[2500]	[1500]	φ6.5	54	2.58	139.32	φ6.5	1554.56	405.74	405.74	405.74
				[1300/1300]	[1240]	φ6.5	18	1.58	28.44					
				[700/700]	[700]	φ6.5	18	2.68	48.24					
				[2190]	[2790]	φ6.5	148	1.320	195.36					
						φ6.5	764	1.48	1130.72					
						φ6.5	16	0.78	12.48					
13	现浇板	结6	6—XB—1	[3510]	[1410]	φ6.5	14	2.27	31.78	φ6.5	189.35	49.42	296.52	296.52
						φ6.5	11	2.870	31.57					
						φ6.5	16	3.59	57.44					
						φ6.5	4	1.49	5.96					
				[600/70/70]	[1190]	φ6.5	64	0.74	47.36					
						φ6.5	12	1.270	15.24					
			6—XB—2	[2190]	[3690]	φ6.5	26	2.27	59.02	φ6.5	217.74	56.83	340.98	340.98
						φ6.5	16	3.77	60.32					

序号	构件名称	图号	件数—代号	形状尺寸 (mm)	直径	根数	长度(m) 每根	长度(m) 共长	分规格 直径	分规格 长度	分规格 单件重	分规格 合计重	总重 (kg)
			6—XB—2	600/2190/70	φ6.5	84	0.74	62.16					340.98
				3690	φ6.5	6	2.27	13.62					
					φ6.5	6	3.77	22.62					
			6—XB—3	1410/870	φ6.5	6	1.49	8.94	φ6.5	16.54	4.32	25.9	25.9
					φ6.5	8	0.95	7.6					
13	现浇板	结6	5—XB—4	2190/4290	φ6.5	21	2.27	47.67	φ6.5	361.24	94.28	471.42	471.42
					φ6.5	16	4.37	69.92					
				4410/1350	φ6.5	16	4.49	71.84					
					φ6.5	14	1.43	20.02					
				1200/600/70	φ6.5	16	1.34	21.44					
					φ6.5	106	0.74	78.44					
				2190/4410	φ6.5	11	2.27	24.97					
					φ6.5	6	4.49	26.94					

续表

序号	构件名称	图号	件数—代号	形状尺寸 (mm)	直径	根数	长度 (m) 每根	共长	直径	长度	单件重	合计重	总重 (kg)
13	现浇板	结5	1—XB—5	4410 / 4410	φ10	31	4.535	140.585	φ12	41.54	36.89	36.89	
				1200/70 600/70	φ6.5	31	4.49	139.19	φ10	140.585	86.74	86.74	
					φ12	31	1.34	41.54	φ6.5	307.28	80.20	80.20	203.83
					φ6.5	124	0.74	91.76					
					φ6.5	17	4.49	76.33					
14	现浇雨篷	结7	1—XBD	370 / 3600	φ12	4	3.75	15	φ12	15	13.32	13.32	
					φ4	19	0.37	7.03	φ4	7.03	0.70	0.70	14.02
		结8	1—XYP—1	2590	φ12	4	2.74	10.96	φ12	10.96	9.73	9.73	
				1290 / 2610	φ6.5	14	0.95	13.3	φ10	21.88	13.50	13.50	
					φ10	8	2.735	21.88	φ6.5	32.48	8.48	8.48	31.71
					φ6.5	14	1.37	19.18					
15	楼梯现浇屋面板	建9	4块网片	22408 (总长) / 23194 (总长)	φ8	13	23.194	23.194	φ8	69.542	27.47	109.88	
					φ8	21	22.408	22.408		22.408	109.88		109.88

261

续表

序号	构件名称	图号	件数—代号	形状尺寸 (mm)	直径	根数	每根	共长	直径	长度	单件重	合计重	总重 (kg)
							长度 (m)			分 规 格			
15	楼梯现浇屋面板	建9	4块网片	1200 / 30 / 30	φ8	19	1.26	23.94					109.88
		建5	框架柱牛腿	800 / 200 / 604 / 604 / 200 / 200	φ10	6	1.733	10.398	φ10	14.898	9.19	9.19	9.19
					φ10	4	1.125	4.5					
		建8	阳台扶手 (12个)	4500 / 210 / 06	φ8	3	4.6	13.8	φ8	13.8	5.45	65.41	86.08
					φ6.5	22	0.3	6.6	φ6.5	6.6	1.72	20.67	
16	现浇零星件	建4	女儿墙压顶	2400 / 270	φ8.0	3	2.5	7.5	φ8	20.18	7.97	7.97	29.23
				1740 / 270	φ6.5	12	0.27	3.24	φ6.5	8.22	2.15	2.15	
					φ8	3	1.84	5.52	φ4	193.032	19.11	19.11	
				3480 / 150	φ6.5	9	0.27	2.43					
				5700 / 270	φ8	2	3.58	7.16					
					φ6.5	17	0.15	2.55					
					φ4	2	57.806	115.812					
					φ4	286	0.27	77.22					

序号	构件名称	图号	件数—代号	形状尺寸 (mm)	直径	根数	长度 (m) 每根	长度 (m) 共长	分规格 直径	分规格 长度	分规格 单件重	分规格 合计重	总重 (kg)
二	预制构件												
1	预制过梁	结9	1—GL4100	1480 / 220	φ6	2	1.555	3.11	φ6	3.11	0.69	0.69	0.91
					φ4	10	0.22	2.2	φ4	2.2	0.22	0.22	
			2—GL4120	1680 / 220	φ8	2	1.780	3.56	φ8	3.56	1.41	2.81	3.29
					φ4	11	0.22	2.42	φ4	2.42	0.24	0.48	
			2—GL4150	1980 / 220	φ8	2	2.080	4.16	φ8	4.16	1.64	3.29	3.81
					φ4	12	0.22	2.64	φ4	2.64	0.26	0.52	
			2—GL4210	2580 / 2580	φ12	2	2.73	5.46	φ12	5.46	4.85	9.7	13.57
					φ6	2	2.655	5.31	φ6	5.31	1.18	2.36	
					φ4	15	0.51	7.65	φ4	7.65	0.76	1.51	
2	预制梯梁	结10	14—TL24	2600 / 2360,350,350 / 1160 / 2600	φ16	2	2.8	5.6	φ16	5.6	8.84	123.72	310.42
					φ10	2	3.19	6.38	φ10	6.38	3.94	55.11	
					φ6	1	2.68	2.68	φ8	20.58	8.13	113.81	
					φ6	1	1.24	1.24	φ6	5.72	1.27	17.78	

263

続表 (续表)

序号	构件名称	图号	件数—代号	形状尺寸 (mm)	直径	根数	长度(m) 每根	长度(m) 共长	分规格 直径	分规格 长度	分规格 单件重	分规格 合计重	总重 (kg)
2	预制梯梁	结10	14—TL24		φ8	7	1.33	9.31					310.42
					φ8	7	1.61	11.27					
					φ6	1	0.93	0.93					
					φ6	1	0.87	0.87					
3	预制梯板	结10	13—TB105.15	500 100 100 1160 500 / 60 2260 60	φ10	6	2.57	15.42	φ10	25.38	15.66	203.57	262.22
				50 1020 50 500 / 2330	φ10	4	2.49	9.96	φ8	5	1.98	25.68	
				60 150 150 150 150 150 / 200 200	φ6	2	2.41	4.82	φ6	4.82	1.07	13.91	
					φ4	5	1.170	5.85	φ4	14.81	1.47	19.06	
					φ4	4	2.24	8.96					
					φ8	4	0.8	3.2					
					φ8	4	0.45	1.8					
4	预制灶台板	建6	20—B1	470 / 770	φ8	6	0.87	5.22	φ8	5.22	2.06	41.24	55.60
					φ6.5	5	0.55	2.75	φ6.5	2.75	0.72	14.36	

序号	构件名称	图号	件数—代号	形状尺寸(mm)	直径	根数	长度(m)		分规格				总重(kg)
							每根	共长	直径	长度	单件重	合计重	
4	预制灶台板	建6	10—B2	470 / 470	φ8	5	0.57	2.85	φ8	5.7	2.25	22.52	22.52
					φ8	5	0.57	2.85					
5	预制板(玻璃瓦下)	建8	104块 10—B3	570 / 630 100 / 1930	φ10	6	2.055	12.33	φ10	12.33	7.61	76.08	91.87
					φ6.5	11	0.55	6.05	φ6.5	6.05	1.58	15.79	
6	预制沟盖板	建4	4块	310 / 570	φ6.5	7	0.81	5.67	φ8	3.35	1.32	137.62	291.53
					φ8	5	0.67	3.35	φ6.5	5.67	1.48	153.91	
7	预制水池	建5	10个	460 420 300 460 / 460 260	φ6.5	3	0.57	1.71	φ6.5	2.95	0.37	3.08	3.08
					φ6.5	4	0.31	1.24					
8	预制花格	建6	315个	1930	φ6.5	8	0.98	7.84	φ6.5	12.04	3.14	31.42	31.42
					φ6.5	2	2.1	4.2					
三	预应力构件	结9	4—YKB365	460 85 85 30	φ4	2	1.93	3.86	φ4	3.86	0.38	120.37	120.37
			—4a	460 85 / 3585	$\phi^{b}4$	11	3.585	39.435	$\phi^{b}4$	42.735	4.23	16.92	16.92
					$\phi^{b}4$	2	0.69	1.38					

续表

序号	构件名称	图号	件数—代号	形状尺寸(mm)	直径	根数	长度(m) 每根	共长	分规格 直径	长度	单件重	合计重	总重(kg)
			4—YKB365 —4a	480（直）; 560/85/85/30/30	ϕ^b4	4	0.48	1.92					16.92
		结9	5—YKB366 —4a	3585（直）; 560/85/85/30/30; 580	ϕ^b4	13	3.585	46.605	$\phi4$	50.505	5.00	25.00	25.00
					ϕ^b4	2	0.79	1.58					
					ϕ^b4	4	0.58	2.32					
			8—YKB395 —4b	4010（直）; 480/30; 460/85/85/30/30; 3810	ϕ^b4	13	4.01	52.13	$\phi4$	64.61	6.40	51.17	51.17
					ϕ^b4	2	0.69	1.38					
					ϕ^b4	4	0.48	1.92					
					ϕ^b4	2	3.81	7.62					
					ϕ^b4	3	0.52	1.56					
			1—YKB396 —4b	4010/30; 560/85/85/30/30	ϕ^b4	15	4.01	60.15	$\phi4$	73.53	7.28	7.28	7.28
					ϕ^b4	2	0.79	1.58					

续表

序号	构件名称	图号	件数—代号	形状尺寸 (mm)	直径	根数	长度 (m) 每根	长度 (m) 共长	分规格 直径	分规格 长度	分规格 单件重	分规格 合计重	总重 (kg)
			1—YKB396 —4b	580 ─── 3810	ϕ^b4	4	0.58	2.32					7.28
					ϕ^b4	2	3.81	7.62					
				620	ϕ^b4	3	0.62	1.86					
		结9	7—YKB335 —4c	3435 ─── 460 ⌐85/30⌐	ϕ^b4	10	3.435	34.35	ϕ^b4	37.65	3.73	26.09	26.09
					ϕ^b4	2	0.69	1.38					
				480	ϕ^b4	4	0.48	1.92					
			10—YKB245 —4d	2260 ─── 460 ⌐85/30⌐	ϕ^b4	7	2.26	15.82	ϕ^b4	19.12	1.89	18.93	18.93
					ϕ^b4	2	0.69	1.38					
				480	ϕ^b4	4	0.48	1.92					
			39—YKB246 —4d	2260 ─── 560 ⌐85/30⌐	ϕ^b4	9	2.26	20.34	ϕ^b4	24.24	2.40	93.59	93.59
					ϕ^b4	2	0.79	1.58					

续表

序号	构件名称	图号	件数—代号	形状尺寸 (mm)	直径	根数	长度 (m) 每根	长度 (m) 共长	分规格 直径	分规格 长度	分规格 单件重	分规格 合计重	总重 (kg)
			39—YKB246 —4d	580　（460/85/30）	ϕ^b4	4	0.58	2.32					93.59
			110—YKB335 —4	3460　（460/85/30）　480	ϕ^b4	10	3.46	34.6	ϕ^b4	37.9	3.75	412.73	412.73
					ϕ^b4	2	0.69	1.38					
					ϕ^b4	4	0.48	1.92					
		结9	45—YKB336 —4	3460　（560/85/30）　580	ϕ^b4	12	3.46	41.52	ϕ^b4	45.42	4.50	202.25	202.25
					ϕ^b4	2	0.79	1.58					
					ϕ^b4	4	0.58	2.32					
			60—YKB365 —4	3760　（460/85/30）　480	ϕ^b4	11	3.76	41.36	ϕ^b4	44.66	4.42	265.28	265.28
					ϕ^b4	2	0.69	1.38					
					ϕ^b4	4	0.48	1.92					

续表

序号	构件名称	图号	件数—代号	形状尺寸 (mm)	直径	根数	长度 (m) 每根	共长	分规格 直径	长度	单件重	合计重	总重 (kg)
			16—YKB366 —4	3760	ϕ^b4	13	3.76	48.88	ϕ^b4	52.78	5.23	83.60	83.60
				580	ϕ^b4	2	0.79	1.58					
				560/85/30	ϕ^b4	4	0.58	2.32					
		结9	36—YKB425 —4	4360	ϕ^b4	16	4.36	69.76	ϕ^b4	82.94	8.21	295.60	295.60
				480/30	ϕ^b4	2	0.69	1.38					
				460/85/30	ϕ^b4	4	0.48	1.92					
				4160	ϕ^b4	2	4.16	8.32					
				460/30	ϕ^b4	3	0.52	1.56					
			4—YKB426 —4	4360	ϕ^b4	19	4.36	82.84	ϕ^b4	96.92	9.60	38.38	38.38
				580	ϕ^b4	2	0.79	1.58					
				560/85/30	ϕ^b4	4	0.58	2.32					
				4160	ϕ^b4	2	4.16	8.32					

序号	构件名称	图号	件数—代号	形状尺寸 (mm)	直径	根数	每根	共长	直径	长度	单件重	合计重	总重 (kg)
			4—YKB426—4	560 / 30 / 30	ϕ^b4	3	0.62	1.86					38.38
		结9	17—YKB245—4	460 / 85 / 30（2560）	ϕ^b4	7	2.56	17.92	ϕ^b4	21.22	2.1	35.71	35.71
				480	ϕ^b4	2	0.69	1.38					
					ϕ^b4	4	0.48	1.92					
			13—YKB246—4	560 / 85 / 30（2560）	ϕ^b4	9	2.56	23.04	ϕ^b4	26.94	2.67	34.67	34.67
				580	ϕ^b4	2	0.79	1.58					
					ϕ^b4	4	0.58	2.32					
			15—YKB365—6	460 / 85 / 30（3760）	ϕ^b4	13	3.76	48.88	ϕ^b4	52.18	5.17	77.49	77.49
				480	ϕ^b4	2	0.69	1.38					
					ϕ^b4	4	0.48	1.92					

序号	构件名称	图号	件数—代号	形状尺寸 (mm)		直径	根数	长度 (m)		分规格				总重 (kg)
								每根	共长	直径	长度	单件重	合计重	
			4—YKB366 —6	3760	〔560 85/30 85/30〕	ϕ^b4	18	3.76	67.68	ϕ^b4	71.58	7.09	28.35	28.35
				580		ϕ^b4	2	0.79	1.58					
						ϕ^b4	4	0.58	2.32					
		结9	9—YKB425 —5	4360	〔460 85/30 85/30〕	ϕ^b4	22	4.36	95.92	ϕ^b4	109.1	10.80	97.21	97.21
				480		ϕ^b4	2	0.69	1.38					
				460 30/30	4160	ϕ^b4	4	0.48	1.92					
						ϕ^b4	2	4.16	8.32					
						ϕ^b4	3	0.52	1.56					
			1—YKB426 —5	4360	〔560 85/30 85/30〕	ϕ^b4	26	4.36	113.36	ϕ^b4	127.44	12.62	12.62	12.62
				580	4160	ϕ^b4	2	0.79	1.58					
						ϕ^b4	4	0.58	2.32					
						ϕ^b4	2	4.16	8.32					

续表

序号	构件名称	图号	件数—代号	形状尺寸(mm)	直径	根数	长度(m) 每根	共长	分规格 直径	长度	单件重	合计重	总重(kg)
		结9	1—YKB426—5	560 / 30 / 30	φᵇ4	3	0.62	1.86					12.62
			22—YKB335—6	3460 / 460（85,30,85,30）	φᵇ4	12	3.46	41.52	φᵇ4	44.82	4.44	97.62	97.62
					φᵇ4	2	0.69	1.38					
				480	φᵇ4	4	0.48	1.92					
			9—YKB336—6	3460 / 560（85,30,85,30）	φᵇ4	15	3.46	51.9	φᵇ4	55.8	5.52	49.72	49.72
					φᵇ4	2	0.79	1.58					
				580	φᵇ4	4	0.58	2.32					
四	预埋件												
1	梯梁预埋件	结10	14—M—1	50×50（100,50）	—6	4	0.0025m²	0.010m²	—6	0.010m²	0.47	6.59	11.77
					φ10	4	0.15	0.60	φ10	0.6	0.37	5.18	
2	梯板预埋件	结10	13—M—1	50×50（150,50）	—6	8	0.0025m²	0.020m²	—6	0.020m²	0.94	12.25	21.88
					φ10	8	0.15	1.2	φ10	1.2	0.74	9.63	

272

序号	构件名称	图号	件数—代号	形状尺寸(mm)	直径	根数	长度(m) 每根	长度(m) 共长	分规格 直径	分规格 长度	分规格 单件重	分规格 合计重	总重(kg)
五	砌体钢筋加固												
1	砌体钢筋加固	结1		700/700/1240	φ6.5	1200	1.48	1776	φ6.5	2061.12	537.95	537.95	537.95
					φ6.5	216	1.32	285.12					
			10—M2	1380	φ8	2	1.48	2.96	φ8	2.96	1.17	11.69	11.69
			5—M3	1380	φ8	2	1.48	2.96	φ8	2.96	1.17	5.85	5.85
2	钢筋砖过梁	结1	2—M5	1180	φ8	2	1.18	2.36	φ8	2.36	0.93	1.86	1.86
			1—C5	1380	φ8	2	1.48	2.96	φ8	2.96	1.17	1.17	1.17

混凝土构件钢筋、预埋件统计汇总表

单位:kg　　表5-31

单位工程名称 _____

序号	构件代号	φ⁴4	φ4	φ6	φ6.5	φ8	φ10	φ12	φ14	φ16	Φ12	Φ14	Φ16	Φ18	Φ20	Φ22	Φ25	钢板 —6	合计
一	现浇构件																		
1	独立基础																		
	J—1							176.46	241.36										417.82
	J—2.2a							271.80											271.80
	J—3					3.00		66.90	80.45										150.35
	J—4							210.07											210.07
2	条形基础					13.79		22.06											35.85
3	框架柱																		
	XZ1				142.37										121.62		784.17		1 048.16
	XZ2				68.59												392.08		460.67
	XZ3				42.62										243.25				285.87
4	框架梁																		
	KJL—1				11.08	87.57	42.78	16.18							38.08		307.99		503.68
	KJL—2				11.08	87.57	13.73	16.18							38.08		259.56		426.2
	KJL—3				7.93		52.02	2.99							41.95		117.23		222.12

序号	构件代号	φ^b4	φ4	φ6	φ6.5	φ8	φ10	φ12	φ14	φ16	Φ12	Φ14	Φ16	Φ18	Φ20	Φ22	Φ25	−6钢板	合计
5	构造柱																		
	XGZ1				156.81			498.26											655.07
	XGZ22				131.69			480.42											612.11
	XGZ3				15.53								79.40						94.93
	女儿端小构造柱				29.13		74.04												103.17
	楼梯间小构造柱				6.80		15.3												22.10
6	现浇梁																		
	XLL−1					47.74	53.64	57.50			29.3				13.81		504.28		648.77
	XL−1					17.17		11.50							23.90		74.61		115.68
	XL−2						24.31	55.20							45.05		150.65		220.01
	XL−3				12.66			57.50											70.16
	XL−3a				11.04			11.50											22.54
	XL−4				15.19			55.20	19.64										90.03
	XL−5				12.66			46.00	32.74										91.40
	XL−6				2.98			5.13					9.88						17.99

序号	构件代号	$\phi^b 4$	$\phi 4$	$\phi 6$	$\phi 6.5$	$\phi 8$	$\phi 10$	$\phi 12$	$\phi 14$	$\phi 16$	$\perp 12$	$\perp 14$	$\Phi 16$	$\Phi 18$	$\Phi 20$	$\Phi 22$	$\Phi 25$	-6钢板	合计
	XL−7				14.41			51.33											65.74
7	现浇封梁																		
	XFL−1				44.68			134.62											179.30
	XFL−1a				31.49			33.66											65.15
	XFL−2				104.64				98.17										202.81
8	现浇挑梁																		
	XTL−1				60.29		49.14	67.84							193.33				370.60
	XTL−2				16.12		14.56	20.6					56.1						107.38
	XTL−3				14.88			20.35					60.83						96.06
	XTL−4				8.43		3.76	11.72					20.83						40.98
	XTL−1a				19.04			22.09							38.67				83.56
	XTL−2a				5.84		6.78						11.22						23.84
9	现浇地梁																		
	XDL−1				24.53								162.77						187.30
10	现浇地圈梁																		

序号	构件代号	φb4	φ4	φ6	φ6.5	φ8	φ10	φ12	φ14	φ16	Φ12	Φ14	Φ16	Φ18	Φ20	Φ22	Φ25	-6钢板	合计
	XDQL				107.53			334.52											442.05
11	现浇圈梁																		
	XQL-1				755.01			2301.41											3056.42
	XQL-2				21.71		15.12	44.55											81.38
	XQL-3				195.76			193.13											388.89
	XQL-4				20.88			33.46											54.34
	圈梁转角筋							886.47											886.47
12	框、构架柱拉接筋				405.74														405.74
13	现浇板																		
	XB-1				296.52														296.52
	XB-2				340.98														340.98
	XB-3				25.9														25.9
	XB-4				471.42														471.42
	XB-5				80.20		86.74	36.89											203.83
	XBD		0.70					13.32											14.02

续表

序号	构件代号	φb4	φ4	φ6	φ6.5	φ8	φ10	φ12	φ14	φ16	Φ12	Φ14	Φ16	Φ18	Φ20	Φ22	Φ25	一6钢板	合计
14	现浇雨篷																		
	XYP—1				8.48		13.50	9.73											31.71
15	楼梯现浇屋面板					109.88													109.88
16	现浇零星件																		
	框架柱牛腿						9.19												9.19
	阳台扶手				20.67	65.41													86.08
	女儿端压顶		19.11		2.15	7.97													29.23
	小计（净）		19.81		3 775.46	440.1	474.61	6 152.34	472.36		29.3		401.03		797.74		2 590.57		15 153.32
	小计（含损 3%）		20.40		3 888.72	453.30	488.85	6 336.91	486.53		30.18		413.06		821.67		2 668.29		15 607.91
二	预制构件																		
1	预制过梁																		
	GL4 100		0.22	0.69															0.91
	GL4 120		0.48		2.81														3.29
	GL4 150		0.52		3.29														3.81
	GL4 210		1.51	2.36				9.7											13.57

278

序号	构件代号	φᵇ4	φ4	φ6	φ6.5	φ8	φ10	φ12	φ14	φ16	Φ12	Φ14	Φ16	Φ18	Φ20	Φ22	Φ25	一6钢板	合计
2	预制梯梁			17.78		113.81	55.11			123.72									310.42
	TL24																		
3	预制梯板		19.06	13.91		25.68	203.57												262.22
	TB105.15																		
4	预制灶台板																		
	B1				14.36	41.24													55.60
	B2				22.52														22.52
	B3				15.79	76.08													91.87
5	预制板				153.91	137.62													291.53
6	预制沟盖板				3.08														3.08
7	预制水池				31.42														31.42
8	预制花格		120.37																120.37
	小计		142.16	34.74	224.66	340.87	334.76	9.7		123.72									1210.61
	小计(含损4%)		147.85	36.13	233.65	354.50	348.15	10.09		128.67									1259.04
三	预应力构件																		

序号	构件代号	φᵇ4	φ4	φ6	φ6.5	φ8	φ10	φ12	φ14	φ16	Φ12	Φ14	Φ16	Φ18	Φ20	Φ22	Φ25	—6 钢板	合计
	YKB365—4a	16.92																	16.92
	YKB366—4a	25.00																	25.00
	YKB395—4b	51.17																	51.17
	YKB396—4b	7.28																	7.28
	YKB335—4c	26.09																	26.09
	YKB245—4d	18.93																	18.93
	YKB246—4d	93.59																	93.59
	YKB335—4	412.73																	412.73
	YKB336—4	202.25																	202.25
	YKB365—4	265.28																	265.28
	YKB366—4	83.60																	83.60
	YKB425—4	295.60																	295.6
	YKB426—4	38.38																	38.38
	YKB245—4	35.71																	35.71
	YKB246—4	34.67																	34.67

序号	构件代号	ϕ^b4	$\phi4$	$\phi6$	$\phi6.5$	$\phi8$	$\phi10$	$\phi12$	$\phi14$	$\phi16$	$\Phi12$	$\Phi14$	$\Phi16$	$\Phi18$	$\Phi20$	$\Phi22$	$\Phi25$	钢板 —6	合计
	YKB365—6	77.49																	77.49
	YKB366—6	28.35																	28.35
	YKB425—5	97.21																	97.21
	YKB426—5	12.62																	12.62
	YKB335—6	97.62																	97.62
	YKB336—6	49.72																	49.72
	小计	1970.21																	1970.21
	小计(含损 8%)	2127.83																	2127.83
四	预埋件																		
1	梯梁预埋件																		
	M—1						5.18												6.59	11.77
2	梯板预埋件																		
	M—2						9.63												12.25	21.88
	小计						14.81												18.84	33.65
	小计(含损2.5%)						15.18												19.31	34.49

续表

序号	构件代号	φ'4	φ4	φ6	φ6.5	φ8	φ10	φ12	φ14	φ16	Φ12	Φ14	Φ16	Φ18	Φ20	Φ22	Φ25	钢板—6	合计
五	砌体钢筋加固																		
1	砌体钢筋加固				537.95														537.95
2	钢筋砖过梁																		
	M2					11.69													11.69
	M3					5.85													5.85
	M5					1.86													1.86
	C6					1.17													1.17
	小计				537.95	20.57													558.52
	小计(含损3%)				554.09	21.19													575.28
	总计	1 970.21	161.97	34.74	4 538.07	801.54	824.18	6 162.04	472.36	123.72	29.3		401.03		797.74		2 590.57	18.84	18 926.31
	总计(含损)	2 127.83	168.25	36.13	4 676.46	828.99	852.18	6 347.00	486.53	128.67	30.18		413.06		821.67		2 668.29	19.31	19 604.55

表 5-32

单位工程名称　土建工程

单 价 换 算 表

序号	分项工程名称	换算情况	定额编号	计 算 式	单 位	金 额
1	M10混合砂浆砌砖墙	换强度等级	1C0013换	$1347.19+(150.9-140.4)×2.24=1370.71$元/10m³ 人工费:191.84元/10m³	元/10m³	1 370.71
2	外墙装饰脚手架	基价×0.3	1D0018换	$741.25×0.3=222.38$元/100m² 人工费:$85.13×0.3=25.54$元/100m² 机械费:$60.52×0.3=18.16$元/100m²	元/100m²	222.38
3	底层装饰脚手架	基价×0.3	1D0027换	$149.62×0.3=44.89$元/100m² 人工费:$36.84×0.3=11.05$元/100m² 机械费:$31.23×0.3=9.37$元/100m²	元/100m²	44.89
4	现浇C10柱基垫层	人工×1.1	1H0032换	$1513.01+194.46×0.1=1532.46$元/10m³ 人工费:$194.46×1.1=213.91$元/10m³	元/10m³	1 532.46
5	现浇C15砖基垫层	人工×1.1	1H0033换	$1613.80+194.46×0.1=1633.25$元/10m³ 人工费:$194.46×1.1=213.91$元/10m³	元/10m³	1 633.25
6	沥青麻丝,1:1沥青砂浆灌伸缩缝	材料按比例换算人工不变	1H0176}换 1H0180	人工费:$107.58×\dfrac{60}{65}+77.39×\dfrac{5}{65}=105.26$元/100m 材料费:$394.15×\dfrac{60×13}{30×150}+256.59×\dfrac{5×15}{30×150}=72.60$元/100m 基价=人工费+材料费=177.86元/100m	元/100m	177.86
7	C10混凝土散水(60厚)	①混凝土等级由C15换为C10 ②散水厚度80换为60	1H0198换	①C15→C10: $1837.33+(149.07-168.37)×8.2=1679.07$元/100m² ②改厚度为60: $1679.07-193.29×2=1292.49$元/100m² 人工费:$251.90-17.66×2=216.58$元/100m² 材料费:$1545.75+(149.07-168.37)×8.2-174.09×2=1039.31$元/100m² 机械费:$39.68-1.54×2=36.60$元/100m²	元/100m²	1 292.49
8	砖内墙面抹混合砂浆		1K0043换	1:1:4　1:0.5:2.5　1:0.3:3 $148.20×2.31×\dfrac{7}{18}+206.1×2.31×\dfrac{6}{18}+178.8×2.31×\dfrac{5}{18}+204.92+\dfrac{人工}{18}$ 机械 $46.32=657.80$元/100m²	元/100m²	657.80

表 5-33

定额直接费、工料分析表

单位工程名称：土建工程

序号	定额编号	项目名称	单位	工程数量	定额直接费（元）		人 工 费		机 械 费		主 要 材 料 用 量
					单价	复价	单价	小计	单价	小计	325号水泥（kg）
		A. 土石方工程									
1	1A0003	人工挖槽地坑	100m³	2.71	771.94	2 091.96	771.94	2 091.96			
2	1A0025	坑槽室内回填	100m³	2.85	413.72	1 179.10	192.28	548.00	220.82	629.34	
3	1A0027	人工平整场地	100m²	3.11	34.34	106.80	34.34	106.80			
4	1A0034	淌拉机运土	1000m³	0.014	9 028.20	126.39	3 075.11	43.05	5 953.09	83.34	
		小计				3 504.25		2 789.81		712.68	
		C. 砖石工程									
5	1C0005	M10水泥砂浆砌砖基	10m³	5.54	1 264.07	7 002.95	148.24	821.25	4.78	26.48	936.92 / 5 191
6	1C0013换	M10混合砂浆砌砖墙	10m³	18.10	1 370.71	2 4809.85	191.84	3 472.30	100.71	1 822.85	828.80 / 15 001
7	1C0013	M7.5混合砂浆砌砖墙	10m³	11.62	1 347.19	15 654.35	191.84	2 229.18	100.71	1 170.25	716.80 / 8 329
8	1C0012	M5混合砂浆砌砖墙	10m³	6.90	1 301.49	8 980.28	191.84	1 323.70	100.71	694.90	537.60 / 3 709
9	1C0096	零星砌砖	10m³	0.98	1 503.76	1 473.68	296.26	290.33	189.04	185.26	506.40 / 496
10	1C0097	砌体钢筋加固	t	0.559	3 148.29	1 759.89	227.81	127.35	32.88	18.38	
		小计				59 681.00		8 264.11		3 918.12	32 726

序号	定额编号	项目名称	单位	定额直接费 (元) 工程数量	单价	复价	人工费 单价	小计	机械费 单价	小计	主要材料用量 425号水泥 (kg)	425号水泥 25号水泥 (kg)
		D. 脚手架工程										
11	1D0009	综合脚手架	100m²	10.57	694.96	7 345.73	106.49	1 125.60	74.18	784.08		
12	1D0018换	外墙装饰脚手架	100m²	11.82	222.38	2 628.53	25.54	301.88	18.16	214.65		
13	1D0027换	底层装饰脚手架	100m²	4.11	44.89	184.50	11.05	45.42	9.37	38.51		
		小计				10 158.76		1 472.90		1 037.24		
		E. 混凝土及钢筋混凝土工程										
14	1E0002	现浇C15混凝土基础	10m³	4.13	1 956.60	8 080.76	243.94	1 007.47	131.50	543.10	2 724 / 11 250	
15	1E0054	现浇C30矩形柱	10m³	0.80	3 040.58	2 432.46	562.00	449.60	393.86	315.09		3 481 / 2 785
16	1E0066	现浇C20混凝土构造柱	10m³	1.93	3 811.86	7 356.89	944.05	1 822.02	446.13	861.03	3 177 / 6 132	
17	1E0086	现浇C30梁	10m³	0.35	3 590.43	1 256.65	679.83	237.94	399.70	139.90		3 481 / 1 218
18	1E0084	现浇C20梁	10m³	0.64	3 506.39	2 244.09	679.83	435.05	399.70	255.81	3 177 / 2 033	
19	1E0072	现浇C20地梁	10m³	0.14	2 434.36	340.81	338.66	47.41	163.59	22.90	3 177 / 445	
20	1E0076	现浇C20圈梁	10m³	4.63	3 234.81	14 977.17	647.79	2 999.27	395.44	1 830.89	3 177 / 14 710	
21	1E0116	现浇C20顶盖,带浇脚圈梁	10m³	0.84	3 430.83	2 881.90	587.29	493.32	392.75	329.91	3 360 / 2 822	
22	1E0118	现浇C30有梁板	10m³	0.94	3 528.17	3 316.48	587.29	552.05	392.75	369.19		3 695 / 3 473
23	1E0119	现浇C20混凝土平板	10m³	1.79	3 352.02	6 000.12	539.55	965.79	389.99	698.08	3 360 / 6 014	
24	1E0146	现浇C20混凝土挑檐	10m³	0.41	4 109.86	1 685.04	882.68	361.90	650.00	266.50	3 360 / 1 378	

序号	定额编号	项目名称	单位	工程数量	定额直接费 (元) 单价	复价	人工费 单价	小计	机械费 单价	小计	主要材料用量 425号水泥 (kg)	525号水泥 (kg)	二等锯材 (m³)
25	1E0156	现浇C20零星构件	10m³	0.22	5 443.40	1 197.55	971.08	213.64	577.94	127.15	3 735 / 822		
26	1E0202	预制C20梁过梁制作	10m³	0.34	2 397.39	815.11	345.31	117.41	147.39	50.11	2 994 / 1 018		
27	1E0262	预制C20混凝土梯段制作	10m³	0.42	2 289.05	961.40	312.07	131.07	143.86	60.42	3 360 / 1 411		
28	1E0274	预制C20零星构件制作	10m³	0.33	3 152.25	1 040.24	642.88	212.15	81.93	27.04	3 735 / 1 233		
29	1E0277	预制C20花格制作	10m²	3.04	290.15	882.06	119.68	363.83	13.59	41.31	188 / 572		
30	1E0301	C30预应力空心板制作	10m³	5.34	2 461.78	13 145.91	306.07	1 634.41	182.06	972.20		3 898 / 20 815	
31	1E0341	预制构件运输(I类:1km)	10m³	6.05	462.43	2 797.70	37.61	227.54	402.34	2 434.16			0.02 / 0.121
32	1E0344	预制构件运输(III类:1km)	10m³	0.53	796.97	422.39	63.22	33.51	666.91	353.46			0.06 / 0.032
33	1E0360	空心板安装及灌浆	10m³	5.29	1 184.72	6 267.17	256.91	1 359.05	542.17	2 868.08	562 / 2 973		0.04 / 0.212
34	1E0353	梯梁安装及灌浆	10m³	0.29	830.39	240.81	121.75	35.31	530.27	153.78		69 / 20	0.02 / 0.006
35	1E0365	梯段安装及灌浆	10m³	0.42	1 418.70	595.85	269.34	113.12	985.04	413.72	132 / 55		0.02 / 0.008
36	1E0370	零星构件安装及灌浆	10m³	0.37	374.14	138.43	228.03	84.37	0.98	0.36	222 / 82		
37	1E0367	花格安砌	10m²	3.04	90.43	274.91	59.73	181.58	21.15	64.30	24 / 73		
38	1E0329	现浇构件钢筋制安	t	15.153	3 072.85	46 562.90	114.45	1 734.26	44.94	680.98			
39	1E0330	预制构件钢筋制安	t	1.211	3 163.46	3 830.95	126.66	153.39	79.16	95.86			
40	1E0331	预应力构件钢筋制安	t	1.970	3 510.53	6 915.74	257.13	506.55	216.42	426.35			

序号	定额编号	项目名称	单位	工程数量	定额直接费(元) 单价	复价	人工费 单价	小计	机械费 单价	小计	一等锯材(m³)	胶合板 三层板(m²)	木砖(m³)	平板3mm(m²)	325号水泥(kg)	525号水泥(kg)	二等锯材(m³)
41	1E0335	预埋铁件制安	t	0.34	4746.04	1613.65	244.71	83.20	221.33	75.25							0.379
		小计			138275.14			16556.25		14476.93					53023	20835	
		F. 金属结构工程															
42	1F0036	金属防盗门安装	100m²	0.18	34276.49	6169.77	300.84	54.15	91.25	16.43							
		小计				6169.77		54.15		16.43							
		G. 木结构工程															
43	1G0031	全板夹板门制作	100m²	0.91	6545.67	5956.56	430.55	391.80	234.02	212.96	3.92/3.567	187.55/170.67					
44	1G0034	半截百叶夹板门制作	100m²	0.40	7190.95	2876.38	561.35	224.54	275.80	110.32	4.50/1.80	187.55/75.02					
45	1G0055	半玻夹板门带窗制作	100m²	0.55	4924.91	2708.70	386.95	212.82	200.93	110.51	4.11/2.261	65.96/36.28					
46	1G0001	单层木玻窗制作	100m²	0.14	4044.40	566.22	277.95	38.91	183.79	25.73	4.36/0.61						
47	1G0004	一玻一纱木窗制作	100m²	0.43	5571.96	2395.94	403.30	173.42	260.96	112.21	5.95/2.559						
48	1G0080	夹板门安装	100m²	0.91	938.67	854.19	279.04	253.93	45.98	41.84			0.34/0.309	8.96/8.15			
49	1G0083	半截百叶门安装	100m²	0.40	773.49	309.40	267.05	106.82	48.10	19.24			0.38/0.152				
50	1G0096	半玻夹板门带窗安装	100m²	0.55	2258.63	1242.03	572.25	314.74	66.19	36.40			0.30/0.165	57/31.35			
51	1G0013	单层木玻窗安装	100m²	0.14	2002.30	280.32	408.75	57.23	53.23	7.45			0.20/0.028	72.50/10.15			
52	1G0015	一玻一纱木窗安装	100m²	0.43	2680.45	1152.59	675.80	290.59	87.45	37.60			0.19/0.082	71.80/30.87			

序号	定额编号	项目名称	单位	工程数量	定额直接费(元) 单价	复价	人工费 单价	小计	机械费 单价	小计	425号水泥 (kg)	325号水泥 (kg)	30号石油沥青 (kg)	煤 (kg)	汽油 (kg)	二等锯材 (m³)
53	1G0148	木门窗运输(1km)	100m²	2.42	154.01	372.70	32.70	79.13	121.31	293.57						
		小计				18 715.03		2 143.93		1 007.83						
		H. 楼地面工程														
54	1H0032换	现浇C10柱基垫层	10m³	0.83	1532.46	1271.94	213.91	177.55	39.59	32.86	2 393.70 / 1 987					
55	1H0033换	现浇C15砖基垫层	10m³	2.69	1 633.25	4 393.44	213.91	575.42	39.59	106.50	2 767.40 / 7 444					
56	1H0024	室内地面C10混凝土垫层	10m³	1.50	1 480.53	2 220.80	163.06	244.59	38.31	57.47	2 393.70 / 3 591					
57	1H0083	1:2水泥砂浆楼梯	100m²	0.62	1 599.30	991.57	666.21	413.05	42.90	26.60		2 444.20 / 1 515				
58	1H0109	1:2水泥豆石楼面	100m²	2.73	1 103.19	3 011.71	218.65	596.91	51.80	141.41		2 208.88 / 6 030				
59	1H0081	1:2水泥砂浆楼面	100m²	0.34	741.38	252.07	196.85	66.93	24.51	8.33		1 436.60 / 488				
60	1H0111	1:2水泥豆石地面	100m²	1.66	968.04	1 606.95	197.40	327.68	33.46	55.54		2 018.26 / 3 350				
61	1H0176}换 1H0180	沥青麻丝1:1沥青砂浆灌伸缩缝	100m	0.51	177.86	90.71	105.26	53.68	72.60	37.03			37.31 / 19.03	20.37 / 10.39	0.21 / 0.11	
62	1H0198换	C10混凝土散水(60厚)	100m²	0.31	1 292.49	400.67	216.58	67.14	36.60	11.35		2 168 / 848				
63	1H0063	1:2.5水泥砂浆找平层	100m²	1.78	656.62	1 168.78	130.80	232.82	29.43	52.39		1 412 / 2 513				
64		垫层支模二等锯材	m³	0.099	800.00	79.20										0.099 / 0.099
		小计				15 487.84		2 755.77		529.48	13 022	14 744	19.03	10.39	0.11	0.099

序号	定额编号	项目名称	单位	工程数量	单价	复价	人工费单价	人工费小计	机械费单价	机械费小计	塑料油膏(kg)	玻纤布(m²)	325号水泥(kg)	炉渣(m³)	塑料硬管φ114(m)	塑料弯管(个)	塑料水斗(个)/白水泥(kg)	425号水泥(kg)	60号石油沥青(kg)	焊接钢管DN50(m)/宽砖(m³)
		L. 屋面工程																		
65	I0041+I0042×2	三布四油塑料油膏防水层	100m²	1.78	2 729.77	4 858.99	194.89	346.90			1 080 / 1 922.40	345 / 614.10								
66	I0077	1:6水泥炉渣找坡层	10m³	1.58	978.38	1 545.84	108.35	171.19	38.02	60.07			2 201.80 / 3 479	13.74 / 21.71						
67	I0112	φ114塑料水溝管	10m	7.80	173.86	1 356.11	10.46	81.59							10.32 / 80.50	0.63 / 4.91	0.63 / 4.91			
68	I0103	钢吐水管	10个	1.9	68.87	130.85	10.79	20.50										3.16 / 6.00	0.25 / 0.48	5.05 / 9.60
		小计				7 891.79		620.18		60.07	1 922.40	614.10	3 479	21.71	80.50	4.91	4.91	6	0.48	9.60
		K. 抹灰工程																		
69	1K0077	混凝土天棚底混合砂浆	100m²	9.50	600.92	5 708.74	204.81	1 945.70	29.73	282.44			837.88 / 7 960							
70	1K0043换	砖内墙面混合砂浆	100m²	23.92	657.80	15 734.58	204.92	4 901.69	46.32	1 107.97			930.67 / 22 262							
71	1K0026	水泥砂浆零星抹灰	100m²	1.52	1 030.15	1 565.83	539.55	820.12	49.89	75.83			1 114.14 / 1 693							
		小计				23 009.15		7 667.51		1 466.24			31 915							
		M. 零星工程																		
72	1M0047	C10混凝土台阶(水砂抹面)	m²	10.76	57.34	616.98	9.83	105.77	6.19	66.60			21.74 / 234					43.20 / 465		
73	1M0052	防滑坡道	m²	2.51	33.34	83.68	7.45	18.70	1.14	2.86			21.78 / 55					23.94 / 60		
74	1M0056	C10混凝土暗沟	m	2.64	44.08	116.37	9.66	25.50	3.93	10.38			22.54 / 60					14.21 / 38		
75	1M0055	C10混凝土明沟	m	40.66	23.23	944.53	5.50	223.63	0.41	16.67			22.49 / 914					2.39 / 97		
76	1M0009	预制钢筋混凝土洗涤盆	套	10	122.58	1 225.80	29.19	291.90	3.96	39.60			42.98 / 430				0.47 / 4.70	5.52 / 55.00		3.22 / 32.20
		小计				2 987.36		665.50		136.10			1 693				5	715		32.20

序号	定额编号	项目名称	单位	工程数量	定额直接费(元) 单价	复价	人工费 小计	单价	机械费 小计	单价	塑料扶手(m)	圆钢φ8(kg)	扁钢(kg)	地砖(m²)	325号水泥(kg)	白水泥(kg)	马赛克(m²)	瓷砖(m²)	花岗石(m²)	面积(m²)
		装饰工程																		
77	2A0068	塑料扶手带钢栏杆	10m	3.56	839.00	2 986.84	1 154.69	324.35	173.30	48.68	11.0/39.16	51.82/184.48	45.54/162.12							
78	2A0015	地砖	100m²	2.79	4 176.99	11 653.72	1 386.74	497.04	208.02	74.56				102/284.00	1 951.4/5 444	10.0/28				
79	2A0027	马赛克	100m²	1.00	2 949.01	2 949.01	603.68	603.68	90.55	90.55					1 951.4/1 951	20/20	102/102.0			
80	2A0017	瓷砖踢脚线	100m²	1.40	3 537.24	4 952.14	1 340.75	957.68	201.11	143.65					1 550.90/2 171	20/28		102/142.80		
81	2B0015	柱面贴花岗石	100m²	0.20	43 571.28	8 714.26	282.90	1 414.50	42.44	212.18		150/30.00			3 529.8/706	19/4			130.56/26.11	
82	2B0045	厨卫间贴瓷砖墙裙	100m²	3.00	3 332.89	9 998.67	2 454.96	818.32	368.25	122.75					1 144/3 432.00	15/45		103.50/310.50		
83	2B0047	零星瓷砖	100m²	0.58	3 835.42	2 224.54	598.61	1 032.09	91.28	157.38					1 267.22/735	17/10		114.6/66.47		
84	2B0048	外墙面砖	100m²	7.98	4 349.59	34 666.23	5 585.76	701.35	838.44	105.20					1 081/8 616					102.5/816.93
85	2B0053	零星外墙面砖	100m²	1.52	5 008.45	7 612.84	1 368.73	900.48	205.31	135.07					1 191.88/1 812				琉璃瓦	115.20/175.10
86	2B0053代	琉璃瓦	100m²	0.87	5 008.45	4 357.35	783.43	900.48	117.51	135.07					1 191.88/1 037				115.2/100.22	
87	2D0033	铝合金维拉窗安装	100m²	1.08	24 259.77	26 200.55	1 254.94	1 161.98	188.24	174.30										
88	2D0039	金属卷闸门安装	100m²	0.56	12 302.61	6 889.46	536.09	957.31	80.42	143.60										
89	2E0001	木门窗调和漆	100m²	2.50	785.43	1 963.58	688.50	275.40												
90	2E0135	钢栏杆油漆	t	0.545	86.62	47.21	15.28	28.04												
91	2E0202	天棚、墙面刷106涂料二遍	100m²	34.21	125.60	4 296.78	2 028.31	59.29												
92	2E0217	花格刷白水泥浆两遍	100m²	0.30	178.72	56.62	34.17	113.90								70.56/21				992.03
		小计				129 569.80	20 121.54		2 604.87		39.16	214.48	162.12	284.00	25 904	156	102.00	519.77	26.11	992.03
		总计				415 449.89	63 111.65		25 966.00											

290

表 5-34

单项材料价差调整表

序号 甲	材料名称及规格 乙	单位 丙	数量 1	基价（元） 2	调整价（元） 3	单价差（元） 4=3-2	复价差（元） 5=1×4	备注 6（注明调整价来源）
1	325号水泥	kg	109 895	0.30	0.27	-0.03	-3 296.85	
2	425号水泥	kg	66 766	0.30	0.40	0.10	6 676.60	
3	525号水泥	kg	28 311	0.30	0.46	0.16	4 529.76	
4	白水泥	kg	161	0.30	0.53	0.23	37.03	
5	锯材一、二等综合	m³	11.176	800.00	1 425.00	625.00	6 985.00	
6	胶合三层板	m²	281.97	14.00	18.55	4.55	1 282.96	
7	木砖	m³	0.736	600.00	1 200.00	600.00	441.60	
8	钢筋（综合）	t	19.982	2 800.00	3 009.55	209.55	4 187.23	
9	焊接钢管	kg	10	3.5	3.35	0.15	1.50	
10	平板玻璃 3mm	m²	80.52	13.00	17.53	4.53	364.76	
11	30号石油沥青	kg	19.03	0.80	1.54	0.74	14.08	
12	60号石油沥青	kg	0.48	0.70	1.45	0.75	0.36	
13	塑料油膏	kg	1 922.40	1.80	1.80	0.00	0.00	
14	汽油	kg	0.11	2.00	3.13	1.13	0.12	
15	玻纤布	m²	614.10	1.60	1.20	-0.40	-245.64	

序号 甲	材料名称及规格 乙	单 位 丙	数 量 1	基 价 (元) 2	调整价 (元) 3	单价差 (元) 4=3-2	复价差 (元) 5=1×4	备 注 6(注明调整价来源)
16	炉渣	m³	21.71	12.00	16.00	4.00	86.84	
17	雨水塑料管(ϕ114)	m	80.50	12.00	19.00	7.00	563.50	
18	塑料弯管	个	5.0	9.50	30.00	20.50	102.50	
19	塑料水斗	个	5.0	19.00	25.00	6.00	30.00	
20	塑料扶手	m	39.16	14.00	14.50	0.50	19.58	
21	地砖	m²	284.00	28.00	30.00	2.00	568.00	
22	瓷砖	m²	551.97	18.00	23.03	5.03	2 776.41	
23	面砖	m²	992.03	28.00	30.00	2.00	1 984.06	
24	硫璃瓦	m²	100.22	28.00	150.00	122.00	12 226.84	
25	马赛克	m²	102.00	15.00	20.60	5.60	571.20	
26	花岗石	m²	26.11	300.00	286.67	-13.33	-348.05	
27	铝合金窗	m²	108.00	200.00	198.00	-2.00	-216.00	
28	卷闸门	m²	56.00	100.00	120.00	20.00	1 120.00	
	合计						40 463.39	

表 5-35

工程造价计算表

单位工程名称 土建工程

序号	费用名称	金额（元）	计 算 式
（一）	定额直接费	415 449.89	见"定额直接费、工料分析表"
（二）	其他直接费	15 953.28	415 449.89×3.84%=15 953.28 元
（三）	现场经费	21 021.76	415 449.89×5.06%=21 021.76 元
（四）	单项材料价调整	40 463.39	见"单项材料价差调整表"
（五）	综合分数调整材料价差	3 133.17	326 372.24×0.96%=3 133.17 元
（六）	施工图预算包干费	6 786.37	（415 449.89+15 953.28+21 021.76）×1.5%=6 786.37 元
（七）	企业管理费	24 069.01	（415 449.89+15 953.28+21 021.76）×5.32%=24 069.01 元
（八）	财务费用	4 162.31	（415 449.89+15 953.28+21 021.76）×0.92%=4 162.31 元
（九）	劳动保险费	12 667.90	（415 449.89+15 953.28+21 021.76）×2.8%=12 667.90 元
（十）	计划利润	27 185.35	（415 449.89+15 953.28+12 667.90）×5%=27 185.35 元
（十一）	定额管理费	1 027.61	（415 449.89+15 953.28+27 185.35）×1.8‰=1 027.61 元
（十二）	税金	20 017.20	（415 449.89+15 953.28+1 027.61）×3.5%=20 017.20 元
（十三）	工程造价	591 937.24	415 449.89+15 953.28+20 017.20=591 937.24 元
（十四）	平方米造价	559.97 元/m²	591 937.24÷1 057.09=559.97 元/m²

表 5-36

一、分部工程占单位工程直接费百分比

（以土建定额直接费 285 880.09 元为基数计算）

（一）土石方 1.23%	（二）桩基 %
（三）砖石 20.88%	（四）脚手架 3.55%
（五）混凝土 48.37%	（六）金属结构 2.16%
（七）木结构 6.55%	（八）楼地面 5.42%
（九）屋面 2.76%	（十）装饰 8.05%
（十一）其他 1.03%	

二、结构特征（主要特征）

基础：砖基础、钢筋混凝土基础	墙柱：砖墙、钢筋混凝土柱
地坪：水泥豆石	楼面：水泥豆石、水泥砂浆地砖、马赛克
门窗：木门窗、铝合金窗	屋面：三布四油塑料油膏
内装饰：混合砂浆面刷 106	外装饰：外墙面砖

三、每平方米主要材料用量：

钢材 17.67kg/m²	原木 0.017m³/m²
水泥 169.40kg/m²	标砖 匹/m²
生石灰 kg/m²	砂 m³/m²
石 kg/m²	玻璃 m²/m²

四、每平方米主要工程量指标

挖土方：0.26m³/m²	填土方：0.27m³/m²
现浇钢筋混凝土构件：0.16m³/m²	预制钢筋混凝土构件：0.06m³/m²
木门窗：0.23m²/m²	砖墙：0.346m³/m²

复 习 思 考 题

1. 为什么要计算建筑面积？
2. 建筑物的哪些部位不计算建筑面积？
3. 基础工程量包括哪些项目？
4. 怎样计算砖基础工程量？
5. 写出人工挖地槽、地坑土方工程量的计算公式。

6. 哪些预制构件要计算构件的施工损耗？

7. 钢筋工程量如何计算？

8. 如何计算金属构件工程量？

9. 怎样计算屋面工程量？

10. 怎样计算装饰工程量？

11. 统筹法计算工程量的要点有哪些？

12. 怎样分析工料？

13. 怎样计算技术经济指标？

第六章　给排水、采暖、电气照明安装
工程施工图预算的编制

第一节　概　述

一、水、暖、电安装工程施工图预算的概念

水、暖、电安装工程施工图预算是确定给排水安装工程、采暖安装工程、电气照明安装工程全部安装费用的文件。包括给排水、采暖管道、管件、卫生器具、散热器、导线、灯具、开关、插座等材料和器具的购置费及安装费。

二、水、暖、电安装工程施工图预算编制程序

水、暖、电安装工程施工图预算的编制程序与土建工程施工图预算的编制程序基本相同。与土建施工图预算相比，主要有两个不同点，一是在计算定额直接费时，要单独计算未计价材料费；二是在计算工程造价时，以定额人工费作为计算间接费和计划利润的基础。

三、水、暖、电安装工程施工图预算的编制依据

（1）会审后的水、暖、电施工图及有关标准图。

（2）施工组织设计或施工方案。

（3）安装工程单位估价表或定装工程预算定额。

（4）地区安装材料预算价格及调整材料价差的规定。

（5）费用标准（包括利润率、税率）。

四、水、暖、电安装工程施工图预算的特点

建筑物的土建工程完工后，尚需安装给排水管道、采暖管道、卫生器具、电气照明线路和设备等才能交付使用。因此，每一建筑物均应有土建工程和安装工程两部分组成。

虽然安装工程施工图预算与土建工程施工图预算的编制方法基本相同，但是由于安装工程施工图、施工方法、所用材料和预算定额等方面都有自身专业的特点，因而，必然会产生在具体编制方法上的差别。这些差别主要有：

（1）安装工程施工图与土建工程施工图的表示方法和图例不同，因此，识图方法也不同；

（2）预算定额规定的工程量计算规则不同、定额单位不同，因而，工程量计算方法不同；

（3）预算定额基价的构成内容不同，安装工程预算定额（或安装工程单位估价表）的基价没有包括未计价材料费，因而，是不完全工程基价；

（4）计算各项费用的基础不同。土建工程一般采用定额直接费作为取费基础；安装工程一般采用定额人工费作为取费基础。

了解这些差别，有助于在编制安装工程施工图预算时抓住主要矛盾，把握水、暖、电安装工程施工图预算的编制方法。

第二节　给排水安装工程施工图预算的编制

一、给排水工程基础知识

（一）公称直径

公称直径又叫公称通径，是管材和管件规格的主要参数。

公称直径是为了设计、制造、安装和维修的方便而人为规定的管材、管件规格的标准直径。

公称直径在若干情况下与制品接合端的内径相似或者相等。但在一般情况下，大多数制品其公称直径既不等于实际外径，也不等于实际内径，而是与内径相近的一个整数，所以公称直径又叫名义直径，是一种称呼直径。

公称直径的符号是"DN"，单位以毫米计算。例如公称直径为 20mm 的镀锌焊接钢管，可以写成"DN20 镀锌焊接钢管"，该钢管的外径为 26.75mm，壁厚 2.75mm，内径是 21.25mm。

管材、管件的实际内径和外径，根据其结构特征，由各制品的技术标准来规定。但是无论怎样规定，凡是公称直径相同的管材、管件和阀门都能相连接。

低压流体输送用镀锌焊接钢管、非镀锌焊接钢管、铸铁管、硬聚氯乙烯管、聚丙烯管等管径用公称直径 DN 表示。

（二）管子内外径及壁厚的表示方法

管子的外径用字母 D 表示，其后附加直径的尺寸。例如，外径为 108mm 的管子用 D108 表示。

管子的内径用字母 d 表示，其后附加内直径的尺寸。例如，内径为 100mm 的管子用 d100 表示。

焊接钢管（直缝或螺旋缝电焊钢管）、无缝钢管应以管子的外径乘壁厚表示。例如，外径为 108mm，壁厚为 4mm 的无缝钢管用 D108×4 表示；外径为 377mm、壁厚为 9mm 的直缝（或螺旋缝）卷制电焊钢管用 D377×9 表示。

（三）管材的种类和用途

1. 管材的种类

管材种类分类表见表 6-1。

2. 管材的用途

（1）无缝钢管：是工业管道中最常用的一种管材，品种规格多，使用量大。但在民用安装工程中，无缝钢管一般用于采暖和燃气的主干管道等。

（2）水、煤气钢管：一般用 A3 普通碳素钢焊接加工制作，所以也称焊接钢管。钢管按表面质量分镀锌管和非镀锌管两种。镀锌钢管又称为白铁管，非镀锌钢管又称为黑铁管。

水、煤气钢管一般用于室内的给水管道、煤气、天燃气管道等的安装。

（3）卷焊钢管：用普通碳素钢板卷制焊接而成。卷焊钢管一般用于工业管道中的物料管道或输送介质要求不高的工艺管道，以及民用室外给水主干管道。

（4）铸铁管：是用灰口生铁浇制而成，耐腐蚀性较好的管材。

给水承插式铸铁管常用于室外给水管道。排水承插式铸铁管常用于室内排水工程。

类　别	名　称		规　格	说　明
钢　管	无缝钢管		外径×壁厚（$D×δ$）	用碳钢、优质碳素钢或合金钢制成，分为热轧、冷轧两类
	有缝钢管	水煤气钢管	以 DN 表示	分黑铁管与镀锌管
		卷焊钢管	外径×壁厚（$D×δ$）	分直缝与螺旋缝
铸铁管	给水铸铁管		以 DN 表示	分低压、中压、高压三种
	排水铸铁管		以 DN 表示	常用承插式
有色金属管	铝管、铝合金管		外径×壁厚（$D×δ$）	
	铅管、铅合金管			
	铜管、铜合金管			
混凝土管	水泥管		以外径 D 表示	
	钢筋混凝土管			
	石棉水泥管			
陶土管	普通陶土管		内径×壁厚×长度（$d×δ×l$）	
	耐酸陶土管			
塑料管	硬聚氯乙烯管		外径×壁厚（$D×δ$）	
	软聚氯乙烯管			
	聚氯乙烯管			
	耐酸酚醛塑料管			

（5）有色金属管：铝管常用于输送强腐蚀性介质的管道，如输送苯的管道。铜管常用于压缩机的输油管和自动仪表的连接管道。

（6）混凝土管：用高标号水泥的混凝土采用离心管机高速旋转成型而成。它具有一定的耐碱和承受压力的性能，一般常用于工业与民用建筑的室外排水管道。

（7）陶土管：多用于室内排水管道。

耐酸陶土管常用于化工和石油工程中输送酸性介质的工艺管道。

（8）塑料管：具有较强的耐腐蚀性，常用于化工和石油工程中输送腐蚀性较强介质的管道。硬聚氯乙烯塑料管常用于室内外排水管道。

（四）常用管件

管件又称管子配件或管子接头零件。

管道系统是由若干根管子组合而成的，管件在管路中起到了连接、分支、转弯和变径等作用。除焊接的管道外，螺纹连接、承插连接、法兰盘连接的管道均需要用不同的管件来完成管道系统的连接任务。

1. 钢管管件

钢管管件一般指水、煤气钢管的管件，其规格以公称直径表示。无缝钢管与卷焊钢管无统一的通用管件，多为自行加工制作。水、煤气钢管的管件多为螺纹连接，故又称丝口管件。

丝口管件用可锻铁（又称玛钢）或软钢制成，品种较多，按其用途分为：

（1）管箍：管箍又称外接头，用于连接同径通长钢管；

（2）异径管接头：又称大小头，用于连接不同直径的直管；

（3）弯头：同径弯头用于相同直径钢管的转弯处，异径弯头用于不同直径的钢管转弯处；

（4）三通、四通：用于管道的分支，有等径与异径之分；

（5）活接头：又称油任，用于连接常检修的管路部位上；

（6）补芯：用于连接管径差异较大的不同直径的钢管；

（7）管堵：用于堵塞管子端头。

2. 铸铁管件

铸铁管件分为给水铸铁管件和排水铸铁管件，其规格用公称直径表示。

（1）给水铸铁管件有：异径管、三通、四通、弯头、乙字管、斜三通、短管等。按连接方式不同分为单承、双承、单盘、双盘等形式。

（2）排水铸铁管件有：45°、90°弯头，45°、90°TY形三通、斜三通、正三通、TY形异径三通、T形异径三通、检查口、S形存水弯、P形存水弯、地漏和扫除口等。

3. 紧固件

紧固件是指用于紧固法兰的螺栓、螺母和垫片。螺栓、螺母是指六角头的，分为精制、半精制和粗制等品种。

（五）管道接口填料

各种管道采用承插连接时，常采用以下几种填料。

1. 青铅接口

青铅接口是用热熔的铅填封承插管道的接口。其特点是：严密性好，有较好的弹性、抗震性和刚性。但价格较高。

2. 石棉水泥接口

选用石棉绒与水泥的混合物作填料，有较好的抗震性和抗弯强度。施工操作较青铅方便，价格比较便宜。

3. 膨胀水泥接口

是用一定比例的膨胀水泥、砂和水拌合后作为接口的填料。

4. 水泥砂浆接口

水泥砂浆接口填料，一般用于承插陶土管或混凝土管的接口材料。若用于铸铁管，则常用水泥拌水打入接口，不掺砂子。

管道采用丝接时，管子螺纹与连接管件之间常用麻丝、铅油作填料，以保证接口的严密性。

管道采用法兰盘连接时，法兰盘之间要用垫片密封。

（六）常用阀门

阀门的作用是控制或调节管道传送介质的流量。

在室内给排水系统中常用以下几种阀门：

1. 截止阀

截止阀常用于工业和民用管道上。在室内给排水系统中，是最常用的阀门之一。这种阀门内部严密可靠，启闭较缓和，可调节流量。截止阀代号用 $J_{\times\times}$ 表示。

2. 闸阀

闸阀又称闸板阀，阀体内有闸板。开启时闸板提升，流体直线通过，介质可以通过两个方向流动，流体阻力小。用代号 $Z_{\times\times}$ 表示。

3. 旋塞阀

旋塞阀也称转心门，用插在阀体内带孔塞子（即关闭件）来达到启闭或分配、换向的目的。用代号 $X_{\times\times}$ 表示。

4. 止回阀

止回阀也称逆止阀。是利用介质压力自行开启，能阻止介质逆向流动的阀门。当介质倒流时，阀瓣能自动关闭。用代号 $H_{\times\times}$ 表示。

5. 球阀

用于开启或关闭设备及管道用。以代号 $Q_{\times\times}$ 表示。

6. 疏水阀

疏水阀属于自动调节阀门，它能自动排放蒸气管道系统中的凝结水并阻止蒸气逸漏。

7. 阀门选用时应考虑的因素

（1）管径大小：如管径小于及等于 50mm 时，宜采用截止阀，管径大于 50mm 时，宜采用闸阀。

（2）水流特点：即双向流动管道应采用闸阀，单向流动管道宜采用截止阀。

（3）启闭要求：经常启闭的管道宜采用截止阀，不经常启闭的管道宜采用闸阀。

（七）卫生器具

1. 洗面器

洗面器也称洗脸盆，常装在盥洗室、浴室、卫生间供洗漱用。大多为上釉陶瓷制品，外形有长方形、半圆形及三角形。按安装方式分为立式、支架式、挂式等形式。

2. 浴盆

浴盆设在住宅、宾馆、旅馆等建筑物的卫生间内。按材质分有陶瓷、塑料、搪瓷、玻璃钢等。

3. 盥洗槽

盥洗槽一般设在集体宿舍和工厂生活间内，长条形、水磨石盥洗槽最为常用。它结构简单、造价低。

4. 污水池、洗涤盆、化验盆

污水池供洗涤拖布及倾倒污水用，多用水磨石或瓷砖贴面的钢筋混凝土水池制成。

洗涤盆装置在厨房或食堂内，用以洗涤餐具、蔬菜、食物等。

化验盆装置在化验室或实验室内，多为陶瓷制品。

5．淋浴器

供淋浴用。具有占地面积小、造价低、耗水量小、洁净等优点，被广泛采用。

6．大便器

有蹲式和坐式之分。蹲式大便器按冲洗方式为高水箱、普通冲洗阀、自动冲洗阀等形式。坐便器一般采用低水箱冲洗。

7．大便槽

大便槽设备简单、造价低，但卫生条件较差。适用于公共厕所，多采用自动冲洗水箱。

8．小便器

小便器有立式、挂式和小便槽几种形式。

9．地漏

地漏专供排除地面积水或小便槽污水的一种卫生器具。一般装在厨房、厕所、盥洗室、浴室内。有铸铁和塑料等制成品。

10．扫除口

扫除口一般安装在水平排污管的端头，用于清通水平管路用。有铸铁和塑料等制成品。

11．存水弯

存水弯是装于卫生器具下面的一个弯管，里面存有一定深度的水，形成水封。水封的作用是阻止排水管网中的有害气体通过卫生器具进入室内。一般有 S 形和 P 形两种。

12．配水龙头

最常见的普通水龙头是旋压式的，装在各类盆上，专供放水用。

旋塞式配水龙头常用于开水炉、热水桶上放水用。盥洗龙头多为铜制镀铬镍、有光泽不生锈。

接管水龙头适用于实验室、化验室、泄水盆用。

（八）给排水管道施工图常用图例

图例是用来在施工图上表示管道、设备、配件等内容而规定的简单符号。常用的给排水管道工程的图例见表 6-2。

二、室内给排水系统的分类和组成

（一）室内给水系统的分类

按供水系统的供水对象不同，分为生产给水系统、生活给水系统和消防给水系统三类。

（二）室内给水系统的组成

室内给水系统一般由引入管、水平干管、主管干管、支管和用水设备组成。在给水系统中还需配置阀门、水表、水龙头等配件。有时还需附设各种设备，如水池、水箱、水泵、气压装置及按消防要求设置的消火栓，特殊消防设备等。

（三）室内排水系统的分类

按排除污水的对象不同，分为生活污水管道、工业废水管道和雨水管道三类。

（四）室内排水系统的组成

1．污（废）水收集器

包括各种卫生器具、排放工业废水的装置以及雨水斗等。

图 例	名 称	图 例	名 称
	给 水 管		承插连接
	排 水 管		法兰盘连接
	小便槽冲洗管		变径大小头
	洗 脸 盆		阀 门
	污 水 池		水 龙 头
	浴 盆		截 止 阀
	蹲 便 器		闸 阀
	坐 便 器		止 回 阀
	小 便 槽		存 水 弯
	盥 洗 台		地 漏
	水 表		扫 除 口
	斗式小便器		检 查 口
	排 水 栓		透 气 帽

2. 排水管道

包括器具排水管、排水支管、主管和排出管等。

3. 通气管

连接排水管伸出屋面的那段立管。

4. 清通设备

包括检查口、扫除口和室内检查井等。

三、室内给水管道的布置

建筑物一般只设一根引水管。其布置的原则是，应引至用水量最大或不允许间断供水的地方。这样可使大口径管最短、供水较可靠。当建筑物内用水设备不允许间断供水，或消火栓设置总数在 10 个以上时，可设置两根引水管，从室外管网的不同侧引入。

（一）干管布置形式

建筑物内干管的布置，按水平干管所设置位置不同可划分为：

1. 下分式

即下行上给式。水平干管在底层埋地敷设或设在沟道内，自下而上地供水。适用于一般居住建筑和公共建筑的直接给水方式。

2. 上分式

即上行下给式。水平干管明设在天棚下或暗设在吊顶内，从上向下供水。一般民用建筑设有屋顶水箱时，常用此种给水方式。

3. 中分式

水平干管敷设在建筑物底层的楼板下或中层的走廊内，向上、下分别供水，适用于直接供水方式。

4. 环状式

对于生产工艺不允许断水的车间，或大型公共建筑及设有10个以上消火栓的室内消防管道，可采用环状供水。

室内给水管道无论是干管、主管或支管，按其敷设方式的不同，可分为明装和暗装两种。

（二）室内排水管道的布置

1. 卫生器具排水管道

是指卫生器具和排水支管之间的短管、并设有存水弯。

2. 排水支管

将各个卫生器具排水器或生产设备流来的污水排到立管中去。

3. 排水立管

收集从各层支管流入的污水，将其排至排出管。

4. 排出管

是指立管与室外检查井之间的连接管道。

5. 通气管

使室内管道与大气相通。

6. 清通设备

为了清除室内排水管道中的杂物或畅通管道，在排水管的适当部位装设检查口、扫除口和室内检查井等。

四、给排水施工图识图

室内给排水施工图由平面图、系统图和详图组成。

（一）平面图

平面图表示建筑物各层给排水管道与设备的平面布置。内容包括：

（1）给水引入管、污水排出管的位置、名称和管径。

（2）给排水干管、立管支管的位置、管径大小和立管编号。

（3）用水房间的名称、编号　卫生器具或用水设备的类型、位置。

（4）水表、阀门、水龙头、扫除口、地漏等附件的位置。

（二）系统图

也称轴测图。它表示给排水系统中，各管道之间上、下、左、右、前、后的空间位置关系。给水与排水系统图应分别绘制。系统图的内容包括：

（1）各干管、立管、支管的管径、管长、管道安装的标高和坡度等。

（2）各配水龙头、阀门、水表、卫生器具的数量和安装的标高。

（三）详图

详图表示卫生器具、设备或节点的详细构造和安装尺寸。

除上述三个方面的施工图外，还要有设计说明，主要材料和设备的需用量明细表等。

五、室内给排水施工图识图举例

以第五章中预算实例工程的给排水施工图为例，说明识图过程。

放工图名称：房地产开发公司底商住宅楼给排水施工图

建筑层数：七层

结构类型：砖混

层　　高：底层 4.20m；楼层 3.00m

（一）读设计说明

底商住宅施工图设计说明见给排水工程施工图预算编制实例部分。

（二）识读给排水平面图

1. 底层给排水平面图

底层给排水平面图（见水施 1），主要表示了生活给水、消防给水引入管、排水管排出的位置和卫生器具、配件的位置和数量。

（1）给水引入管

给水引入管有二处。一处在Ｅ轴与①轴交接处有一根编号为"GL1"的给水引入管，供左边住户的用水；另一处是⑨轴附近编号为"GL2"的给水引入管，供右边住户用水。

（2）消防给水管

消防给水管由楼梯口引入梯间，管径为 $DN70$ 的镀锌钢管。

底层的消防栓箱安装在Ｃ轴附近，楼层的消防栓箱安装在每层的休息平台上。

（3）排水排出管

排出管分二个系统。左边住户设三根排水管，排至①轴山墙外的两个污水井；左边住户设二根排水立管，汇总在底层水平排出管后，排至⑫轴山墙外污水井。

2. 厨、卫、厕给排水平面图

（1）厨、卫、厕给排水平面图（甲）

该图是供左边住户的给水和排水平面图。

①给水部分

给水管设在Ｅ轴附近的厕所内，编号为"GL1"。

从平面图中可以看到，从立管分支出水平管供每层用户用水。

从水平分支管开始，首先经过一个阀门，然后经过一个水表，接着在与①轴相交处分为二个水平支管，一支朝Ｃ轴方向敷设，供洗涤盆用水（用粗实线表示）；另一支朝Ｇ轴方向分支，供坐便器低水箱、洗脸盆、浴盆用水。

②排水部分

编号为"PL1—1"的排立管在Ｇ轴与②轴相交附近，供洗脸盆、地漏、浴盆排水（用粗虚线表示）。

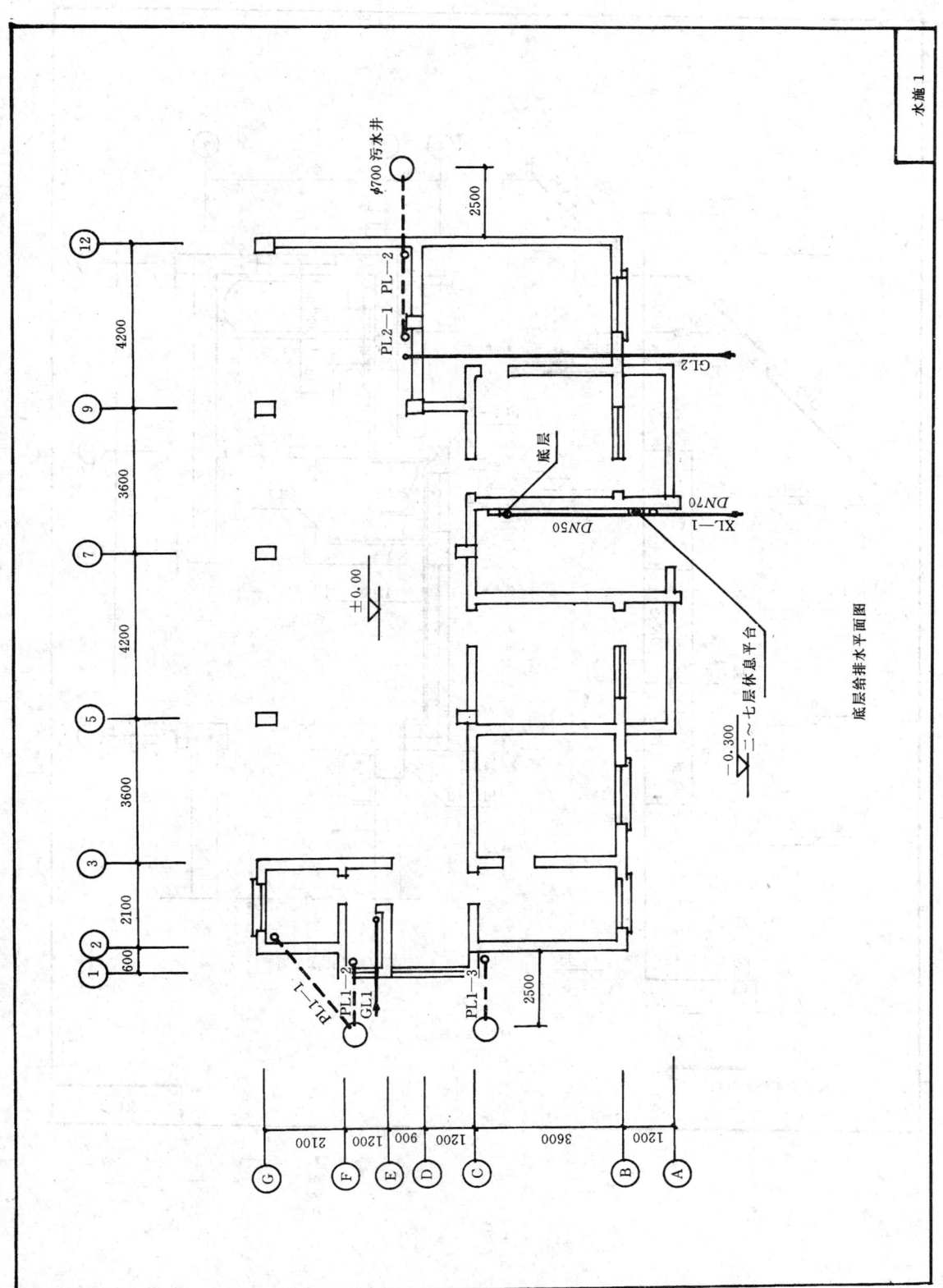

底层给排水平面图

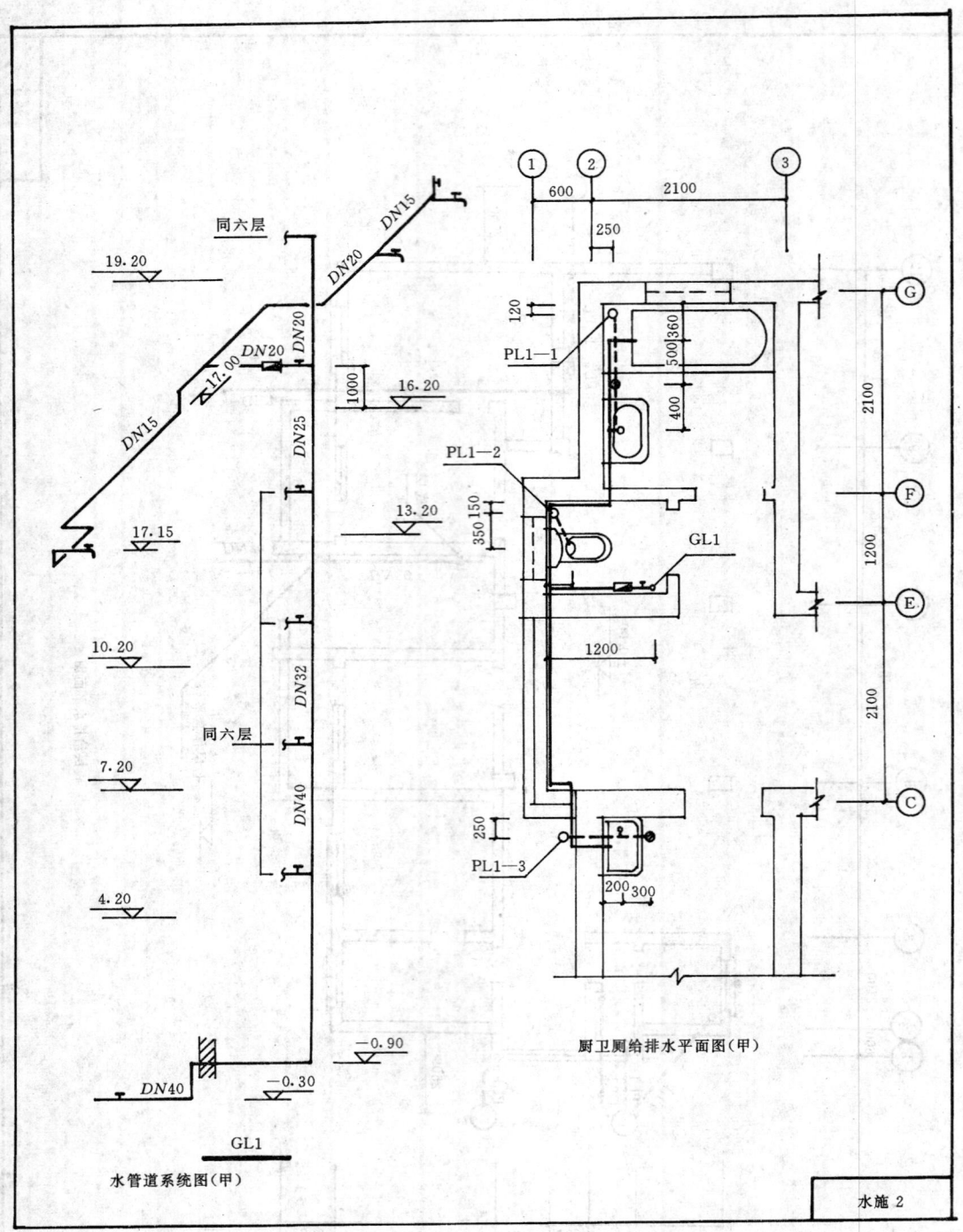

DN15

同六层

19.20

DN20

DN15

DN20

DN20

17.00

DN20

DN25

1000

16.20

DN15

17.15

13.20

10.20

DN32

同六层

7.20

DN40

4.20

−0.90

−0.30

DN40

GL1

水管道系统图(甲)

600

2100

250

120

500 360

400

PL1—1

PL1—2

350 150

GL1

1200

1200

250

PL1—3

200 300

厨卫厕给排水平面图(甲)

G

2100

F

1200

E

2100

C

水施 2

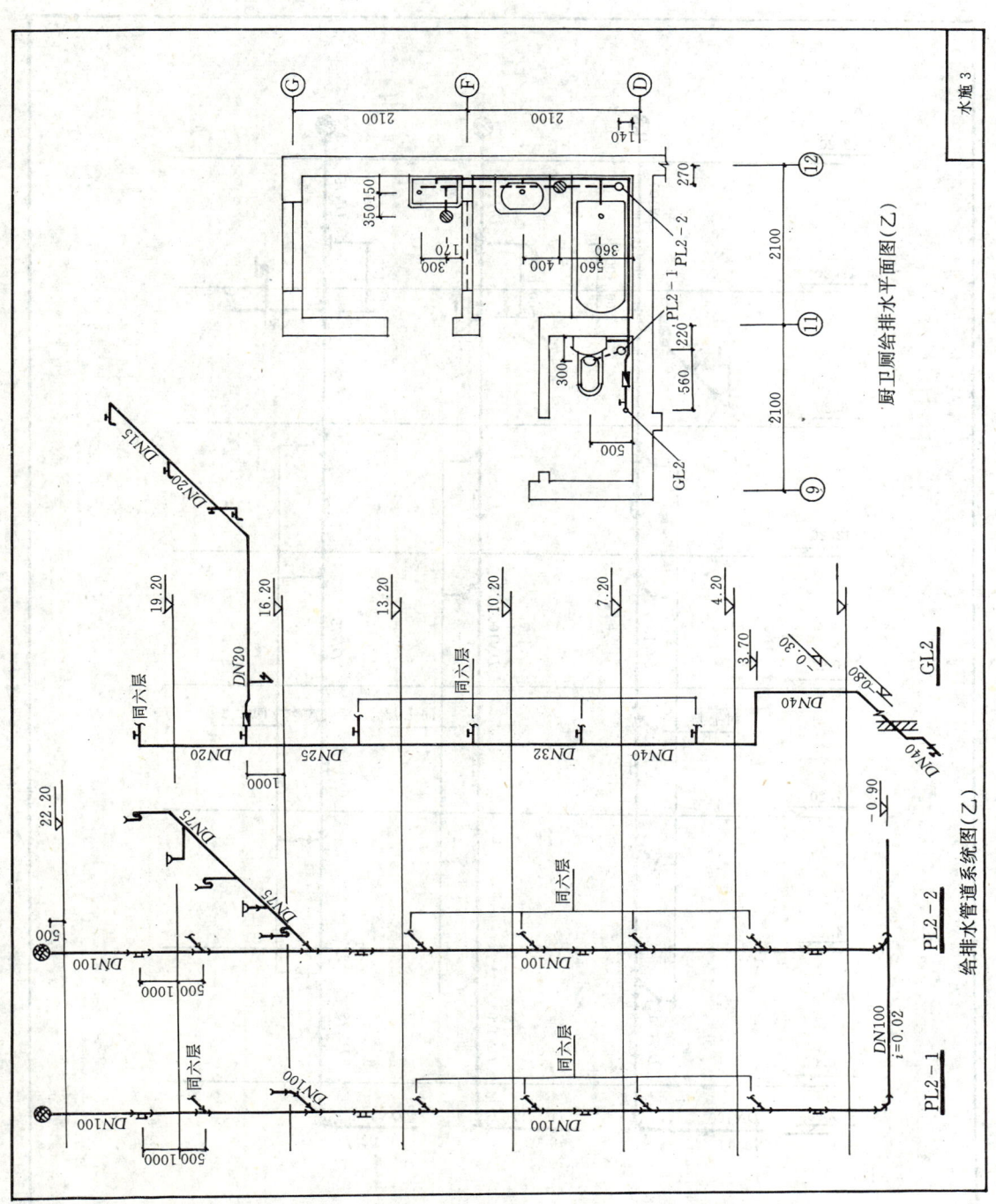

厨卫厕给排水平面图（乙）

给排水管道系统图（乙）

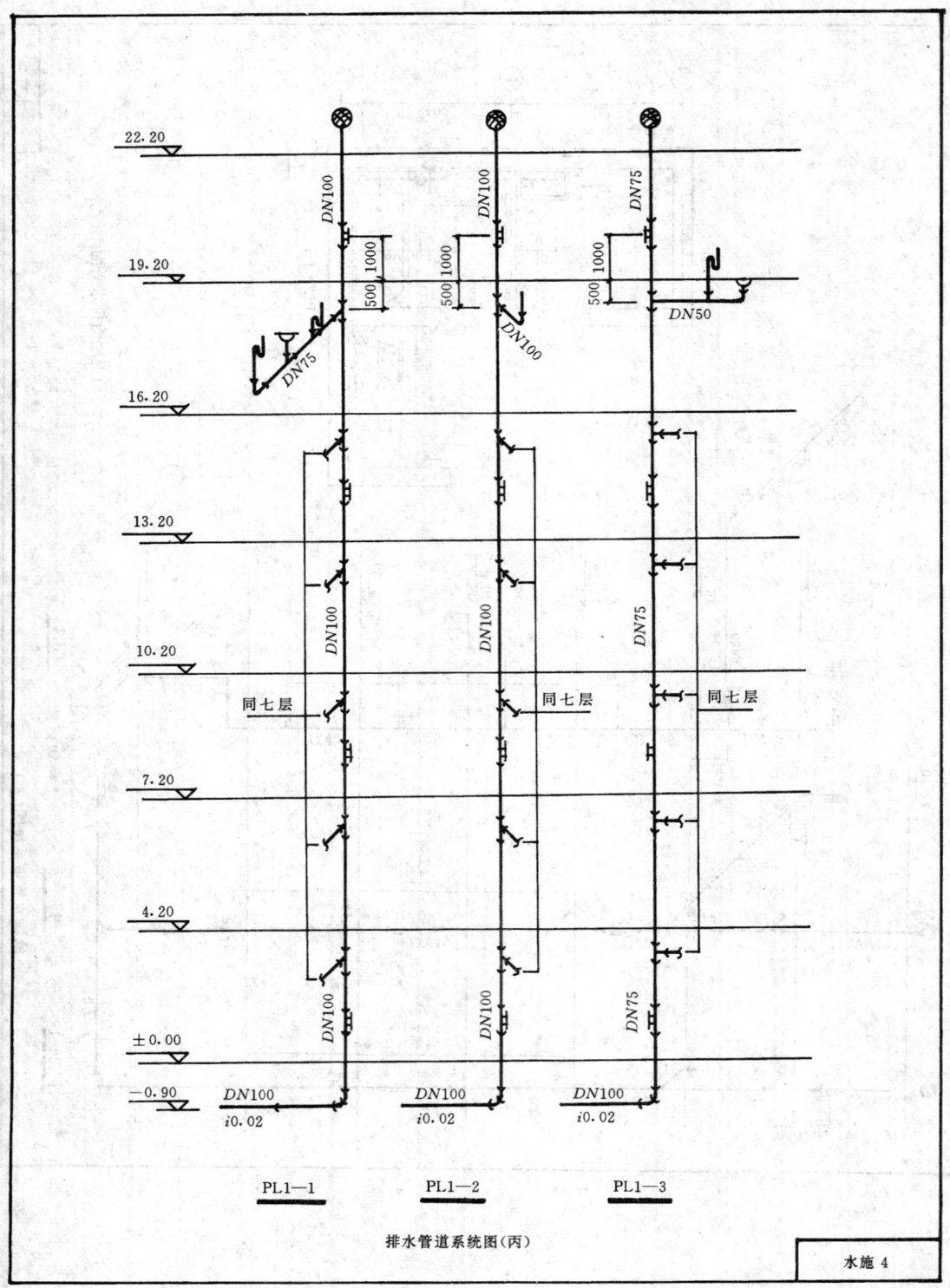

排水管道系统图（丙）

编号为"PL1—2"的排水立管在①轴与Ｆ轴相交附近，供坐式大便器排污用。

编号为"PL1—3"的排水立管在②轴与Ｃ轴相交的墙外，供洗涤盆、地漏排水用。

③卫生器具及配件

从平面图中可以看到，有一个浴盆，一个洗脸盆，一个低水箱坐式大便器，二个地漏，一个水表和一个阀门。

（2）厨、卫、厕给排水平面图（乙）

①给水部分

编号为"GL2"的给水立管在厕所内。每层用户从立管上分一根水平支管（用粗实线表示）。

水平支管经过阀门和水表后，供坐式大便器低水箱用水，然后再给Ｄ轴墙边的浴盆用水，最后供洗脸盆和洗涤盆用水。

②排水部分

该右边住户的排水立管有两根，分别独立排水至底层后再汇总到一根水平排出管。

厕所坐便器排污管由水平管（粗虚线）排至编号为"PL2—1"的立管；洗涤盆、地漏、洗脸盆、浴盆的水平排污管排至编号为"PL2—2"的立管。

③卫生器具及配件

从平面图中可看到，每户包括一个浴盆、一个洗脸盆、一个洗涤盆、二个地漏、一个低水箱坐便器、一个阀门和一个水表。

3. 给水管道系统图

（1）给水管道系统图（甲）

给水管道系统图（甲）表示了编号为"GL1"的供左边住户用水管网的透视图。

首先，可以看到，在标高 -0.90m 处，给水引入管的管径为 $DN40$，在墙边处设一个 $DN40$ 的阀门。

其次，立管干管由 $DN40$、$DN32$、$DN25$、$DN20$ 等不同管径的镀锌钢管组成。

再者，可以看到，立管上共有六个水平分支（底层没设分支）。系统图只画了第六层的完整分支，其余各层与第六层完全相同。

从该图中可以看到，每层分支距地面 1.00m 高，分支管在 $DN20$ 镀锌钢管上安一个阀门和水表后再分支给两边供水。

左下方的分支端头安装一个 $DN15$ 的水嘴，供洗涤盆用水；右上方的分支安装两个水嘴和一个阀门，分别给洗脸盆、浴盆、热水器供水，管径也从 $DN20$ 变为 $DN15$。

（2）给水管道系统图（乙）

给排水管道系统图（乙）中编号为"GL2"的给水系统图是供右边住户用水管网的透视图。

首先，可以看到在标高 -0.80m 处，一根管径为 $DN40$ 的镀锌钢管引水至室内，墙外设一个 $DN40$ 的阀门。

其次，立管由 $DN40$、$DN32$、$DN25$、$DN20$ 等不同管径的镀锌钢管组成。

再者，可以见到，除了底层外，共有六层水平分支管。系统图只画了第六层分支的完整图，其余各层均同第六层布置。

从"GL2"给水系统图中可以看到，每层分支管上安装了一个阀门和一个水表，水平分支管首先供给坐便器低水箱用水，然后第一个水嘴连阀门的部件分别供给浴盆和热水器用水，第二、三个水嘴分别给洗脸盆和洗涤盆供水。

4. 排水管道系统图

排水管道系统图（丙）表示了各层左边用户的管网透视图。

①PL1—1 排水管道系统图

编号为"PL1—1"的排水管道系统图，表示了左边住户卫生间浴盆、洗脸盆的水平排水和立管排水管网的透视图。

从图中可见，水平排水管在二～七层每层一根。从第七层水平排水管可见，端头是浴盆排水用存水弯，中间是地漏排水，最后是洗脸盆排水存水弯。

水平管采用 DN75 承插铸铁管，排水立管采用 DN100 承插铸铁排水管。

高出屋面（标高 22.20m 以上）的立管叫透气管，顶端安装了一个透气帽。

②PL1—2 排水管道系统图

编号为"PL1—2"的排水管系统图，表示左边住户坐便器排污管网的透视情况。该系统管均采用 DN100 承插式铸铁管。

③PL3—1 排水管道系统图

编号为"PL1—3"的排水管系统图是左边住户厨房洗涤盆和地漏排污管网的透视图。

排出水平管采用 DN100 承插铸铁管，立管采用 DN75 承插铸铁管，水平分支采用 DN50 承插铸铁管。

六、给排水工程施工图预算编制方法

（一）确定分项工程项目

确定施工图预算分项工程项目的工作称为列项。

要准确列出单位工程施工图预算的项目，主要从两个方面入手。一是要熟悉安装工程预算定额项目的内容。因为只有了解了安装工程预算定额项目的名称、内容和单位后，才有可能从施工图中找出与预算定额相对应的分项工程项目。二是要熟悉施工图，要能看出施工图中有哪些项目与定额项目相对应，若能对应就能列出一个项目。

可见，列项要通过预算定额和施工图两个方面的双向选择而确定。因而列项工作也是识图与构造、施工技术、建筑材料、定额应用等有关知识综合运用的过程。所以对初学者来说具有一定的难度。

在列项中，将常见的室内给排水工程的项目一般划分为三类：给排水管道安装；栓类、阀门、水表安装；卫生器具安装。

1. 给排水管道常用项目

见图 6-1。

2. 栓类、阀门、水表安装常用项目

见图 6-2。

3. 卫生器具安装常用项目

见图 6-3。

（二）熟悉工程量计算规则

为了统一工程量计算口径，保证预算水平的一致性，必须按照工程量计算规则来计算工程量。

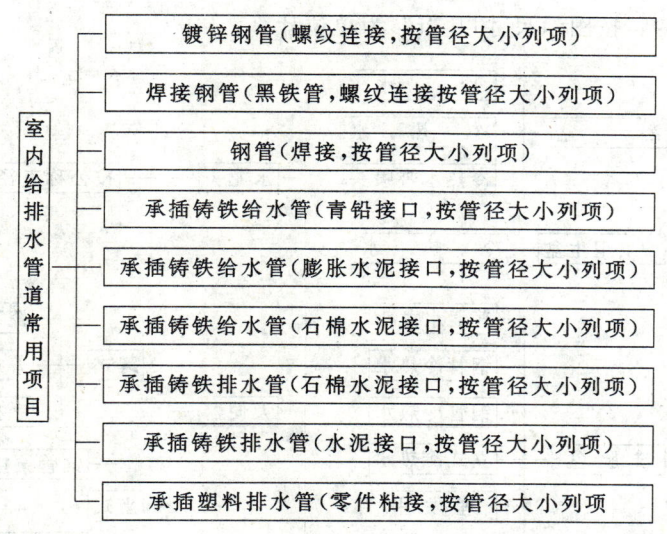

图 6-1　室内给排水管道常用项目示意图

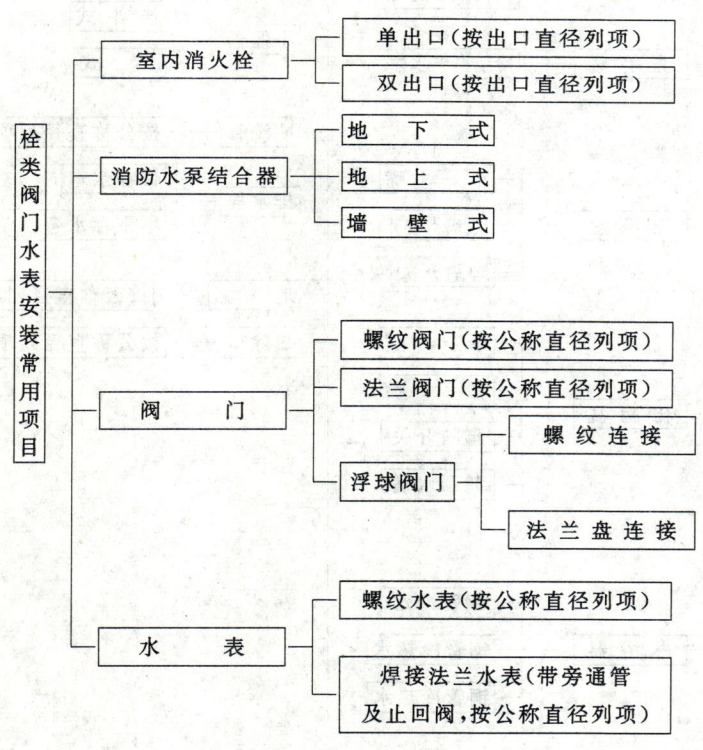

图 6-2　栓类阀门水表安装常用项目示意图

常用的室内给排水工程的工程量计算规则如下：

（1）各种管道，均以施工图所示管道中心线长度以"m"为计量单位，不扣除阀门及管件（包括减压器，疏水器、水表、伸缩器等成组安装）所占的长度。

（2）室内管道公称直径 32mm 以内的管道支架安装已包括在定额内，不另计算。公称直径 32mm 以上的，按图示尺寸以"t"为单位计算。

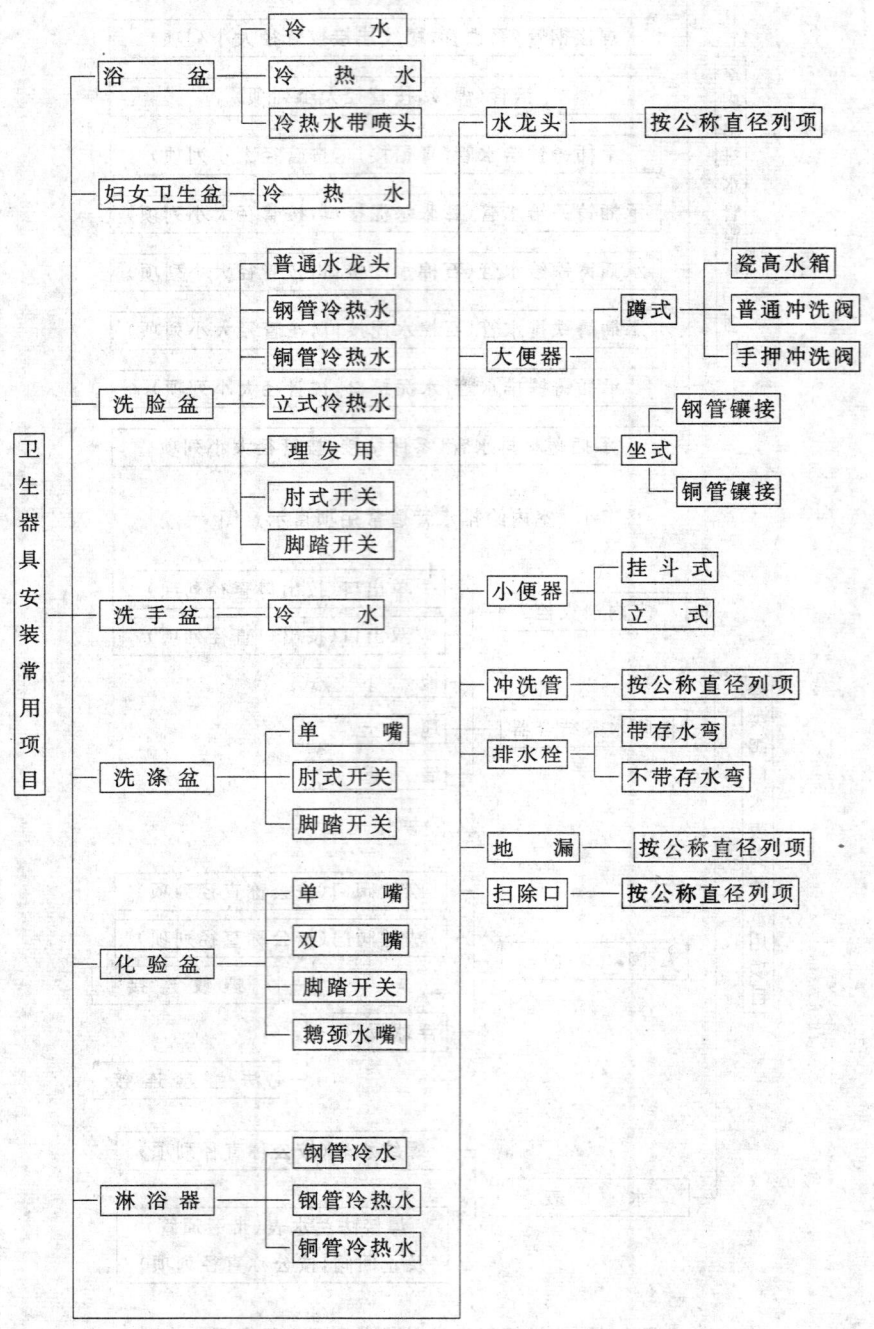

图 6-3 卫生器具安装常用项目

（3）各种阀门的安装均以"个"为计量单位。法兰阀门安装，如仅为一侧法兰连接时，定额所列法兰、带帽螺栓及垫圈数量减半，其余不变。

（4）消防水泵接合器安装，定额按成套产品以"组"为计量单位计算。

（5）室外消火栓，以"组"为计量单位。水枪、水龙带及附件，按设计规定用量另行计算。室内消火栓的水龙带长度，以 20m 为准；超过 20m 时可按设计规定调整，其它不变。

（6）卫生器具成组安装，以"组"为计量单位。定额内已按标准图综合了卫生器具与给水管、排水管连接的人工与材料用量，不得另行计算。

（7）浴盆安装，不包括支座和四周侧面的砌砖及镶贴瓷砖。

（8）大便槽自动冲洗水箱器安装，定额内已包括水箱托架的工程量，不另行计算。

（9）脚踏开关安装，定额内已包括了弯管与喷头的安装。

（10）小便槽冲洗管制作与安装定额内，不包括阀门安装。应另行计算。

（11）钢板水箱制作，按施工图纸所示尺寸不扣除接管口和人孔手孔，包括接口短管和法兰的重量，以"kg"为单位计算。法兰和短管按成品价另计材料费。

（12）室内外给水管道界限划分：图纸有规定，按图纸规定计算；室外入口有阀门者，以阀门为界；无尺寸、无阀门者以建筑外墙皮 1.5m 为界。

（13）室内外排水管道界限划分：图纸有尺寸按图示尺寸计算；无尺寸者按室内外出户第一个排水检查井为界。

（三）室内给排水安装工程量计算的有关说明

（1）定额中已包括给排水管道的管件，一般不另计算工程量。

（2）给水铸铁管及塑料排水管的管件在定额中包括了安装费，但接头零件应按设计数量另行计算。

（3）公称直径 32mm 以上的管道支架要单独计算工程量。

（4）铸铁排水管及塑料排水管定额中均已包括透气帽的材料费与安装费。

（5）洗脸盆、淋浴器定额中均已包括水龙头和阀门的材料费和安装费，不另计算工程量。

（6）浴盆定额中包括水嘴的安装费，不包括水嘴的材料费。

（7）埋入地下的给排水管道的管沟要计算土方及管道基础工程量，套用建筑工程预算定额。

（四）安装工程直接费计算

安装工程预算定额中的基价，一般不包括安装主材的材料费，只包括辅助材料费。因此，安装工程直接费中的材料费要分别计算辅材费（计价材料费）和主材费（未计价材料费）。

未计价材料费（主材费）的计算如下：

$$未计价材料费 ＝ \Sigma（未计价材料量 \times 地区材料预算价格） \tag{6-1}$$

其中　未计价材料量＝工程量×定额未计价材料量

【例】　根据下列资料计算冷热水浴盆的安装直接费。

（1）按某工程住宅的给排水施工图计算，需安装 6 组冷热水搪瓷浴盆（1680×720×420）。

（2）浴盆安装定额见表 6-3。

（3）地区安装材料预算价格为：

　　　　浴盆（1680×720×420）　　　439.74 元/个

　　　　浴盆水嘴　　　　　　　　　　26.75 元/个

浴 盆 安 装 定 额（摘录） 表 6-3

| 定额编号 | 项 目 名 称 | 单位 | 基价（元） | 其　中 | | 未 计 价 材 料 | | |
				人工费	材料费	名　称	单位	数量
8-349	浴盆（冷水）	10组	874.31	26.27	848.04	浴　盆	个	10.00
						浴盆水嘴	个	10.10
8-350	浴盆（冷热水）	10组	893.04	30.75	862.29	浴　盆	个	10.00
						浴盆水嘴	个	20.20
8-351	浴盆（冷热水带喷头）	10组	916.29	46.71	869.58	浴　盆	个	10.00
						浴盆水嘴带喷头	个	10.10

【解】　用公式 6-1 计算，套用表 6-3 中 8-350 号定额。

$$未计价材料费 = 6 \times 1.0 \times 439.74 + 6 \times 2.02 \times 26.75$$

$$= 2\ 638.44 + 324.21$$

$$= 2\ 962.65\ 元$$

$$浴盆安装\ 直接费 = 6 \times 89.30 + 2\ 962.65 = 3\ 498.45\ 元$$

（五）安装工程造价计算

安装工程造价包括直接工程费、间接费、计划利润和税金。除税金外，上述各项费用均以定额人工费作为计算基础。

定额人工费的水平具有相对稳定性，在此基础上计算出的各项费用，能保持水平的一致性。

安装工程造价可按表 4-2 中的造价计算程序进行。

七、给排水工程施工图预算编制实例

根据房地产开发公司底商住宅楼给排水工程施工图、水施 1、水施 2、水施 3、水施 4 和设计说明编制施工图预算。

（一）底商住宅楼给排水工程施工图设计说明

1．本工程给水管均采用镀锌钢管，螺纹连接；排水管采用承插式铸铁排水管，水泥砂浆接口。

2．根据现行建筑设计防火规范要求，本工程每层设室内消火栓一个，设置位置见底层平面布置图，消火栓箱明挂墙面，距地面 1.10m。消防给水管编号为"XL—1"，水平引入管位于楼梯口，标高在 -0.9m 处，第七层休息平台标高为 20.70m，干管分支给消火栓箱的 DN50 钢管长 0.80m。

3．各种阀门均采用内螺纹连接。

（二）底商住宅楼给排水工程主要材料设备明细表

底商住宅水主要材料设备明细表见表 6-4。

（三）工程量计算

给排水工程量计算见表 6-5。

序号	名　称	规　格	单位	数量	备　注
1	镀锌钢管	DN70	m	按实	消防给水干管
2	镀锌钢管	DN50	m	按实	消防给水支管
3	镀锌钢管	DN40	m	按实	生活用水
4	镀锌钢管	DN32	m	按实	生活用水
5	镀锌钢管	DN25	m	按实	生活用水
6	镀锌钢管	DN20	m	按实	生活用水
7	镀锌钢管	DN15	m	按实	生活用水
8	截止阀	J11T-16DN40	个	2	
9	截止阀	J11T-16DN20	个	12	
10	水　表	LXS—20	个	12	
11	冷水嘴	DN15	个	36	洗脸盆、洗涤盆、浴盆用
12	球　阀	DN15	个	12	
13	水箱进水阀	DN15	套	12	低水箱配套件
14	消火栓箱	SG20A50 型	套	7	消火栓：SN50 水龙带：L25m 水枪：QZ16
15	承插铸铁排管	DN100	m	按实	
16	承插铸铁排管	DN75	m	按实	
17	承插铸铁排管	DN50	m	按实	
18	低水箱坐便器	22101 型	套	12	
19	洗脸盆	11101	套	12	
20	洗涤盆	610×410×200	套	12	
21	浴　盆	1600×700×350	套	12	
22	地　漏	DN50	套	24	

序号	项目名称	规格	单位	工程量	部位及标高	计 算 式
1	镀锌钢管螺纹连接	DN70	m	24.30	底层梯间 −0.9 −0.9～20.7 (见说明)	水平引入管： Ⓐ～Ⓑ 墙外 1.20+1.5=2.70m ⎤ 立管干管： ⎬ 24.30m 20.7+0.9=21.60m ⎦
2	镀锌钢管螺纹连接	DN50	m	10.40	消防支管、梯间 (见说明)	底层分支： Ⓑ～Ⓒ 立管 3.60+（0.9+1.10）=5.60m 楼层分支：0.80×6 层=4.80m
3	镀锌钢管螺纹连接	DN40	m	29.20	−0.90～−0.3 +3.8～−0.3 Ⓐ～Ⓓ −0.8～−0.3 土建平面图	GL1 引入管 ⎰ 水平 墙外 水施2 墙厚 　　　⎱ 1.5+1.20+0.24=2.94m 　　　　立管：0.90−0.30=0.60m 立管干管：720+1.00+0.30=8.50m GL2 引入管 ⎰ 水平 Ⓐ～Ⓓ 墙厚 墙外 　　　⎱ 6.0+0.24+1.50=7.74m 　　　　立管：0.80−0.30=0.50m 立管干管 ⎰ 水平：3.30−（2.10+0.56+0.22） 　　　　　　　　=0.42m 　　　　　 ⎱ 立管：7.20+1.00+0.30=8.50m 小计 29.20m
4	镀锌钢管螺纹连接	DN32	m	12.00	水施2 水施3	GL1 立管：（13.20+1.0）−（7.20+1.0）=6.0m GL2 立管：（13.20+1.0）−（7.20+1.0）=6.0m
5	镀锌钢管螺纹连接	DN25	m	6.00	水施2 水施3	GL1 立管：（16.20+1.0）−（13.2+1.0）=3.0m GL2 立管：（同 GL1）3.0m
6	镀锌钢管螺纹连接	DN20	m	51.36	水施2 水施3	干管立管： GL1：（19.20+1.0）−（16.20+1.0）=3.0m GL2：（同上）3.0m 分支管： GL1：［1.20+（1.20−0.24）+0.60+2.10 　　　−（0.12+0.36+0.50+0.40）］×6 　　　=20.88m GL2：（0.56+0.22+2.10−0.12+0.36 　　　+0.56+0.40）×6 　　　=24.48m 小计：51.36m

序号	项目名称	规格	单位	工程量	部位及标高	计 算 式
7	镀锌钢管螺纹连接	DN15	m	32.28	系统图、平面图、土建平面图	GL1 水平：2.10＋(0.6－0.24)＋0.24_{墙厚} ＋0.61×$\frac{1}{2}$＋0.24 （洗涤盆长）（墙厚） ＋0.40＋0.50＝4.5m （浴盆用水） 立管：17.20－17.0＝0.20m GL2 水平：(2.10－0.12－0.36－0.56－0.4) ＋0.61×$\frac{1}{2}$＋0.12×$\frac{1}{2}$ （洗涤盆长）（墙厚） ＝1.03m 小计：5.38×6层＝32.28m
8	承插铸铁排水管	DN100	m	112.19	－0.9给排水平面图	水平排出管 PL1—1：$\sqrt{(2.5+0.24)^2+(2.10)^2}$＝3.45m PL2—2：2.50－0.30＝2.20m PL2—3：2.50m PL2—1、2：2.10＋0.22＋0.12＋2.10＝4.54m 立管干管 PL1—1：22.20＋0.5＋0.90＝23.60m PL1—2、PL2—1、PL2—2同上： 23.60×3＝70.80m 水平 PL1—2：0.35×6层＝2.10m PL2—1：0.50×6层＝3.0m 小计：112.19m
9	承插铸铁排水管	DN75	m	48.20	系统图、平面图	立管干管 PL1—3：22.20＋0.50＋0.90＝23.60m 水平 PL1—1：(0.4＋0.5＋0.36)×6层＝7.56m PL2—2：(0.35＋0.17＋0.30＋0.06＋2.10 －0.14)×6层＝17.04m 小计：48.20m
10	承插铸铁排水管	DN50	m	2.64	系统图平面图	水平 PL1—3：(0.2＋0.24)×6层＝2.64m

序号	项目名称	规格	单位	工程量	部位及标高	计 算 式
11	内螺纹截止阀安装	DN40	个	2	系统图 平面图	GL1 引入管：1 个 GL2 引入管：1 个
12	水表安装	LXS—20	个	12	系统图 平面图	每户一个，共 12 个（每个水表安装含截止阀 1 个）
13	球阀安装	DN15	个	12	系统图 平面图	浴盆上供热水器用水设一个球阀；12×1＝12 个
14	消火栓箱安装	SG20 A50	套	7	系统图 平面图	1×7 层＝7 套
15	低水箱坐式大便器安装	22 101型	组	12	厕所	每户 1 组： 1×12＝12 组
16	洗脸盆安装	11 101型	组	12	卫生间	每户 1 组： 1×12＝12 组
17	洗涤盆安装	610×410×200	组	12	厨房	每户 1 组： 1×12＝12 组
18	浴盆安装	1 600×720×350	组	12	卫生间	每户 1 组： 1×12＝12 组
19	地漏安装	DN50	个	24	厨房卫生间	每户 2 个： 2×12＝24 个
	管道土方工程量略					

（四）计算直接费

计算出的工程量套上给排水安装工程预算定额后就能计算出直接费。

某地区给排水安装工程预算定额摘录见表 6-6。

1．直接费计算顺序

（1）将表 6-5 中的工程量和项目名称填入表 6-10 中的工程量栏目和项目名称栏目；

（2）将表 6-6 中的定额编号、安装基价、人工费、机械费和未计价材料名称、单位、数量

定额编号	项目名称	单位	安装基价	人工费	材料费	机械费	材料名称	单位	数量
8-71	DN15 镀锌钢管螺纹连接	10m	30.50	23.86	6.64	—	镀锌钢管	m	10.27
							接头零件	个	16.37
8-72	DN20 镀锌钢管螺纹连接	10m	32.26	23.86	8.40	—	镀锌钢管	m	10.20
							接头零件	个	11.52
8-73	DN25 镀锌钢管螺纹连接	10m	38.04	27.06	9.88	1.10	镀锌钢管	m	10.20
							接头零件	个	9.78
8-74	DN32 镀锌钢管螺纹连接	10m	35.65	27.06	7.49	1.10	镀锌钢管	m	10.20
							接头零件	个	8.03
8-75	DN40 镀锌钢管螺纹连接	10m	47.47	35.68	8.55	3.24	镀锌钢管	m	10.20
							接头零件	个	7.16
							型钢支架	kg	3.35
8-76	DN50 镀锌钢管螺纹连接	10m	56.01	37.74	11.97	6.30	镀锌钢管	m	10.20
							接头零件	个	6.51
							型钢支架	kg	5.25
8-77	DN70 镀锌钢管螺纹连接	10m	61.42	38.77	14.46	8.19	镀锌钢管	m	10.20
							接头零件	个	4.25
							型钢支架	kg	6.20
8-128	DN50 承插铸铁排水管	10m	50.80	27.92	22.88		承插铸铁排水管	m	8.80
							接头零件	个	6.57
8-129	DN75 承插铸铁排水管	10m	65.64	33.83	31.81		承插铸铁排水管	m	9.30
							接头零件	个	9.04
8-130	DN100 承插铸铁排水管	10m	90.98	43.15	47.83		承插铸铁排水管	m	8.90
							接头零件	个	10.55
8-230	DN15 螺纹阀门	个	3.66	1.11	2.55	—	螺纹阀门	个	1.01
8-234	DN40 螺纹阀门	个	10.49	2.95	7.54	—	螺纹阀门	个	1.01
8-338	DN20 螺纹水表	个	21.27	2.34	18.93	—	水表	个	1.00
8-220	室内消火栓箱安装	套	27.42	11.56	15.86	—	单出口成套消火栓箱	套	1.00
8-349	浴盆安装（冷水）	10组	236.53	95.33	141.20	—	浴盆	个	10.00
							浴盆水嘴	个	10.10
							浴盆排水配件（铜）	套	10.00
8-353	洗脸盆	10组	294.77	54.24	240.53	—	洗脸盆	个	10.10
							普通水嘴 DN15	个	10.10
							洗脸盆下水口（铜 DN32）	个	10.00
8-362	洗涤盆	10组	524.16	49.82	474.34	—	洗涤盆	个	10.10
							普通水嘴 DN15	个	10.10
8-379	低水箱坐式大便器	10组	913.13	93.60	819.53		瓷大便器	个	10.10
							瓷低水箱带全部铜活	套	10.10
8-400	DN50 地漏	10个	43.42	18.45	24.97	—	地漏	个	10.00

分别填入表 6-10 中的定额编号栏、单价栏、人工费单价栏、机械费单价栏和项目名称栏、单位栏、工程量栏目中；

（3）将表 6-7、表 6-8 中的接头零件综合单价填入表 6-9 项目名称对应的未计价材料费单价栏；

单位 10m　　　　　　室内镀锌钢管螺纹接头零件综合单价计算表　　　　　　表 6-7

材料名称	DN15			DN20			DN25			DN32		
	用量	单价	金额	用量	单价	金额	用量	单价	金额	用量	单价	金额
三通	3.17	1.11	3.52	3.82	1.68	6.42	3.00	2.51	7.53	2.19	3.88	8.49
弯头	11.00	0.81	8.91	3.46	1.27	4.39	3.82	1.65	6.30	3.00	2.73	8.19
补芯	—			2.77	0.80	2.22	1.51	1.29	1.95	1.28	1.93	2.47
管箍	2.20	0.62	1.36	1.42	0.80	1.14	1.41	1.25	1.76	1.54	2.13	3.28
四通				0.05	2.35	0.12	0.04	3.51	0.14	0.02	5.43	0.11
合计	16.37		13.79	11.52		14.29	9.78		17.68	8.03		22.54
综合单价		0.84			1.24			1.81			2.81	

材料名称	DN40			DN50			DN70		
	用量	单价	金额	用量	单价	金额	用量	单价	金额
三通	1.37	5.12	7.01	1.85	8.71	16.11	1.62	14.79	23.96
弯头	2.77	3.38	9.36	3.06	5.95	18.21	1.67	10.14	16.93
补芯	1.40	2.37	3.32	0.59	3.43	2.02	0.37	6.50	2.41
管箍	1.61	2.73	4.40	1.00	3.61	3.61	0.59	7.56	4.46
四通	0.01	7.17	0.07	0.01	12.19	0.12	—		
合计	7.16		24.16	6.51		40.07	4.25		47.76
综合单价		3.37			6.16			11.24	

注：此表接头零件数量根据《全国统一安装工程预算定额》第八册附表数量。

单位：10m　　　　　　室内承插铸铁排水管接头零件综合单价计算表　　　　　　表 6-8

材料名称	DN50			DN75			DN100		
	用量	单价	金额	用量	单价	金额	用量	单价	金额
三通	1.09	7.23	7.88	1.85	10.33	19.11	4.27	14.10	60.21
四通	—			0.13	11.98	1.56	0.24	16.71	4.01
弯头	5.28	4.23	22.33	1.52	6.01	9.14	3.93	8.49	33.37
扫除口	0.20	6.72	1.34	2.66	12.56	33.41	0.77	16.32	12.57
接轮	—			2.72	5.62	15.29	1.04	7.38	7.68
异径管	—			0.16	10.46	1.67	0.30	14.04	4.21
合计	6.57		31.55	9.04		80.18	10.55		122.05
综合单价		4.80			8.87			11.57	

（4）将表 6-9 中的材料预算价格分别填入表 6-10 的未计价材料费栏目的单价内；

（5）计算表 6-10 中的各项数据，并汇总成单位工程定额直接费。

某地区安装材料预算价格摘录

表 6-9

序号	材 料 名 称	单 位	单价	序号	材 料 名 称	单 位	单价
1	DN15 镀锌钢管	m	6.12	14	成套消火栓箱 SG20A50	套	256.00
2	DN20 镀锌钢管	m	8.06	15	浴盆 1600×700×350	个	372.50
3	DN25 镀锌钢管	m	10.95	16	浴盆水嘴	个	21.28
4	DN32 镀锌钢管	m	13.84	17	浴盆排水配件	套	17.64
5	DN40 镀锌钢管	m	17.84	18	瓷洗脸盆	个	78.83
6	DN50 镀锌钢管	m	22.73	19	普通水嘴 DN15	个	5.36
7	DN70 镀锌钢管	m	34.10	20	洗脸盆下水口（铜 DN32）	个	5.16
8	DN50 承插铸铁排水管	m	6.78	21	洗涤盆 610×410×200	个	83.83
9	DN75 承插铸铁排水管	m	10.25	22	瓷坐式大便器	个	158.66
10	DN100 承插铸铁排水管	m	18.55	23	瓷低水箱带全部铜活	套	128.56
11	型钢支架	kg	3.95	24	DN50 铸铁地漏	个	12.52
12	DN15 球阀	个	15.98	25	水表 LXS20	个	42.60
13	DN40 截止阀	个	40.77				

底角住宅给排水安装工程直接费计算表

表 6-10

序号	定额编号	项 目 名 称	单位	工程量	单价	合价	其中：人工费 单价	其中：人工费 合价	其中：机械费 单价	其中：机械费 合价	未计价材料费 单价	未计价材料费 合价
1	8-71	镀锌钢管螺纹连接	m	32.28	3.05	98.45	2.39	77.15	—			
		镀锌钢管 DN15	m	32.93							6.12	201.53
		接头零件	个	52.84							0.84	44.39
2	8-72	镀锌钢管螺纹连接	m	51.36	3.23	165.89	2.39	122.75	—			
		镀锌钢管 DN20	m	52.39							8.06	422.26
		接头零件	个	59.17							1.24	73.37
3	8-73	镀锌钢管螺纹连接	m	6.00	3.80	22.80	2.71	16.26	0.11	0.66		
		镀锌钢管 DN25	m	6.12							10.95	67.01
		接头零件	个	5.87							1.81	10.62
4	8-74	镀锌钢管螺纹连接	m	12.00	3.57	42.84	2.71	32.52	0.11	1.32		
		镀锌钢管 DN32	m	12.24							13.84	169.40
		接头零件	个	9.64							2.81	27.09
5	8-75	镀锌钢管螺纹连接	m	29.20	4.75	138.70	3.57	104.24	0.32	9.34		
		镀锌钢管 DN40	m	29.78							17.84	531.28
		接头零件	个	20.91							3.37	70.47
		型钢支架	kg	9.78							3.95	38.63

序号	定额编号	项目名称	单位	工程量	单价	合价	其中：人工费 单价	合价	其中：机械费 单价	合价	未计价材料费 单价	合价
6	8-76	镀锌钢管螺纹连接	m	10.40	5.60	58.24	3.77	39.21	0.63	6.55		
		镀锌钢管 DN50	m	10.61							22.73	241.17
		接头零件	个	6.77							6.16	41.70
		型钢支架	kg	5.46							3.95	21.57
7	8-77	镀锌钢管螺纹连接	m	24.30	6.14	149.20	3.88	94.28	0.82	19.93		
		镀锌钢管 DN70	m	24.79							34.10	845.34
		接头零件	个	10.33							11.24	116.11
		型钢支架	kg	15.07							3.95	59.53
8	8-128	承插铸铁排水管	m	2.64	5.08	13.41	2.79	7.37	—			
		DN50 铸铁排水管	m	2.32							6.78	15.73
		接头零件	个	1.73							4.80	8.30
9	8-129	承插铸铁排水管	m	48.20	6.56	316.19	3.38	162.92	—			
		DN75 铸铁排水管	m	44.83							10.25	459.51
		接头零件	个	43.57							8.87	386.47
10	8-130	承插铸铁排水管	m	112.19	9.10	1020.93	4.32	484.66	—			
		DN100 铸铁排水管	m	99.85							18.55	1852.22
		接头零件	个	118.36							11.57	1369.43
11	8-234	内螺纹截止阀安装	个	2	10.49	20.93	2.95	5.90	—			
		DN40 截止阀安装	个	2.02							40.77	82.36
12	8-230	球阀安装	个	12	3.66	43.92	1.11	13.32	—			
		球阀 DN15	个	12.12							15.98	193.31
13	8-220	室内消火栓箱安装	套	7	27.42	191.94	11.56	80.92	—			
		消火栓箱	套	7							256.00	1792.00
14	8-349	浴盆安装	组	12	23.65	283.80	9.53	114.36	—			
		浴盆	个	12							372.50	4470
		浴盆水嘴	个	12.12							21.28	257.91
		浴盆排水配件	套	12							17.64	211.68
15	8-353	洗脸盆安装	组	12	29.48	353.76	5.42	65.04	—			
		瓷洗脸盆	个	12.12							78.83	955.42
		普通水嘴	个	12.12							5.36	64.96
		洗脸盆下水口	个	12							5.16	61.92
16	8-362	洗涤盆安装	组	12	52.42	629.04	4.98	59.76	—			
		瓷洗涤盆	个	12.12							83.83	1016.02
		普通水嘴	个	12.12							5.36	64.96

序号	定额编号	项 目 名 称	单位	工程量	单价	合价	其中：人工费		其中：机械费		未计价材料费	
							单价	合价	单价	合价	单价	合价
17	8-379	低水箱坐式大便器安装	组	12	91.31	1095.72	9.36	112.32	—			
		瓷坐便器	个	12.12							158.66	1922.96
		低水箱带全部铜活	套	12.12							128.56	1558.15
18	8-400	地漏安装	个	24	4.34	104.16	1.85	44.40	—			
		DN50 铸铁地漏	个	24							12.52	300.48
19	8-338	水表安装	个	12	21.27	255.24	2.34	28.08	—			
		水表 LXS20	个	12							42.60	511.20
		小　计：				3667.01		1665.46		37.80		20536.46

2. 直接费计算表（表 6-10）的计算方法

（1）合价＝工程量×单价；

（2）人工费合价＝工程量×人工费单价；

（3）机械费合价＝工程量×机械费单价；

（4）未计价材料费合价＝安装工程量×定额耗用量系数×未计价材料单价

（五）给排水工程造价计算

根据第四章表 4-2 中的建筑安装工程费用计算程序，计算商角住宅楼给排水安装工程造价（见表 6-10）。

取费条件

（1）工程类别：三类工程；

（2）施工单位取费证等级：三级取费；

（3）收取施工图预算包干费；

（4）施工地点距基地 30km；

（5）各项费率查表确定如下：

其他直接费费率（表 4-5）：32.29%

现场经费费率（表 4-5）：38.46%

企业管理费费率（表 4-6）：39.66%

财务费用费率（表 4-7）：6.04%

远地施工增加费费率（表 4-8）：4.0%（取上限）

劳动保险费费率（表 4-9）：23.6%（取上限）

计划利润率（表 4-11）：51%（取上限）

施工图预算包干费率（表 4-12）15%

定额管理费费率（表 4-12）：1.8‰

营业税税率：3.092 8%

城市维护建设税税率：7%

教育费附加税率：2%

(6) 定额直接费（表 6-10）：3 667.01 元

(7) 定额人工费（表 6-10）：1 665.46 元

(8) 定额材料费：1 963.75 元

(9) 未计价材料费（表 6-10）：20 536.46 元

(10) 计价材料价差综调系数：1.08%

底商住宅楼给排水安装工程造价计算表　　　　表 6-11

序　号	费　用　名　称	计　算　式	金　额　（元）
（一）	定额直接费	见表 6-9	3 667.01
（二）	其他直接费	1 665.46×32.29%	537.78
（三）	现场经费	1 665.46×38.46%	640.54
（四）	未计价材料费	见表 6-9	20 536.46
（五）	计价材料价差调整	1 963.75×1.08%	21.21
（六）	施工图预算包干费	1 665.46×15%	249.82
（七）	企业管理费	1 665.46×39.66%	660.52
（八）	财务费用	1 665.46×6.04%	100.59
（九）	劳动保险费	1 665.46×23.6%	393.05
（十）	远地施工增加费	1 665.46×4%	66.62
（十一）	施工队伍迁移费	—	—
（十二）	计划利润	1 665.46×51%	849.38
（十三）	定额管理费	27 722.98×1.8‰	49.90
（十四）	营业税	27 722.98×3.092 8%	858.96
（十五）	城市维护建设税	858.86×7%	60.13
（十六）	教育费附加	858.96×2%	17.18
（十七）	工程造价	（一）～（十六）之和	28 709.15

（六）编制说明

1. 底商住宅楼给排水安装工程预算，根据该工程给排水施工图、全国统一安装工程预算定额、××地区安装工程估价表、××市安装材料预算价格、××地区费用标准编制。

2. 本预算按三类工程、三级取费收取各项费用。

3. 铸铁管道刷防锈漆工料已包括在相应定额内，故没有列项计算。

4. 本预算未包括底层管道土方工程量。

5. 施工中发生设计变更，应及时办理签证，在编制竣工结算时调整。

第三节 采暖安装工程施工图预算编制

一、采暖安装工程的基本概念

在工业与民用建筑中，为了生产工艺的需要和在居住房间内使人体感觉舒适，就必须保持室内一定的温度。特别是在我国北方，在气温较低的情况下，为了提高工作效率，改善居住条件，一般都需要安装采暖装置。

（一）采暖的分类

按照不同的载热体，采暖可分为：

1. 热水采暖

热水采暖是以水为"热媒"的采暖系统。热水采暖的优点是节省燃料、空气温度大、效果良好。热水采暖因升温和降温都比较缓慢，从而使室内温度波动较小，保持了室内温度相对均匀。热水采暖一般用于离锅炉房较近的宿舍及公用建筑中。

热水采暖按循环方式，又可分为自然循环（重力循环）和机械循环（强制循环）两种。

自然循环是水沿着管道流动，依靠热水和回水的重力差，形成压力而不断循环。

机械循环是依靠水泵的机械能，使水不断循环。

2. 蒸汽采暖

蒸汽采暖是以水蒸气为热媒的采暖系统。蒸汽采暖的特点是热惰性小，系统热得快，冷得也快，故室内温度波动较大。其次是室内较干燥，卫生效果差。蒸汽采暖一般多用于集中而短暂采暖的建筑物。如礼堂、剧场及一般生产车间等。

蒸汽采暖可分为低压蒸汽采暖（压力≤0.07MPa）和高压蒸汽采暖（压力＞0.07MPa），同时在系统末端都分别装有疏水器，以便将冷凝水排出，将蒸汽阻止。

3. 辐射采暖

辐射采暖是用放热的辐射板，将辐射热直接辐射到车间的下部或操作地点，以保持操作地点具有一定的温度。该采暖方式节省燃料和钢材。

（二）采暖系统的供热方式

采暖系统的管道布置形式多种多样，一般常用的形式有：

1. 上行下给式

这种系统又称上分式供热系统。它是将热媒从室外送入建筑物的顶层，然后再由顶层分别送给各层的散热器。

2. 下行上给式

这种系统又称下分式供热系统。这种系统是热媒从室外进入建筑物底层，再由分立管送到顶层，然后再由各支管分别送给各层的散热器。

3. 中行上给下给式

这种系统又称中分式供热系统。它是将热媒送入建筑物的中层，再由中层送至顶层和底层的立、支管，然后由支管进入散热器。

4. 水平单管串联式

该系统省工省料。

（三）采暖施工时应注意的事项

1. 管道坡度

采暖干管安装时，要特别注意安装坡度，以便水和空气的排放。在热水采暖中，供水干管应坡向供水方向，即热水越走越高，回水管坡向出口。在蒸气采暖系统中，供气干管应坡向气流方向，即越走越低，回水干管坡向出口。

2. 套管安装

当采暖管道需穿越墙或楼板时，为了保证管道由于温度变化而产生的伸长而不损坏建筑物，必须加设套管。一般可用白铁皮制作，其规格应比管径大1～2号。安装时中间不要装填料，套管可用铁丝挂在管子上，套管两头伸出楼板面20mm。

二、常用采暖散热器

散热器俗称暖气片，是安装在采暖房间内的一种放热装置。热媒通过管道输送到散热器中，由散热器将热量散发到采暖房间内，使房间内温度升高，从而达到采暖的目的。

对散热器一般要求应有足够的机械强度；能承受一定的压力；传热系数要大；耗金属要少。同时要求体积小，样式美观。

（一）铸铁散热器

1. 柱型散热器

柱型散热器是用铸铁浇铸而成的，呈柱状。常见的栓型散热器有四柱型（四柱813型）和二柱型（M132型）两种。

四柱813型散热器，813指的是高度813mm，它具有四条中空的立柱，柱的上下端互相连通，每片的顶部与底部设有带丝扣的孔，供组装成组散热器用。这种散热器分带足和不带足两种，散热器组两端的片子应采用带足的，以便散热器组装后可以放置在地面上。

二柱M132型散热器，132指的是散热片的宽度。

柱型散热器的优点是：传热系数大、美观、不易积灰，易组成所需的散热面积。

缺点是：造价较高，接口多。

这类散热器在民用建筑中应用较广泛。

2. 翼型散热器

翼型散热器也是用铸铁浇铸制成。它的构造特点是带有翼片，分为圆翼和长翼型两种。

圆翼型散热器是一种带有圆翼片的圆管，其内径有50mm和75mm两种规格，每根长度均为1m。它的两端带有法兰，所以圆翼型散热器之间的组对采用法兰连接。

长翼型散热器是一种在外壳上带有翼片的中空壳体，每片侧面的顶部和底部与柱型一样设有带丝扣的孔，以便组装成散热器组。

翼型散热器的优点是：散热面积大，价格低。缺点是：水压能力低，易积灰，不易组合成所需的散热面积。

圆翼型散热器多用于灰尘不多的工业建筑中，长翼型散热器常用于民用建筑中。

（二）钢制散热器

1. 光管散热器

光管散热器是用钢管焊接而成。它是构造最简单的散热器。由于它是由钢管排列成散热器组，所以又称排管散热器。

光管散热器的优点是：传热系数大，不易积灰，承压能力高，便于现场制作和组合成所需的散热面积。缺点是：耗钢量大，造价高、易锈蚀、不美观。

光管散热器适用于粉尘较多的工业厂房。

2. 钢管串片式散热器

钢管串片式散热器是由钢管、肋片、联箱、放气阀等组成。

钢管串片散热器的优点是：重量轻、体积小、承压能力高、制作简单。缺点是：耗费钢材多、造价高、容水量小，易积灰。它适用于承压较高的高层建筑供暖系统和高温水供暖系统。

3. 板式散热器

板式散热器是用薄钢板制成。

板式散热器的优点是：承压高，重量轻、占地面积小、美观、安装方便。缺点是：对水质要求高，易锈蚀而导致渗漏。

三、采暖施工图常用图例

采暖施工图常用图例见表 6-12。

采 暖 施 工 图 常 用 图 例

表 6-12

图 例	名 称	图 例	名 称
——————	供 水 管	○	供 水 立 管
— — — — — —	回 水 管	○	回 水 立 管
⎍	方形补偿器	⊥	阀 门
⎐	集 气 罐	⊏	散 热 器
⊥	放 气 阀	◉	压 力 表

四、采暖工程施工图的组成

采暖工程施工图一般由平面图、系统图和详图组成。

（一）平面图

平面图表示建筑物各层供水、回水管道与散热器的平面布置。

（二）系统图

系统图也称轴测图。它表示采暖供水、回水系统中各管道之间上、下、左、右、前、后的空间位置关系。

（三）详图

详图表示散热器等的详细构造和安装尺寸。

除上述三个方面的施工图外，还有设计说明，主要材料和设备需用量明细表等。

五、采暖工程施工图预算的编制方法

（一）确定分项工程项目

按照全国统一安装工程预算定额的划分，常用的采暖工程施工图预算项目，见图 6-4。

（二）熟悉工程量计算规则

（1）室内外以入口阀门或建筑物外墙皮 1.5m 为界。

（2）与工艺管道界线以锅炉房或泵站外墙皮 1.5m 为界。

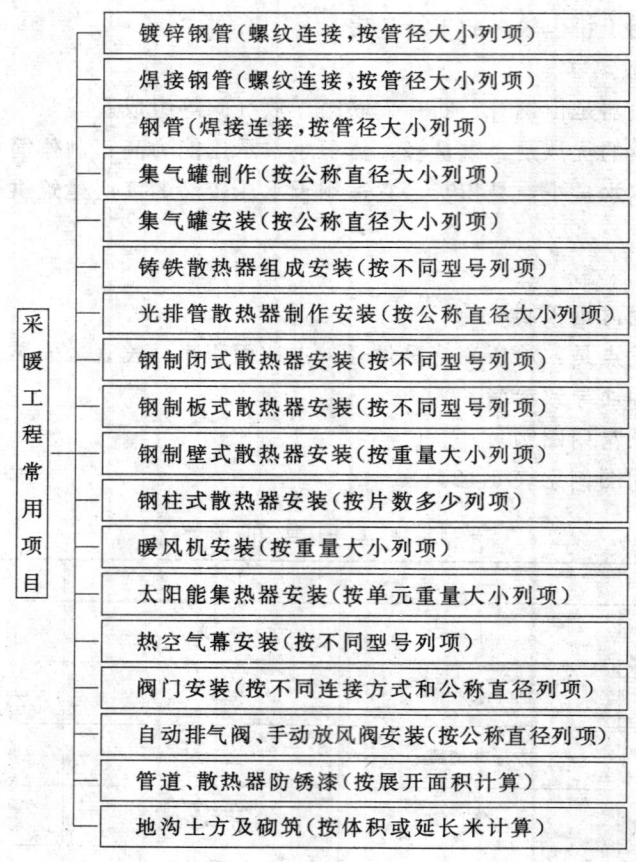

采暖工程常用项目

- 镀锌钢管（螺纹连接，按管径大小列项）
- 焊接钢管（螺纹连接，按管径大小列项）
- 钢管（焊接连接，按管径大小列项）
- 集气罐制作（按公称直径大小列项）
- 集气罐安装（按公称直径大小列项）
- 铸铁散热器组成安装（按不同型号列项）
- 光排管散热器制作安装（按公称直径大小列项）
- 钢制闭式散热器安装（按不同型号列项）
- 钢制板式散热器安装（按不同型号列项）
- 钢制壁式散热器安装（按重量大小列项）
- 钢柱式散热器安装（按片数多少列项）
- 暖风机安装（按重量大小列项）
- 太阳能集热器安装（按单元重量大小列项）
- 热空气幕安装（按不同型号列项）
- 阀门安装（按不同连接方式和公称直径列项）
- 自动排气阀、手动放风阀安装（按公称直径列项）
- 管道、散热器防锈漆（按展开面积计算）
- 地沟土方及砌筑（按体积或延长米计算）

图 6-4　采暖工程常用项目

（3）工厂车间内采暖管道以采暖系统与工业管道碰头点为界。

（4）设在高层建筑内的加压泵间管道以泵间外墙皮为界。

（5）各种管道的工程量，均按图示中心线延长米计算，不扣除阀门及管件所占长度。

（6）管道安装中应扣除暖气片所占长度。

（7）各种伸缩器制作安装，均以"个"为单位计算。方型伸缩器两臂，按臂长的两倍合并在管道长度内计算。

（8）减压器、疏水器组成安装，以"组"为单位计算。

（9）太阳能集热器安装，以"个单元"为计量单位，并以单元重量（包括支架重量）套用相应定额子目。

（10）热空气幕安装，以"台"为计量单位。其支架制作安装另行计算。

（11）光排管散热器制作安装，以"米"为计量单位，定额内已包括联管长度，不另计算。

（12）各种阀门安装，均以"个"为计量单位。

（三）直接费计算及安装工程造价计算

详给排水施工图预算编制方法的叙述。

六、采暖工程施工图预算编制实例

根据某住宅工程暖施1、2、3施工图

328

编制采暖工程施工图预算。

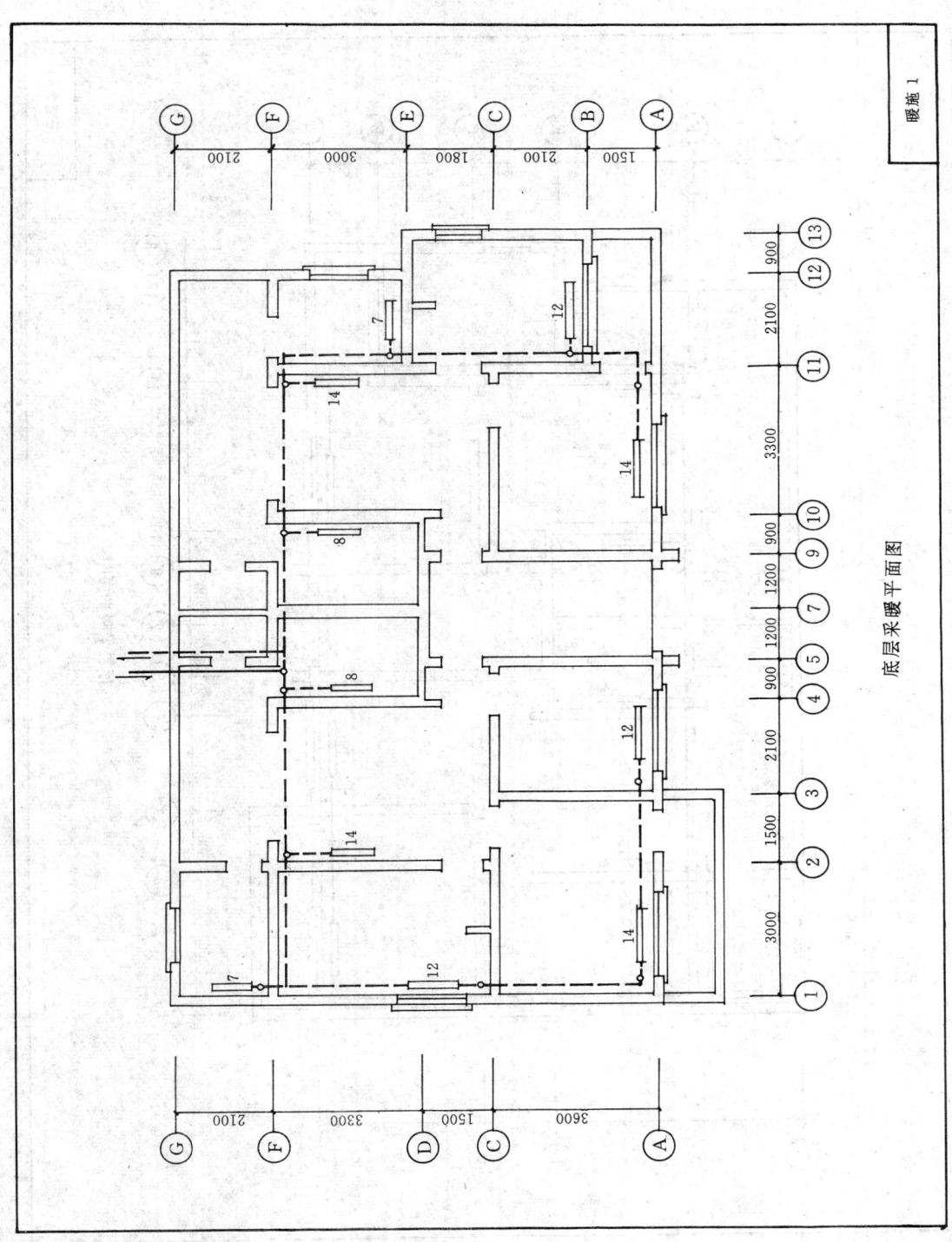

底层采暖平面图

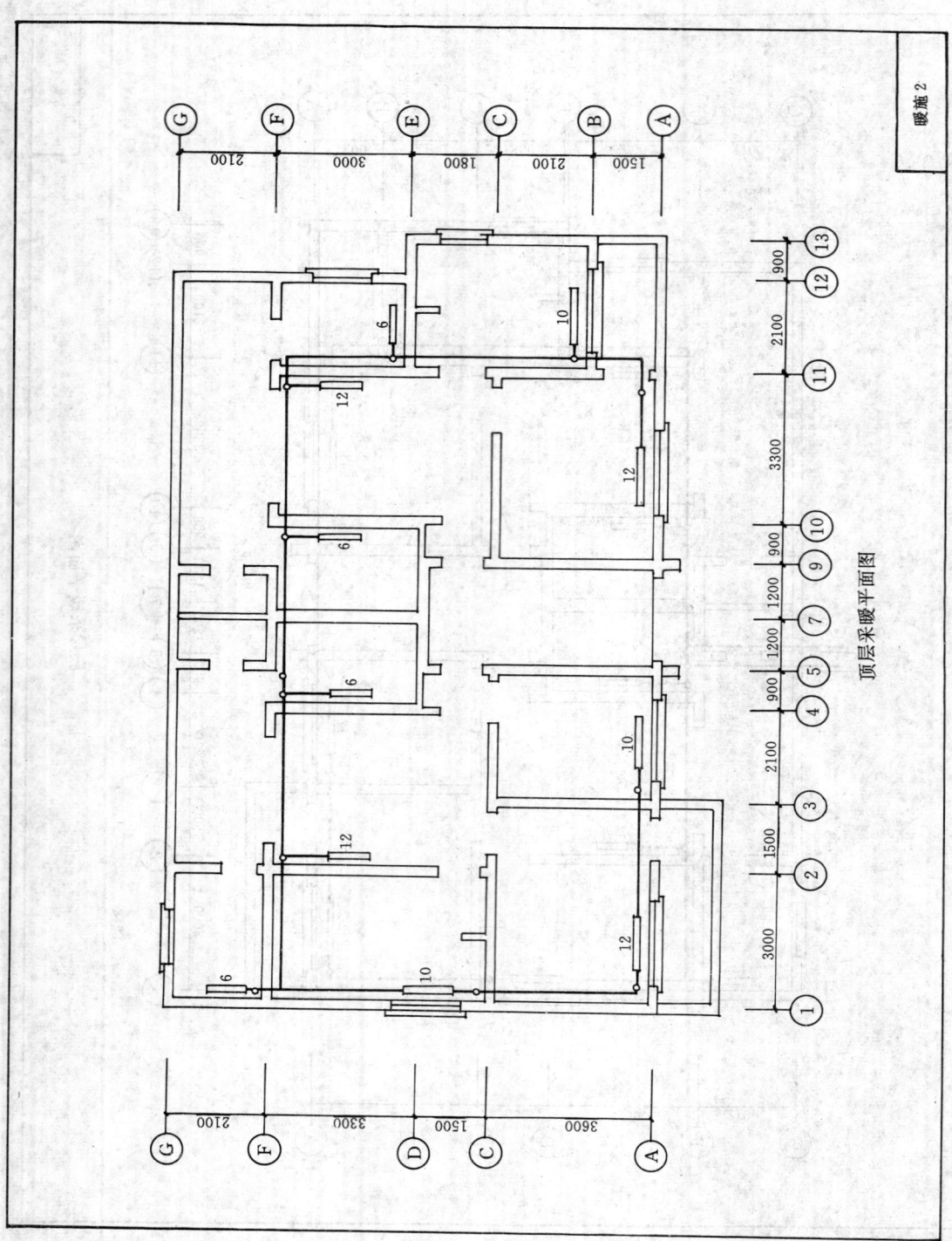

顶层采暖平面图

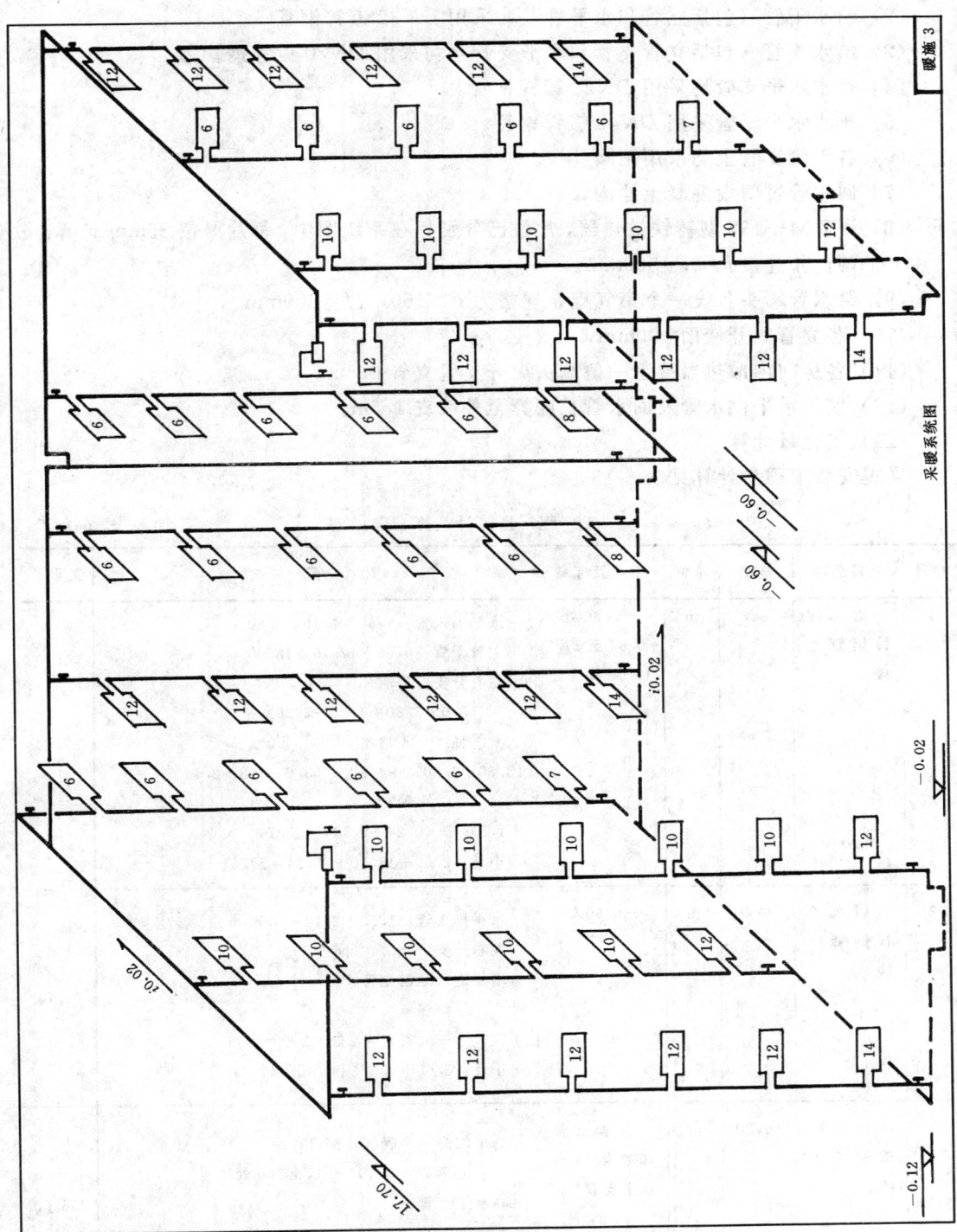

采暖系统图

暖施 3

331

（一）采暖施工图设计说明

（1）给排水管道采用镀锌钢管丝接。

（2）给水干管（包括立管和水平管）均采用 $DN32$ 镀锌钢管。

（3）给水支管（包括立管支管和水平支管）均采用 $DN20$ 镀锌钢管。

（4）排水水平支管均采用 $DN20$ 镀锌钢管。

（5）排水水平干管采用 $DN40$ 镀锌钢管。

（6）各干管支管上均采用闸阀丝接。

（7）回水管过门设混凝土地沟。

（8）采用 M—132 型铸铁散热器，片数已分别标在系统图中，每片厚按 85mm 计算。散热片上下两丝扣连接孔间隔 500mm。

（9）给水管端头各设一个集气罐，规格为 $DN150$，$H=300$mm。

（10）各立管离开墙面 100mm。

（11）各房间内散热器接管一侧端头离开支管立管 0.8m。

（12）室外水平供水管及回水管长度算至外墙皮 1.5m。

（二）工程量计算

采暖安装工程量计算见表 6-13。

工 程 量 计 算 表　　　　　表 6-13

序号	项目名称	规格	单位	部位及标高	计　　算　　式	工程量
1	给水镀锌钢管丝接	$DN32$	m	－0.60 处 －0.60 至 17.70 17.70 标高处	水平引入管：1.50＋2.10＝3.60 主管干管：0.60＋17.70＝18.30 左右分支：F 轴 　（3.0＋3.60＋4.20＋3.30）＋ 　①轴　　A 轴左　　　⑪轴 （3.60＋4.80）＋4.50＋（3.0＋1.8＋2.1 　　　A 轴右 ＋1.5）＋（0.24＋0.1）＝35.74 小计：3.60＋18.30＋35.74＝57.64	57.64
2	回水镀锌钢管丝接	$DN40$	m	－0.60 处	水平排出管：1.50＋2.10＝3.60 左右分支：35.74（同序 1） 增加进入地沟立管长： 　　平均深 　（0.10＋0.20）×4 处×2 根＝2.40 小计：3.60＋35.74＋2.40＝41.74	41.74
3	给水镀锌钢管丝接	$DN20$	m	立管支管和接散热器水平支管	平均高　　暖气片接口孔距 11ⓐ（17.70－0.10）－0.50×6 处 　水平支管 　＋0.8×2 根×6 处 　＝11ⓐ 24.20＝266.20	266.20

序号	项目名称	规格	单位	部位及标高	计 算 式	工程量
4	铸铁暖气片安装	M132	片	各房间	底层：12＋14＋12＋7＋14＋8＋8 ＋14＋7＋12＋14＝122 楼层：5ⓐ 10＋12＋10＋6＋12＋6 ＋6＋12＋6＋10＋12 ＝5ⓐ 102＝510 小计：122＋510＝632	632
5	集气罐制作	φ300	个		2	2
6	集气罐安装	φ300	个		2	2
7	闸阀安装	DN32	个		1	1
8	闸阀安装	DN20	个		集气罐上 11 根×2 个＋2＝24	24
	采暖器防锈及地沟工程量（略）					

（三）直接费计算

计算顺序：

1. 将表 6-13 和表 6-14 中的数据填入表 6-16；

采暖安装工程预算定额（估价表）摘录　　　　　　　　　表 6-14

定额编号	项目名称	单位	安装基价	其　中			未计价材料		
				人工费	材料费	机械费	材料名称	单位	数量
6-2283	DN300 集气罐制作	个	109.36	5.19	101.59	2.58			
6-2288	集气罐安装	个	2.12	1.97	0.15	—	集气罐	个	1.00
8-72	DN20 镀锌钢管螺纹连接	10m	32.26	23.86	8.40	—	镀锌钢管 接头零件	m 个	10.20 11.52
8-74	DN32 镀锌钢管螺纹连接	10m	35.65	27.06	7.49	1.10	镀锌钢管 接头零件	m 个	10.20 8.03
8-75	DN40 镀锌钢管螺纹连接	10m	47.47	35.68	8.55	3.24	镀锌钢管 接头零件 型钢支架	m 个 kg	10.20 7.16 3.35
8-231	DN20 螺纹连接阀门	个	4.59	1.11	3.48	—	阀门	个	1.01
8-233	DN32 螺纹连接阀	个	6.92	1.60	5.32	—	阀门	个	1.01
8-436	M132 型铸铁暖气片安装	10 片	53.29	10.58	42.71	—	暖气片	片	10.10

2. 将表 6-15 中材料预算价格填入表 6-16；

3. 计算合价，人工费、机械费合价，计算未计价材料用料及材料费；

4. 汇总单位工程定额直接费、定额人工费、定额机械费、未计价材料费。

某地区安装材料预算价格表摘录

表 6-15

序号	材料名称	单位	单价	序号	材料名称	单位	单价
	DN15 镀锌钢管	m	6.12		DN20 闸阀	个	23.65
	DN32 镀锌钢管	m	13.84		DN32 闸阀	个	36.44
	DN40 镀锌钢管	m	17.84		M132 暖气片	片	10.68
	型钢支架	kg	3.95				

某住宅工程采暖安装工程直接费计算表

表 6-16

序号	定额编号	项目名称	单位	工程量	单价	合价	其中:人工费 单价	其中:人工费 合价	其中:机械费 单价	其中:机械费 合价	未计价材料费 单价	未计价材料费 合价
1	6-2283	集气罐制作	个	2	109.36	218.72	5.19	10.38	2.58	5.16		
2	6-2288	集气罐安装	个	2	2.12	4.24	1.97	3.94	—			
3	8-72	DN20 镀锌钢管螺纹连接	m	266.20	3.23	859.83	2.39	636.22	—			
		DN20 镀锌钢管	m	271.52							6.12	1 661.70
		接头零件	个	306.66							1.24	380.26
4	8-74	DN32 镀锌钢管螺纹连接	m	57.64	3.57	205.77	2.71	156.20	0.11	6.34		
		DN32 镀锌钢管	m	58.79							13.84	813.65
		接头零件	个	46.28							2.81	130.05
5	8-75	DN40 镀锌钢管螺纹连接	m	41.74	4.75	198.27	3.57	149.01	0.32	13.36		
		DN40 镀锌钢管	m	42.57							17.84	759.45
		接头零件	个	29.89							3.37	100.73
		型钢支架	kg	13.98							3.95	55.22
6	8-231	阀门安装	个	24	4.59	110.16	1.11	26.64	—			
		DN20 闸阀	个	24.24							23.65	573.28
7	8-233	阀门安装	个	1.1	6.92	6.92	1.60	1.60	—			
		DN32 闸阀	个	1.01							36.44	36.80
8	8-436	暖气片安装	片	632	5.33	3368.56	1.06	669.92	—			
		M132 暖气片	片	638.32							10.68	6817.26
		小计				4972.47		1653.91		24.86		11328.40

(四) 采暖安装工程造价计算

根据第四章 4-2 中的建筑安装工程费用计算程序,计算采暖安装工程造价(见表 6-17)。

序　号	费　用　名　称	计　算　式	金　额　（元）
（一）	定额直接费	见表 6-14	4972.47
（二）	其他直接费	1 653.91×24.17％	399.75
（三）	现场经费	1 653.91×34.79％	575.40
（四）	未计价材料费	见表 6-14	11328.40
（五）	计价材料价差调整	3 293.70×0.76％	25.03
（六）	施工图预算包干费	1 653.91×15％	248.09
（七）	企业管理费	1 653.91×34.28％	566.96
（八）	财务费用	1 653.91×6.04％	99.90
（九）	劳动保险费	1 653.91×23.60％	390.32
（十）	远地施工增加费	1 653.91×4％	66.16
（十一）	施工队伍迁移费	—	—
（十二）	计划利润	1 653.91×51％	843.49
（十三）	定额管理费	1 9515.97×1.8‰	35.13
（十四）	营业税	1 9551.10×3.0928％	604.68
（十五）	城市维护建设税	604.68×7％	42.33
（十六）	教育费附加	604.68×2％	12.09
（十七）	工程造价		20210.20

取费条件

(1) 工程类别：四类工程；

(2) 施工单位取费证等级：三级取费；

(3) 收取施工图预算包干费；

(4) 施工地点距公司基地 26km；

(5) 各项费率：

直他直接费费率（表 4-5）：　　　　　　24.17％

现场经费费率（表 4-5）：　　　　　　　34.79％

企业管理费费率（表 4-6）：　　　　　　34.28％

财务费用费率（表 4-7）：　　　　　　　6.04％

远地施工增加费费率（表 4-8）：　　　　4％（取上限）

劳动保险费费率（表 4-9）：　　　　　　23.6％（取上限）

计划利润率（表 4-11）：　　　　　　　 51％（取上限）

施工图预算包干费（表 4-12）：　　　　 15％

定额管理费费率（4-12）：　　　　　1.8‰

营业税税率：　　　　　　　　　　　3.0928%

城市维护建筑税：　　　　　　　　　7%

教育费附加税率：　　　　　　　　　2%

（6）定额直接费（表6-16）：　　　4 972.47 元

（7）定额人工费（表6-16）：　　　1 653.91 元

（8）定额材料费（表6-16）：　　　3 293.70 元

（9）未计价材料费（表6-16）：　　11 328.40 元

（10）计价材料价差综合调整系数　　0.76%

第四节　电气照明安装工程施工图预算的编制

一、电气照明施工图的种类

电气照明施工图一般分为平面图、系统图和详图三类。

1. 平面图

电照平面图也称平面布置图，它详细地、准确地标注了该工程所有电气线路和电气设备的位置和线路的走向，并通过图例、符号将设计内容的全貌反映出来。

平面图上的主要材料明细表，也是编制预算的参考资料。

2. 系统图

系统图较完整地概括了整个供电工程的配电方式，并用简练的线条和符号表示出供电、配电设备的型号、数量和计算负荷。系统图还清楚地标注了供电线路的型号、截面面积及敷设方式。

3. 详图

详图表示了各种线路的具体敷设位置、配电箱中各种电器的配置型号及数量、进户线支架的形状和架设方式的具体做法的大样图。

二、室内电气照明安装工程概述

室内电气照明安装工程，一般由进户线装置、配电箱、配管配线、灯具、插座和开关等部分组成。

1. 进户线装置

室内电源由室外低压配电线路上接线后引入室内。电源供电一般采用三相三线制、三相四线制和单相二线制等几种方式。

为了安全地将室外电源引入室内，一般都要在建筑物上设进户线装置。进户线装置包括横担（铁制或木制）、引下线（从室外电线杆引到横担的电线）、进户线防水弯头、进户线（从横担穿过防水弯头到室内总配电箱的电线）。

2. 配电箱

进户线引入室内后，要经过控制开关再分配给各种负荷。总控制开关、电度表、分控制开关和熔断器等电器组装在一起，起着配电作用的设备称为配电箱。

配电箱是控制室内电源和分配室内用电必不可少的用电设备。

一般，进户线首先进入的配电箱，称为总配电箱；从总配电箱引线出来，控制各分支回路的叫分配电箱。

配电箱（盘）分木制和铁制两类，还分成套型和组装型两种。

如果采用成套型配电箱，电照预算只列安装项目；若是采用组装型配电箱，还应增加配电箱制作项目和箱内各种电器的安装项目。

配电箱一般采用明装和暗装两种方式敷设。

3．配管配线

电路供电需要构成回路，为此，每个用电器具的配线至少由相线和零线构成刃合的回路。

各种配线根据线路用途和用电安全方面的考虑，可采用钢管、电线管、塑料管、塑料槽板等不同方式敷设。

4．灯具

灯具是照明的装置。目前，常用的灯具分为热辐射光源和气体放电光源两类。

热辐射光源的灯具包括白炽灯，碘钨灯等。气体放电光源的灯具，包括荧光灯、高压水银灯等。

灯具有多种安装方式，常见的有吊线式、吊链式、吸顶式、嵌入式、壁装式等。

常见的装饰灯具有：吊式艺术装饰灯具，如蜡烛灯、串珠灯等；荧光艺术装饰灯具包括组合荧光灯带、吸顶式、内藏式等；点光源艺术装饰灯具包括，吸顶式、嵌入式筒灯、射灯等。

5．开关与插座

开关起着控制灯具和各种电器用电的断通作用。

开关一般有拉线式开关、扳式开关、按钮开关等形式。

开关的安装有明装和暗装两种。

插座是提供能随时接通用电器具电源的装置。插座的安装方式也有明装和暗装之分。

三、常用导线与电器符号

（一）常用导线

1．铝芯导线

在导线型号中，凡带有"L"字母者，一般为铝芯导线。常用的铝芯导线包活：

BLV——铝芯聚氯乙烯绝缘导线

BLXF——铝芯氯丁橡胶绝缘导线

BBLX——铝芯橡皮绝缘玻璃丝编织导线

BLVV——铝芯聚氯乙烯绝缘护套线

BLX——铝芯橡皮绝缘导线

2．铜芯导线

在导线型号中，不带"L"字母者，一般为铜芯导线。常用的有：

BV——铜芯聚氯乙烯绝缘导线

BXF——铜芯氯丁橡胶绝缘导线

BBX——铜芯橡皮绝缘玻璃丝编织导线

BX——铜芯橡皮绝缘导线

（二）常用灯具

1. 吸顶灯：

DDG——大口橄榄罩吸顶灯

DXG——小口橄榄罩吸顶灯

DYQ——圆球吸顶灯

2. 壁灯：

BYL——玉兰罩壁灯

BGL——橄榄罩壁灯

BYQ——圆球壁灯

3. 荧光灯：

YJQ——简易开启荧光灯

YQD——开启吸顶荧光灯

（三）常用电器

DZ——空气自动开关

HK——开启式负荷开关

RC——瓷插式熔断器

KWH——电度表

四、表达线路敷设方式、部位的代号

1. 表达线路敷设方式的代号：

GBVV——用轨型护套线敷设

VXC——用塑料线槽敷设

VG——用硬塑料管敷设

VYG——用半硬塑料管敷设

KRG——用可挠型塑料管敷设

DG——用电线管敷设

G——用水煤气钢管敷设

GXC——用金属线槽敷设

PVC——用阻燃型塑料管敷设

CB——用塑料槽板敷设

2. 表达线路明敷部位的代号：

S——沿钢索敷设

LM——沿屋架或屋架下弦敷设

ZM——沿柱敷设

QM——沿墙敷设

PM——沿天棚敷设

PNM——在能进入的吊顶天棚内敷设

3. 表达线路暗敷部位的代号：

LA——暗敷在梁内

ZA——暗敷在柱内

QA——暗敷在墙内

PA——暗敷在顶棚内

DA——暗敷在地面内或地板内

PNA——暗敷在不能进入的吊顶内

五、表达照明灯具安装方式的代号：

X——自在器线吊式

X1——固定线吊式

X2——防水线吊式

X3——吊线器式

L——链吊式

G——管吊式

B——壁装式

D——吸顶式

R——嵌入式

T——台上安装

DR——顶棚内安装

BR——墙壁内安装

J——支架上安装

Z——柱上安装

ZH——座装

六、配线线路和照明灯具标注方式

1. 配线线路标注方式：

$$a - b(c \times d)e - f$$

式中　a——表示回路编号；

　　　b——表示导线型号；

　　　c——表示导线根数；

　　　d——表示导线截面；

　　　e——表示敷设方式及穿管管径；

　　　f——表示敷设部位。

例如，回路编号为 5 的铜芯橡皮绝缘导线 4 根，穿 G40 水煤气钢管墙内暗敷，导线截面为 3 根 10mm²，一根 6mm² 的标写形式为：

$$5 - BX(3 \times 10 + 1 \times 6)G40 - QA$$

2. 照明灯具的标注方式：

$$a - b\frac{c \times d \times l}{e}f$$

式中　a——灯具数量；

　　　b——灯具型号或编号；

　　　c——每盏照明灯具的灯泡（管）数量；

　　　d——灯泡、灯管容量（W）；

　　　e——灯具安装高度（m）；

f——安装方式；

l——电光源种类。

例如，型号为 JXB114 的双头圆球壁灯，内装 25W 灯泡，离地高度 1.80m，共 5 盏，墙壁上安装，其表达形式为：

$$5 - \text{JXB114} \frac{2 \times 25}{1.80} \text{B}$$

七、电气照明工程施工图常用图例

电气照明工程施工图常用图例见表 6-18。

电气照明工程施工图常用图例 表 6-18

图 例	名 称	图 例	名 称	图 例	名 称
	多极开关一般符号（单线表示）		双极开关明装		三管荧光灯
	多极开关一般符号（多线表示）		双极开关暗装		五管荧光灯
	熔断器式开关		三极开关明装		球形灯
	熔断器的一般符号		三极开关暗装		天棚灯
	接地装置（有接地极）		单极拉线开关		花灯
	单相插座明装		双极双控拉线开关		壁灯
	单相插座暗装		多拉开关（用于不同照度等）		动力配电箱
	单相三孔插座明装		双控开关（单极三线）		照明配电箱
	单相三孔插座暗装		双控开关暗装（单极三线）		事故照明配电箱
	带接地孔三相插座明装		电度表		导线（三根）
	带接地孔三相插座暗装		电铃		屏蔽导线
	单极开关明装		灯一般符号		避雷线
	单极开关暗装		荧光灯一般符号		进户线
	向上配线		向下配线		垂直通过配线

八、电气照明工程施工图识图

识读电气照明工程施工图应按照一定的顺序进行，以便看懂施工图和形成较完整的整体构成。

340

识图时，首先要看施工图的设计说明、图例、文字符号和电气设备的规格等，了解施工图的设计思路和设计内容。然后再看系统图，了解配电方式和回路与装置之间的关系。

看系统图的一般顺序是，从进户线开始看至室内各配电箱，了解各用电回路的接线关系，了解各配电箱中需安装的电器数量和容量等。

电气照明系统图是表明电气照明线路的分布和相互关系情况的示意图。图上标有导线的型号、规格和敷设方式，电气负荷（容量）的大小。但系统图不具体说明各种电器或照明灯具的情况，这些情况由平面图反映。

结合系统图看平面图，可以看到各层平面图中的配电回路，各回路导线敷设方法、根数、截面、规格及灯具、插座、开关的型号、位置和数量等。

平面图只表示电器的水平位置，其标高尺寸要结合设计说明才能确定，必要时还需查阅建筑施工图。

电气照明施工图一般只采用平面图（平面图是电气照明布置图的镜像图）表示建筑物内的电气照明布置情况，很少采用剖面图来表示。因为上、下行线路总是由总配电箱沿垂直方向以最短距离输送到上一层的相应位置；水平方向若明敷，总是沿建筑物墙、柱、天棚面走直线距离；若暗敷，总是沿建筑物墙、柱、天棚面走斜线距离（最短距离）布线。所以，只要平面图和系统图结合起来看，就能看懂施工敷设线路的做法。

照明线路一般采用明敷和暗敷两种方式。

平面图上的暗敷线路走向无规律性，一般是沿最短的距离到达灯具。因此，计算暗敷线路的长度，往往要用比例尺量取平面图上的线路长度。

明敷线路一般沿墙走线，平直见方比较规则，其长度可以参照建筑平面图的有关尺寸计算。

九、电照工程施工图预算编制方法

（一）确定电照分项工程项目

电气照明施工图预算的分项工程项目，不但要根据电照施工图确定，而且还要根据安装预算定额的项目才能最后确定。因而，在编制施工图预算之前，必须先熟悉电照工程预算项目的划分情况。

安装工程预算定额中常用电照项目见图 6-5、6-6。

（二）熟悉电照安装工程量计算规则

1. 各种配管应区别不同敷设方式、位置、管材材质和规格，以延长米计算。不扣除管路中间的接线箱（盒）、灯头盒、开关盒所占的长度。

2. 管内穿线分照明线路和动力线路，按不同导线的截面，以单线延长米计算。线路的分支接头的线长已综合考虑在定额中，不再计算接头长度。

导线截面超过 6mm² 以上的照明线路，按动力穿线计算。

3. 线夹配线，要区别瓷夹配线和塑料夹配线，两线式和三线式；按敷设在木、砖、混凝土等不同结构和导线规格，以线路延长米计算。

4. 槽板配线，应区别木槽板、塑料槽板配线和二线、三线式线路，按延长米计算。

5. 塑料护套线配线，应区别二芯线和三芯线，接单根线路以延长米计算。

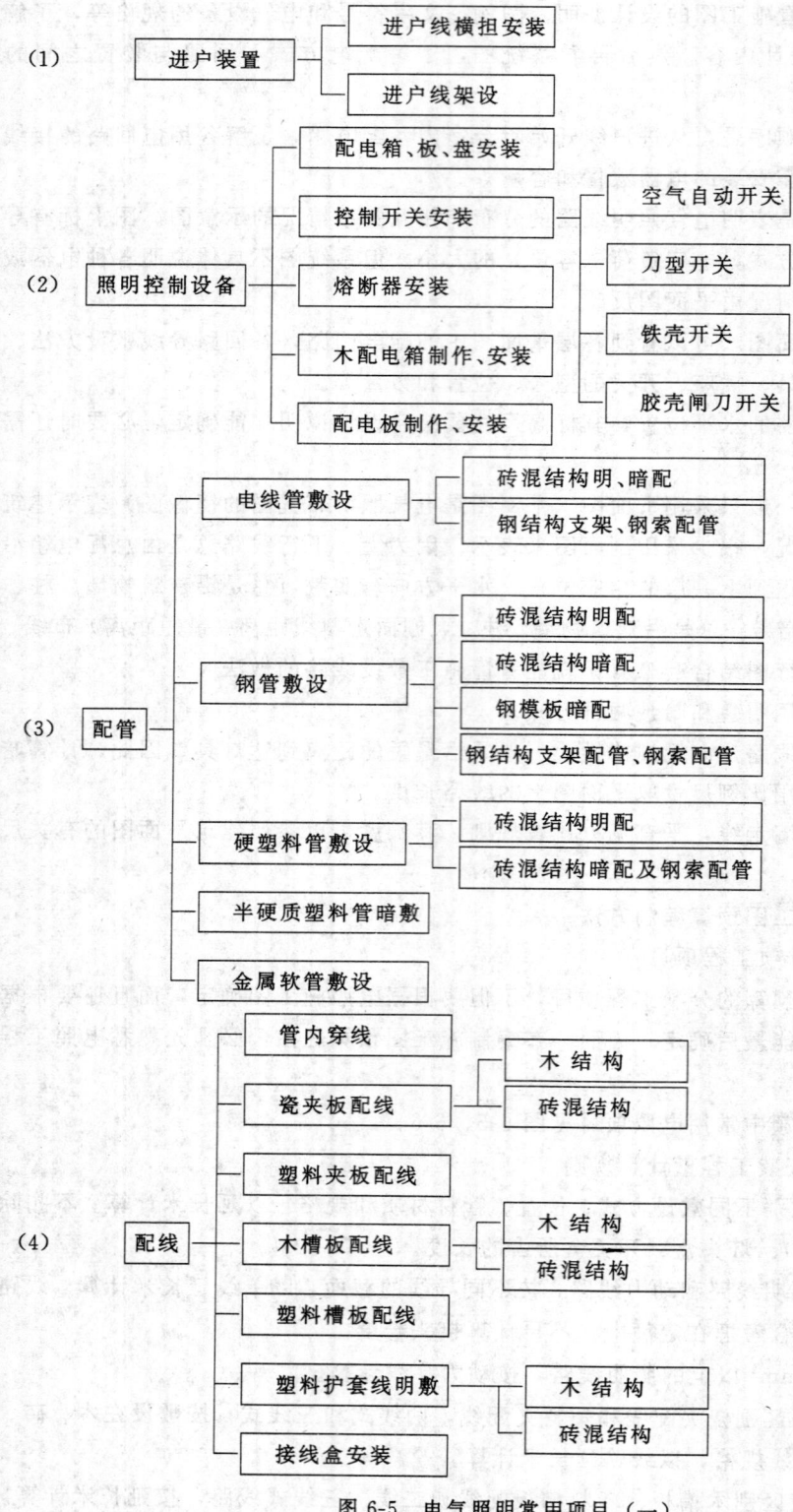

图 6-5　电气照明常用项目（一）

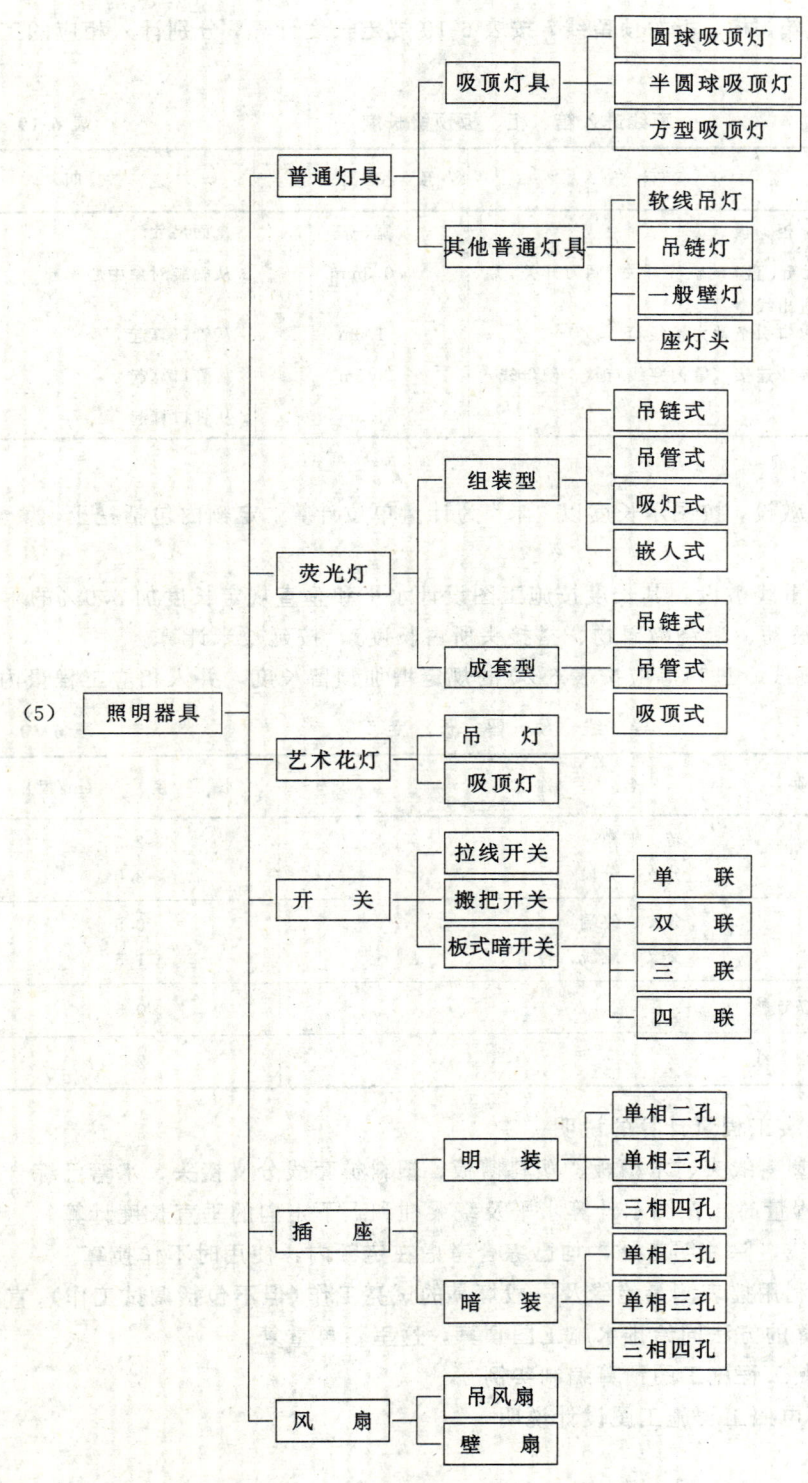

图 6-6　电气照明常用项目（二）

6．灯具，明、暗开关，插座、按钮等的预留线，已分别综合在相应定额内，不另行计算。

7. 配线进入开关箱、柜、板的预留线，按表 6-19 规定长度计算，分别计入相应的工程量。

配线进入箱、柜、板预留长度

表 6-19

序 号	项 目	预 留 长 度	说 明
1	各种开关箱、柜、板	宽＋高	盘面尺寸
2	单独安装（无箱、盘）的铁壳开关、闸刀开关、启动器、母线槽进出线盒	0.3mm	从安装对象中心算起
3	由地坪管子出口引至动力接线箱	1.0m	从管口算起
4	电源与管内导线连接（管内穿线与软、硬母线）	1.5m	从管口算起
5	出 户 线	1.5m	从管口算起

注：预留长度为每一根线的。

8. 户外接地母线敷设，按图示长度以"米"为计量单位计算。定额内包括挖土、填土、夯实。

9. 接地母线及避雷线敷设，其长度按施工图设计水平和垂直规定长度加 3.9% 的附加长度（指转弯、上下波动、避绕障碍物、搭接头所占长度），按延长米计算。

10. 导线分支、跳线、进户等应按表 6-20 的规定增加预留长度，并入相应工程量内。

导 线 预 留 长 度

表 6-20

项 目 名 称		长 度 （m/根）
高 压	转 角	2.5
	分支、分段	2.0
低 压	分支、终端	0.5
	交叉、跳线、转角	1.5
与设备连接		0.5
进 户 线		2.5

（三）电气照明安装工程量计算的说明

1. 瓷夹、瓷瓶、塑料线夹、木槽板、塑料槽板、塑料护套线分支接头、水弯已综合考虑在定额内，计算工程量时，按图示计算水平及绕梁柱和上下走向的垂直长度计算。

2. 各型灯具的引线，除注明者外，均已综合考虑在定额内，使用时不作换算。

3. 定额内已包括利用摇表测量绝缘及一般灯具的试亮工作（但不包括调试工作）。直接费计算和工程造价计算的方法同给排水施工图预算，这里不再重复。

十、电气照明安装工程施工图预算编制实例

（一）底商住宅楼电照工程施工图设计说明

1. 电源

本工程电源采用三相四线制供电（380/220），进户线采用 VV1KV—（3×16+1×10）电缆穿 G40 钢管埋地（标高－0.90m）引入总配电箱。电缆及 G40 钢管暂按 20m 长计算。

2. 配管配线

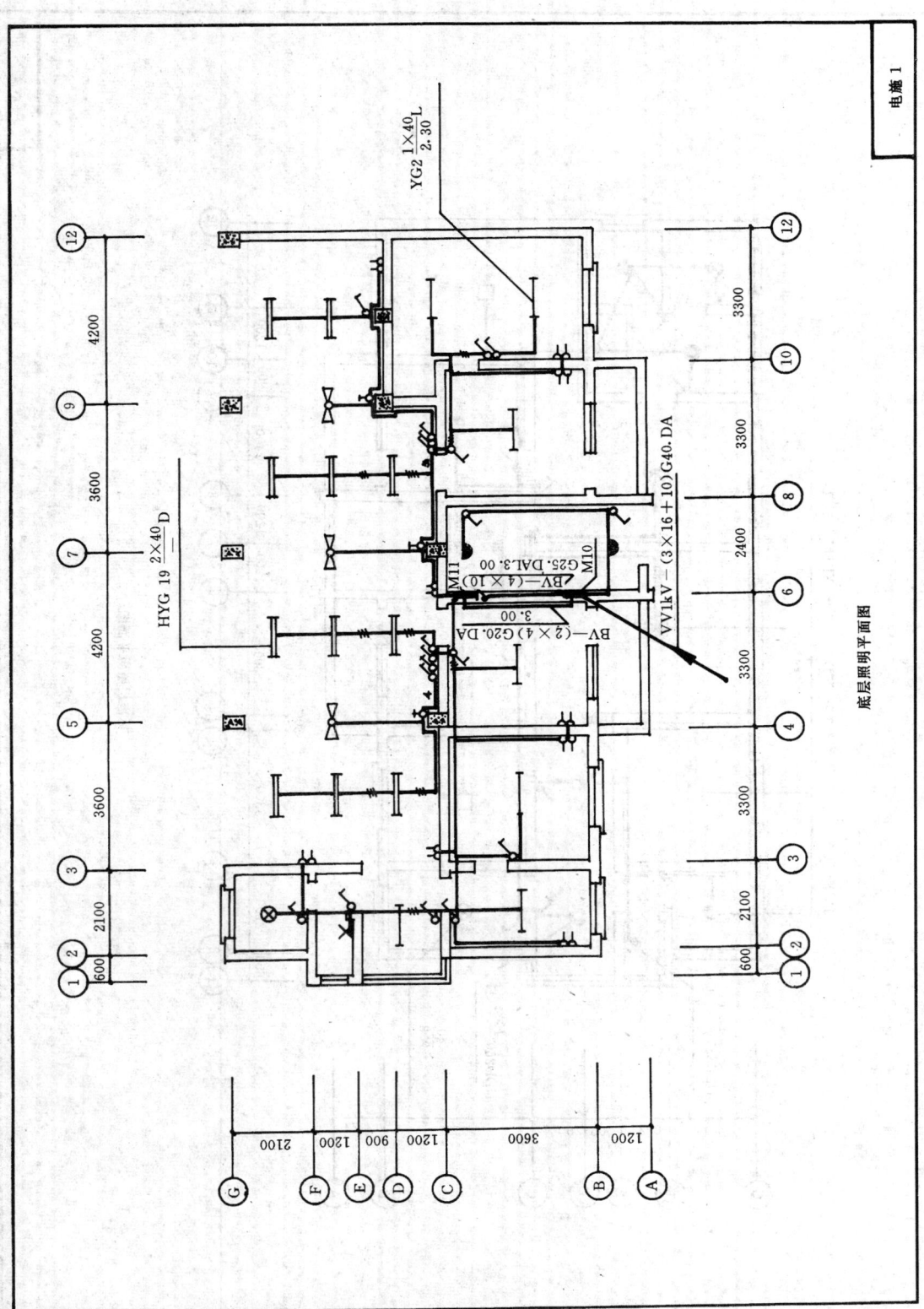

底层照明平面图

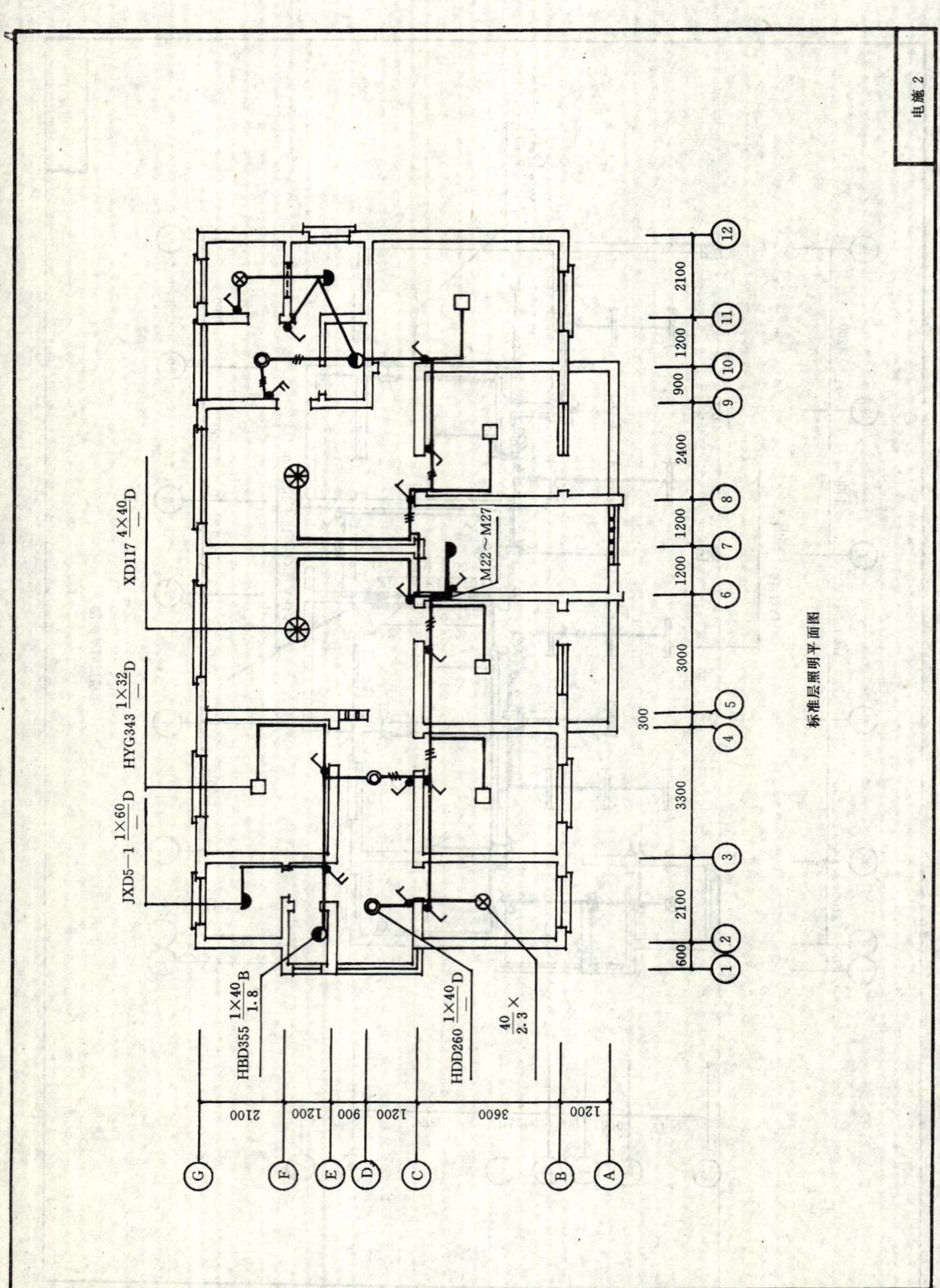

标准层照明平面图

346

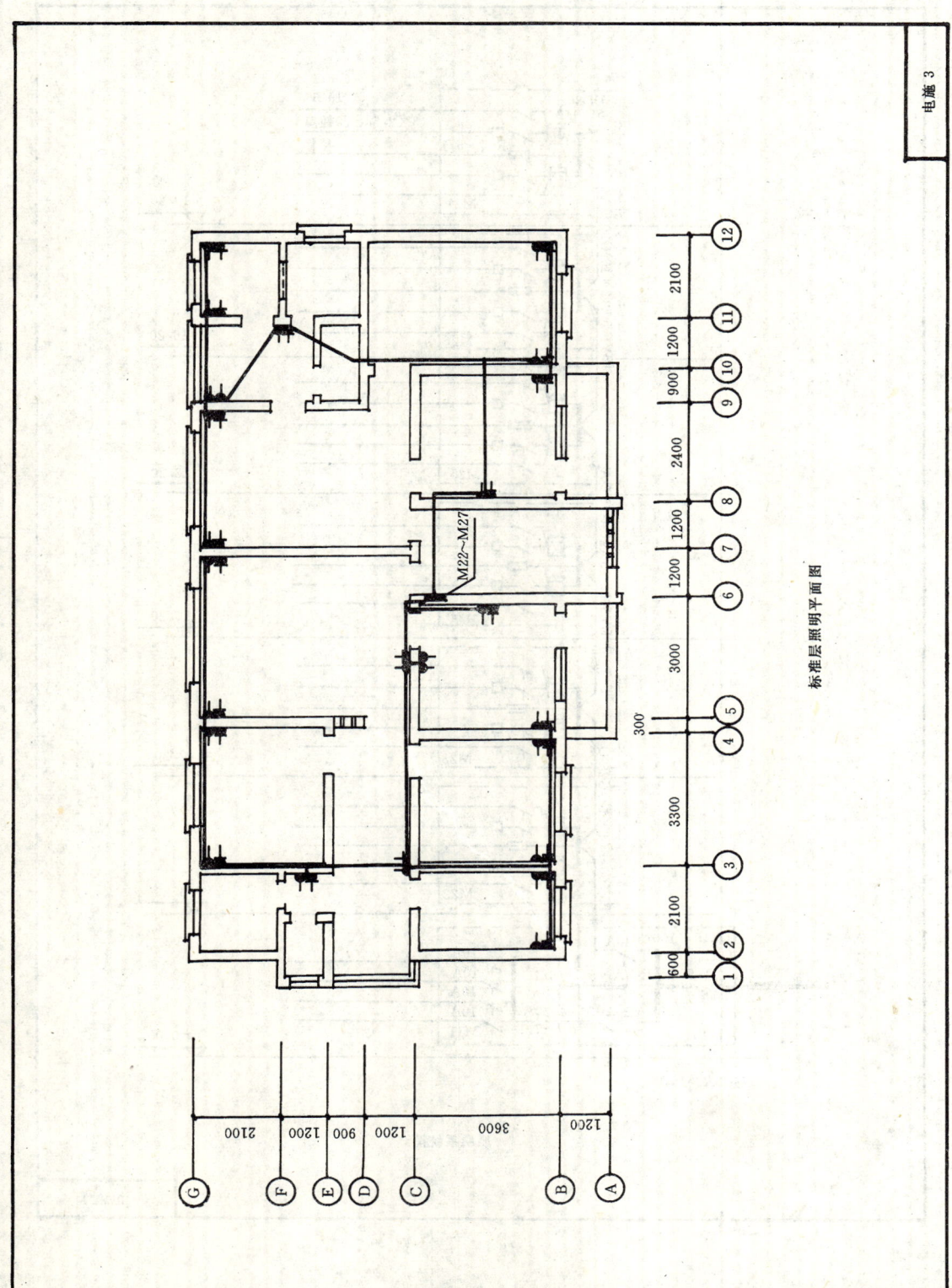

标准层照明平面图

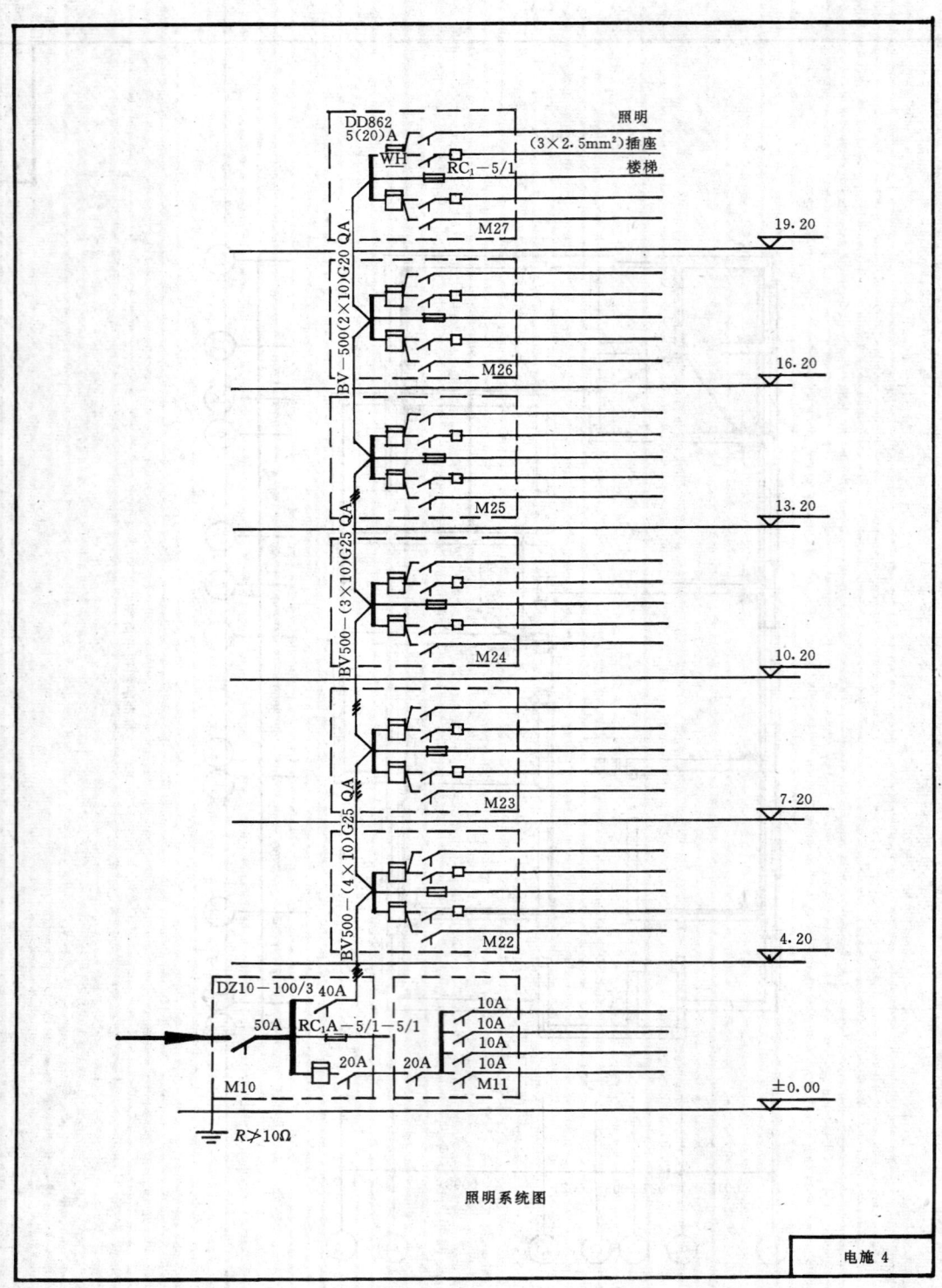

照明系统图

电施 4

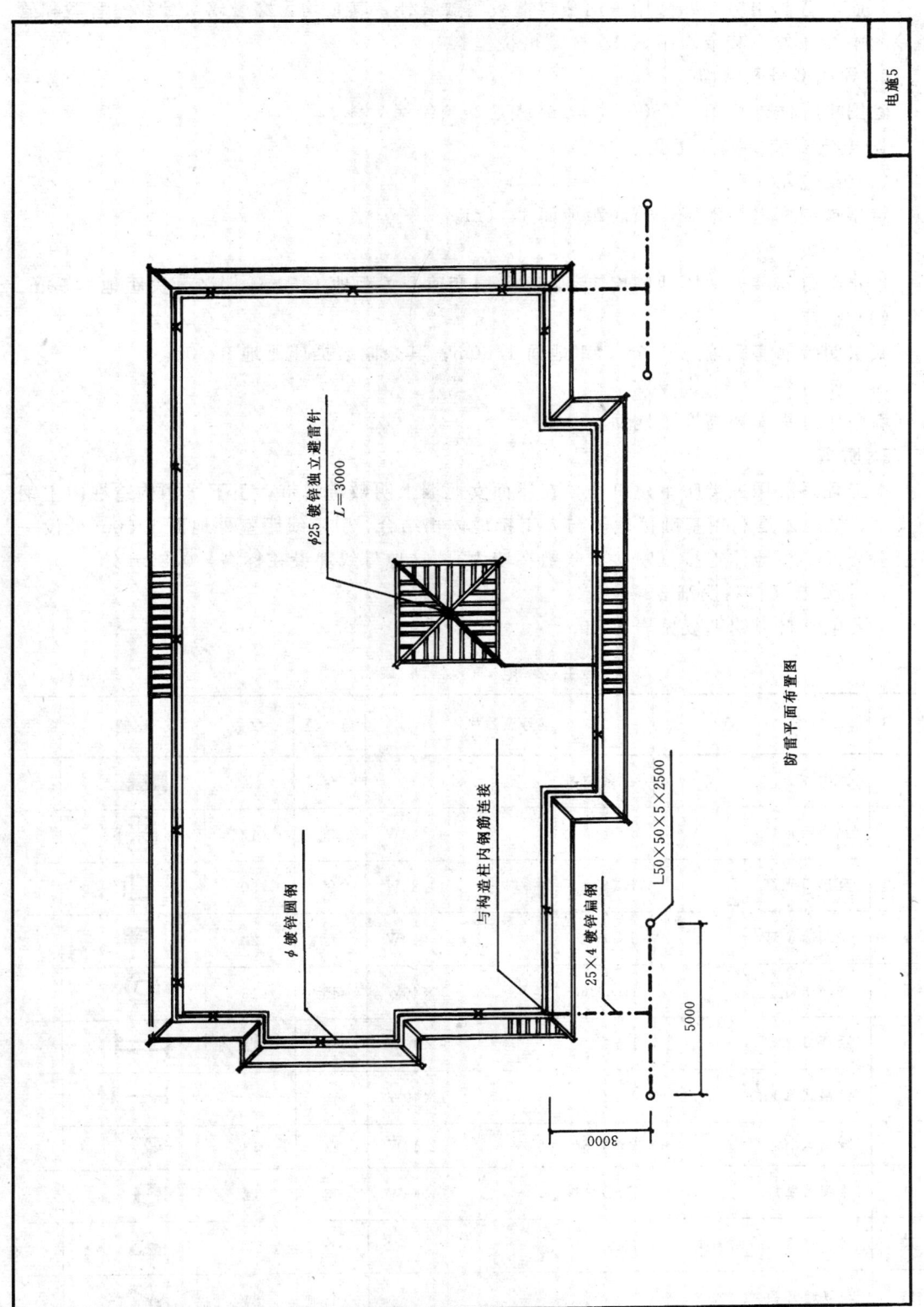

防雷平面布置图

φ25 镀锌独立避雷针
L=3000

φ 镀锌圆钢

与构造柱内钢筋连接

25×4 镀锌扁钢

L50×50×5×2500

5000

3000

除底层营业用房、办公用房用塑料槽板明敷线外，其余均为穿管暗敷配线。管型和管径除图中标注外，其余均用 KRG15 型可挠塑料管。

3. 导线型号及截面

除图中标注外均用 BV500-2.5mm² 铜芯塑料绝缘导线。

4. 电气安装方式及高度

（1）配电箱

定型铁制配电箱暗装，箱底距地面 1.70m。

（2）开关

带指示灯暗装开关距地高度 1.40m；风扇变速开关距地 1.50m，明装开关距地 1.50m。

（3）插座

底层明装插座距墙边 0.5m，距地面 1.60m；其余暗装插座距地 0.30m。

（4）座灯头

墙壁座灯头安装高度距地面 3.0m。

5. 防雷

本工程系民用三类防雷建筑物，在屋面女儿墙上明敷避雷带，引下线用构造柱内主钢筋代替，接地体是利用基础接地体与人工接地体相结合，引下线距室外地面 1.50m 处设一断接卡与人工接地体连接（断接卡暗敷在墙内）。接地母线埋设在标高 −0.80m 处。

6. 主要电气材料明细表

主要电气材料明细表见表 6-21。

主 要 电 气 材 料 表 表 6-21

序 号	名 称	型号及规格		单 位	数量	图例	备注
1	配电箱	见系统图		台	8		
2	组合吸顶灯	XD117	4×40W	套	12		
3	环形日光灯	HYG343	1×32W	套	30		
4	平圆吸顶灯	JXD5-1	1×40W	套	20		
5	伸缩吊灯	HDD260	1×40W	套	18		
6	吸顶日光灯	HYG19	2×40W	套	11		
7	链吊式日光灯	YG2	1×40W	套	7		
8	线吊式白炽灯头	250V 6A	40W	套	13		
9	半圆形壁灯	HBD355	1×40W	套	12		
10	二、三眼组合暗插座	15A		个	144		
11	单联暗开关			个	84		

序号	名称	型号及规格	单位	数量	图例	备注
12	双联暗开关		个	12		
13	单联明装开关		个	19		
14	吊风扇	$\phi1200$	台	3		
15	吊风扇变速开关		个	3		
16	两孔明装插座		个	18		
17	钢管内穿电缆	VV1KV—(3×16+1×10)G40	m	见说明		
18	钢管内穿线	BV500—(4×10)G25	m	按实		
19	钢管内穿线	BV500—(3×10)G25	m	按实		
20	钢管内穿线	BV500—(2×10)G20	m	按实		
21	可挠塑料管内穿线	KRG15	m	按实		
22	避雷网	$\phi8$ 镀锌钢筋	m	按实		
23	独立避雷针	$\phi25$ 镀锌圆钢	根	1		
24	按地母线	L＝3000—25×4	m	按实		
25	接地极	L 50×50×5×2500	根	4		
26	二线塑料槽板	$2×2.5mm^2$	m	按实		
27	三线塑料槽板	$3×2.5mm^2$	m	按实		

（二）电照工程量计算

电照工程量计算表。见表6-22。

电 照 工 程 量 计 算 表　　　　　　　　表 6-22

序号	项目名称	单位	工程量	计　算　式
1	穿电缆钢管暗敷	m	20.0	G40 钢管 20.0m（见说明）
2	管内穿电缆	m	20.0	VV1KV—(3×16+1×10) 20.0m（见说明）
3	配电箱安装	台	8	总配电箱　M10　　1台 分配电箱 { M11　　1台 M22～M27　6台 }　8台

序号	项目名称	单位	工程量	计　算　式
4	G25 钢管暗敷	m	16.20	（电施4） 1～五层立管：13.20－1.70+1.70=13.20m （电施1） 　水平：3.00m 　小计：16.20m
5	G20 钢管暗敷	m	13.30	底层 M10～M11 之间（电施1） 　水平：3.00m 　立管：（说明）0.90+1.70×2=4.30　⎤ 五～七层（电施4）　　　　　　　　　⎬ 13.30m 　立管：19.20+1.70－（13.20+1.70）=6.0⎦
6	照 明 线 路 塑 料 管（KRG15）暗敷	m	552.60	（1）右边住户 ①配电箱处： 　立管：3.00－1.70=1.30　　　　　　　⎤ 　　　配电箱距墙边　梯间　　　　　　　⎬ 2.80m 　水平：0.30　　+1.20=1.50　　　　　⎦ ②室内 水平：客厅 　　　(1.20+0.90+1.20+2.10)×$\frac{1}{2}$+（1.20 　　　　　　　　　　Ⓒ、⑦～⑩ 　　　+2.40)×$\frac{1}{2}$+1.20+2.40+0.90 　　　有阳台房间 　+ 　　3.60×$\frac{1}{2}$+（2.40+0.90）×$\frac{1}{2}$ 　　　无阳台房间 　+ 　(3.60×1.20)×$\frac{1}{2}$+（1.20+2.10）×$\frac{1}{2}$ 　　　厨房、卫生间、厕所 　+ 　(0.90+1.20+2.10)×$\frac{1}{2}$+（0.9+1.20）×$\frac{1}{2}$ 　+（0.90+1.20+2.10）×$\frac{1}{2}$ 　　　斜长1 　+ 　$\sqrt{(2.10×\frac{1}{2}+1.20)^2+(0.9+1.20)^2}$ 　　　斜长2 　+2.10×1.414 * =27.80m 立管： 开关：(3.0－1.40)×6 个=9.60m 壁灯：3.0－1.80=1.20m 右边住户小计：41.40m

序号	项目名称	单位	工程量	计　算　式
6	照明线路塑料管 （KRG15）暗敷			（2）左边住户 ①配电箱处 　水平：0.30m 　立管：3.0−1.70＝1.30m] 1.60m ②室内 　水平：　客厅　⑦轴 　　　　　1.20＋（1.20＋0.90＋1.20＋2.10）×$\frac{1}{2}$ 　　　　　　　　　　　　　　　ⓒ轴 　　　　　＋（3.0＋1.20）×$\frac{1}{2}$＋2.10×$\frac{1}{2}$＋3.30 　　　　　　　　　　二个并排小房间 　　　　　＋0.30＋3.0＋（3.60×$\frac{1}{2}$＋3.3×$\frac{1}{2}$×2 间 　　　　＋　厨房　　　饭厅 　　　　　3.60×$\frac{1}{2}$＋（1.20＋0.90）×$\frac{1}{2}$ 　　　　　　　　　　　Ⓔ轴 　　　　　＋（1.20＋0.90）＋0.30＋3.30＋2.10 　　　　卫生间　　　　房间 　　　　＋1.20＋2.10×$\frac{1}{2}$＋（1.20＋2.10）×$\frac{1}{2}$ 　　　　＋（3.30＋0.30）×$\frac{1}{2}$ 　　　　＝34.20m 　立管： 　开关：（3.0−1.40）×6 根＝9.60m 　壁灯：3.0−1.80＝1.20m 　　左边住户小计：46.60m 　　每层小计：88.0m 楼梯间：[（3.0−1.70）＋1.20＋（3.0−1.4）]×6 层＝24.60m 合计：88.0×6 层＋24.60＝552.60m
7	插座线路塑料管 （KRG15）暗敷	m	642.54	（1）右边住户 ①配电箱处 　水平：0.30＋1.20＝1.50m 　立管：3.0−1.70＝1.30m ②室内 　水平：⑧轴　　　有阳台房间　　⑩轴 　　　　3.60×$\frac{1}{2}$＋2.40＋0.90＋3.60＋1.20 　　　　斜长 1　　　　　　斜长 2 　　　＋（0.9＋1.20）×1.20*＋（0.90＋1.20）×1.414*） 　　　ⓖ轴 　　　＋1.20＋2.40＋0.90＋1.20＋2.10 　　　Ⓑ轴 　　　＋1.20＋2.10＝26.19m

序号	项目名称	单位	工程量	计　算　式
7	插座线路塑料管（KRG15）暗敷			立管： 　　8 根×（3.0－0.30）＝21.60m 　　右边住户小计：50.59m （2）左边住户 ①配电箱处 水平：0.30m 立管：3.0－1.70＝1.30m ②室内 　　水平：⑥轴　　　ⓒ轴 　　3.60×$\frac{1}{2}$＋3.30＋0.30＋3.0 　　 ③轴 　　＋3.60＋1.20＋0.90＋1.20＋2.10 　　 Ⓑ轴　　　　Ⓖ轴 　　＋2.10＋3.30＋3.30＋0.30＋3.30＋1.20 　　＝27.90m （续序 7） 立管： 　　10 根×（3.0－0.30）＝27.0m 　　左边住户小计：56.50m 　　合计：107.09×6 层＝642.54m
8	管内穿线（2.5mm²）	m	3 089.52	（1）照明部分： 　　序 7　552.60×2 根＝1 105.20m 　　三线增加长： 　　饭厅　　　　　　　⑤轴门洞　　　　⑩轴 　　（1.20＋0.90）×$\frac{1}{2}$＋1.20×4 个＋（2.10 　　＋1.20）×$\frac{1}{2}$＋0.90＋（0.90＋1.20）×$\frac{1}{2}$ 　　＝9.45m 　　9.45×6 层＝56.70m （2）插座部分： 　　序 7　642.54×3 根＝1 927.62m 　　小计：3089.52m
9	管内穿线（4mm²）	m	14.60	序 5 （3.0＋4.30）×2 根＝14.60m

序号	项目名称	单位	工程量	计　算　式
10	管内穿线（10mm²）	m	95.10	(1) 底层～三层： 　　　　　　　　　　M10 　　±0.00 以下立管 水平：3.0＋0.90＝3.90m 　　　　预留导线　　　　　±0.00 以下 立管：（7.20＋1.0×3 个配电箱＋0.90 　　第三层配电箱 　　＋1.70）×4 根＝51.20m (2) 三层～五层： 　　　　层高 　　（3.0×2 层间隔＋1.0×2 个配电箱）×3 根 　　＝24.0m (3) 五层～七层 　　（3.0×2 层间隔＋1.0×2 个配电箱）×2 根 　　＝16.0m 　　小计：95.10m
11	塑料槽板明敷 其中：三线槽板 　　　二线槽板	m m m	152.37 (12.65) (139.72)	(1) 梯间 　　　　立面　　　　水平 （3.0－1.70）＋0.30＋2.40＋3.60＋2.40 $\times\frac{1}{2}$＋（4.20－0.12－1.40）×2＝14.16m (2) 右分支 　　　　墙边　墙厚　　　Ⓒ、Ⓓ轴 营业厅：0.30＋0.24＋2.40＋3.30＋3.30 　　距墙边　　风扇 　　－0.50＋〔（1.20＋0.90＋1.20＋2.10） $\times\frac{1}{2}$＋（0.90＋1.20＋2.10）$\times\frac{1}{2}$〕＋ 〔（1.20＋0.90＋1.20＋2.10）$\times\frac{2.5}{3}$ ＋（0.9＋1.20＋2.10）$\times\frac{1.5}{2}$〕＝21.49m 有阳台房间： 　Ⓒ轴　门洞　　　　　　Ⓘ轴　距墙边 　3.30－1.0＋3.60$\times\frac{1}{2}$＋3.60－0.50＝7.20m 无阳台房间： 　Ⓘ轴 　（3.60＋1.20）$\times\frac{1}{2}$＋3.30$\times\frac{1}{2}$×2＝5.70m (3) 左分支 营业厅： 　Ⓒ轴　　　　　风扇 　（4.20＋3.60）$\times\frac{1}{2}$＋（1.20＋0.90＋1.20＋2.10） 　　　　荧光灯 　$\times\frac{1}{2}$＋（1.20＋0.90＋1.20＋2.10）$\times\frac{2.5}{3}$×2＝15.60m

序号	项目名称	单位	工程量	计　算　式
11	塑料槽板明敷 其中：三线槽板 　　　二线槽板	m m m	152.37 (12.65) (139.72)	Ⓒ轴～Ⓑ轴房间： （以下为计算式）

Ⓒ轴～Ⓑ轴房间：

Ⓒ轴　　　　　　　灯具

$2.10+3.30+3.30+3.60\times\dfrac{1}{2}\times2$ 个

③轴　　　　插座

$+3.60\times\dfrac{1}{2}+(3.60-0.50)\times2$ 个 $=20.30$m

厕所、卫生间、饭厅：

$1.20+0.90+1.20+2.10\times\dfrac{1}{2}+\dfrac{\text{座灯头}}{0.50}$

Ⓕ轴

$+2.10\times\dfrac{1}{2}=5.90$m

(4) 插座

9 处 $\times(4.20-0.12-1.60)=22.32$m

(5) 开关

14 处 $\times(4.20-0.12-1.50)=36.12$m

(6) 座灯头

$(4.20-0.12-3.0)=1.08$m

小计：149.87m

(7) 三线槽板长

① 营业厅荧光灯

$(1.20+0.90+1.20+2.10)\times\dfrac{1}{3}\times3$ 处

$+(1.20+0.90+1.20+2.10)\times\dfrac{1}{3}\times\dfrac{1}{2}\times2$ 处

Ⓒ轴　　　②～③轴间荧光灯

$+3.60\times\dfrac{1}{2}+(1.20+0.90)\times\dfrac{1}{2}$

$=10.05$m

② 房间

⑩轴

$\left(3.30\times\dfrac{1}{2}-\dfrac{\text{门洞}}{1.20}\right)\times2$ 间 $+(3.60+1.20)$

$\times\dfrac{1}{2}\times\dfrac{1}{2}=2.10$m

三线槽板小计：12.15m

③ 5根线处增加三线槽板长

0.50m

三线槽板共长：12.65m

(8) 二线槽板长

$149.87-12.15=137.72$m

4根线处增加二线槽板长

$3.30-1.20+(1.20+0.90+1.20+2.10)\times\dfrac{1}{3}\times\dfrac{1}{2}=2.0$m

二线槽板共长：139.72m

序号	项目名称	单位	工程量	计　算　式
12	组合吸顶灯安装	套	12	客厅用 　2套×6层＝12套
13	环形日光灯安装	套	30	房间用 　5套×6层＝30套
14	平圆吸顶灯安装	套	20	梯间用 　底层：2套 　楼层：1套×6层＝6套 ⎫ 　卫生间：2套×6层＝12套 ⎭ 20套
15	伸缩吊灯安装	套	18	饭厅用 　3套×6层＝18套
16	吸顶荧光灯	套	11	营业厅用：11套
17	链吊式荧光灯	套	7	办公用房：7套
18	软线吊灯	套	13	厨房用 　2套×6层＝12 ⎫ 　底层 1套 ⎭ 13套
19	半圆形壁灯	套	12	厕所用 　2套×6层＝12套
20	二、三眼组合暗插座	个	144	24个×6层＝144个
21	单联暗开关	个	84	房间：13个×6层＝78个 ⎫ 梯间：1个×6层＝6个 ⎭ 84个
22	双联暗开关	个	12	2个×6层＝12个
23	单联明装开关	个	19	营业用房：17个 ⎫ 梯间：2个 ⎭ 19个
24	吊风扇安装	台	3	3台（营业厅） （含变速开关安装）
25	两孔明插座	个	18	18个
26	塑料接线盒	个	186	转弯：11处 ⎫ 分支：20处 ⎭ 31个，×6层＝186个
27	独立避雷针	根	1	1根（3m长）
28	避雷网	m	62.79	（电施5）（尺寸见电施2） Ⓐ～Ⓖ　①～⑫　连接独立避雷针 　（10.20＋18.30）×2＋2.40 　＋1.50＋$\sqrt{(1.60)^2+(1.0)^2}$ 　＝57.0＋5.79＝62.79m

序号	项目名称	单位	工程量	计 算 式
29	断接卡安装	处	2	2处（电施5）
30	接地母线敷设	m	20.80	断接卡处 （3.0＋5.0＋0.90＋1.50）×2＝20.80m
31	接地极敷设	根	4	（电施5） 2根×2组＝4根
32	接地电阻测试	组	2	2组
33	插座盒、开关盒安装	个	240	插座盒：144个 ⎤ 开关盒：84＋12＝96个 ⎦240个

（三）直接费计算

直接费计算顺序同给排水安装工程直接费计算。

电气照明安装工程预算定额见表6-23。

电照安装工程未计价材料预算价格见表6-24。

电照安装工程直接费计算表见表6-25。

电照安装工程直接费表计算方法：（表6-25）

合价＝工程量×单价

人工费合价＝工程量×人工费单价

未计价材料用量＝工程量×未计价材料消耗系数

未计价材料费合价＝未计价材料费×未计价材料单价

电照安装工程预算定额（估价表）摘录　　　　表6-23

定额编号	项目名称	单位	安装基价	人工费	材料费	机械费	材料名称	单位	数量
2-439	照明配电箱安装	台	103.33	43.67	21.56	38.10	配电箱	台	1.00
2-660	电缆敷设	100m	247.40	112.92	108.80	25.68	电缆	m	101.50
2-716	砖混结构暗配DN20内钢管	100m	151.68	85.36	49.72	16.60	钢管	m	103.00
2-717	砖混结构暗配DN32内钢管	100m	232.98	110.83	90.36	31.79	钢管	m	103.00
2-718	砖混结构暗配DN50内钢管	100m	390.09	189.17	153.32	47.60	钢管	m	103.00
2-758	半硬塑料管DN20内砖混结构暗配	100m	68.10	54.49	13.61	—	半硬塑料管	m	106.00
2-773	管内穿线2.5mm²以内	100m	29.40	12.18	17.22	—	绝缘导线	m	116.48
2-774	管内穿线4mm²以内	100m	16.64	8.36	8.28	—	绝缘导线	m	109.25
2-777	管内穿线16mm²以内	100m	24.32	11.93	12.39	—	绝缘导线	m	104.09

定额编号	项 目 名 称	单位	安装基价	其 中			未计价材料		
				人工费	材料费	机械费	材料名称	单位	数量
2-866	塑料槽板配线砖混结构 二线 2.5mm² 内	100m	268.79	183.39	85.40	—	绝缘导线 塑料槽板	m m	226.00 105.00
2-868	塑料槽板配线砖混结构 三线 2.5mm² 内	100m	315.41	215.13	100.28	—	绝缘导线 塑料槽板	m m	335.94 105.00
2-943	暗装接线盒	10 个	19.88	5.54	14.34	—	接线盒	个	10.20
2-951	半圆球吸顶灯	10 套	88.81	26.57	62.24	—	成套灯具	套	10.10
2-955	组合方型吸顶灯	10 套	302.85	59.90	242.95	—	成套灯具	套	10.10
2-958	吊链灯	10 套	47.45	15.98	31.47	—	成套灯具	套	10.10
2-984	单管吸顶荧光灯	10 套	63.82	26.69	37.13	—	成套灯具	套	10.10
2-944	暗装插座盒、开关盒	10 个	13.79	5.90	7.89	—	插座、开关盒	个	10.20
2-985	双管吸顶式荧光灯	10 套	70.71	33.58	37.13	—	成套灯具	套	10.10
2-957	软线吊灯	10 套	47.45	15.98	31.47	—	成套灯具	套	10.10
2-961	一般壁灯	10 套	64.26	24.85	39.41	—	成套灯具	套	10.10
2-978	吊链式荧光灯（单管）	10 套	127.60	26.69	100.91	—	成套灯具	套	10.10
2-1031	单联明装开关	10 套	24.45	10.21	14.24	—	开关	套	10.20
2-1032	单联暗开关	10 套	18.35	10.46	7.89	—	开关	套	10.20
2-1033	双联暗开关	10 套	19.35	10.46	8.89	—	开关	套	10.20
2-1035	明装插座（单相）	10 套	30.51	10.21	20.30	—	插座	套	10.20
2-1045	暗插座（单相）	10 套	21.34	10.21	11.13	—	插座	套	10.20
2-1069	吊风扇	台	10.73	5.29	5.44	—	吊扇	台	1.00
2-1217	角钢接地极安装	根	9.53	5.29	1.87	2.37	角钢	根	1.05
2-1222	接地母线敷设	10m	43.32	38.75	2.67	1.90	扁钢	10m	1.05
2-1224	接地跨接线	10 处	66.46	16.98	40.00	9.48	—		
2-1230	独立避雷针安装	根	46.44	7.87	38.57	—			
2-1252	避雷网安装	10m	77.93	38.13	27.47	12.33	避雷线	10m	1.05
2-1415	接地极接地电阻测试	组	98.40	49.20	2.46	46.74			

序号	材 料 名 称	单位	单价	序号	材 料 名 称	单位	单价
1	M10 照明配电箱	台	500.00	17	G40 钢管	m	17.84
2	M11 照明配电箱	台	450.00	18	G25 钢管	m	10.95
3	M22～M27 照明配电箱	台	400.00	19	G20 钢管	m	8.06
4	组合吸顶灯 XD117	套	156.00	20	可挠塑料管 KRG15	m	1.85
5	环形日光灯 HYG343	套	85.00	21	BV500—10mm² 导线	m	4.07
6	平圆吸顶灯 JXD5-1	套	68.00	22	BV500—4mm² 导线	m	1.56
7	伸缩吊灯 HDD260	套	54.00	23	BV500—2.5mm² 导线	m	1.07
8	吸顶日光灯 HYG19	套	86.00	24	φ8 镀锌圆钢	m	1.38
9	链吊式日光灯 YG2	套	58.00	25	—25×4 镀锌扁钢	m	2.95
10	线吊式白炽灯头	套	5.80	26	二线塑料槽板	m	0.85
11	半圆形壁灯 HDD355	套	77.00	27	三线塑料槽板	m	1.12
12	二、三眼组合插座	个	5.40	28	塑料接线盒	个	1.88
13	单联暗开关	个	3.32	29	L50×5×2500 镀锌角钢	根	30.00
14	吊风扇（含变速开关）	台	128.00	30	插座盒、开关盒	个	2.25
15	两孔明装插座	个	1.80	31	双联暗开关	个	4.86
16	电缆 VV1KV	m	21.20	32	单联明装开关	个	1.80

注：灯具内均含灯管，灯泡。

底商住宅楼电照安装工程直接费计算表　　　　　表 6-25

序号	定额编号	项目名称	单位	工程量	单价	合价	其中：人工费 单价	其中：人工费 合价	其中：机械费 单价	其中：机械费 合价	未计价材料费 单价	未计价材料费 合价
1	2-439	照明配电箱安装	台	8	103.33	826.64	43.67	349.36	38.10	304.80		
		M10 配电箱	台	1							500.00	500.00
		M11 配电箱	台	1							450.00	450.00
		M22～M27 配电箱	台	6							400.00	2400.00
2	2-660	电缆线敷设 VV1KV（3×16＋1×10）	m	20.0	2.47	49.40	1.13	22.60	0.26	5.20		
			m	20.30							21.20	430.36
3	2-716	钢管暗敷 钢管 G20	m	13.30	1.52	20.22	0.85	11.31	0.17	2.26		
			m	13.70							8.06	110.42
4	2-717	钢管暗敷 钢管 G25	m	16.20	2.33	37.75	1.11	17.98	0.32	5.18		
			m	16.69							10.95	182.76
5	2-718	钢管暗敷 钢管 G40	m	20.0	3.90	78.00	1.89	37.80	0.48	9.60		
			m	20.6							17.84	367.50

序号	定额编号	项目名称	单位	工程量	单价	合价	其中：人工费 单价	其中：人工费 合价	其中：机械费 单价	其中：机械费 合价	未计价材料费 单价	未计价材料费 合价
6	2-758	可挠塑料管暗敷 KRG15	m m	1 196.14 1 266.85	0.68	812.70	0.54	645.38	—		 1.85	 2 343.67
7	2-773	管内穿线 BV—2.5mm²	m m	3 089.52 3 598.65	0.29	895.96	0.12	370.74	—		 1.07	 3 850.56
8	2-774	管内穿线 BV—4mm²	m m	14.60 15.96	0.17	2.48	0.08	1.17	—		 1.56	 24.90
9	2-777	管内穿线 BV—10mm²	m m	95.10 99.00	0.24	22.82	0.12	11.41	—		 4.07	 402.93
10	2-866	二线塑料槽板配线 二线槽板 BV—2.5mm²	m m m	139.72 146.71 315.77	2.69	375.85	1.83	255.69	—		 0.85 1.07	 124.70 337.87
11	2-868	三线塑料槽板配线 三线槽板 BV—2.5mm²	m m m	12.65 13.28 42.49	3.15	39.85	2.15	27.20	—		 1.12 1.07	 14.87 45.46
12	2-943	接线盒安装 塑料接线盒	个 个	186 189.72	1.99	370.14	0.55	102.30	—		 1.88	 356.67
13	2-944	开关、插座盒安装 开关、插座盒	个 个	240 244.8	1.38	331.20	0.59	141.60	—		 2.25	 550.80
14	2-951	半圆球吸顶灯 灯具 JXD5—1	套 套	20 20.20	8.88	177.60	2.66	53.20	—		 68.00	 1 373.60
15	2-955	组合方型吸顶灯 XD117 灯具	套 套	12 12.12	30.29	363.48	5.99	71.88	—		 156.00	 1 890.72
16	2-958	伸缩吊灯 灯具 HDD260	套 套	18 18.18	4.75	85.50	1.60	28.80	—		 54.00	 981.72
17	2-984	单管吸顶日光灯安装 HYG343 灯具	套 套	30 30.30	6.38	191.40	2.67	80.10	—		 85.00	 2 575.50
18	2-985	双管吸顶日光灯安装 HYG19 灯具	套 套	11 11.11	7.07	77.77	3.36	36.96	—		 86.00	 955.46
19	2-978	吊链式日光灯安装 YG2 灯具	套 套	7 7.07	12.76	89.32	2.67	18.69	—		 58.00	 410.06
20	2-957	软线吊灯 灯具	套 套	13 13.13	4.75	61.75	1.60	20.80	—		 5.80	 76.15
21	2-961	半圆形壁灯安装 HDD355 灯具	套 套	12 12.12	6.43	77.16	2.49	29.88	—		 77.00	 933.24

序号	定额编号	项目名称	单位	工程量	单价	合价	其中：人工费 单价	其中：人工费 合价	其中：机械费 单价	其中：机械费 合价	未计价材料费 单价	未计价材料费 合价
22	2-1031	单联明装开关	个	19	2.45	46.55	1.02	19.38	—			
		开关	个	19.38							1.80	34.88
23	2-1032	单联暗开关	个	84	1.84	154.56	1.05	88.20	—			
		开关	个	85.68							3.32	284.46
24	2-1033	双联暗开关	个	12	1.94	23.28	1.05	12.60	—			
		开关	个	12.24							4.86	59.49
25	2-1035	二孔明装插座	个	18	3.05	54.90	1.02	18.36	—			
		插座	个	18.36							1.80	33.05
26	2-1045	暗装插座（二、三眼组合）	个	144	2.13	306.72	1.02	146.88	—			
		插座	个	146.88							5.40	793.15
27	2-1069	吊风扇安装	台	3	10.73	32.19	5.29	15.87				
		风扇 ϕ1 200	台	3							128.00	384.00
28	2-1217	接地极敷设	根	4	9.53	38.12	5.29	21.16	2.37	9.48		
		L50×5×2500 镀锌角钢	根	4.20							30.00	126.00
29	2-1222	接地母线敷设	m	20.80	4.33	90.06	3.88	80.70	0.19	3.95		
		一25×4 镀锌扁钢	m	21.84							2.95	64.43
30	2-1224	接地断接卡安装	处	2	6.65	13.30	1.70	3.40	0.95	1.90		
31	2-1230	独立避雷针安装	根	1	46.44	46.44	7.87	7.87	—			
32	2-1252	避雷网安装	m	62.79	7.79	481.13	3.81	239.23	1.23	77.23		
		ϕ8 镀锌圆钢	m	65.93							1.38	90.98
33	2-1415	接地电阻测试	组	2	98.40	196.80	49.20	98.40	46.74	93.48		
		小计：				6 471.04		3 086.90		513.08		23 560.36

（四）电照安装工程造价计算

根据第四章表 4-2 中的建筑安装工程费用计算程序，计算底商住宅楼电照安装工程造价（见表 6-23）。

取费条件

（1）工程类别：三类工程；

（2）施工单位取费证等级：三级取费；

（3）收取施工图预算包干费；

（4）施工地点距基地 30km；

（5）各项费率查表如下：

其他直接费费率（表 4-5）： 32.29%

现场经费费率（表 4-5）： 38.46%

企业管理费费率（表 4-6）：   39.66%

财务费用费费率（表 4-7）：   6.04%

远地施工增加费费率（表 4-8）：   4.0%（取上限）

劳动保险费费率（表 4-9）：   23.6%（取上限）

计划利润率（表 4-11）：   51%（取上限）

施工图预算包干费费率（表 4-12）：   15%

定额管理费费率（表 4-12）：   1.8‰

营业税税率：   3.0928%

城市维护建设税税率：   7%

教育费附加税率：   2%

(6) 定额直接费（表 6-25）：   6 471.04 元

(7) 定额人工费（表 6-25）：   3 086.90 元

(8) 定额材料费：   2 871.06 元

(9) 未计价材料费（表 6-26）：   23 560.36 元

(10) 计价材料价差综调系数：   1.18%

底商住宅电照安装工程造价计算表   表 6-26

序 号	费 用 名 称	计 算 式	金 额 （元）
（一）	定额直接费	见表 6-25	6471.04
（二）	其他直接费	3086.90×32.29%	996.76
（三）	现场经费	3086.90×38.46%	1189.22
（四）	未计价材料费	见表 6-25	23560.36
（五）	计价材料价差调整	2871.06×1.18%	33.88
（六）	施工图预算包干费	3086.90×15%	463.04
（七）	企业管理费	3086.90×39.66%	1224.26
（八）	财务费用	3086.90×6.04%	186.45
（九）	劳动保险费	3086.90×23.6%	728.51
（十）	远地施工增加费	3086.90×4%	123.48
（十一）	施工队伍迁移费	—	—
（十二）	计划利润	3086.90×51%	1574.32
（十三）	定额管理费	36551.32×1.8‰	65.79
（十四）	营业税	36617.11×3.0928%	1132.49
（十五）	城市维护建设税	1132.49×7%	79.27
（十六）	教育费附加	1132.49×2%	22.65
（十七）	工程造价	（一）～（十六）之和	37851.52

（五）编制说明

1. 底商住宅楼电照安装工程预算根据该工程电照施工图、全国统一安装工程预算定额、某地区安装工程估价表、某地区安装材料预算价格、某地区费用标准编制。

2. 本预算按三类工程、三级取费计算各项费用。

3. 本预算未包括土方工程。

4. 施工中若发生设计变更，应及时签证，待结算时调整。

复习思考题

1. 水、暖、电安装工程施工图预算的编制依据有哪些？

2. 安装工程施工图预算与土建施工图预算有哪些区别？

3. 室内给排水施工图由哪些图构成？

4. 怎样确定给排水施工图预算的项目？

5. 安装工程预算定额基价是不完全工程单价的原因何在？

6. 室内电气照明施工图由哪些图构成？

7. 怎样确定电气照明施工图预算的项目？

8. 安装工程预算的编制说明应包括哪些内容？

9. 室内采暖工程施工图由哪些图构成？

10. 怎样确定采暖工程施工图预算的项目？

第七章 单位工程施工预算的编制

第一节 概 述

建筑安装施工企业必须加强经营管理，缩短施工周期，确保工程质量、降低工程造价，才能取得较好的经济效益。

做好施工预算工作，是施工企业加强经营管理，降低工程造价的重要环节之一。

什么是施工预算，施工预算与施工图预算有哪些区别，施工预算在企业管理中有哪些作用，这些都是本章节所要讨论的问题。

一、施工预算的概念

施工预算是为适应施工企业加强管理的需要，按照企业管理和队、组核算的要求，根据施工图纸、施工定额（或劳动定额和地区材料消耗定额）、施工组织设计、考虑挖掘企业内部潜力，在开工前由施工单位编制，供企业内部使用的一种预算。它规定了单位工程或分部、分层、分段工程的人工、材料、施工机械台班的消耗数量标准和直接费付出的标准，是施工企业基层的成本计划文件，是与施工图预算和实际成本进行分析对比的基础资料。编制施工预算是加强企业管理，实行经济核算的重要措施。

二、施工预算与施工图预算的区别

施工预算与施工图预算的区别主要有以下几个方面：

1. "两算"的作用不同

施工图预算是确定工程造价，对外签订工程合同，办理工程拨款和贷款、考核工程成本、办理竣工结算的依据。在实行招标、投标的情况下，它也是招标者计算标底和投标者进行报价的基础。

施工预算是为达到降低成本的目的，按照施工定额的规定，结合挖掘企业内部潜力而编制的一种供企业内部使用的预算。是编制施工生产计划和企业内部实行定额管理、确定承包任务的基础。

2. "两算"的编制依据不同

施工图预算与施工预算虽然都是根据同一施工图编制的，但前者的人工、材料和机械台班消耗量，是根据预算定额规定的标准计算的，所表现的是社会平均水平的建筑产品活劳动和物化劳动消耗的补偿量，是施工企业确定资金来源的主要依据。而后者则是根据施工定额的规定，并结合施工企业本身所采用的技术组织措施来计算的，所表现的是企业生产力水平的建筑产品活劳动和物化劳动消耗的付出量，是施工企业控制资金支出的主要尺度。

3. "两算"的工程量计算规则和计量单位有许多不同点

由于"两算"所依据的定额不同，其工程量计算规则和计量单位也不尽相同。施工图预算的工程量是按照预算定额所规定的计算规则和计量单位计算的。而施工预算的工程量要按照劳动定额的规定、地区材料消耗定额的要求、企业管理的需要来进行计算。

4.“两算”的费用组成不同

施工图预算的费用组成,除计算直接费以外,还要计算间接费、利润和税金。而施工预算则主要是计算人工、材料和施工机械台班的消耗量及其相应的直接费,再按照各施工企业所采取的内包办法,增加适当的包干费用,其额度由各施工单位经过测算确定。

5.“两算”的编制方法和粗细程度不同

施工图预算的编制是采用的单位估价法,定额项目的综合程度较大,是用来确定工程造价的。施工预算的编制一般是采用的实物法或实物金额法,定额项目按工种划分,其综合程度较小。由于施工预算要满足按工种实行定额管理和班组核算的要求,所以,预算项目划分较细,并要求分层、分段进行编制。

综上所述,我们可以知道,施工图预算与施工预算无论是在其作用上、编制依据、编制方法、费用组成和粗细程度上均有所不同。如果说施工图预算是确定建筑企业各项工程收入的依据,而施工预算则是建筑企业控制各项成本支出的尺度,这是“两算”最大的区别。

三、施工预算的作用

施工预算的作用与施工定额的作用基本相同,这里只列作用的要点:

1.施工预算是施工企业编制施工作业计划、劳动力计划和材料需用量计划的依据。

2.施工预算是基层施工单位签发施工任务单和限额领料单的依据。

3.施工预算是计算计件工资、超额奖金和开展定包、实行按劳分配的依据。

4.施工预算是施工企业开展经济活动分析、进行“两算”对比的依据。

5.施工预算是促进实施施工技术组织节约措施的有效方法。

第二节　施工预算的基本内容和编制要求

一、基本内容

施工预算的基本内容由“编制说明”和“计算表格”两部分组成。

(一)编制说明

1.编制依据

包括说明采用的施工图、施工定额、工日单价、材料预算价格、机械台班预算价格、施工组织设计或施工方案及图纸会审记录等内容。

2.所编施工预算的工程范围。

3.根据现场勘察资料考虑了哪些因素。

4.根据施工组织设计考虑了哪些施工技术组织措施。

5.有哪些暂估项目和遗留项目,并说明其原因和处理方法。

6.还存在和需要解决的问题有哪些。

7.其他需要说明的问题。

(二)计算表格

1.工程量计算表

是施工预算的基础表。主要反映分部分项工程名称、工程数量、计算式等。

2. 工料分析表

是施工预算的基本计算用表。主要反映分部分项工程中的各工种人工、不同等级的用工量与各种材料的消耗量。

3. 人工汇总表

是编制劳动力计划及合理调配劳动力的依据。它由"工资分析表"上的人工数，按不同工程和级别分别汇总而成的。

4. 材料消耗量汇总表

是编制材料需用量计划的依据。它由"工资分析表"上的材料量，按不同品种、规格，分现场用与加工厂用进行汇总而成。

5. 机械台班使用量汇总表

是计算施工机械费的依据。是根据施工组织设计规定的实际进场机械，按其种类、型号、台数、工期等计算出台班数，汇总而成。

6. "两算"对比表

这是在施工预算编制完后，将其计算出的人工、材料消耗量以及人工费、材料费、施工机械费、其他直接费等，按单位工程或分部工程与施工图预算进行对比，找出节约或超支的原因，作为单位工程开工前在计划阶段的预测分析用表。

此外还有钢筋混凝土构件、金属构件、门窗木作构件的加工订货表、钢筋加工表、铁件加工表、门窗五金表等，视各单位的业务分工和具体编制内容而定。

二、编制要求

施工预算的编制要求与施工预算的作用紧密相关，一般应达到下列要求：

（一）编制深度合适

对于施工预算的编制深度，应满足下面两点要求：

1. 能反映出经济效果，以便为经济活动分析提供可靠的数据。

2. 施工预算的项目，要能满足签发施工任务单和限额领料单的要求，尽量做到使工地不重复计算，以便为加强定额管理、贯彻按劳分配，实行队组经济核算创造条件。

（二）内容要紧密结合现场实际

按所承担的任务范围和采取的施工技术措施，挖掘企业内部潜力，实事求是地进行编制，反对多算和少算，以便使企业的计划成本，通过编制施工预算，建立在一个可靠的基础上，为施工企业在计划阶段进行成本预测分析，降低成本额度创造条件。

（三）要保证其及时性

编制施工预算是加强企业管理，实行经济核算的重要措施，施工企业内部编制的各种计划、开展工程定包、贯彻按劳分配、进行经济活动分析和成本预测等，无一不依赖于施工预算所提供的资料。因此，必须采取各种有效措施，使施工预算能在单位工程开工前编制完毕，以保证使用。

第三节 施工预算的编制

一、编制依据

1. 经过会审的施工图纸和会审记录以及有关的标准图。

2. 施工定额和有关补充定额，或全国统一劳动定额和地区材料消耗定额。

施工定额是编制施工预算的主要依据之一，但目前全国尚无统一的包括人工、材料和机械在内的施工定额。有的省、市根据本地区的情况，自行编制了适用于本地区的施工定额，为编制施工预算创造了有利条件。但也有部分地区至今尚未编制施工定额，在这种情况下，编制施工预算时，人工部分可执行现行的《建筑安装工程统一劳动定额》，材料部分可执行地区颁发的文件《建筑安装工程材料消耗定额》，如果本地区没有相适应的材料消耗定额，可结合实际情况，参照本省预算定额或按施工图预算计算的材料用量而适当降低损耗率的办法进行计算。施工机械部分可根据施工组织设计或施工方案所规定的实际进场机械，按其种类、型号、台数和工期等进行计算。

3. 经批准的施工组织设计或施工方案。

4. 人工工资标准、机械台班单价、材料预算价格或实际采购价格。

这些是计算人工费、机械费和材料费所不可缺少的依据。

5. 施工图预算书中的许多数据可为施工预算的编制，提供许多有利条件和可比数据，因此，施工图预算书是编制施工预算的重要依据之一。

6. 其他有关费用的规定，是指在按定额计算出人工费的基础上，给内部承包单位一定幅度的在定额以外实际要发生的带有包干性质的费用。该项费用的计算，应根据本地区和本企业的有关规定执行。

7. 其他工具书或资料。

二、编制方法

施工预算的编制方法有以下三种：

（一）实物法

根据施工图纸和施工定额，结合施工组织设计或施工方案所确定的施工技术措施，算出工程量后，套用施工定额，分析汇总人工、材料数量，但不进行计价。通过实物消耗数量来反映其经济效果。

（二）实物金额法

是通过实物数量来计算人工费、材料费和直接费的一种方法。是根据实物法算出的人工和各种材料的消耗量，分别乘以所在地区的工资标准和材料单价，求出人工费、材料费和直接费的。

（三）单位估价法

是根据施工图纸和施工定额的有关规定，结合施工技术措施，列出工程项目，计算工程量，套用施工定额单价，逐项计算和汇总直接费，并分析汇总人工和主要材料消耗量，同时列出构件、门窗、钢筋和五金的明细表，最后汇编成册。

三种编制方法的主要区别在于计价方式的不同。实物法只计算实物消耗量，运用这些实物消耗量可向施工班组签发施工任务单和限额领料单。实物金额法是先分析，汇总人工和材料实物消耗量再进行计价。单位估价法则是按分项工程分别进行计价。

上述三种编制方法的机械台班和机械费，都是根据施工组织设计或施工方案的规定，按实际进场的机械计算。

三、采用实物金额法编制施工预算的步骤与方法

（一）了解现场情况，收集基础资料

编制施工预算之前，首先应按前面所述的编制依据，将有关基础资料收集齐备，熟悉施工图纸和会审记录，熟悉施工组织设计或施工方案，了解所采取的施工方法和施工技术措施，熟悉施工定额和工程量计算规则，了解定额的项目划分、工作内容、计量单位、有关附注说明以及施工定额与预算定额的异同点等。同时还要深入现场，了解施工现场的环境、地质、施工平面布置等有关情况。了解和掌握上述内容，是编好施工预算的必备前提条件，也是在编制前必须要做好的基本准备工作。

（二）列项与计算工程量

列项与计算工程量，是施工预算编制工作中最基本的一项工作，所费时间最长，工作量最大，技术要求也较高，是一项十分细致而又复杂的工作。能否准确、及时地编好施工预算，关键在于能否准确、及时地计算工程量。因此，凡能利用施工图预算的工程量就不必再算。但要根据施工组织设计或施工方案的要求，按分部、分层、分段进行划分。工程量的项目内容和计量单位，一定要与施工定额相一致，否则就无法套用定额。

（三）查套施工定额

工程量计算完毕，按照分部、分层、分段划分的要求，经过整理汇总，列出工程项目，将这些工程项目的名称、计量单位及工程数量，逐项填入"施工预算工料分析表"之后，即可查套定额，将查到的定额编号与工料消耗指标，分别填入上表的相应栏目里。选套施工定额项目时，其定额工作内容必须与施工图纸的构造、作法相符合，所列分项工程的名称、内容和计量单位必须与所选施工定额项目的工作内容和计量单位一致。否则，应重新计算工程量。如果工程内容与定额内容不完全一致，但定额规定允许换算或可用系数调整时，则应对定额进行换算后方可套用。对于施工定额中的缺项，可借套其他类似定额，或编制补充定额，但应报请上级批准。

填写"施工预算工料分析表"的计量单位与工程数量时，注意采用定额单位及与之相对应的工程数量，这样就可以直接套用定额中的工料消耗指标，而不必改动定额消耗指标的小数点位置，以免发生差错。填写工料消耗指标时，人工部分应区别不同工种和级别；材料部分应区别不同品种和规格，分别进行填写，并注意填写不同材料的不同计量单位，以便按不同的工种和级别以及不同的材料品种和规格，分别进行汇总。

（四）工料分析

按上述要求，将"施工预算工料分析表"上的分部分项工程名称、定额单位、工程数量、定额编号、工料消耗指标等项目填写完毕后，即可进行工料分析。方法与施工图预算的工料分析方法一样。

（五）工料汇总

按分部工程分别将工料分析的结果进行汇总，最后再按单位工程进行汇总。据以编制单位工程工料计划，计算直接费和进行"两算"对比。

（六）计算直接费和其他费用

根据上述汇总的工料数量与现行的工资标准、材料预算价格和机械台班单价，分别计算人工费、材料费、机械费，三者相加即为本分部工程或单位工程的施工预算直接费。最后再根据本地区或本企业的规定，计算其他有关费用。

（七）整理编写说明，复制、装订、分发。

四、编制施工预算应注意的问题

（一）编制范围

施工预算的主要作用是为基层施工单位实行计件、开展定包、进行经济核算的依据，是确定承包任务的基础。因此，施工预算的编制，应按所承担的施工范围进行。凡属在外单位加工或按商品购入的成品和半成品工程项目，如木材加工厂制作的木门窗，水泥制品厂制作的钢筋混凝土预制构件，以及按商品购入的钢门窗等，编制施工预算时均不应进行工料分析。但在本单位附属企业加工的木门窗和混凝土预制构件和机械化施工处承担施工的构件运输和安装等施工项目，可另行分别编制施工预算，不要同现场施工项目混合编制，以便各基层施工单位进行施工管理和经济核算。

（二）填表要求

由于工料分析表的纵横向格数有限，为使工料分析栏目不超出横向格数，要求在同一页工料分析表上不要列两个不同的分部工程，同一分部工程一张表列不完时，可另起一页。人工、材料、机械汇总表应按分部工程填列，最后按单位工程汇总，以便进行"两算"对比。

（三）工程量的计量单位

为了直接套用施工定额的工料消耗指标，并且不移动它的小数点位置，对编制施工预算进行工料分析所用工程量的计量单位，要求采用定额单位。

（四）定额换算

施工定额中有一系列换算方法和换算系数的规定，必须认真学习，正确使用。对于按规定应该换算的定额项目，则必须对定额进行换算后方可套用。

（五）工料分析和汇总

为了正确计算人工费和材料费，进行工料分析和汇总时，人工部分应按不同工种和级别；材料部分应按不同品种和规格，分别进行分析和汇总。

第四节　"两算"对比

一、"两算"对比的目的

"两算"是指施工图预算和施工预算。前者是确定建筑企业收入的依据（预算成本），后者是建筑企业控制各项成本支出的尺度（计划成本）。"两算"都是在单位工程开工前编制的，并应在开工前进行对比分析。其目的在于找出节约和超支的原因，以便研究提出解决的措施，防止人工、材料耗用量和施工机械费的超支，避免发生预算成本的亏损，为确定降低成本计划额度提供依据。通过"两算"对比，并在完工后加以总结，可以取得经验教训，积累资料，这对于改进和加强施工组织管理，提高劳动生产率，降低工程成本、提高经营管理水平，取得更大经济效益，都有实际意义。所以说，"两算"对比是建筑施工企业运用经济规律，加强企业管理的重要手段之一。

二、"两算"对比的方法

"两算"对比的方法有：实物对比法和金额对比法两种。

（一）实物对比法

将施工预算所计算的工程量，套用施工定额的工料消耗指标，算出分部工程并汇总为单位工程的人工和主要材料耗用量，填入"两算"对比表（见实例），再与施工图预算的工料用量进行对比，算出节约或超支的数量差和百分率。

（二）金额对比法

将施工预算所算出的人工、材料和施工机械台班耗用量，按分部工程汇总后，分别乘以相应的工资标准、材料预算价格和机械台班单价，得出分部工程的人工费、材料费和机械费，将它们填入"两算"对比表，并按单位工程进行汇总，再与施工图预算相应的人工费、材料费和机械费、工程直接费分别进行对比分析，算出节约或超支的金额差和百分率。

三、"两算"对比的内容

（一）人工数量及人工费的对比分析

施工预算的人工数量及人工费与施工图预算对比，一般要低 10% 左右。这是由于二者使用定额的基础不一样。例如，砌砖工程项目中，砂子、标准砖和砂浆的场内水平运距，施工定额平均按 50m 考虑，而预算定额则是砂子按 80m，标准砖按 170m，砂浆按 180m 考虑，分别增加了超运距用工。同时预算定额的人工消耗指标，还考虑了在施工定额中未包括，而在一般正常施工情况下又不可避免要发生的一些零星用工因素。如土建各工种之间的工序搭接及土建与水电安装之间交叉配合所需停歇的时间，因工程质量检查和隐蔽工程验收而影响工人操作的时间，以及施工中不可避免的其他少数零星用工等，在施工定额的基本用工、超运距用工和辅助用工的基础上，又增加 10% 的人工幅度差。

（二）材料消耗量及材料费的对比分析

由于施工定额的材料损耗率一般都低于预算定额，如砌筑一般砖墙工程项目中的标准砖和砂浆的损耗率，预算定额规定为 1%，某地区施工定额按照不同墙厚和作法，分别规定了不同的损耗率，标准砖为 0.5% 至 1%，砌筑砂浆为 0.8% 至 1%。同时，编制施工预算时还要考虑扣除技术措施的材料节约量。所以，施工预算的材料消耗量及材料费一般都低于施工图预算。但由于定额项目之间的水平不一致，有的项目也会出现施工预算的材料消耗量大于施工图预算。不过，总的水平应该是施工预算低于施工图预算。如果出现反常情况，则应进行分析研究，找出原因，采取措施，加以解决。

（三）施工机械费的对比分析

施工预算的机械费，是根据施工组织设计或施工方案所规定的实际进场机械，按其种类、型号、台数、使用期限和台班单价计算的。而施工图预算的机械费，是根据预算定额的机械种类、型号和台班数，按施工生产的一般情况，考虑合理搭配，综合取定的，同施工现场的实际情况不可能完全一致。因此，对"两算"来说，施工机械无法进行台班数量对比，只能以"两算"的机械费进行对比分析。如果发生施工预算的机械费大量超支，而又无特殊情况时，则应考虑改变原施工组织设计中的机械施工方案，尽量做到不亏损而略有节余。

（四）周转材料使用费的对比分析

周转材料主要是指脚手架和模板。施工预算的脚手架是根据施工组织设计或施工方案规定的搭设方法和具体内容分别进行计算的。施工图预算所依据的预算定额是综合考虑脚手架的搭设，按不同结构和高度，以建筑面积计算脚手架的摊销费。施工预算的模板是按混凝土与模板的接触面积计算，施工图预算的模板是按构件的混凝土体积计算。所以材料的消耗量，预算定额是按摊销量计算，施工定额是按一次使用量加损耗量计算。周转使用的脚手架和模板无法用实物量进行对比，只能按其费用进行对比。

（五）其他直接费的对比分析

综上所述均属直接费的对比分析，关于施工管理费和其他费用应由公司或工程处（队），单独进行核算，不能同直接费混在一起，一般不进行"两算"对比。

第五节　施工预算编制及"两算"对比实例

本例施工预算根据××市商业局传达室工程施工图（图 7-1～7-4）和施工图预算编制。采用的是某施工企业的施工定额，个别项目套用了劳动定额和预算定额。本例仅对人工工日和几项主要材料进行了"两算"对比。施工预算工程量见表 7-5，施工预算工料分析见表 7-6，施工图预算人工工日计算见表 7-7，施工预算半成品材料分析见表 7-8，"两算"对比见表 7-9 及表 7-10。

一、传达室工程施工图预算编制

（一）设计说明

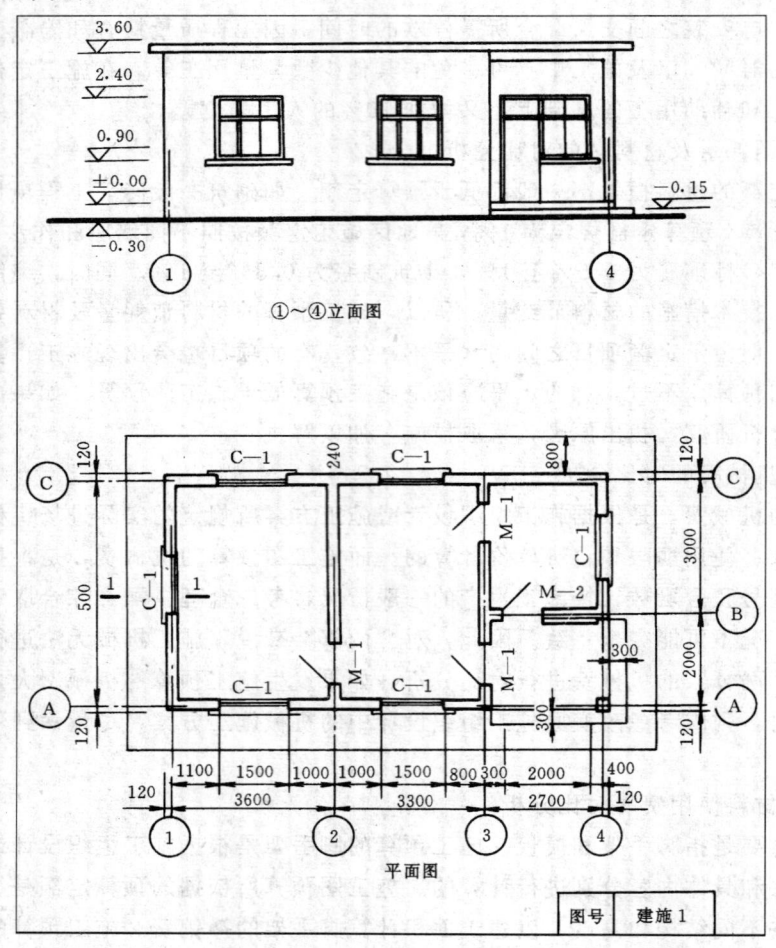

图 7-1　传达室施工图之一

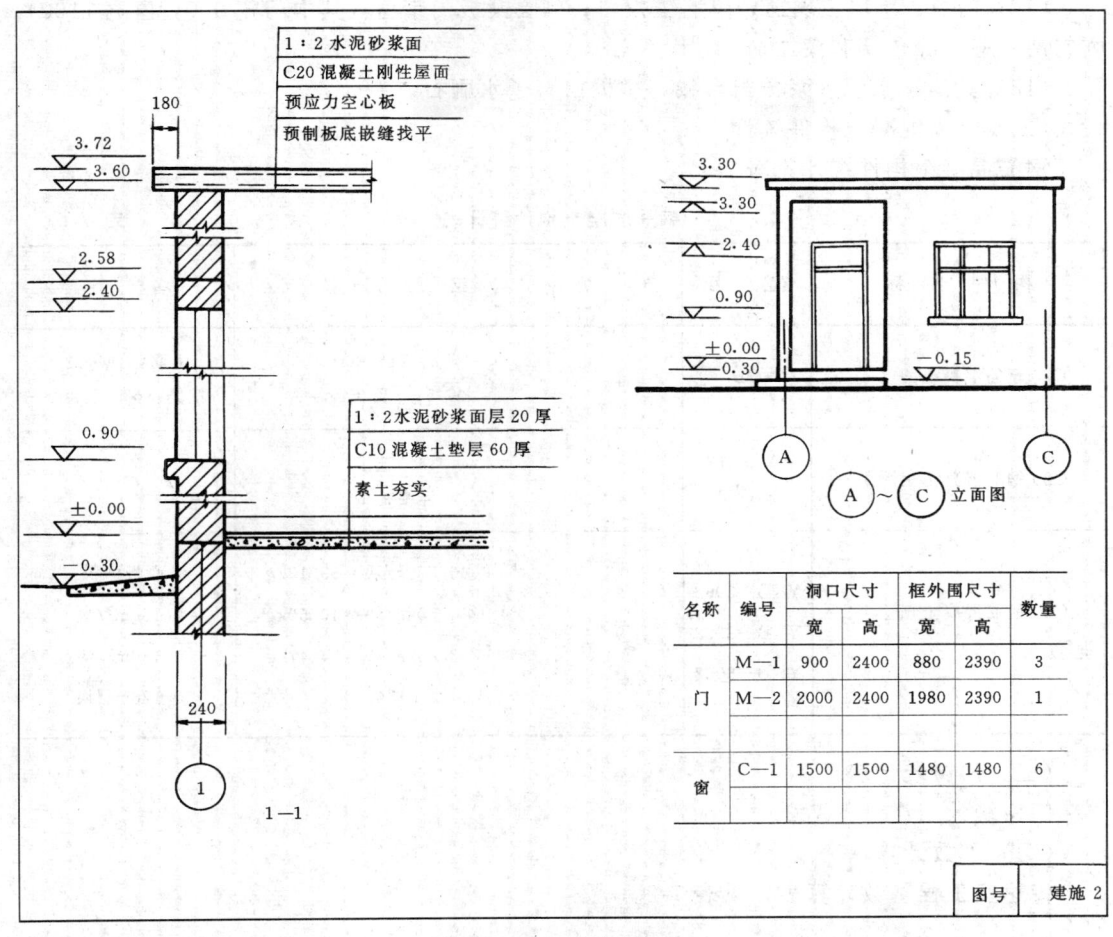

图 7-2 传达室施工图之二

（1）本工程为某市商业局单层砖混结构传达室工程，室内地坪标高为±0.000，室外地坪标高为－0.300。

（2）基础：C10 混凝土基础垫层 200 厚，M5 水泥砂浆砌砖基础。位于－0.06m 处抹1：2水泥砂浆墙基防潮层 20 厚。

（3）墙身：M2.5 混合砂浆砌标准砖内外墙，M5 混合砂浆砌 240×240 砖柱。

（4）地坪：1：2 水泥砂浆面层 20 厚；C10 混凝土垫层 60 厚；基层素土回填夯实。

（5）屋面：1：2 水泥砂浆面层 20 厚；C20 细石混凝土刚性屋面 40 厚；$\phi^b4@200$ 双向钢丝网片；C30 钢筋混凝土预应力空心板基层。

（6）散水：C15 混凝土 80 厚，3%坡度。

（7）踢脚线：1：2 水泥砂浆 20 厚、150 高。

（8）台阶：C10 混凝土台阶基层；1：2 水泥砂浆面层。

（9）梁、柱面：现浇梁面（XL—1　XL—2）和砖柱面贴墙面砖。

（10）墙面：外墙面 1：2 白石子水刷石面；内墙面抹混合砂浆；面刷"106"涂料三遍。

（11）天棚：预制板底嵌缝找平后刷"106"涂料三遍。

（12）门窗：单层玻璃窗；单层镶板门；单层镶板门带窗（其中门宽900，窗宽1100）。刷底油一遍，绿色调和漆二遍。

（13）其他：水泥砂浆抹窗台线，挑檐白石子水刷石。

（二）钢筋混凝土构件统计

钢筋混凝土构件统计见表7-1。

钢筋混凝土构件统计表　　　　　　　　　　　　　　　　　　　表 7-1

构 件 名 称	代 号	数 量	钢 筋 用 量	备 注
C20 钢筋混凝土圈梁	QL	1	$\phi12$：116.80m $\phi6.5$：122.64m	主筋：4@$\phi12$ 箍筋：$\phi6.5$@200
C20 钢筋混凝土矩形梁	XL—1 XL—2	1 1	详结施工 详结施工	
C30 钢筋混凝土预应力空心板	YKB—3962 YKB—3362 YKB—3062	9 9 9	ϕ^b4 9@6.57kg/块=59.13kg ϕ^b4 9@4.50kg/块=40.50kg ϕ^b4 9@3.83kg/块=34.47kg 小计：134.10kg	空心板体积： 0.164m³/块 0.139m³/块 0.126m³/块

（三）门窗统计表

门窗统计表详见图7-2。

（四）基数计算

传达室工程基数计算表，见表7-2。

传达室工程基数计算表　　　　　　　　　　　　　　　　　　　表 7-2

基数名称	代号	图号	墙高 （m）	墙厚 （m）	单位	数量	计　算　式
外墙中心线长	$L_中$	建1	3.78	0.24	m	29.20	（3.60＋3.30＋2.70＋5.0）×2＝29.20m 墙高：3.72＋0.06＝3.78m
内墙净长线	$L_内$	建1	3.78	0.24	m	7.52	（5.0－0.24）＋（3.0－0.24）＝7.52m 墙高：3.72＋0.06＝3.78m
外墙外边线长	$L_外$	建1			m	30.16	29.20＋0.24×4＝30.16m
底层建筑面积	$S_底$	建1			m²	51.56	5.24×9.84＝51.56m²

注：墙高按计算规则算至屋面板顶面。

（五）工程量计算

1. 人工平整场地

$$S = S_底 + L_外 \times 2 + 16 = 51.56 + 30.16 \times 2 + 16 = 127.88m^2$$

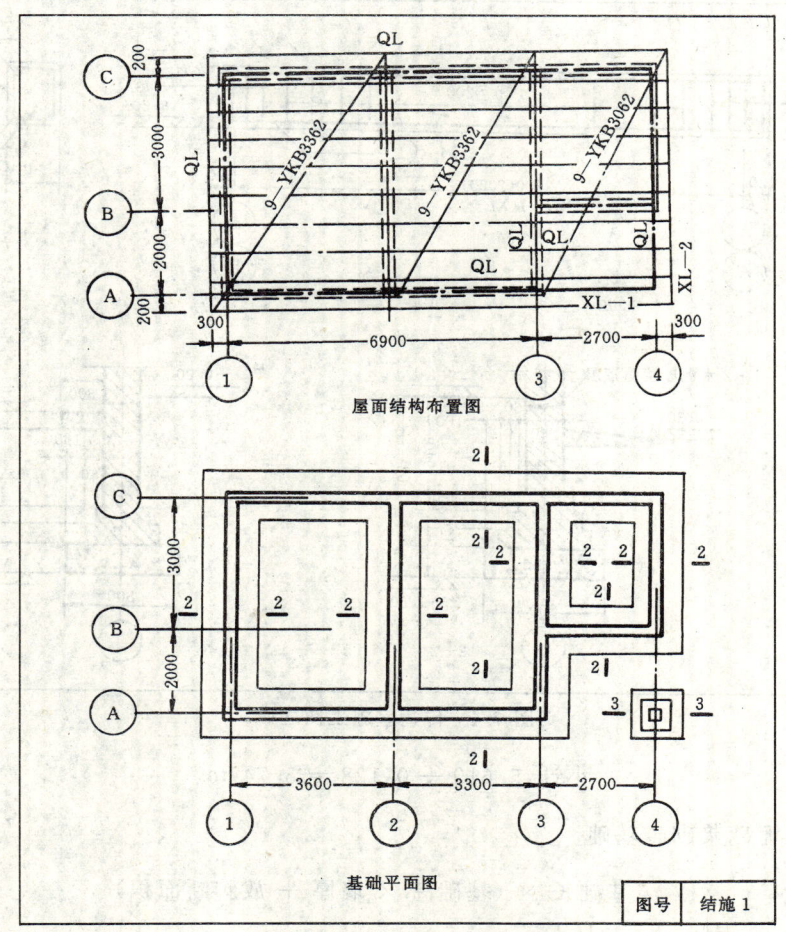

图 7-3 传达室施工图之三

2. 人工挖地槽、地坑（不加工作面、不放坡）

地槽：V ＝槽长 × 槽宽 × 槽深

$$= [29.20 + (7.52 - 0.80 \times 2)] \times 0.80 \times (1.50 - 0.30)$$

$$= (29.20 + 5.92) \times 0.80 \times 1.20$$

$$= 35.12 \times 0.8 \times 1.20 = 33.72 m^3$$

地坑：V ＝坑长 × 坑宽 × 坑深 × 个数

$$= 0.80 \times 0.80 \times 1.20 \times 1 = 0.77 m^3$$

小计：$33.72 + 0.77 = 34.49 m^3$

3. C10 混凝土基础垫层

墙基垫层　V ＝长 × 宽 × 厚

$$= [29.20 + (7.52 - 0.80 \times 2)] \times 0.80 \times 0.20$$

$$= 35.12 \times 0.8 \times 0.2 = 5.619 m^3$$

柱基垫层　　$V = 0.80 \times 0.80 \times 0.20 = 0.128 m^3$

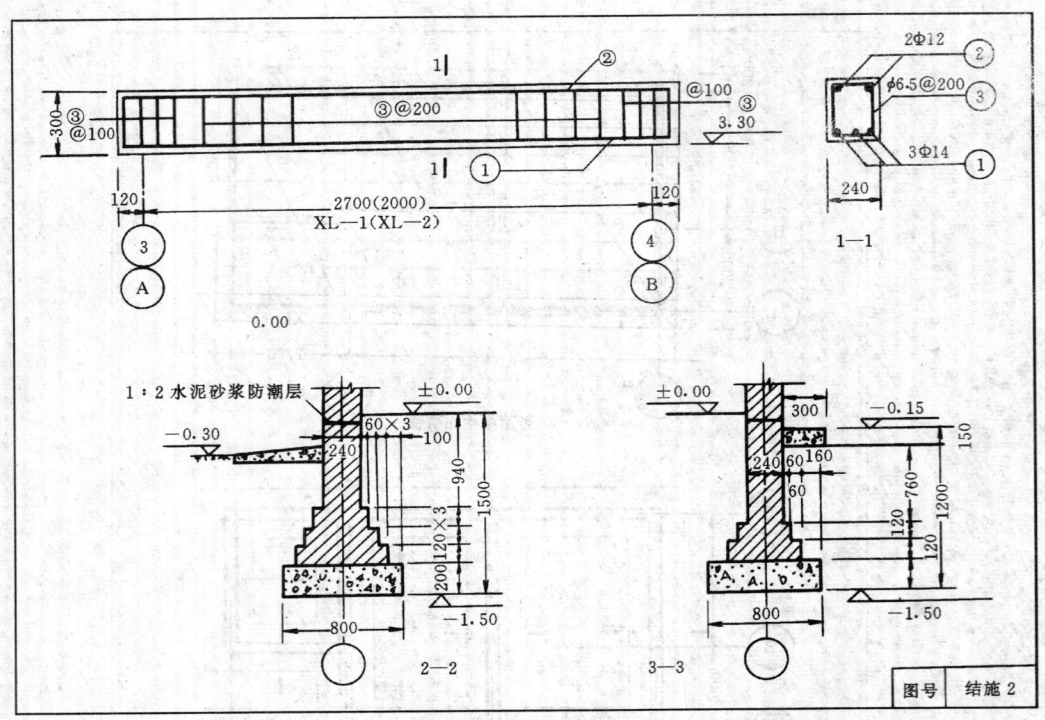

图 7-4　传达室施工图之四

$$小计:5.619 + 0.128 = 5.747m^3$$

4. M5 水泥砂浆砌砖基础

墙基
$$V = 基础长 \times (基础高 \times 墙厚 + 放脚断面积)$$
$$= (29.20 + 7.52) \times [(1.50 - 0.20 - 0.06)$$
$$\times 0.24 + 0.007875 \times 12]$$
$$= 36.72 \times (0.2976 + 0.0945) = 14.398m^3$$

柱基
$$V = 柱基高 \times 柱断面积 + 四周放脚体积$$
$$= 1.24 \times (0.24 \times 0.24) + 0.033$$
$$= 0.071 + 0.033 = 0.104m^3$$

$$小计:14.398 + 0.104 = 14.502m^3$$

5. 人工地槽、地坑回填土夯实

$$V = 挖土体积 - (垫层体积 + 砖基础体积 - 高出室外地面砖基础体积)$$
$$= (33.72 + 0.77) - [5.747 + 14.502 - 36.72 \times (0.30 - 0.06) \times 0.24$$
$$- 0.24 \times 0.24 \times (0.30 - 0.06)]$$
$$= 34.49 - (5.747 + 14.502 - 2.115 - 0.014)$$

$$=34.49-18.12=16.37\text{m}^3$$

6.1：2 水泥砂浆墙基防潮层

$$S=墙长\times墙厚+柱断面积\times个数=36.72\times0.24+0.24\times0.24\times1=8.87\text{m}^2$$

7. 单层玻璃窗制作

$$S=框外围面积\times樘数=1.48\times1.48\times6=13.14\text{m}^2$$

8. 单层玻璃窗安装　　$S=13.14\text{m}^2$

9. 单层镶板门制作

$$S=框外围面积\times樘数=0.88\times2.39\times3=6.30\text{m}^2$$

10. 单层镶板门安装　　　$S=6.30\text{m}^2$

11. 镶板门带窗制作

$$S=(门宽+窗宽)\times门高-窗下部分面积=1.98\times2.39-1.10\times0.90$$

$$=4.73-0.99=3.74\text{m}^2$$

12. 镶板门带窗安装　　　　　$S=3.74\text{m}^2$

13. 木门窗运输

$$S=木门窗框外围面积=6.30+3.74+13.14=23.18\text{m}^2$$

14. 现浇 C 20 钢筋混凝土圈梁

$$V=圈梁长\,L_中\times圈梁断面积$$

$$=29.20\times0.24\times0.18=1.261\text{m}^3$$

15. 现浇 C20 钢筋混凝土矩形梁

$$V=梁长\times梁断面积\times根数$$

$$=2.94\times0.24\times0.30+(2.0-0.12+0.12)\times0.24\times0.30$$

$$=0.212+0.144=0.356\text{m}^3$$

16. 现浇构件钢筋

圈梁钢筋：（详构件统计表）

$$\left.\begin{array}{l}\phi12:116.80\text{m}\times0.888\text{kg/m}=103.72\text{kg}\\[6pt]\phi6.5:122.64\text{m}\times0.260\text{kg/m}=31.89\text{kg}\end{array}\right\}135.61\text{kg}（净）$$

矩形梁钢筋（详见图 1-7）：

(1) $\phi14$：$[(2.94-0.025\times2)+(2.24-0.025\times2)]\times3\times1.208\text{kg/m}=18.41\text{kg}$

(2) $\phi12$：$[(2.94-0.025\times2)+(2.24-0.025\times2)]\times2\times0.888\text{kg/m}=9.02\text{kg}$

(3) $\phi6.5$：$(0.3+0.24)\times2\times\{[(2.94-0.05)+(2.24-0.05)]$

$$\div0.2+1+2\times2\}\times0.260\text{kg/m}=8.70\text{kg}$$

小计：$18.41+9.02+8.70=36.13\text{kg}$ （净）

屋面钢筋网片：（双向@200）

ϕ^b4：$[10.2\times(5.4\div0.2+1)+5.4\times(10.2\div0.2+1)]\times0.099\text{kg/m}$

$$=56.07\text{kg （净）}$$

现浇构件钢筋用量 ＝钢筋净用量 ×（1 ＋ 损耗率）

$$=（135.61 ＋ 36.13）×（1 ＋ 8\%）＋ 56.07 ×（1 ＋ 9\%）$$

$$=171.74 × 1.08 ＋ 56.07 × 1.09 ＝ 185.48 ＋ 61.12 ＝ 246.60\text{kg}$$

其中　螺纹钢筋 $\phi 12 \sim \phi 14$ （18.41＋9.02）×1.08＝29.62kg

　　　　 $\phi 12$ 钢筋　　　　103.72×1.08＝112.02kg

　　　　 $\phi 6.5$ 钢筋　　（31.89＋8.70）×1.08＝43.84kg

　　　　 $\phi^b 4$ 钢筋　　　　56.07×1.09＝61.12kg

17. 综合脚手架　$S＝$建筑面积＝51.56m²

18. M2.5 混合砂浆砌内外砖墙

$$V ＝（墙长 × 墙高 － 门窗框外围面积）× 墙厚 － 圈梁体积$$

$$=[（29.20 ＋ 7.52）× 3.78 － 23.18]× 0.24 － 1.261$$

$$=115.62 × 0.24 － 1.261 ＝ 26.49\text{m}^3$$

19. M5 混合砂浆砌砖柱

$$V ＝柱断面 × 柱高（柱内梁头、板头体积不扣除，故柱高同墙高）$$

$$=0.24 × 0.24 × 3.78 ＝ 0.22\text{m}^3$$

20. C30 钢筋混凝土预应力空心板制作

详表 7-1，$V＝$块数×单块体积

　　　YKB　3962　9@0.164m³/块＝1.476m³ ⎤

　　　YKB　3362　9@0.139m³/块＝1.251m³ ⎬ 3.861m³ （净）

　　　YKB　3062　9@0.126m³/块＝1.134m³ ⎦

制作工程量＝净体积×制作损耗系数

$$=3.861×1.015＝3.919\text{m}^3$$

21. 空心板运输

运输工程量＝净体积×运输损耗系数＝3.861×1.013＝3.911m³

22. 空心板安装

安装工程量＝净体积×安装损耗系数＝3.861×1.005×3.880m³

23. 空心板接头灌浆　　　　按空心板净体积计算＝3.861m³

24. C20 细石混凝土刚性屋面（40 厚）

$S ＝$屋面实铺水平投影面积＝（5.0＋0.20×2）×（9.6＋0.3×2）

　＝5.40×10.20＝55.08m²

25. 1：2 水泥砂浆屋面面层（20 厚）

　　$S＝55.08\text{m}^2$

26. 预制板底嵌缝找平

$S ＝$空心板实铺面积－墙结构面积＝55.08－（29.20＋7.52）×0.24

$$=55.08-8.81=46.27m^2$$

27. 室内回填土夯实

V ＝室内地面净面积×（室内外地坪高差－面层垫层厚）

$$=（51.56-8.81）×（0.30-0.02-0.06）=42.75×0.22=9.41m^3$$

28. 人工运土

V ＝挖土量－回填量＝34.49－（16.37＋9.41）＝34.49－25.78＝8.71m^3

29. 现浇 C10 混凝土台阶

$$S＝台阶长×台阶宽＝（2.7+2.0）×0.6=2.82m^2$$

30. 1：2 水泥砂浆台阶抹面　　　　$S=2.82m^2$

31. 1：2 水泥砂浆地面面层

$$S＝室内地面净面积－台阶所占面积$$
$$=42.75-（2.7+2.0）×0.3=42.75-1.41=41.34m^2$$

32. 现浇 C10 混凝土地面垫层（60 厚）

$$V＝地面面层×垫层面=41.34×0.06=2.480m^3$$

33. 1：2 水泥砂浆抹踢脚线（20 厚）

S ＝踢脚线长（不扣门洞宽）×高

$\quad=\{[（3.6-0.24）+（5.0-0.24）]×2+[（3.30-0.24）+（5.0-0.24）]$

$\quad\quad×2+[（3.0-0.24）+（2.7-0.24）]×2+2.70+2.0\}×0.15$

$\quad=47.02×0.15=7.05m^2$

34. 混合砂浆内墙抹灰

$S=47.02×3.6-（6.30+3.74）×2-13.14=169.27-20.08-13.14=136.05m^2$

35. 内墙面、板底刷 106 涂料三遍

$$S=136.05+46.27=182.32m^2$$

36. 水泥砂浆抹窗台线

S ＝（窗洞口宽＋窗台线展开宽度 0.20）×樘数×窗台线展开宽度 0.36

$\quad=[\overset{C-1}{(1.50+0.20)×6}+\overset{门带窗}{(1.10+0.10)}]×0.36=11.40×0.36=4.10m^2$

37. 白石子水刷石抹挑檐

S ＝挑檐长×挑檐高＝[（5.0+0.4）+（9.6+0.6）]×2×（0.12+0.04+0.02）

$\quad=31.20×0.18=5.62m^2$

38. 水刷石外墙面

$$S＝（30.16-2.7-2.0）×（3.6+0.30）-13.14+1.5$$
$$×3×（0.24-0.10）×6 樘$$
$$=25.46×3.90-13.14+3.78=89.93m^2$$

39. 柱面、矩形梁面贴面砖

S ＝梁面积＋柱面积

$\quad=（2.70+2.0）×（0.3×2+0.24）+（0.24×4×3.30）$

$\quad=3.95+3.17=7.12m^2$

40. C15 混凝土散水（80 厚）

$$S = (L_外 + 4 \times 散水宽) \times 散水宽 - 台阶所占面积$$
$$= (30.16 + 4 \times 0.80) \times 0.80 - (2.7 + 2.30) \times 0.3$$
$$= 26.69 - 1.5 = 25.19 \text{m}^2$$

41. 门窗刷底油一遍、调和漆两遍

$$S = 23.18 \text{m}^2$$

42. 预应力构件钢筋制作、安装

钢筋净用量 $= 134.10 \text{kg}$

预应力构件钢筋用量 = 钢筋净用量 × (1 + 构件制作损耗率) × (1 + 钢筋损耗率)
$$= 134.10 \times (1 + 1.5\%) \times (1 + 9\%)$$
$$= 134.10 \times 1.015 \times 1.09 = 148.36 \text{kg}$$

（六）直接费计算

传达室工程直接费计算见表 7-3。

传达室工程直接费计算表 表 7-3

序号	定额号	分项工程名称	单位	工程量	基价	合价	人工费单价	人工费小计
		建筑面积	m²	51.56				
		一、土方工程						
1	9	人工平整场地	m²	127.88	0.11	14.07	0.11	14.07
2	3	人工挖地槽、地坑	m³	34.49	2.38	82.09	2.38	82.09
3	7	人工槽、坑、室内回填土夯实	m³	25.78	1.29	33.26	1.29	33.26
4	10+11×2	人工运土（运距50m）	m³	8.71	1.54	13.41	1.54	13.41
		分部小计	元			142.83		142.83
		二、砖石分部						
5	115	M5 水泥砂浆砌砖基础	m³	14.502	88.74	1 286.91	4.36	63.23
6	118	M2.5 混合砂浆砌砖墙	m³	26.49	87.62	2321.05	5.67	150.20
7	125	M5 混合砂浆砌砖柱	m³	0.22	95.72	21.06	7.77	1.71
		分部小计	元			3 629.02		215.14
		三、脚手架工程						
8	212	综合脚手架	m²	51.56	1.39	71.67	0.16	8.25
		分部小计	元			71.67		8.25
		四、混凝土及钢筋混凝土						
9	277	现浇 C20 钢筋混凝土圈梁	m³	1.261	172.76	217.85	21.82	27.52
10	280	现浇 C20 钢筋混凝土矩形梁	m³	0.356	190.76	67.91	26.15	9.31
11	329	现浇 C10 混凝土台阶	m²	2.82	22.37	63.08	1.80	5.08
12	412	C30 钢筋混凝土预应力空心板制作	m³	3.919	141.94	556.26	9.67	37.90

序号	定额号	分项工程名称	单位	工程量	基价	合价	人工费单价	人工费小计
13	426	现浇构件钢筋制安	吨	0.247	1476.12	364.60	34.54	8.53
14	428	预应力构件钢筋制安	吨	0.148	1515.19	224.25	74.32	11.00
15	436+437	空心板运输（汽车运5km）	m³	3.911	25.58	100.04	1.68	6.57
16	459	空心板安装	m³	3.880	11.33	43.96	2.18	8.46
17	489	细石混凝土空心板接头灌浆	m³	3.861	26.97	104.13	5.49	21.20
		分部小计	元			1 742.00		135.57
		五、木结构工程						
18	605	单层玻璃窗制作	m²	13.14	24.37	320.22	0.81	10.64
19	622	单层玻璃窗安装	m²	13.14	10.93	143.62	1.20	15.77
20	639	单层镶板门制作	m²	6.30	30.73	193.60	1.20	7.56
21	694	单层镶板门安装	m²	6.30	4.94	31.12	0.83	5.23
22	662	镶板门带窗制作	m²	3.74	28.46	106.44	1.39	5.20
23	703	镶板门带窗安装	m²	3.74	6.51	24.35	0.97	3.63
24	871+872	门窗运输（汽车运5km）	m²	23.18	0.93	21.56	0.14	3.25
		分部小计	元			840.91		51.28
		六、楼地面工程						
25	909	C10混凝土地面垫层	m³	2.480	95.38	236.54	5.15	12.77
26	912换	C10混凝土基础垫层	m³	5.747	85.47	491.20	6.18	35.52
27	933	1:2水泥砂浆墙基防潮层	m²	8.87	3.84	34.06	0.37	3.28
28	951	1:2水泥砂浆地面面层	m²	41.34	3.42	141.38	0.41	16.95
29	951换	1:2水泥砂浆抹踢脚线	m²	7.05	3.66	25.80	0.65	4.58
30	955	1:2水泥砂浆抹台阶面	m²	2.82	5.59	15.76	1.07	3.02
31	1039	C15混凝土散水（80厚）	m²	25.19	9.62	242.33	0.75	18.89
		分部小计	元			1 187.07		95.01
		七、屋面工程						
32	922	1:2水泥砂浆屋面面层	m²	55.08	2.94	161.94	0.22	12.12
33	1055	C20细石混凝土刚性屋面（40厚）	m²	55.08	10.81	595.41	0.70	38.56

序号	定额号	分项工程名称	单位	工程量	基价	合价	人工费单价	人工费小计
		分部小计	元			757.35		50.68
		八、装饰工程						
34	1276	混合砂浆内墙抹灰	m²	136.05	2.59	352.37	0.52	70.75
35	1295	白石子水刷石外墙面	m²	89.93	6.17	554.87	1.12	100.72
36	1286	水泥砂浆抹窗台线	m²	4.10	4.60	18.86	1.26	5.17
37	1298	白石子水刷石抹挑檐	m²	5.62	7.89	44.34	2.17	12.20
38	1328	梁、柱面贴面砖	m²	7.12	29.83	212.39	1.67	11.89
39	1292	预制板底嵌缝找平	m²	46.27	0.28	12.96	0.09	4.16
40	1366	门窗刷底油一遍，调和漆两遍	m²	23.18	3.65	84.61	0.54	12.52
41	1427	内墙面、板底刷"106"涂料三遍	m²	182.32	0.80	145.86	0.26	47.40
		分部小计	元			1 426.26		264.81
		定额直接费合计	元			9 797.19		963.57

（七）主要材料用量分析

主要材料用量分析，见表 7-4。

主要材料用量分析表　　　　表 7-4

定额号	分项工程名称	单位	工程量	425 号水泥 (kg)	525 号水泥 (kg)	标准砖 (块)
115	M5 水泥砂浆砌砖基础	m³	14.502	53.21/771.65		523/7 585
118	M2.5 混合砂浆砌砖墙	m³	26.49	29.34/777.22		526/1 3934
125	M5 混合砂浆砌砖柱	m³	0.22	46.28/10.18		545/120
277	现浇 C20 钢筋混凝土圈梁	m³	1.261	272/342.99		
280	现浇 C20 钢筋混凝土矩形梁	m³	0.356	272/96.83		
329	现浇 C10 混凝土台阶	m²	2.82	35.6/100.39		
412	C30 钢筋混凝土预应力空心板	m³	3.919		344.1/1348.53	
489	空心板接头灌浆	m³	3.861		47.9/184.94	
909	C10 混凝土地面垫层	m³	2.480	227.25/563.58		
912	C10 混凝土基础垫层	m³	5.747	227.25/1 306.01		
933	1:2 水泥砂浆墙基防潮层	m²	8.87	13.14/116.55		
951	1:2 水泥砂浆地面面层	m²	41.34	14.37/594.06		
951	1:2 水泥砂浆踢脚线	m²	7.05	14.37/101.31		
922	1:2 水泥砂浆屋面面层	m²	55.08	12.83/67.91		
955	1:2 水泥砂浆抹台阶	m²	2.82	21.74/61.31		
1039	C15 混凝土散水	m²	25.19	24.46/616.15		
1055	C20 细石混凝土刚性屋面	m²	55.08	16.28/896.70		

定额号	分项工程名称	单位	工程量	425 号 水泥 (kg)	525 号水泥 (kg)	标准砖 (块)
1276	混合砂浆内墙抹灰	m²	136.05	7.64/1 039.42		
1286	水泥砂浆抹窗台线	m²	4.10	14.33/58.75		
1292	预制板底嵌缝找平	m²	46.27	0.28/12.96		
1295	白石子水刷石外墙面	m²	89.93	15.99/1 437.98		
1298	白石子水刷石挑檐	m²	5.62	18.29/102.79		
1328	梁、柱贴面砖	m²	7.12	14.65/104.31		
合　计				9179.05	1533.47	21639

二、传达室工程施工预算编制

（一）计算工程量

传达室工程施工预算工程量计算，见表 7-5。

施工预算工程量计算表　　　　　　　　　　　　　　表 7-5

工程名称：传达室

序号	项目名称	单位	工程量	计算式
1	人工平整场地	m²	127.83	同施工图预算
2	人工挖地槽	m³	33.72	同施工图预算
3	人工挖地坑	m³	0.77	同施工图预算
4	坑、槽、室内回填夯实	m³	25.78	同施工图预算
5	人工运土（50m）	m³	8.71	同施工图预算
6	M5 水泥砂浆砖基础	m³	14.502	同施工图预算
7	M2.5 混合砂浆砌-砖内墙	m³	8.473	$L_{内}$　高 M-1 M-2　圈梁 [(7.52+4.70)×3.78−6.30−3.74]×0.24−(4.70×0.24×0.13)=8.473m³
8	M2.5 混合砂浆砌-砖外墙	m³	18.015	$L_{中}$　高 C-1　圈梁 [(29.20−4.70)×3.78−13.14]×0.24−[(29.20−4.70)×0.24×0.18]=18.015m³
9	M5 混合砂浆砌砖柱	m³	0.22	同施工图预算
10	立皮数杆加工	m³	26.488	同砌砖墙工程量
11	墙基防潮层增加水泥砂浆	m²	8.87	(29.20+7.52)×0.24+0.24×0.24=8.87m²
12	砌砖金属里架	m	36.72	$L_{中}$　$L_{内}$ 29.20+7.52=36.72m

序号	项 目 名 称	单位	工程量	计 算 式
13	内墙抹灰金属里架	m	48.90	$(29.20-4.70)+(7.52+4.70)\times2=48.94m$
14	抹灰金属外架	m	32.0	3个角架宽里杆距离 $(29.20-4.70)+6\times(1.5\div2+0.5)=32.0m$
15	圈梁模板	m²	13.80	$\overset{C\text{-}1}{29.20\times0.18\times2+0.24\times1.5\times6}+\overset{M\text{-}1}{0.9\times0.24\times3}$ $+\overset{M\text{-}2}{2.0\times0.24}=13.80m^2$
16	矩形梁模板	m²	3.69	$(2.70+2.0-0.24)\times0.30\times2+(2.70+2.0-0.24\times2)\times$ $0.24=3.69m^2$
17	圈梁、矩形梁钢筋制安	t	0.185	同施工图预算
18	现浇C20钢筋混凝土圈梁	m³	1.261	同施工图预算
19	现浇C20钢筋混凝土矩形梁	m³	0.356	同施工图预算
20	预应力空心板钢筋制安	t	0.148	同施工图预算
21	C30预应力空心板制作	m³	3.919	同施工图预算
22	空心板运输	t	9.78	$3.911\times2.50t/m^3=9.78t$
23	空心板安装	块	27	$9\times3=27$块
24	空心板缝灌浆	m	97.80	$5.40\times3+(9.6+0.6)\times8=97.80m$
25	空心板装卸	t	9.78	
26	木门框制作	樘	4	
27	木窗框制作	樘	6	
28	木门窗框安装	樘	10	
29	木门扇制作	樘	4	
30	木门扇安装	樘	4	
31	木窗扇制作	樘	6	
32	木窗扇安装	樘	6	
33	木门窗运输	m²	23.18	同施工图预算
34	木砖制作	块	60	$10@6$块$=60$块
35	木砖浸臭油水	块	60	$10@6$块$=60$块
36	木门窗框浸臭油水	m	59.90	$\overset{C\text{-}1}{1.5\times4\times6}+\overset{M\text{-}1}{(2.4\times2+0.9)\times3}+\overset{M\text{-}2}{2.0+2.4\times2}=59.90m$
37	栽安门窗玻璃	m²	11.75	$\overset{C\text{-}1}{(0.42\times0.42\times9\times6)}+\overset{M\text{-}1}{(0.3\times0.8\times3)}+\overset{M\text{-}2}{(0.5\times0.42\times6}$ $+0.3\times0.8)=11.75m^2$

序号	项 目 名 称	单位	工程量	计 算 式
38	C10混凝土基础垫层	m³	5.747	同施工图预算
39	C15混凝土散水	m³	2.015	施工图预算 25.19×0.08=2.015m³
40	C10混凝土地面垫层	m³	2.480	同施工图预算
41	1:2水泥砂浆地面面层	m²	41.34	同施工图预算
42	1:2水泥砂浆踢脚线	m	47.02	同施工图预算
43	C10混凝土台阶	m³	0.705	2.82m²×0.25=0.705m³
44	1:2水泥砂浆抹台阶	m²	4.23	2.82+4.70×0.3=4.23m²
45	刚性屋面钢筋制安	t	0.061	同施工图预算
46	屋面钢筋网片点焊	t	0.061	
47	C20细石混凝土刚性屋面	m²	2.203	55.08×0.04=2.203m³
48	1:2水泥砂浆屋面面层	m²	55.08	同施工图预算
49	1:2水泥砂浆抹窗台线	m	10.20	1.5×6+1.2=10.20m
50	预制板底嵌缝找平	m	81.60	(9.60+0.6)×8=81.60m
51	混合砂浆抹砖墙面	m²	136.05	同施工图预算
52	水刷石外墙面	m²	89.93	同施工图预算
53	水刷石挑檐	m²	5.62	同施工图预算
54	梁、柱面贴面砖	m²	7.12	同施工图预算
55	刷106涂料	m²	182.32	同施工图预算
56	镶板门油漆	m²	10.04	同施工图预算
57	玻璃窗油漆	m²	13.14	同施工图预算

（二）传达室工程施工预算工料分析

传达室工程施工预算工料分析，见表7-6。

施工预算工料分析表

表 7-6

序号	定额编号	项目名称	单位	工程量	时间定额	工日小计	M5水泥砂浆(m³)	M2.5混合砂浆(m³)	M5混合砂浆(m³)	标准砖(块)
		一、土方工程								
1	预定9	人工平整场地	m²	127.88	0.033	4.22				
2	劳定2-2-3	人工挖地槽	m²	33.72	0.476	16.05				
3	劳定2-2-6	人工挖地坑	m²	0.77	0.529	0.41				
4	劳定2-6-46	地槽、坑、室内回填夯实	m²	25.78	0.227	5.85				
5	劳定2-3-15	人工运土(50m)	m²	8.71	0.266	2.32				
		分部小计				28.85				
		二、砖石工程								
6	施定4-1-1	M5水泥砂浆砌砖基础	m³	14.502	1.056	15.31	0.248/3.506			512/7 425
7	施定4-2-13	M2.5混合砂浆砌砖内墙	m³	8.473	1.390	11.78		0.229/1.940		521/4 414
8	施定4-2-18	M2.5混合砂浆砌砖外墙	m³	18.015	1.390	25.04		0.229/4.125		536/9 656
9	施定4-3-37	M5混合砂浆砌砖柱	m³	0.22	2.25	0.50			0.218/0.048	549/121

续表

序号	定额编号	项目名称	单位	工程量	时间定额	工日小计	1:2水泥砂浆(m³)
10	施定4-2注	立皮数杆加工	m³	26.488	0.025	0.66	
11	施定4-1注	墙基防潮层增加砂浆	m²	8.87			0.020 2/0.179
		分部小计				53.29	
		三、架子工程					
12	施定3-3-127	砌砖金属里架(2步)	10m	3.672	0.455	1.67	
13	施定3-3-127	内墙抹灰金属里架(2步)	10m	4.89	0.455	2.22	
14	施定3-3-83	抹灰金属外架(2步)	10m	3.20	0.864	2.76	
		分部小计				6.65	
		四、混凝土工程					
15	施定7-3-39	圈梁模板	10m²	1.38	3.16	4.36	
16	施定7-3-28	矩形梁模板	10m²	0.369	3.46	1.28	

序号	定额编号	项 目 名 称	单 位	工程量	时间定额	工日小计	主 要 材 料	
							C20混凝土 (m³)	C30混凝土 (m³)
17	施定8-4-65	圈梁、矩形梁钢筋油安	t	0.185	9.78	1.81		
18	施定9-4-35	现浇C20钢筋混凝土圈梁	m³	1.261	3.02	3.81	1.013/1.277	
19	施定9-4-31	现浇C20钢筋混凝土矩形梁	m³	0.356	2.389	0.85	1.013/0.361	
20	施定8-17-268	预应力空心板钢筋油安	t	0.148	3.57	0.53		
21	施定9-13-222	预应力空心板制作	m³	3.919	2.33	9.13		1.013/3.970
22	施定13-25-481	空心板安装	块	27	0.074	2.00		
23	施定9-7-64	空心板缝灌浆	100m	978	2.20	2.15	0.49/0.48	
24	施定9-7-805	空心板运输	10t	0.978	0.22	0.22		
25	施定13分册说明	空心板装卸	10t	0.978	2.64	2.58		
		分部小计				28.72		
26	劳定7-1-3	木门框制作	10樘	0.40	3.85	1.54		

序号	定额编号	项 目 名 称	单 位	工程量	时间定额	工日小计	主 要 材 料	
27	劳定7-2-33	木窗框制作	10樘	0.60	17.90	10.74		
28	劳定7-5-73	木门扇制作	10樘	0.40	10.0	4.00		
29	劳定7-6-142	木窗扇制作	10樘	0.60	2.94	1.76		
30	劳定7-2-33	木门窗框安装	10樘	1.00	1.25	1.25		
31	劳定7-7-157	木门扇安装	10樘	0.40	1.21	0.48		
32	劳定7-8-186	木窗扇安装	10樘	0.60	0.758	0.45		
33	预定878	木门窗运输	m²	23.18	0.127	2.94		
34	劳定7-18-253	木砖制作	100块	0.60	0.0714	0.04		
35	施定10-4-114	木砖浸臭油水	1000块	0.06	0.588	0.04		
36	施定10-4-113	木门窗框臭油水	100m	0.599	0.333	0.20		
37	施定11-9-254	裁安门窗玻璃	10m²	1.175	0.557	0.65		
		分部小计				24.09		

五、木作工程

木门框制作

序号	定额编号	项目名称	单位	工程量	时间定额	工日小计	主要材料		
							C10混凝土 (m³)	C15混凝土 (m³)	1:2水泥砂浆 (m³)
		六、楼地面工程							
38	施定9-2-16	C10混凝土基础垫层	m³	5.747	1.946	11.18	1.01/5.804		
39	施定9-2-14	C15混凝土散水	m³	2.015	1.889	3.81		1.01/2.035	
40	施定9-2-12	C10混凝土地面垫层	m³	2.48	1.782	4.42	1.01/2.50		
41	施定5-3-32	1:2水泥砂浆地面面层	10m²	4.134	0.856	3.54			0.204/0.843
42	施定5-3-36	1:2水泥砂浆踢脚线	10m	4.702	0.406	1.91			0.071/0.334
43	施定9-7-71	C10混凝土台阶	m³	0.705	2.378	1.68	1.013/0.714		
44	施定5-3-101	1:2水泥砂浆抹台阶	10m²	0.423	1.46	0.62			0.202/0.085
		分部小计				27.16			
		七、屋面工程							
45	施定8-6-85	刚性屋面钢筋制安	t	0.061	4.61	0.28			
46	施定8-25-372	钢筋网片点焊	t	0.061	31.20	1.90			
47	施定9-6-51	C20混凝土刚性屋面	m³	203	3.233	7.12	1.013/2.232		

序号	定额编号	项目名称	单位	工程量	时间定额	工日小计	主要材料			
							C20混凝土 (m³)	1:2水泥砂浆 (m³)	1:3水泥砂浆 (m³)	1:2.5水泥砂浆 (m³)
48	施定5-3-27	1:2水泥砂浆屋面面层	10m²	5.508	0.814	4.48		0.202/1.113		
		分部小计				13.78				
		八、装饰工程								
49	施定5-3-57	1:2 水泥砂浆抹窗台线	10m	1.02	0.867	0.88	1:0.5:2.5 混合砂浆(m³)	0.222/0.206		
50	施定5-2-17	预制板底嵌缝找平	10m	8.16	0.252	2.06		1:1:4 混合砂浆(m³)	0.007/0.057	
51	施定5-2-9	混合砂浆抹砖墙面	10m²	13.605	1.92	26.12	0.082/1.116	0.088/1.197	1:1.5 白石子水泥浆(m³)	
52	施定5-5-137	水刷石外墙面	10m²	8.993	2.98	26.80			0.102/0.917	0.140/1.259
53	施定5-5-146	水刷石挑檐	10m	0.562	1.54	0.87			0.102/0.057	0.101/0.090
54	施定5-8-188	梁、柱面贴面砖	10m²	0.712	3.97	2.83				0.183/0.130
55	施定11-6-186	刷106涂料	10m²	18.232	0.32	5.83				
56	施定11-1-3	镶板门油漆	10m²	1.004	2.39	2.40				
57	施定11-1-11	玻璃窗油漆	10m²	1.314	2.39	3.14				
		分部小计				70.93				
		合　　计				253.46				

三、施工图预算人工工日计算

施工图预算人工工日计算，见表 7-7。

施工图预算人工工日计算表   表 7-7

工程名称：传达室

序 号	项 目 名 称	人 工 费 （元）	人 工 单 价 （元/工日）	人 工 工 日 （个）
1	土方工程	142.83	3.39	42.13
2	砖石工程	215.14	3.39	63.46
3	脚手架工程	8.25	3.39	2.43
4	混凝土工程	128.38	3.39	37.87
5	木结构工程	51.28	3.39	15.13
6	楼地面工程	100.09	3.39	29.53
7	屋面工程	52.79	3.39	15.57
8	装饰工程	264.81	3.39	78.12
	小　计	963.57	3.39	284.24

四、施工预算半成品材料分析

施工预算半成品材料分析，见表 7-8。

施工预算半成品材料分析表   表 7-8

序 号	半成品名称	单 位	数 量	材　料	
				525 号水泥（kg）	425 号水泥（kg）
1	M5 水泥砂浆	m³	3.596		220/791
2	M 2.5 混合砂浆	m³	6.113		210/1 284
3	1：2 水泥砂浆	m³	3.957		552/2 184
4	1：3 水泥砂浆	m³	0.057		392/22
5	1：2.5 水泥砂浆	m³	1.479		454/671
6	1：0.5：2.5 混合砂浆	m³	1.116		423/472
7	1：1：4 混合砂浆	m³	1.197		275/329
8	1：1.5 白石子浆	m³	0.974		745/726
9	C10 混凝土	m³	9.020		223/2 011
10	C15 混凝土	m³	2.035		250/509
11	C20 混凝土	m³	2.118		280/593
12	C20 细石混凝土	m³	2.232		302/674
13	C30 混凝土	m³	3.970	344/1 366	
	小　计			1 366	10 266

五、"两算"对比

"两算"对比表，见表7-9、表7-10。

（一）人工工日对比

建设单位：××市商业局　　　　　199×年×月×日　　　　　建筑面积：51.56m²

工程名称：传达室　　　　　　　　　　　　　　　　　　　　结构层数：单层

序号	项目	施工预算（工日）	施工图预算		对　比　结　果			
			工　日	%	节约（工日）	超支（工日）	占本分部（%）	占单位工程（%）
①	②	③	④	⑤	⑥=④−③	⑦=④−③	⑧=⑥或⑦÷④	⑨=⑤×⑧
1	土方工程	28.85	42.13	14.82	13.28		31.52	4.67
2	砖石工程	53.28	63.46	22.33	10.18		16.04	3.58
3	脚手架工程	6.65	2.43	0.86		−4.22	−173.66	−1.49
4	混凝土工程	28.72	37.87	13.32	9.15		24.16	3.22
5	木作工程	24.09	15.13	5.32		−8.96	−59.22	−3.15
6	楼地面工程	27.16	29.53	10.39	2.37		8.03	0.84
7	屋面工程	13.78	15.57	5.48	1.79		11.50	0.63
8	装饰工程	70.93	78.12	27.48	7.19		9.20	2.50
	小　计	253.46	284.24	100	43.96　−13.18 30.78		10.83	10.83

（二）主要材料对比

建设单位：××市商业局　　　　　199×年×月×日　　　　　建筑面积：51.56m²

工程名称：传达室　　　　　　　　　　　　　　　　　　　　结构层数：单层

序号	材料名称及规格	单位	施　工　预　算			施　工　图　预　算		
			数　量	单　价	金　额	数　量	单　价	金　额
①	②	③	④	⑤	⑥=④×⑤	⑦	⑧	⑨=⑦×⑧
1	标准砖	千块	21.615	127.00	2745.11	21.639	127.00	2748.15
2	425号水泥	t	10.266	166.00	1704.16	9.179	166.00	1523.71
3	525号水泥	t	1.366	188.00	256.81	1.533	188.00	288.20
4	φ4 冷拔丝	t	0.209	2171.00	453.74	0.209	2171.00	453.74
	小　计				5159.82			5013.80

序号	材料名称及规格	单位	对比结果					
			数量差			金额差		
			节约	超支	%	节约	超支	%
①	②	③	⑩＝⑦－④	⑪＝⑦－④	⑫＝⑪⑩÷⑦	⑬＝⑨－⑥	⑭＝⑨－⑥	⑮＝⑬⑭÷⑨
1	标准砖	千块	0.024		1.11	3.04		1.11
2	425 号水泥	t		－1.087	－11.84		－180.45	－11.84
3	525 号水泥	t	0.167		10.89	81.39		10.89
4	φᵇ4 冷拔丝	t			0			0
	小 计					34.43	－180.45	
							－146.02	－2.91

本 章 小 结

施工预算是用于施工企业内部管理的文件，是企业管理的基础工作之一。按施工预算签发施工任务书和限额领料单，可以较好地保证施工质量和节约各种劳动消耗。

两算对比是企业管理中非常重要的环节。通过两算对比的手段，找出施工图预算与施工预算之间劳动消耗的差别，有助于在施工前就采取各种措施，精心组织施工，降低生产成本，从而达到获取较大经济效益的目的。

复 习 思 考 题

1. 什么是施工预算？
2. 施工预算与施工图预算有哪些区别？
3. 施工预算的主要作用有哪些？
4. 简述施工预算的编制内容。
5. 采用实物法编制施工预算的步骤有哪些？
6. 为什么要进行两算对比？
7. 怎样进行两算对比？

第八章 单位工程概算的编制

第一节 单位工程概算的概念及其作用

一、单位工程概算的概念

单位工程概算是确定单位工程概算造价的文件。一般由设计部门编制。

在两阶段设计中，扩大初步设计阶段编制设计概算；在三阶段设计中，初步设计阶段编制设计概算，技术设计阶段编制修正概算。

由于单位工程概算一般在设计单位由设计部门编制，所以通常又称为设计概算。

二、单位工程概算的作用

单位工程概算的主要作用包括以下几个方面：

1. 国家规定，竣工结算不能突破施工图预算，施工图预算不能突破设计概算，故概算的主要作用是国家控制基本建设投资，编制基本建设计划的依据。

2. 设计部门在初步设计阶段要选择最佳设计方案，设计概算是从经济角度衡量设计方案经济合理性的重要依据。因此，概算是选择最佳设计方案的重要依据。

3. 概算是基本建设投资包干和招标承包的依据。

4. 概算中的主要材料用量是编制基本建设材料需用量计划的依据。

5. 建设项目总概算是根据各单项工程综合概算汇总而成的，单项工程综合概算又是根据各单位工程概算汇总而成的。所以，单位工程概算是编制建设项目总概算的基础资料。

第二节 单位工程概算编制方法及其特点

一、单位工程概算的编制方法

单位工程概算的编制，一般采用三种方法：

(1) 用概算定额编制概算；

(2) 用概算指标编制概算；

(3) 用类似工程预算编制概算。

单位工程概算的编制方法主要由编制依据决定的。

单位工程概算的编制依据除了概算定额、概算指标、类似工程预算外，还必须有初步设计图纸（或施工图纸）、费用定额、地区材料预算价格、设备价目表等有关资料。

二、单位工程概算编制方法的特点

1. 用概算定额编制概算的特点

(1) 各项数据较齐全，结果较准确。

(2) 用概算定额编制概算，必须计算工程量，故设计图纸要能满足工程量计算的需要。

(3) 用概算定额编制概算，计算的工作量较大，所以，比用其他方法编制概算所用的时间要长一些。

2. 用概算指标编制概算的特点：

（1）编制时必须选用与所编概算工程相近的单位工程概算指标；

（2）对所需要的设计图纸要求不高，只须满足符合结构特征、计算建筑面积的需要即可；

（3）数据不如用概算定额编制概算所提供的数据那么准确和全面；

（4）编制速度较快。

3. 用类似工程预算编制概算的特点：

（1）要选用与所编概算工程结构类型基本相同的工程预算为编制依据；

（2）设计图纸应能计算出工程量的要求；

（3）个别项目要按图纸进行调整；

（4）提供的各项数据较齐全、较准确；

（5）编制速度较快。

在编制单位工程概算时，应根据编制要求、条件恰当地选择其编制方法。

第三节　用概算定额编制概算

概算定额是在预算定额的基础上，按建筑物的结构部位划分的项目，再将若干个预算定额项目综合为一个概算定额项目的扩大结构定额。例如，在预算定额中，砖基础、墙基防潮层、人工挖地槽均分别各为一个分项工程项目。但在概算定额中，将这几个项目综合成了一个项目，称为砖基础工程项目。它包括了从挖地槽到墙基防潮层的全部施工过程。

用概算定额编制概算的步骤与施工图预算的编制步骤基本相同，也要列项、计算工程量、套用概算定额、进行工料分析、直接工程费、间接费、计划利润、税金等各项费用的计算。

一、列项

概算的编制与施工图预算的编制一样，遇到的首要问题就是列项。

概算的项目是根据概算定额的项目而定的。所以，列项之前必须先了解概算定额的项目划分情况。

概算定额的分部工程是按照建筑物的结构部位确定的。例如，某省的建筑工程概算定额划分为十个分部：

（1）土石方、基础工程；

（2）墙体工程；

（3）柱、梁工程；

（4）门窗工程；

（5）楼地面工程；

（6）屋面工程；

（7）装饰工程；

（8）厂区道路；

（9）构筑物工程；

（10）其他工程。

各分部中的概算定额项目，一般都是由几个预算定额的项目综合而成的，经过综合的概算定额项目的定额单位与预算定额的定额单位是不相同的。只有了解了概算定额的综合的基本情况，才能正确应用概算定额，列出工程项目，并据以计算工程量。

概算定额综合预算定额项目的对照表见表 8-1。

概算定额项目与预算定额项目对照表   表 8-1

概算定额项目	单　　位	综合的预算定额项目	单　　位
砖　基　础	m³	砖砌基础	m³
		水泥砂浆墙基防潮层	m²
		基础挖土方、回填土	m³
砖　外　墙	m²	砖墙砌体	m³
		外墙面抹灰或勾缝	m²
		钢筋加固	t
		钢筋混凝土过梁	m³
		内墙面抹灰	m²
		刷石灰浆或涂料	m²
		零星抹灰	m²
现浇混凝土墙	m²	现浇钢筋混凝土墙体	m³
		内墙面抹灰	m²
		刷涂料	m²
门　　窗	m²	门窗制作	m²
		门窗安装	m²
		门窗运输	m²
		门窗油漆	m²
现浇混凝土楼板	m²	楼面面层	m²
		现浇钢筋混凝土楼板	m³
		顶棚面抹灰	m²
		刷涂料	m²
预制空心板楼板	m²	楼板面层	m²
		预制空心板	m³
		板运输	m³
		板安装	m³
		板缝灌浆	m³
		顶棚面抹灰	m²
		刷涂料	m²

二、工程量计算

概算工程量计算必须依据概算定额规定的计算规则进行。

概算工程量计算规则由于综合项目的原因和简化计算原因，不同于预算工程量计算规则。现以某地区的概预算定额为例，说明它们之间的差别，见表8-2。

部分概、预算工程量计算规则对比　　　　　　　　　　表8-2

项目名称	概算工程量计算规则	预算工程量计算规则
内墙基础、垫层	按中心线尺寸计算工程量后乘以系数0.97	按图示尺寸计算工程量
内墙	按中心线长计算工程量，扣除门窗洞口面积	按净长尺寸计算工程量，扣除门窗框外围面积
内、外墙	不扣除嵌入墙身的过梁体积	要扣除嵌入墙身的过梁体积
楼地面垫层、面层	按中心线尺寸计算工程量后乘以系数0.90	按净面积计算工程量
门窗	按门窗洞口面积计算	按门窗框外围面积计算

三、直接费计算及工料分析

概算的直接费计算及工料分析与施工图预算的方法相同。现以表8-3的例子加以说明。

概算直接费及工料分析表　　　　　　　　　　表8-3

定额编号	项目名称	单位	工程量	单位价值 基价	单位价值 人工费	单位价值 机械费	总价值 小计	总价值 人工费	总价值 机械费	锯材 (m³)	425号水泥 (kg)	中砂 (m³)
1-51	M5水泥砂浆砌砖基础	m³	14.251	110.39	21.22	0.25	1573.17	302.41	3.56		79.54	0.30
											1 133.52	4.275
1-48	C10混凝土基础垫层	m³	5.901	108.59	13.55	1.22	640.79	79.96	7.20	0.007	239.37	0.48
										0.041	1 412.52	2.832
	小计						2 213.96	382.37	10.76	0.041	2 546.04	7.107

四、单位工程概算造价的计算

概算的间接费、利润和税金的计算，完全相同于施工图预算。其计算过程详见施工图预算造价计算的有关章节。

五、编制实例

本例概算选用传达室工程施工图（见第七章）和某地区建筑工程概算定额编制。

（一）列项及工程量计算

工程量计算见表8-4。

序号	项 目 名 称	单位	工程量	计 算 式
1	基数计算			
	(1) 外墙中心线长 $L_{外中}$	m	24.50	$(3.60+3.30+2.70+5.0)×2-(2.7+2.0)=24.50m$
	(2) 内墙中心线长 $L_{内中}$	m	12.70	$5.0×2+2.70=12.70m$
	(3) 外墙外边周长 $L_{外边}$	m	30.16	$[(3.60+3.30+2.70+0.24)+(5.0+0.24)]×2$ $=(9.84+5.24)×2=30.16m$
	(4) 底层建筑面积 $S_{底}$	m²	51.56	$9.84×5.24=51.56m^2$
2	人工平整场地	m²	127.88	$S=S_{底}+L_{外边}×2+16$ $=51.56+30.16×2+16=127.88m^2$
3	C10混凝土基础垫层	m³	5.901	(1) 墙基垫层: $V=(L_{外中}+L_{内中})×0.97^*×宽×厚$ $=(24.50+12.70)×0.97×0.80×0.20$ $=5.773m^3$ (2) 柱基垫层: $V=0.89×0.80×0.20=0.128m^3$ } 5.901m³ (注: * 为概算定额中计算规则规定)
4	M5水泥砂浆砌砖基础	m³	14.251	(1) 墙基: $V=(L_{外中}+L_{内中})×0.97^*×基础断面$ $=(24.50+12.70)×0.97×[(1.50-0.20-0.06)×0.24$ $+0.007875×12]$ $=36.08×(0.2976+0.0945)=14.147m^3$ } (2) 柱基: $V=柱基高×柱断面×放脚体积$ $=1.24×(0.24×0.24)+0.033(详表5-7)$ $=0.071+0.033=0.104m^3$ } 14.251m³
5	单层镶板门	m²	6.48	M-1 3樘 (详建施工) $3@0.90×2.40=3@2.16=6.48m^3$
6	镶板门带窗	m²	3.81	M-2 1樘 $2.0×2.40-1.10×0.90=3.81m^2$
7	单层玻璃窗	m²	13.50	C-1 6樘 $6@1.50×1.50=6@2.25=13.50m^2$

序号	项 目 名 称	单位	工程量	计 算 式
8	现浇 C20 钢筋混凝土圈梁	m³	1.261	(1) 内墙上 $V = (2.70+2.0) \times (0.24 \times 0.18) = 0.203m^3$ 圈梁立面面积：$4.70 \times 0.18 = 0.85m^2$ (2) 外墙上 $V = 24.50 \times (0.24 \times 0.18) = 1.058m^3$ 圈梁立面面积：$24.50 \times 0.18 = 4.41m^2$
9	M2.5 混合砂浆砌-砖外墙	m²	74.70	$S = $ 墙长 $\times$ 墙高 $-$ 门窗洞口面积 $-$ 圈梁所占面积 $L_{外中} \quad C\text{-}1$ $= 24.5 \times (3.72+0.06) - 13.50 - 4.41$ $= 74.70m^2$
10	M2.5 混合砂浆砌-砖内墙	m²	36.87	$L_{内中} \quad M\text{-}1 \quad M\text{-}2$ $S = 12.70 \times 3.78 - 6.48 - 3.81 - 0.85$ $= 36.87m^2$
11	M5 混合砂浆砌方形砖柱	m³	0.218	$V = 3.78 \times 0.24 \times 0.24$ $= 0.218m^3$
12	C10 混凝土地面垫层	m²	41.79	$S = $ 中线长 $\times$ 中线宽 $\times 0.90^*$ $= 9.60 \times 5.0 \times 0.90 = 43.20m^2$ 扣台阶所占面积 $\quad\quad 41.79m^2$ $(2.7+2.0) \times 0.30 = 1.42m^2$
13	1:2 水泥砂浆地面面层	m²	41.79	$S = 41.79$（同序 12）
14	C15 混凝土台阶 （1:2 水泥砂浆抹面）	m²	2.82	$S = $ 台阶长 $\times$ 台阶宽 $= (2.70+2.0) \times (0.30 \times 2) = 2.82m^2$
15	C15 混凝土散水	m²	25.19	$S = (L_{外边} + 4 \times$ 散水宽$) \times$ 散水宽 $-$ 台阶面积 $= (30.16 + 4 \times 0.8) \times 0.8 - (2.70+2.30) \times 0.30$ $= 25.19m^2$
16	C30 预应力钢筋混凝土空心板屋面	m²	55.08	$S = $ 屋面实铺面积 $= (9.60+0.30 \times 2) \times (5.0+0.20 \times 2) = 55.08m^3$
17	C20 细石混凝土刚性屋面	m²	55.08	$S = 55.08m^2$（同序 16）
18	1:2 水泥砂浆屋面面层	m²	55.08	$S = 55.08m^2$（同序 16）
19	现浇 C20 钢筋混凝土矩形梁	m³	0.356	$V = (2.70+2.0+0.24) \times 0.30 \times 0.24$ $= 0.356m^3$
20	梁、柱面贴面砖	m²	7.12	$S = (2.70+2.0) \times (0.3 \times 2+0.24) + 0.24 \times 4 \times 3.3$ $= 7.12m^3$

序号	项目名称	单位	工程量	计 算 式
21	现浇构件钢筋调整	t	−0.018	定额用量：$0.356×0.17+1.261×0.11+55.08×0.0012=0.265t$ 实际用量：0.247t（详施工图预算） 钢筋量差：$0.247−0.265=−0.018t$
22	预应力构件钢筋调整	t	−0.034	定额用量：$55.08×0.0033=0.182t$ 实际用量：0.148t（详施工图预算） 钢筋量差：$0.148−0.182=−0.034t$

（二）直接费计算

直接费计算见表 8-5。

传达室工程直接费计算表　　　　　　　　　　　　表 8-5

序号	定额号	项目名称	单位	工程量	基价	合价	人工费单价	人工费小计
		一、基础工程						
1	1-7	人工平整场地	m²	127.88	0.11	14.07	0.11	14.07
2	1-48	C10 混凝土基础垫层	m³	5.901	108.59	640.79	13.55	79.96
3	1-51	M5 混合砂浆砌砖基础	m³	14.251	110.39	1 573.17	21.22	302.41
		分部小计	元			2 228.03		396.44
		二、墙体工程						
4	2-77	M2.5 混合砂浆砌-砖外墙（内混砂，外水刷石）	m²	74.70	33.36	2 491.99	3.82	285.35
5	2-133	M2.5 混合砂浆-砖内墙（双面混合砂浆）	m²	36.87	27.67	1 020.19	2.64	97.34
		分部小计	元			3 512.18		382.69
		三、梁、柱工程						
6	3-1	M5 混合砂浆砌方柱	m³	0.218	96.34	21.00	7.78	1.70
7	3-25	现浇 C20 钢筋混凝土矩形梁	m³	0.356	447.40	159.27	32.79	11.67
8	3-23	现浇 C20 钢筋混凝土圈梁	m³	1.261	335.13	422.60	25.62	32.31
9	3-39	现浇构件钢筋	t	−0.018	1 476.12	−26.57	34.54	−0.62

序号	定额号	项目名称	单位	工程量	基价	合价	人工费单价	人工费小计
10	3-40	预应力构件钢筋	t	−0.034	1 503.38	−51.11	38.07	−1.29
		分部小计	元			525.19		43.77

四、门窗工程

序号	定额号	项目名称	单位	工程量	基价	合价	人工费单价	人工费小计
11	4-1	单层镶板门	m²	6.48	46.63	302.16	3.03	19.63
12	4-9	镶板门带窗	m²	3.81	44.93	171.18	3.39	12.92
13	4-66	单层玻璃窗	m²	13.50	46.11	622.49	3.25	43.88
		分部小计	元			1 095.83		76.43

五、楼地面工程

序号	定额号	项目名称	单位	工程量	基价	合价	人工费单价	人工费小计
14	5-25	C10混凝土地面垫层	m²	41.79	10.20	426.26	1.04	43.46
15	5-59	1:2水泥砂浆地面面层	m²	41.79	3.42	142.92	0.41	17.13
16	10-72	C15混凝土散水	m²	25.19	13.04	328.48	1.14	28.72
17	10-103	C10混凝土台阶	m²	2.82	33.09	93.31	3.30	9.31
		分部小计	元			990.97		98.62

六、屋面工程

序号	定额号	项目名称	单位	工程量	基价	合价	人工费单价	人工费小计
18	6-67	C30预应力空心板屋面	m²	55.08	21.57	1 188.08	1.64	90.33
19	6-70	C20细石混凝土刚性屋面	m²	55.08	12.62	695.11	0.80	44.06
20	5-31	1:2水泥砂浆屋面面层	m²	55.08	2.77	152.57	0.22	12.12
		分部小计	元			2 035.76		146.51

七、装饰工程

序号	定额号	项目名称	单位	工程量	基价	合价	人工费单价	人工费小计
21	7-48	梁、柱面贴面砖	m²	7.12	29.83	212.39	1.67	11.89
		合计	元			10 600.35		1 156.35
		脚手架摊销费		10 600.35	×1.5%	159.01		
		共计	元			10 759.36		1 156.35

（三）材料价差调整

根据上述工程量和某地区建筑工程概算定额分析出的水泥、钢材数量（分析过程略），以及地区调价差的文件进行材料价差调整。

（四）概算造价计算

传达室工程概算造价计算有关条件：

根据下述条件和表 4-2 造价计算程序和表 4-5～表 4-12 中的各项费率计算概算造价，见表 8-6。

传达室工程概算造价计算表

表 8-6

序号	费 用 名 称	计 算 式	金额（元）
（一）	定额直接费	见表 8-5	10 759.36
（二）	其他直接费	10 759.36×3.46%	372.27
（三）	现场经费	10 759.36×4.59%	493.85
（四）	单项材料价差调整	见表 8-6	445.74
（五）	综合系数调整材料价差	10 759.36×1.24%	133.42
（六）	施工图预算包干费	11 625.48×1.5%	174.38
（七）	企业管理费	11 625.48×4.55%	528.96
（八）	财务费用	11 625.48×0.75%	87.19
（九）	劳动保险费	11 625.48×2.0%	232.51
（十）	远地施工增费	11 625.48×0.4%	46.50
（十一）	施工队伍迁移费	—	—
（十二）	计划利润	12 520.64×4.0%	500.83
（十三）	定额管理费	13 775.01×1.8‰	24.80
（十四）	营业税	13 799.81×3.092 8%	426.80
（十五）	城市维护建设税	426.80×7%	29.88
（十六）	教育费附加	426.80×2%	8.54
（十七）	工程造价	（一）～（十六）之和	14 265.03

取费条件

（1）工程类别：五类工程；

（2）施工单位取费证等级：四级取费；

（3）收取施工图预算包干费；

（4）施工地点距基地 27km；

（5）各项费率查表如下：

其他直接费费率（表 4-5）：   3.46%

现场经费费率（表 4-5）：   4.59%

企业管理费费率（表 4-6）：   4.55%

财务费用费率（表 4-7）：   0.75%

远地施工增加费费率（表 4-8）：   0.4%（取上限）

劳动保险费费率（表 4-9）：   2.0%（取上限）

计划利润率（表 4-11）：   4.0%（取上限）

施工图预算包干费费率（表 4-12）：   1.5%

定额管理费费率（表 4-12）：   1.8‰

营业税税率：   3.092 8%

城市维护建设税税率：   7%

教育费附加税税率：   2%

（6）定额直接费：   10 759.36 元

（7）单项材料价差调整：   445.74 元

（8）综合系数调整材料价差（以定额直接费为基础）   1.24%

（五）编制说明

1. 本概算根据某市商业局传达室工程施工图和某地区建筑工程概算定额及费用标准编制。

2. 本概算调整了材料价差。

3. 按五类工程、四级取费计算费用。

第四节　用概算指标编制概算

概算指标的内容和形式已在第二章第八节中介绍了，这里不再重复。

应用概算指标编制概算的关键问题是要选择合理的概算指标，对拟建工程选用较合理的概算指标，应符合以下三个方面的条件：

（1）拟建工程的建筑地点与概算指标中的工程地点在同一地区（如不同时需调整地区工资类别和地区材料预算价格）；

（2）拟建工程的工程特征和结构特征与概算指标中的工程、结构特征基本相同；

（3）拟建工程的建筑面积与概算指标中的建筑面积比较接近。

下面通过一个例子来说明概算的编制方法。

【例】　拟在××市修建一幢 3000m² 的混合结构住宅。其工程特征与结构特征与第二章第八节中表 2-13 的概算指标的内容基本相同。试根据该概算指标，编制土建工程概算。

【解】　由于拟建工程与概算指标的工程在同一地区（不考虑材料价差），所以能直接根据表 2-13 概算指标计算工程概算价值见表 8-7 和工程工料需用量，见表 8-8。

根据表 2-15 工料消耗指标计算。

某住宅工程概算价值计算表

表 8-7

序号	项目内容	计 算 式	金 额（元）
1	土建工程造价	3000m²×241.10 元/m²＝723300.00 元	723300.00
2	直接费	723300×76.92%＝556362.36 元	556362.26
	其中：人工费	723300×9.49%＝68641.17 元	68641.17
	材料费	723300×59.68%＝431665.44 元	431665.44
	机械费	723300×2.44%＝17648.52 元	17648.52
	其他直接费	723300×5.31%＝38407.23 元	38407.23
3	施工管理费	723300×7.89%＝57068.37 元	57068.37
4	其他间接费	723300×5.77%＝41734.41	41734.41
5	利 润	723300×6.34%＝45857.22	45857.22
6	税 金	723300×3.08%＝22277.64	22277.64

某住宅工程工料需用量计算表

表 8-8

序号	名 称	单 位	计 算 式	数 量
1	定额用工	d	3000m²×5.959d/m²	17877
2	钢 筋	t	3000m²×0.040t/m²	120
3	型 钢	kg	3000m²×11.518kg/m²	34554
4	铁 件	kg	3000m²×0.002kg/m²	6
5	水 泥	t	3000m²×0.157t/m²	471
6	锯 材	m³	3000m²×0.021m³/m²	63
7	标准砖	千块	3000m²×0.160 千块/m²	480
8	石 灰	t	3000m²×0.018t/m²	54
9	砂 子	m³	3000m²×0.470m³/m²	1410
10	石 子	m³	3000m²×0.234m³/m²	702
11	炉 渣	m³	3000m²×0.016m³/m²	48
12	玻 璃	m²	3000m²×0.099m²/m²	297
13	胶合板	m²	3000m²×0.264m²/m²	792
14	油 毡	m²	3000m²×0.240m²/m²	720
15	沥 青	kg	3000m²×0.608kg/m²	1824
16	油 漆	kg	3000m²×0.693kg/m²	2079
17	镀锌钢管	kg	3000m²×1.662kg/m²	4986
18	导 线	m	3000m²×1.660m/m²	4980

用概算指标编概算的方法较为简便。主要工作是计算拟建工程的建筑面积，然后再套

用概算指标，直接算出各项费用和工料需用量。

在实际工作中，用概算指标编制概算时，往往选不到工程特征和结构特征完全相同的概算指标，总有一些差别。遇到这种情况可采取调整的方法修正这些差别。

调整方法一：

拟建工程在同一地点，建筑面积接近，但结构特征不完全一样。

例如，拟建工程是一砖外墙、木窗，概算指标中的工程是一砖半外墙、钢窗，这就要调整工程量和修正概算指标。

调整的基本思路是：从原概算指标中，减去每平方米建筑面积需换出的结构构件的价值，增加每平方米建筑面积需换入结构构件的价值，即得每平方米造价修正指标。再将每平方米造价修正指标乘上设计对象的建筑面积，就得到该工程的概算造价。计算公式如下：

每平方米建筑面积造价修正指标＝原指标单方造价－每平方米建筑面积换出结构构件价值
＋每平方米建筑面积换入结构构件价值

式中　每平方米建筑面积换出结构构件价值

$$=\frac{原指标结构构件工程量×地区概算定额工程单价}{原指标面积单位}；$$

每平方米建筑面积换入结构构件价值

$$=\frac{拟建工程结构构件工程量×地区概算定额工程单价}{拟建工程建筑面积}$$

单位工程概算造价＝拟建工程建筑面积×每平方米建筑面积造价修正指标

【例】　拟建工程建筑面积 3 500m²，按图算出一砖外墙 632.51m²，木窗 250m²。原概算指标每 100m² 建筑面积一砖半外墙 25.71m²，钢窗 15.36m²，每平方米概算造价 123.76元。求修正后的单方造价和概算造价，见表 8-9。

建 筑 工 程 概 算 指 标 修 正 表　　　　　　　　表 8-9
（每 100m² 建筑面积）

序号	定额编号	项 目 名 称	单 位	数 量	单 价	复 价	备 注
		换入部分					
1	2-78	一砖外墙	m²	18.07	23.76	429.34	$632.51×\frac{100}{3500}=18.07$m²
2	4-68	普通木窗	m³	7.14	74.52	532.07	$250×\frac{100}{3500}=7.14$m²
		小 计				961.41	
		换出部分					
3	2-79	一砖半外墙	m²	25.71	30.31	779.27	
4	4-90	单层钢窗	m³	15.36	59.16	908.70	
		小 计				1 687.97	

$$每平方米建筑面积造价修正指标=123.76+\frac{961.41}{100}-\frac{1687.97}{100}$$
$$=123.76+9.61-16.88=116.49 元/m²$$
$$拟建工程概算造价=3 500×116.49=407 715 元$$

调整方法二：

不通过修正每平方米造价指标的方法，而直接修正原指标中的工料数量。

具体做法是，从原指标的工料数量和机械费中，换出拟建工程不同的结构构件人工、材料数量和调整机械费，换入所需的人工、材料和机械费。这些费用根据换入、换出结构构件工程量乘以相应概算定额中的人工、材料数量和机械费算出。

用概算指标编概算，工程量的计算量较小，也节省了大量套定额和工料分析的时间，编制速度较快。但相对来说准确性要差一些。

第五节　用类似工程预算编制概算

类似工程预算是指已经编好并用于某工程的施工图预算。

用类似工程预算编制概算具有编制时间短，数据较为准确等特点。

如果拟建工程的建筑面积和结构特征与所选的类似工程预算的建筑面积和结构特征基本相同，那么就可以直接采用类似工程预算的各项数据编制拟建工程概算。

当出现下列两种情况时，就要修正类似工程预算的各项数据：

（1）拟建工程与类似工程不在同一地区，这时就要产生工资标准、材料预算价格、机械费、间接费等的差异。

（2）拟建工程与类似工程在结构上有差异。

当出现第二种情况的差异时，可参照修正概算造价指标的方法加以修正。

当出现第一种情况的差异时，则需计算修正系数。

计算修正系数的基本思路是，先分别求出类似工程预算的人工费、材料费、机械费、间接费和其他间接费在全部预算成本中所占的比重（分别以 γ_1、γ_2、γ_3、γ_4、γ_5 表示），然后再计算这五种因素的修正系数，最后求出总修正系数。

计算修正系数的目的是为了求出类似工程预算修正后的平米造价，用拟建工程的建筑面积乘上修正系数后的平米造价，就得到了拟建工程的概算造价。

修正系数计算公式如下：

$$工资修正系数\ K_1 = \frac{编制概算地区一级工工资标准}{类似工程所在地区一级工工资标准}$$

材料预算价格修正系数 K_2

$$= \frac{\Sigma 类似工程各主要材料用量 \times 编制概算地区材料预算价格}{\Sigma 类似工程主要材料费}$$

机械使用费修正系数 K_3

$$= \frac{\Sigma 类似工程各主要机械台班量 \times 编制概算地区机械台班预算价格}{\Sigma 类似工程各主要机械使用费}$$

$$间接费修正系数\ K_4 = \frac{编制概算地区间接费费率}{类似工程所在地间接费费率}$$

$$其他间接费修正系数\ K_5 = \frac{编制概算地区其他间接费费率}{类似工程所在地区其他间接费费率}$$

预算成本总修正系数 $K = \gamma_1 K_1 + \gamma_2 K_2 + \gamma_3 K_3 + \gamma_4 K_4 + \gamma_5 K_5$

拟建工程概算造价计算公式：

拟建工程概算造价 ＝ 修正后的类似工程单方造价 × 拟建工程建筑面积

其中　修正后的类似工程单方造价 ＝ 类似工程修正后的预算成本 × （1 ＋ 利税率）；

类似工程修正后的预算成本 ＝ 类似工程预算成本 × 预算成本总修正系数。

【例】　有一幢新建办公大楼，建筑面积 2 000m²，根据下列类似工程预算的有关数据计算该工程的概算造价。

(1) 建筑面积：1 800m²

(2) 工程预算成本：230 000 元

(3) 各种费用占成本的百分比：

人工费 8%，材料费 62%，机械费 9%

间接费 16%，其他间接费 5%。

(4) 已计算出的各修正系数为：

K_1＝1.02，K_2＝1.05，K_3＝0.99，K_4＝1.0，K_5＝0.95。

【解】　(1) 计算预算成本总修正系数 K。

$$K = 0.08 × 1.02 + 0.62 × 1.05 + 0.09 × 0.99 + 0.16 × 1.0 + 0.05 × 0.95 = 1.03$$

(2) 计算修正预算成本

修正预算成本 ＝ 230 000 × 1.03 ＝ 236 900 元

(3) 计算类似工程修正后的预算造价 （利税率为 8%）

类似工程修正后的预算造价 ＝ 236 900 × （1 ＋ 8%） ＝ 255 852 元

(4) 计算修正后的单方造价

类似工程修正后的单方造价 ＝ 255 852 ÷ 1800 ＝ 142.14 元 /m²

(5) 计算拟建办公楼的概算造价

办公楼概算造价 ＝ 2 000 × 142.14 ＝ 284 280 元

如果拟建工程与类似工程相比较，结构构件有局部不同时，应通过换入和换出结构构件价值的方法，计算净增（减）值，然后再计算拟建工程的概算造价。

计算公式如下：

修正后的类似工程预算成本 ＝类似工程预算成本 × 总修正系数

＋ 结构件净价值 × （1 ＋ 修正间接费费率）

修正后的类似工程预算造价 ＝修正后类似工程预算成本 × （1 ＋ 利税率）

修正后的类似工程单方造价 ＝ $\dfrac{修正后类似工程预算造价}{类似工程建筑面积}$

拟建工程概算造价 ＝拟建工程建筑面积 × 修正后的类似工程单方造价

【例】　设上例办公楼的局部结构构件不同，净增加结构构件价值 1 550 元，其余条件相同，试计算该办公楼的概算造价。

【解】　修正后的类似工程预算成本＝230 000×1.03＋1 550

× （1＋16%×1.0＋5%×0.95）＝238 772 元

修正后的类似工程预算造价＝238 772× （1＋8%）＝257 873.76 元

修正后的类似工程单方造价＝257 873.76÷1 800＝143.26 元/m²

新建办公楼概算造价＝2 000×143.26＝286 520 元

本章小结

单位工程概算有着特定的作用。它不仅是确定工程概算造价的依据，也是编制招投标工程的标底和标价的重要依据。

三种编制概算的方法，有时间上的差别和质量上的差异。

按照用概算指标→用类似工程预算→用概算定额的顺序编制概算，从时间上看，一个比一个费时间，但从质量上比，一个比一个质量高。

复习思考题

1. 什么是单位工程概算？
2. 单位工程概算与施工图预算有何异同点？
3. 编制概算有哪几种方法？
4. 简述用概算定额编制概算的步骤？
5. 用概算指标编制概算应注意哪些问题？
6. 简述用类似工程预算编制概算的过程。
7. 用类似工程预算编制概算时，为什么要修正概算？
8. 修正概算采用了哪些公式？
9. 简述用概算指标编制概算的步骤。

第九章　工程预、结算的审查

第一节　审查工程预、结算的目的、依据和形式

一、审查工程预、结算的目的

工程预、结算是工程概预算和竣工结算的简称。

工程预、结算审查是建设工程造价管理的重要环节。

建设工程造价控制和管理的主要目标就是通过造价管理获得更好的基本建设投资效益。因而，工程预、结算审查是建设工程造价管理的重要工作。完成好这一阶段的工作，将对整个基本建设投资效益的提高起重要作用。

工程预、结算审查，分别在两个不同的阶段进行。工程概预算的审查阶段（施工前），主要审定工程概预算造价的准确性，为确定工程投资总额、为工程招投标、工程项目贷款、建设单位拨付工程价款等工作确定可靠的依据；工程结算审查阶段（竣工时），主要审定工程竣工造价的准确性，为建设单位与施工单位办理竣工结算，为建设单位与国家主管部门办理竣工决算提供可靠的依据。

建设单位、施工单位、工程造价管理部门，建设银行、预算中介服务机构都可能在上述两个阶段审查工程预、结算。

上述单位虽然审查预、结算的目的有所不同，但审查的内容、审查的方法是基本相同的。

1. 建设单位审查预、结算

建设单位审查预、结算的目的很明确：在预算阶段，通过审查，核定准确的工程造价，保持建设安装产品价格的平均水平和合理性，为申请建设项目贷款和采取其他筹资方式确定准确的数额；在结算阶段审核工程结算造价，核定应支付施工单位的准确工程价款，避免个别施工单位由于"高估冒算"带来额外支出的损失，另外也是建设单位为编制建设项目竣工决算准备基础资料。

2. 施工单位审查预、结算

施工单位审查预、结算的工作，一般称为内部审查。

在开工前，施工图预算编制好以后，预算主管对该预算进行认真审查，以防预算编制中出现漏项、漏算费用的重大错误；进一步核定工程预算的准确性；了解工程预算的编制水平；为编制工程投标报价准备资料；为核对送建设单位审查后，审减内容的认定和处理作好准备工作。

工程竣工后，施工单位审查工程结算的目的是：根据大量的变更签证资料编制的工程结算造价是否完整；是否有漏算的项目；是否执行了合同的材料价格；是否按规定的算了技术措施费等，以保证所编制的工程结算的准确性。

3. 工程造价管理部门审查预、结算

审查预、结算是工程造价管理部门的一项重要职能，是保证有效控制工程造价的具体措施。

工程造价管理部门审查的预、结算具有一定的权威性，是调解甲、乙双方经济纠纷的重要依据。除此以外，工程造价管理部门发布的工程造价指数、材料预算价格、定额解释、预算文件等也是审查工程预、结算的重要依据。

工程造价管理部门的工作，保障了各种定额的正确执行，规范了工程预、结算的编制方法，有效控制了工程预、结算的准确性。

4. 建设银行审查预、结算

建设银行是基本建设信贷业务的主办银行，建设单位的基本建设贷款、施工单位的流动资金贷款，都可以向建设银行申请办理。建设银行审查预、结算的目的除了控制基本建设投资规模外，也是为了弄清工程预、结算造价的准确程度，核定建设项目的贷款数额，同时，也为建设单位拨付工程价款提供依据。

5. 预算中介服务机构审查预、结算

预算中介服务机构是指从事预、结算编制、咨询等服务工作的社会机构。如，预算事务所等。一般情况下，预算事务所接受委托人委托的工程预、结算编制和审核任务，为委托人提供详细的咨询报告。

预算中介服务机构应有良好的社会信誉，不管委托人是谁，都要提供公正、合理、准确的咨询报告。

二、工程预、结算审查的依据

工程预、结算审查的依据与其审查的内容有着密切的关系，这些内容包括：

1. 设计资料

设计资料主要指施工图。包括设计说明、选用的标准图、图纸会审记录、设计变更通知等。

2. 工程承发包合同书

工程承发包合用书是指建设单位和施工单位之间，根据国家合同法和建筑安装工程合同管理条例，经双方协商确定承发包方式、承包内容、工程预、结算编制原则和依据、费用和费率的取定、工程价款结算方式等具有法律效力的重要经济文件。

3. 概预算定额和费用定额

概预算定额用於确定工程直接费、其他直接费；费用定额用于确定间接费、计划利润和税金。

4. 材料预算价格

建筑安装工程造价中，材料费的比重较大。由于材料价格具有地区性和时间性，稍稍掌握不好就会影响工程造价的准确性。把握好材料预算价格的审查关，是审查工程预、结算的关键之一。

5. 施工组织设计或施工方案

一般为完成一个单位工程的施工任务，都要事先编制施工组织设计或施工方案。经建设单位同意的施工组织设计或施工方案在实施过程中发生的各项技术措施费，要计入工程预、结算造价。

6. 有关文件

有关文件是指由主管部门颁发的有关工程价款结算、材料价差调整、人工机械费调整等规定的文件。

三、工程预、结算的审查形式

根据工程规模、专业复杂程度和结算方式等具体情况,可按以下形式审查工程预、结算。

1. 单独审查

该形式是指工程预、结算编制结束后,分别由施工单位内部自审、建设单位复审、工程造价管理部门审定。

单独审查的主要特点:审查专一,时间和地点比较灵活,不易受外界干扰。

2. 联合会审

这种形式一般是指建设单位、施工单位、设计部门、工程造价管理部门联合起来共同会审。

该方法适用于建设规模较大、施工技术复杂、设计变更和现场签证较多的工程。

联合会审的特点:涉及的部门多,疑难问题容易解决,质量能够得到保证。

3. 委托审查

这种审查形式是指在不具备会审条件、建设单位不能单独审查,或者需权威机构进行审查裁定等原因情况下,由建设单位(或施工单位)委托工程造价管理部门或预算中介服务机构进行审查。

委托审查的特点:花费的审查费用较少,审查结果具有权威性。

第二节　工程预、结算的审查内容

从理论上讲,凡是在编制工程预、结算中,可能出现差错的环节,都是工程预、结算审查的重点内容。一般来讲,工程预、结算的主要审查内容包括:工程量、定额套用、材料预算价格、直接费计算,间接费和税金的计算等。

一、审查工程量

工程量的审查,包括项目是否完整和工程量计算的准确性两个方面。

1. 审查工程量项目的完整程度

工程量项目是否完整。主要指项目重复计算或漏算项目的问题。完成这方面内容审查任务的关键之处是,要熟悉施工图、熟悉施工过程、熟悉预算定额。如果所列的工程量项目,通过套用预算定额后,包含了施工图中的全部内容,那么就可以说做到了不漏项。反之,如果所列的工程量项目,通过套用定额后,重复计算了施工图中的工作内容,那么就出现了重项。当然,根据施工图所列的工程量项目,套用定额后,不能包含施工图中的全部工作内容,就叫做漏项。

审查工程量的目的之一,就是分析该工程预、结算是否有重项和漏项的问题,如果有,就要及时纠正。

2. 审查工程量的准确性

审查工程量计算的准确性,主要依据工程量计算规则和施工图进行。

工程量计算发生错误,主要由以下几个方面的原因造成:

(1) 图纸看不懂或尺寸看错;

（2）没有按计算规则的规定计算；

（3）计算式列错了；

（4）计算过程有错；

（5）故意多算或少算。

二、定额套用审查

定额套用审查包括以下几个方面的内容：

1. 定额套用是否"对号入座"（即套用定额的工程内容是否与工程量项目的工程内容一致）；

2. 是否有重复套用定额的项目；

3. 是否有就高不就低套用定额的情况；

4. 该换算的定额是否换算了，该补充的定额是否补充合理。

5. 套用定额时，各数据的小数点是否定错了位子。

三、直接费、工料分析的审查

直接费审查，主要包括每个分项工程项目的直接费是否正确；直接费分部小计和工程直接费合计是否正确。

工料分析的审查，包括计算过程是否正确；汇总材料过程是否正确等内容。

四、材料预算价格审查

材料预算价格（编制）的合理性和准确性是审查的主要内容。所谓合理性，包括二个方面的内容：一是要尽量采用主管部门颁发的材料预算价格；二是所补充的材料预算价格要取得建设单位和有关部门的认可。

所谓正确性是指自己编制的那部分材料预算价格的各项数据（包括原价、运输费等）和计算方法是否正确。

五、费用计算程序、费用项目和费率的审查

直接费计算完成后，间接费有许多项目要计算，还要计算利润和税金。这部分内容的审查包括：

1. 该工程预、结算按有关规定应该计算哪些费用；

2. 各项费用的计算顺序是否正确；

3. 各项费用的计算基础是否正确；

4. 各项费用费率是否正确；

5. 整个数据计算过程是否正确。

第三节　工程预、结算的审查方法

工程预、结算的审查有许多方法，如有经验判断法、按实计算法、对比分析法等。不管采用何种方法审查，其审查的思路只有一条：预、结算编制整个环节都有出错的可能，但出错频率较高的内容是审查的重点；计算过程比较繁杂、花费时间较多、技术性较强的项目也是审查的重点。

一、总面积法

总面积法是审查工程量的基本方法。

工程预、结算中与建筑面积、墙面面积有关的工程量可以用该方法审查。

1．与建筑面积有关的工程量项目

（1）与底层建筑面积有关的工程量项目审查

与底层建筑面积有关的工程量项目有，室内回填土、地面垫层、地面面层、刚性屋面、柔性屋面、屋面保温层等等。

在审查上述项目的工程量时可以用总量控制法，也就是总面积法。

总面积法判断工程量准确程度的主要公式如下：

$$\left.\begin{array}{l}\text{室内回填土面积}\\\text{地面垫层、面层面积}\\\text{刚性屋面面积等}\end{array}\right\} \approx \text{底层建筑面积} - \text{墙结构面积}$$

（2）与总建筑面积有关的工程量项目审查

与总建筑面积有关的主要工程量项目有，楼地面面积、天棚装饰面积等，判别式如下：

$$\left.\begin{array}{l}\text{楼地面面积（含梯间）}\\\text{天棚装饰面积等}\end{array}\right\} \approx \text{全部建筑面积} - \text{墙结构面积}$$

2．与墙面面积有关的工程量项目

（1）外墙装饰面积审查

$$\left.\begin{array}{l}\text{外墙全部}\\\text{装饰面积}\end{array}\right\} \approx \text{外墙长} \times \text{墙高} - \begin{array}{l}\text{门窗}\\\text{面积}\end{array} - \begin{array}{l}\text{挑阳台空}\\\text{圈面积}\end{array}$$

（2）内墙装饰面积审查

$$\left.\begin{array}{l}\text{内墙全部装}\\\text{饰面积}\end{array}\right\} \approx \text{外墙长} \times \text{净层高} \times \text{层数} - \begin{array}{l}\text{外墙门}\\\text{窗面积}\end{array}$$

$$+ \left(\text{内墙长} \times \text{净层高} \times \text{层数} - \begin{array}{l}\text{内墙门窗}\\\text{面积}\end{array}\right) \times 2$$

二、难点项目抽查法

在编制建筑工程概预算中，有些项目的工程量计算比较复杂。其原因是计算方法和计算过程较复杂，例如，框架结构的钢筋工程量计算，往往花了较长的时间还算不准。因而，此类难点项目是重点审查对象。

又如，综合大楼大门外的花岗岩饰面，由于造型复杂，几何形状多变，较难确定计算尺寸，加上材料单价高，较小的工程量差别会带来较大的费用差别，所以，也要重点审查这类难点项目。

基于上述思路，难点项目抽查法审查预、结算，要达到两个方面的目的：一是帮助被审单位算准工程量；二是防止个别在工程量中掺"水份"的现象。

三、定额项目分析法

定额项目分析法主要用于审查工程预、结算项目是否重项或漏项。

定额项目分析法审查的思路是：当工程预、结算中出现了建筑物同一部位的二个或二个以上项目时，就要根据该项目所对应的预算定额项目进行校对分析，如果定额内容重复了，那么就可以判断是重复项目。因此，熟悉预算定额项目是应用定额项目分析法的重要基础。

四、重点项目抽查法

在整个建筑工程中，总有少数几个项目占工程造价的主要比重。例如，钢筋混凝土构件、铝合金门窗、外墙面砖等项目所占工程造价的比例较大。如果采用抽查的方法审查这些重点项目，就抓住了审查预、结算的主要矛盾。另外，其他直接费、间接费、计划利润、税金这几项费用约占整个造价的 30% 左右，所以，其计算过程和计算方法、费率取定等内容也是重点审查对象。

五、指标分析法

如果被审预、结算可以找到几个已完工的类似工程预、结算资料，那么就可以用类似工程的技术经济指标进行对比分析。通过每平方米建筑面积工程造价、用工数量、主要材料用量等技术经济指标的对比分析来判断被审预、结算的准确程度。

六、全面审查法

全面审查法、实际上是根据施工图、预算定额、费用定额等基本资料，重新编制工程预、结算的方法。该方法主要用于工程规模较小或审查精度要求高的工程项目。

全面审查法具有精度高、花费时间长、技术难度大等特点。

与上述各种审查方法相比，全面审查法的质量最高。由于是逐项重新计算，因而可以审查出用其他方法不易查出的问题。

本章小结

工程预、结算的审查应把握以下几个方面的原则：

1. 工程量审查是整个预、结算审查工作的重点，因为工程量的较少出入会引起工程造价的较大出入。

2. 熟悉预算定额、费用定额，熟悉图纸，是使预、结算项目齐全的基本保证，也是预、结算审查人员必备的基本功。

3. 把住了材料预算价格审查的关口也就把握住了保证工程造价准确性的重要关口。

4. 费用计算不但要遵循费用定额和有关文件的规定，而且还要进一步弄清楚为什么要计算这些费用的道理，从根本上把握住费用计算的基本方法，使工程预、结算审查的质量更高、更好。

复 习 思 考 题

1. 为什么要审查概预算和工程结算？
2. 主要审查预、结算的哪些内容？
3. 审查预、结算有哪几种方法？
4. 怎样选择预、结算的审查方法？

第十章 竣工结算和竣工决算的编制

第一节 概 述

一、竣工结算

工程竣工结算是指工程竣工后，施工单位根据施工过程中实际发生的变更情况，对原施工图预算或工程合同造价进行调整修正，重新确定工程造价的技术经济文件。

施工图预算或工程合同是在开工前编制和签订的，施工过程中工程地质条件的变化，设计考虑不周或设计意图的改变，材料的代换，项目的增减，经有关方面协商同意而发生设计变更等，都会使原施工图预算或工程合同确定的工程造价发生变化。为了如实地反映竣工工程造价，单位工程竣工后必须及时办理竣工结算。

二、竣工决算

竣工决算是由建设单位编制，综合反映竣工项目建设成果和财务情况的经济文件。

及时编制竣工决算对于考核建设成本、分析投资状况等具有重要意义。它是考核竣工项目的概（预）算执行情况，以及向使用单位办理移交新增固定资产的依据。

三、竣工结算与竣工决算的区别和联系

（一）主要区别

1. 编制的单位不同

竣工结算由施工单位编制，竣工决算由建设单位编制。

2. 编制的范围不同

竣工结算以单位工程为对象编制；竣工决算以单项工程或建设项目为对象编制。

（二）两者的联系

竣工结算是编制竣工决算的基础资料。

四、编制竣工结算和竣工决算的原则

编制竣工结算和竣工决算必须贯彻实事求是的原则。

编制竣工结算和决算是一项认真细致的工作，要正确反映建筑安装工程的造价，防止多估冒算，所以，在编制过程中必须贯彻实事求是的原则。

第二节 竣工结算的编制

一、竣工结算的作用

（1）是施工单位与建设单位办理工程价款结算的依据。

（2）是建设单位编制竣工决算的基础资料。

（3）是施工单位统计最终完成工作量和竣工面积的依据。

（4）是施工单位计算全员产值、核算工程成本、考核企业盈亏的依据。

（5）是进行经济活动分析的依据。

二、竣工结算的方式

根据工程承包方式的不同，竣工结算的方式也有所不同。

（一）施工图预算加签证的结算方式

这种方式把经过审定的施工图预算作为结算的依据。凡是在施工过程中发生而施工图预算又未包括的工程项目和费用，经建设单位签证后可以在竣工结算中调整。

（二）施工图预算加系数包干的结算方式

这种结算方式是先由有关单位共同商定包干范围，编制施工图预算时乘上一个不可预见费的包干系数。如果发生包干范围以外的增加项目，如增加建筑面积、提高原设计标准、改变工程结构等，必须由双方协商同意后方可变更，并随时填写工程变更结算单，经双方签证作为结算工程价款的依据。

（三）平方米造价包干的结算方式

平方米造价包干的结算方式，与按施工图预算加签证的办法比较，手续简便，但适用范围具有一定的局限性，一般只适用于民用住宅工程的上部结构。基础工程由于可变因素较多，一般需单独编制，按实结算。

（四）招、投标的结算方式

建筑安装工程实行招标承包制是建筑业适合市场经济发展的一项重大改革，它有利于鼓励先进，鞭策后进。因为该方法确定工程造价，不仅具有包干的性质，而且还具有竞争的性质。

招标的标底，投标的标价，都是以施工图预算为基础核定的。投标单位在此基础上，根据竞争对手的情况和自己的竞争策略，对报价进行合理浮动。中标后，招标单位与投标单位按照中标报价、承包方式、范围、工期、质量、双方责任、付款及结算办法、奖惩规定等内容签订承包合同。合同确定的工程造价就是结算造价。除了因奖惩发生的费用、包干范围外增加的项目应另行计算外，原合同确定的工程造价不变。

三、竣工结算的内容

竣工结算的内容是由竣工结算书的组成内容决定的，一般包括下列内容：

（一）封面

内容包括：工程名称、建设单位、建筑面积、结构类型、层数、结算造价、编制日期等，并设有建设单位、施工单位、审批单位以及编制人、复核人、审核人的签字盖章的位置。

（二）编制说明

内容包括：编制依据、结算范围、变更内容、双方协商处理的事项以及其他必须说明的问题。如果是包干性质的工程结算，还应着重说明包干范围以外增加项目的有关问题。

（三）工程结算表

内容包括：定额编号、分部分项工程名称、单位、工程量、基价、合价、人工费、机械费等。另外，要按照不同的工程特点和结算方式，将组成结算造价的有关费用，综合列入本表。

（四）附表

内容包括：工程量增减计算表、材料价差计算表、补充单价分析表、建设单位供料计算表等。

四、竣工结算的编制依据

编制竣工结算除应具备全套竣工图纸、预算定额、地区单位估价表、地区材料预算价格，取费标准以及调整材料价差等有关规定外，根据不同的承包方式，还必须具备以下资料：

(1) 工程合同的有关条款；

(2) 施工图预算书；

(3) 设计变更通知单（表 10-1）；

设 计 变 更 通 知 单　　　　　　　　　　表 10-1

工程名称	
项目名称	

审 查 人	施 工 单 位		设 计 人	
	建 设 单 位		校 核	
编　号			年 月 日	

(4) 建设单位会同设计单位提出的有关追加、削减项目的通知单；

(5) 施工单位提出，由建设单位和设计单位会签的施工技术问题核定单（表 10-2）；

施 工 技 术 问 题 核 定 单　　　　　　　　　　表 10-2

工 程 名 称		施 工 单 位	
图 纸 编 号		核 定 单 位	
问题及处理意见			

	填表单位	审核	制表	年 月 日
核定意见	核定单位	审核	制表	年 月 日

(6) 工程签证单；

(7) 隐蔽工程验收单（表 10-3）；

416

隐 蔽 工 程 验 收 单 表 10-3

工程编号			工程地点		建设单位	
工程名称			工程类别		施工单位	
隐蔽工程内容	分部分项工程名称		单　位	数　量	说　明	
验 收 意 见						

(8) 材料代用核定单；

(9) 分包单位或附属企业提出的分包工程结算书；

(10) 现场用钢筋、铁件加工单；

(11) 材料预算价格变更文件；

(12) 经双方协商同意并办理了签证的应列入工程结算的其他事项。

五、竣工结算的编制程序和方法

单位工程竣工结算的编制，是在施工图预算的基础上，根据所收集的各种设计变更资料和修改图纸，先进行直接费的增、减调整计算，再按取费标准计算各项费用，最后汇总为结算造价。

其编制程序和方法概述如下：

(1) 收集、整理、熟悉有关原始资料。

(2) 深入现场，对照观察竣工工程。

(3) 认真检查复核有关原始资料。

(4) 计算调整工程量。

(5) 套定额基价，计算结算造价。

套定额、计算结算造价包括以下几部分工作：

① 原施工图预算直接费。

② 计算调增部分的直接费：按调增部分的工程量，查套相应的定额基价，求出调增部分的直接费，以"调增小计"表示。

③ 计算调减部分的直接费：按调减部分的工程量查套相应的定额基价，求出调减部分的直接费，以"调减小计"表示。

④ 计算竣工结算直接费：

竣工结算直接费＝原预算直接费＋调增小计－调减小计

⑤ 计算材料价差。

⑥ 按取费标准计算其他各项费用。

⑦ 计算单位工程结算造价：

单位工程结算造价＝竣工结算直接费＋材料价差＋其他各项费用

(6) 复制、装订、送审、定案。

对于包干形式的工程结算，应按合同规定的包干范围，清理有无包干范围外的增加项目，有无奖惩规定，合同留有哪些活口，有无经过签证的工程变更结算单等。将全部清理

417

计算的结果与原包干造价合并，编制出单位包干工程结算书。

六、竣工结算编制实例

某单位传达室工程已竣工，根据建设单位、设计单位签发的技术核定单，在原施工图预算和某地区预算定额的基础上编制竣工结算。

（一）传达室工程变更情况

（1）基础底标高改为－1.40m（原设计标高为－1.50m）。

（2）散水每隔3m设一道沥青玛琋脂伸缩缝。

（3）内外砖墙改为M5混合砂浆砌筑。

（4）预制空心板底天棚面抹混合砂浆。

（二）计算调整工程量

1. M5水泥砂浆砌砖基础（因标高改变）

（1）墙基

$$V = 内外墙长 \times 墙厚 \times 标高差 = 36.72 \times 0.24 \times (1.50 - 1.40)$$
$$= 36.72 \times 0.24 \times 0.10 = 0.881 m^3 (-)$$

（2）柱基

$$V = 0.24 \times 0.24 \times 0.10 = 0.006 m^3 (-)$$

小计：$0.881 + 0.006 = 0.887 m^3$ （－）

2. 散水沥青玛琋脂伸缩缝

$$l = 散水长 \div 3 \times 散水宽 = 28.66 \div 3 \times 0.80$$
$$= 10(取整) \times 0.80 = 8.0 m$$

3. 预制空心板底天棚面混合砂浆抹灰

$$S = 空心板底嵌缝找平面积 = 46.27 m^2$$

（三）直接费调整

见表10-4。

传 达 室 工 程 直 接 费 调 整 表　　　　　　表 10-4

定额号	项 目 名 称	单 位	工程量	基 价	人工费单价	合 价	人工费小计
	调增部分						
1025	散水沥青玛琋脂伸缩缝	m	8.0	2.22	0.07	17.76	0.56
1290	空心板底抹混合砂浆	m²	46.27	2.73	0.53	126.32	24.52
119	M5混合砂浆砌内外砖墙	m³	26.488	89.91	5.67	2 381.54	150.19
	调增小计					2 525.62	175.27
	调减部分						
115	M5水泥砂浆砌砖基础	m³	0.887	88.74	4.36	78.71	3.87
118	M2.5混合砂浆砌内外砖墙	m³	26.488	87.62	5.67	2 320.88	150.19
	调减小计					2 399.59	154.06
	增减合计					126.03	21.21

调整后的竣工结算直接费＝原施工图预算直接费＋增减合计

$$＝9680.94＋126.03＝9806.97 元$$

（四）单项材料价差调整

竣工结算的单项材料价差可在原施工图预算基础上调整。

竣工结算单项材料价差＝原预算单项材料价差±竣工结算调整部分

传达室工程竣工结算单项材料价差＝397.07＋0.821×16.00＝410.21 元

传达室工程增减工程量的主要材料分析见表10-5。

传达室工程增减工程量主要材料分析表　　表 10-5

定额号	项 目 名 称	单 位	工程量	主 要 材 料 425 号水泥 (kg)	
	调增部分				
1290	空心板底抹混合砂浆	m²	46.27	8.50/393.30	
119	M5 混合砂浆砌砖墙	m³	26.488	45.47/1 204.41	
	调增小计			1 597.71	
	调减部分				
115	M5 水泥砂浆砌砖基础	m³	0.887	53.21/47.20	
118	M2.5 混合砂浆砌砖墙	m³	26.488	29.34/777.16	
	调减小计			824.36	
	增减合计			773.35kg 0.773t	

（五）传达室工程竣工结算造价计算

传达室工程竣工结算造价计算的取费条件：

（1）工程类别：五类工程；

（2）施工单位取费证等级：四级取费；

（3）收取施工图预算包干费；

（4）施工地点距基地 33km；

（5）各项费率如下：

其他直接费费率（表 4-5）：　　　　　　　　　　　　　　　3.46％

现场经费费率（表 4-5）：　　　　　　　　　　　　　　　　4.59％

企业管理费费率（表 4-6）：　　　　　　　　　　　　　　　4.55％

财务费用费率（表 4-7）：　　　　　　　　　　　　　　　　0.75％

远地施工增加费费率（表 4-8）：　　　　　　　　　　　　　0.4％（取上限）

劳动保险费费率（表 4-9）：　　　　　　　　　　　　　　　2.0％（取上限）

计划利润率（表 4-11）：　　　　　　　　　　　　　　　　4.0％（取上限）

施工图预算包干费费率（表 4-12）：　　　　　　　　　　　1.5％

定额管理费费率（表 4-12）：　　　　　　　　　　　　　　1.8‰

营业税税率： 3.092 8%

城市维护建设税税率 7%

教育费附加税率 2%

(6) 定额直接费： 9 806.97元

(7) 单项材料价差调整： 410.21元

(8) 综合系数调整材料价差（以定额直接费为基础） 1.33%

传达室工程竣工结算造价计算见表10-6。

传达室工程竣工结算造价计算表 表 10-6

序号	费 用 名 称	计 算 式	金 额 （元）
(一)	定额直接费	见取费条件（或调整后竣工结算直接费）	9 806.97
(二)	其他直接费	9 806.97×3.46%	339.32
(三)	现场经费	9 806.97×4.59%	450.14
(四)	单项材料价差调整	见竣工结算单项材料价差计算式	410.21
(五)	综合系数调整材料价差	9 806.97×1.33%	130.43
(六)	施工图预算包干费	10 596.43×1.5%	158.95
(七)	企业管理费	10 596.43×4.55%	482.14
(八)	财务费用	10 596.43×0.75%	79.47
(九)	劳动保险费	10 596.43×2.0%	211.93
(十)	远地施工增加费	10 596.43×0.4%	42.39
(十一)	施工队伍迁移费	—	—
(十二)	计划利润	11 412.36×4.0%	456.49
(十三)	定额管理费	12 568.44×1.8‰	22.62
(十四)	营业税	12 591.06×3.0928%	389.42
(十五)	城市维护建设税	389.42×7%	27.26
(十六)	教育费附加	389.42×2%	7.79
(十七)	工程造价	(一)～(十六)之和	13 015.53

（六）编制说明

1. 本结算根据传达室工程竣工图、技术核定单、设计变更通知单和某地区建筑工程预算定额、取费标准编制。

2. 按五类工程、四级取费计算各项费用。

3. 按地区规定调整了材料价差。

第三节　竣工决算的编制

一、竣工决算的内容

竣工决算是在建设项目或单项工程完工后编制的。其内容由文字说明和决算报表两部分组成。

文字说明主要包括：工程概况，设计概算和基建计划的执行情况，各项技术经济指标的完成情况，建设成本和投资效果分析以及建设过程中的主要经验、存在的问题和解决的意见。

工程项目竣工工程概况表包括：综合反映占地面积、新增生产能力、建设周期、完成主要工程量、主要材料消耗及技术经济指标、建设成本、收尾工程情况等，详见表10-7。

大、中型建设项目竣工工程概况表　　　　　表 10-7

建设项目或单项 工程名称						项　目		概算 （元）	实际 （元）	主要 事项
建设地址			占地面积	设计	实际	建设 成本	建安工程设 备、工器具其它 基本建设：土地 征用、生产职工 培训、施工机构 迁移、建设单位 管理费等			
新增生产能力	能力（或效益）名称			设计	实际					
建设时间	计　划	开　工		竣　工						
	实　际	开　工		竣　工						
初步设计和概算批准机关 日期　　　　文号										
完成主要 工程量	名　称	单　位	数　量							
			设　计	实　际						
	建筑面积	m²				主要 材料	名　称	单位	概算	实际
	设　备	台/t					钢　材	t		
收尾工程	工程内容	投资额	负责收 尾单位	完成时间			木　材	m³		
							水　泥	t		
						主要技术经济指标				

竣工财务决算表反映了建设项目的全部资金来源和运用情况，是考核基本建设投资效果的依据，详见表10-8。

建 设 项 目 竣 工 财 务 决 算 表

建设项目名称：   表 10-8

资 金 来 源	金 额 (元)	资 金 运 用	金 额 (元)	补 充 资 料	金 额 (元)
一、基本建设拨款		一、交付使用财产		基本建设收入	
二、基本建设贷款		二、在建工程		其中：	
三、基建收入		三、应核销投资支出		应上交财政	
四、专用基金		1.拨付其他单位基建款		已上交财政	
五、应付款		2.移交其他单位未完工程		支 出	
		3.报废工程损失			
		四、应核销其他支出			
		1.器材销售亏损			
		2.器材折价损失			
		3.设备报废盘亏			
		五、器 材			
		1.需要安装设备			
		2.库存材料			
		六、施工机具设备			
		七、专用基金财产			
		八、应收款			
		九、银行存款及现金			
		合 计			

交付使用财产总表反映建设项目建成后，新增固定资产和流动资产的全部情况，作为财产交接依据，详见表 10-9。

建设项目交付使用财产总表

建设项目名称：   表 10-9

工程项目名称	总 计	固 定 资 产				流动资产	备 注
		合 计	建安工程	设 备	其它费用		

二、抓好竣工决算编制工作的几个环节

1. 抓好收尾工作。

2. 及时组织竣工验收。

3. 及时清理财产和债权、债务，落实结余资金。

4. 正确计算建设成本、核实投资效果。

本章小结

单位工程竣工结算是编制施工图预算的延伸。施工图预算确定建筑安装工程预算造价，竣工结算确定建筑安装竣工工程的结算造价。两者都是按编制施工图预算的方式确定建筑安装产品价格，即建筑安装产品的计划价格。它们的主要不同点是：一个在开工前编制，另一个在竣工后编制，其实物量和货币量都因工程施工中工程量的变化而发生变化。因此，在施工图预算的基础上，根据竣工图和施工中的技术签证调整变化的实物量和货币量，是编制竣工结算的基本方法。

竣工决算是综合反映竣工项目建设成果和财务情况的总结性文件。它是办理工程交付使用的依据，是贯彻基本建设程序的重要环节。

复习思考题

1. 为什么要编制竣工结算？
2. 怎样编制竣工结算？
3. 竣工结算的方式有几种？
4. 编制竣工结算需要哪些资料？
5. 竣工结算的编制应注意哪些问题？
6. 包干形式的竣工结算应注意哪些问题？
7. 竣工结算与竣工决算有什么区别？

第十一章　微机在工程概预算中的应用

第一节　概　　述

一、应用微机编制工程概预算的特点

应用微机编制工程概预算具有以下特点：

1. 编制速度快

工程概预算的编制过程要处理大量的数据，手工编制需花较长的时间。由于微机具有运算速度快的特点，因此，用微机编制工程概预算能节省大量的时间，具有编制速度快的特点。

2. 编制方法规范化

在编制工程概预算过程中，计算工程量要遵循工程量计算规则，套用定额须对号入座，计算各项费用要执行工程造价计算程序等等。但是，这些基本要求，由于编制人员的水平差异，执行的效果也不尽相同。如果将这些规则和规定装入软件，那么大家共同使用标准统一的软件编制概预算，就达到了规范概预算编制工作的目的。

3. 数据管理功能强

编制工程概预算的应用软件都事先装入了概预算定额，这是一个大容量的数据库。用计算机能很方便地管理好此类数据库。例如，用手工修改定额本中每个定额号的人工费，需要花较长的时间，但是，若将这项工作交给计算机去完成，只需要几十秒钟的时间就能完成。

微机能较好地保存概预算的计算结果，可以用这些计算结果自动生成技术经济指标数据库。因而，概预算应用软件具有较强的数据管理能力。

4. 用户不易修改使用功能

应用软件是程序员编制的，交给用户后，由于用户不懂编程技术，所以，修改不了使用功能。通常，就是懂编程技术的用户也不容易修改程序，因为一般的用户打不开经过加密的程序。

二、硬件与软件、应用软件之间的关系

一台微机，若要发挥作用，必须具备两方面的条件，即软件和硬件。

1. 硬件

硬件是微机机器实体部分的总称。它包括：主机、显示器、键盘、磁盘存贮器、打印机等设备。这些设备是由看得见，摸得着的电子元件、机械零件等构成。

2. 软件

软件是计算机程序系统的总称。由于它的载体多用软磁盘、磁带等，所以相对机器而言，称为软件。

按照所起的作用不同，一般将计算机软件分为二大类，即系统软件和应用软件。

系统软件由大的软件公司开发，包括操作系统、汉字系统、工具软件等。应用软件的范围十分广泛，社会各行各业都有自己的应用软件。

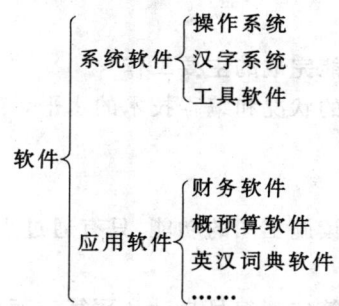

微机硬件、系统软件与应用软件之间的关系是：需显示汉字的应用软件必须建立在汉字系统上运行；汉字系统必须建立在操作系统上运行；有微机的硬件才能运行操作系统。

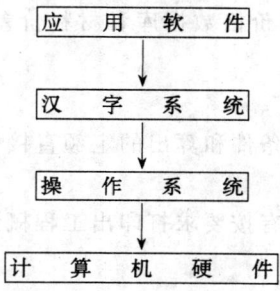

图 11-1　微机硬件、系统软件、应用软件关系示意图

通常，打开一台电脑要运行概预算编制程序，必须依次建立三个平台才能实现，他们是：

（1）运行操作系统（例如 DOS）建立操作系统平台；

（2）运行汉字系统（例如 UCDOS）建立汉字平台；

（3）运行应用程序语言系统（例如 dBASE Ⅲ、FOXPRO 等）建立应用程序平台。

上述三个平台依次建立好以后，才能运行应用程序。

3. 应用微机编制工程概预算的必备条件

（1）应用软件的运行环境

开发一个应用程序，是在一台具体的微机上实现的。因此，开发成功后的应用程序必须配置相适应的微机系统才能发挥作用。人们通常将这一基本配置称为应用软件的运行环境，它主要包括：

主机类型：　　　　是 386 电脑还是 486、586 电脑；

主机内存：　　　　内存容量需 4M 还是 8M；

显示器：　　　　　需配置黑白显示器还是彩色显示器；

打印机：　　　　　是针式打印机还是喷墨打印机；

操作系统：　　　　是 DOS 操作系统还是 WINDOWS 操作系统；

汉字系统：　　　　需配置希望汉字还是金山汉字。

（2）工程概预算应用程序的配置

有了一套微机，必须再配上一套应用程序才能发挥编制概预算的作用。

概预算应用软件，一般由专业人员编制，并作为商品软件出售，用户只要花一定的资金就可以买一套使用。

三、工程概预算应用软件能完成的主要工作

根据目前计算机硬件配置的状况和编程技术的水平，工程概预算应用软件主要能完成下列工作：

1. 计算工程量

微机目前还不具备自动识读施工图的功能，只有通过手工输入计算式才能计算工程量。

2. 套用定额和计算直接费

微机能根据用户给定的预算定额编号自动从预算定额数据库中套用定额，并算出定额直接费、进行工料分析和汇总。

3. 材料价差调整

微机能根据建好的材料预算价格数据库和材料价差数据库自动调整概预算的材料价差。

4. 计算工程造价

微机能根据给定的造价计算条件和算出的定额直接费数据自动计算概预算工程造价。

5. 打印概预算书

微机运行概预算软件后，具有按要求打印出工程概预算书和各种表格的功能。

6. 管理各种数据库

概预算应用软件具有管理预算定额数据库、材料预算价格数据库、工程直接费数据库、工程造价等数据库的功能。

第二节　编制概预算应用软件的方法与过程

一、编制概预算应用软件的准备工作

1. 分析数据流程

用微机编制概预算的主要工作，就是按照有关规定和编制方法处理各种数据。因此，分析工程概预算编制的数据流程是编制该软件的重要基础工作。

我们知道，由于微机不能自动识读施工图，那么只能由人工将工程量原始数据输入计算机，这是数据的源头；紧接着，计算机根据原始数据计算成工程量数据；工程量套上相应的定额就加工成直接费数据；直接费数据再乘上有关费率就加工成工程造价数据，此时，数据流到了终点站。

上述数据流程图。见图 11-2。

有了清晰的数据流程就弄清楚了程序的思路，也明确了应该建立哪些数据库。

2. 确定工程概预算的编制程序

理顺概预算的编制顺序，是应用软件设计的重要步骤。因为应用软件就是由程序设计人员用计算机语言准确地描述了概预算的编制程序设计而成的。概预算编制步骤与程序在前面章节已作详细叙述，这里不再重复。

3. 明确概预算应用软件应实现的功能

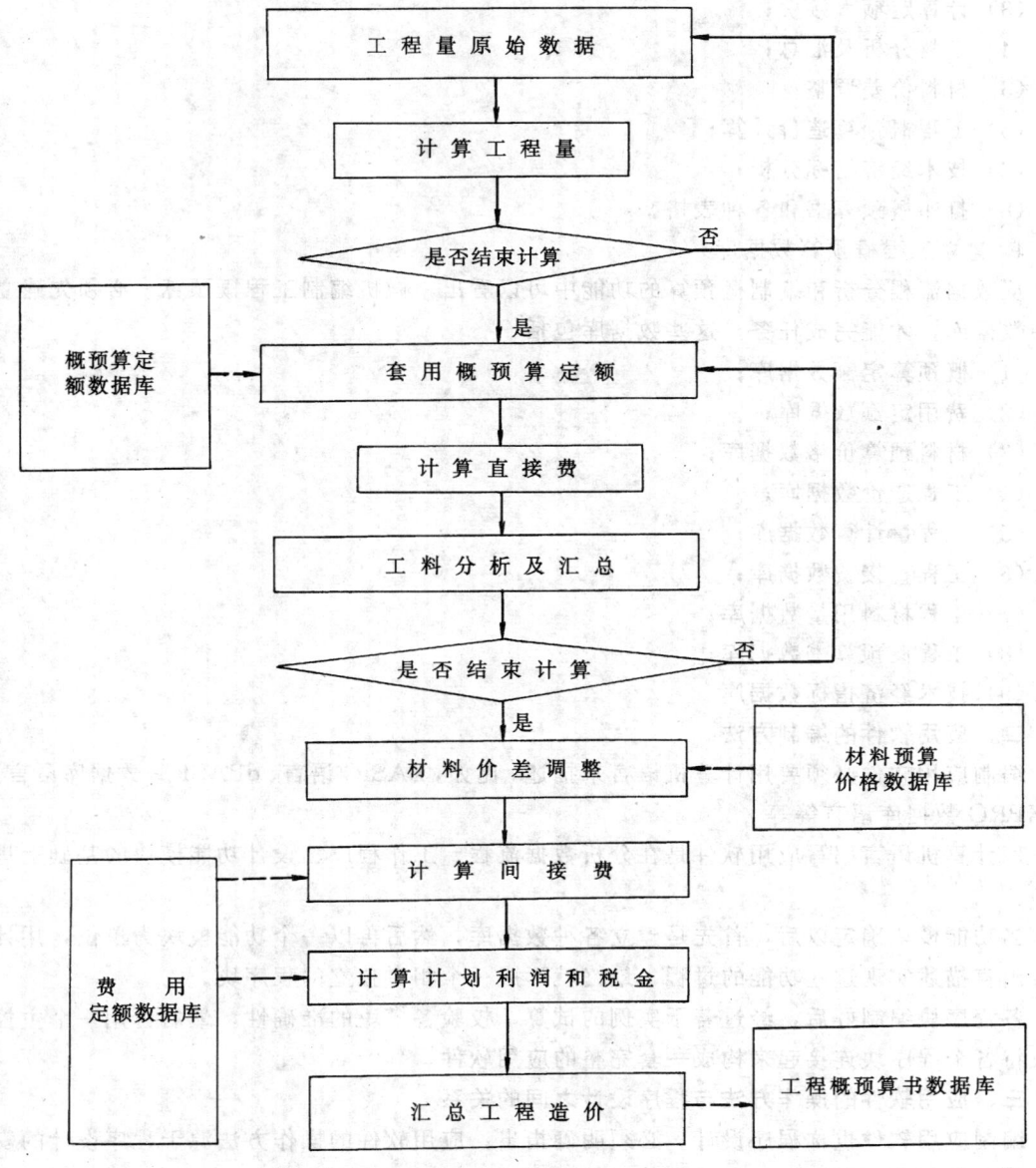

图 11-2　概预算编制数据流程示意图

　　事先明确工程概预算应用软件具有哪些功能后，就可以确定在程序设计时应设置多少程序模块，从而确定程序设计的方案。

　　一般情况下，人们总是想让微机完成更多的工作。为了满足这一要求，程序设计人员就要增加大量的编写程序的工作量。虽然，程序设计时的一时麻烦，但可以带给用户长期的方便。这种为用户着想的思想是程序设计的重要原则。

　　工程概预算应用软件应包括以下各项功能：

　　（1）根据计算式计算工程量；

　　（2）根据定额编号和工程量套用定额；

（3）计算定额直接费；

（4）工料分析及汇总；

（5）材料价差调整；

（6）工程概预算造价计算；

（7）技术经济指标分析；

（8）打印概预算书和各种表格。

4．建立工程概预算数据库

从数据流程分析和编制概预算的功能中可以看出，微机编制工程概预算，必须先建立各种数据库，才能完成任务。这些数据库包括：

（1）概预算定额数据库；

（2）费用定额数据库；

（3）材料预算价格数据库；

（4）工程造价数据库；

（5）工程量计算数据库；

（6）工程直接费数据库；

（7）工程材料用量数据库；

（8）工程概预算书数据库；

（9）技术经济指标数据库。

二、应用软件的编制方法

编制应用软件必须要用计算机语言来描述，比如，BASIC 语言、dBASE Ⅲ 数据库语言、FOXPRO 数据库语言等等。

用计算机语言编写应用软件是在分析数据流程、工作程序、设计功能模块的基础上进行的。

当功能模块确定以后，首先是建立各种数据库，然后再以一个功能模块为单位，用计算机语言描述实现这些功能的过程，最终就形成一个相对独立的程序块。

各程序块编制好后，经过若干实例的试算，校验各模块的准确性，最后再用一个主控模块将各个程序块连接起来构成一套完整的应用软件。

三、应用软件的操作方法与程序设计之间的关系

编制应用软件也称程序设计。必须明确指出，应用软件的操作方法源于程序设计的安排，他们之间有着严格的约定关系。

1．应用软件的操作方式由程序设计员确定

程序设计员根据自己的经验和用户的要求，在设计程序时就规定了操作方式和顺序。例如，在运行应用软件时，首先要输入密码才能进入程序；密码的位数为 6 位，而且必须是大写字母等等；按键盘上的 ESC 键才能显示菜单提示信息；按 ↓、↑ 键才能选定菜单内的某一功能等等。这些规定都是程序员在程序设计时安排的，用户不能改变。所以，不难看出，应用软件的操作过程是由程序员确定的。

上述关系也告诉我们一个问题，用户一定喜欢操作简便的应用软件，也就是通常所说的喜欢操作介面"友好"的应用软件。

2．将某些修改权交给用户

通过上述分析，我们已经知道，要改变操作方式，必须要修改程序，这会给用户带来诸多不便。为了解决这一矛盾，程序设计者也可以将一部分修改权交给用户，以增强应用软件操作的灵活性。

这一目标的实现是通过程序员编一个能使用户改变操作方式的程序来完成。用户只要运行这个修改程序就可以修改应用软件的操作顺序。

3. 应用软件的升级

对于用户来说，由于技术上的原因和保护知识产权方面的原因，应用软件具有不易修改性。但是，另一方面，软件的功能在不断增加，新的规定不断颁布，这又要求及时修改应用软件。通常，软件开发商是采用软件升级的方法来解决这个问题。

软件升级的内容包括：

（1）完善和增加功能

一个应用软件开发成功后，在使用过程中，用户要反馈很多信息，程序设计人员要根据这些信息不断完善和增强使用功能，以提高软件质量。

（2）改正错误

一个成功的应用软件，也避免不了个别错误的出现。但是，一但发现错误后，就要及时改正错误，以保证数据处理结果的准确性。

（3）执行新规定

对于工程概预算编制工作来说，随着时间的推移，要执行主管部门颁发的新规定，甚至定额或者造价计算程序都可能发生较大的变化。因此，程序设计人员必须修改以前的程序，然后将修改后的应用软件交给用户使用。

由于上述三个方面的原因，将引起应用程序必须定期修改的问题。软件开发商将修改后的应用软件贯以不同的版本号，以版本升级的形式交给用户，并收取少量的费用，或者免费升级。

第三节　工程概预算应用软件的操作方法

工程概预算应用软件可能有许多单位分别开发，有许多版本。但是，不管是哪个公司开发，应用软件的操作过程具有共同的地方。因为这些操作过程均是程序设计人员预先规定的，所以，只要了解他们的设计思路，就可以把握应用软件的一般操作方法。

一、概述

1. 用好软件使用说明

每个应用软件的用户，除了得到一份软磁盘外，还有一本该软件的使用手册。使用手册是程序设计人员编制的，他详细介绍了该软件的功能和操作方法。一些使用手册还举了操作过程的例子，用户能从使用说明书的学习过程中较快地掌握该软件的使用方法。

2. 明确微机硬件配置条件

要使应用软件发挥作用，必须要有计算机硬件的支持。应该知道，不是任何一台微机都能运行应用软件的，所以要了解运行该软件的计算机配置条件。

3. 编制概预算的演示程序

一般，质量较高的工程概预算应用软件，都有一个简单明了的演示预算编制全过程的演示程序。初学者只要看了这个演示程序，能在脑子里较快地建立完整的概念，对于具体使用该软件有较大的帮助。

4. 应用程序的帮助功能

工程概预算应用软件一般都有一个功能很强的帮助系统。它由一系列的名词解释、操作说明组成。当用户在操作过程中忘了操作顺序或忘了操作命令，只要按一下帮助功能键，就会立刻在显示屏上显示出你所需要的帮助信息。因而，帮助功能已经成为用户的得力助手。

二、菜单式操作法

菜单式操作法实际上是将应用软件的各项功能以及各功能间的联系，以层层嵌套的菜单形式表示出来，当用户打开菜单，选择了其中的一项功能，计算机就运行该功能的程序块。

菜单式操作法具有下列特点：

（1）直观性

用户无须死记硬背运行各功能程序块的命令，只要将菜单显示在屏幕上就可以用点菜单的方法完成各种操作。菜单式操作法的直观性特点给用户带来了方便。

（2）逻辑性

功能菜单是一个层层嵌套的结构，进入和退出这个嵌套结构都必须遵循嵌套关系的逻辑性，不能随意改变。例如，工程概预算应用软件的主控模块下挂了图11-3中表示的两个功能模块，两个功能模块下又分别挂上了一些子功能模块，具体关系见图11-3。

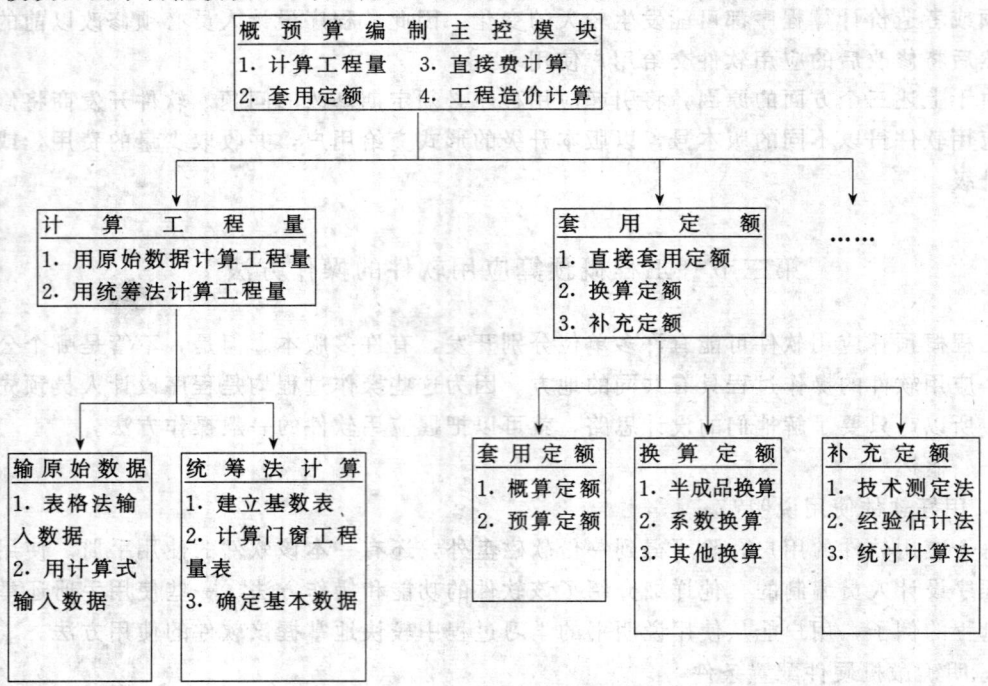

图 11-3 "菜单"嵌套结构示意图

若用户要采用表格法计算工程量，那么开机后，进入主控菜单后的操作顺序为：在主控模块中选择计算工程量功能→进入计算工程量子菜单后，选择用原始数据计算工程量功能→进入输原始数据子模块后，再选择表格法输入功能。

当工程量计算完毕后，要想直接进入套预算定额的模块是不行的，必须从反方向返回主控模块，然后再从主控模块层层进入套用预算定额的模块。

菜单式操作法较强的逻辑性，虽然给用户带来了完整系统的概念，但也浪费了一些操作时间。

三、直接式操作法

1. 直接式操作法的特点

直接式操作法具有直观性和一步到位的特点。

（1）直观性

用户可以通过显示器的提示，很方便地进入各功能模块，直观性较强，操作简便。

（2）一步到位

所谓一步到位的操作方法，是相对菜单式操作方法而言的。用直接式操作法设计的应用软件运行时，当用户进入一子功能模块完成数据处理任务后，可以直接进入另一子模块的处理，无须层层退到主控模块后再层层进入子菜单。

2. 直接式操作法的步骤与方法

（1）各功能模块可以由用户命名

直接式操作法的应用软件具有将各功能模块的命名权交给用户的功能。这样，用户可以按自己的习惯给各程序块命名，使用户能很容易的记住这些名称，甚至无须显示屏提示也能直接操作某一功能模块。

（2）自动提示功能模块的名称

当直接式操作法进入了某个功能模块后，显示屏的最上一行能显示与该模块直接有关系的各功能模块名称，使用户可以在当前模块状态下，直接运行另一程序模块。

可以看出，直接式操作法是建立在程序模块关系连接的基础之上的，具有相当的灵活性，也具有较强的直观性。

综上所述，直接式操作法的主要步骤是：第一次使用概预算应用软件时，按照自己的习惯给各功能模块重新命名；

进入概预算应用软件后，根据自己命名或者屏幕显示的名称直接执行各功能模块；

当一个功能模块执行完后，再根据自己的命名或者显示的名称直接执行下一个程序模块，最后，执行退出模块，退出应用系统。

复 习 思 考 题

1. 用微机编制概预算有哪些特点？

2. 硬件、软件之间有什么关系？

3. 要运行应用软件必须建立哪三个平台？

4. 设计应用软件要做哪些准备工作？

5. 微机能完成概预算编制的哪些内容？

6. 用微机编制概预算必须建立哪些数据库？

7. 应用软件有哪些操作方法？

8. 什么是菜单式操作法？

9. 什么是直接式操作法？

中等专业学校建筑经济与管理专业系列教材

○　建筑企业经营管理

○　建筑工程概预算

○　建筑业统计

○　建筑企业财务

○　会计基础

○　建筑企业会计

ISBN 7-112-03194-X

（8334）　定价：**33.40** 元